여행은

꿈꾸는 순간,

시작된다

여행 준비
체크리스트

| **D-60** | 여행 정보 수집
& 여권 만들기 | ☐ 가이드북, 블로그, 유튜브 등에서 여행 정보 수집하기
☐ 여권 발급 or 유효기간 확인하기 |

| **D-50** | 항공권 예약하기 | ☐ 항공사 or 여행 플랫폼 가격 비교하기
★ 저렴한 항공권을 찾아보고 싶다면 미리 항공사나 여행 플랫폼 앱 다운받아
  가격 알림 신청해두기 |

| **D-40** | 숙소 예약하기 | ☐ 교통 편의성과 여행 테마를 고려해 숙박 지역 먼저 선택하기
☐ 숙소 가격 비교 후 예약하기 |

| **D-30** | 여행 일정 및 예산 짜기 | ☐ 여행 기간과 테마에 맞춰 일정 계획하기
☐ 일정을 고려해 상세 예산 짜보기 |

| **D-20** | 현지 투어, 교통편 예약 &
여행자 보험 및 필요 서류
준비하기 | ☐ 내 일정에 필요한 패스와 입장권, 투어 프로그램 확인 후 예약하기
☐ 여행자 보험, 국제운전면허증, 국제학생증 등 신청하기 |

| **D-10** | 예산 고려하여 환전하기 | ☐ 환율 우대, 쿠폰 등 주거래 은행 및 각종 앱에서 받을 수 있는
  혜택 알아보기
☐ 해외에서 사용할 수 있는 여행용 체크(신용)카드 준비하기 |

| **D-7** | 데이터 서비스 선택하기 | ☐ 여행 스타일에 맞춰 로밍, 포켓 와이파이, 유심, 이심 결정하기
★ 여러 명이 함께 사용한다면 포켓 와이파이, 장기 여행이라면
  유심이나 이심, 가장 간편한 방법을 찾는다면 로밍 |

| **D-1** | 짐 꾸리기 & 최종 점검 | ☐ 짐을 싼 후 빠진 것은 없는지 여행 준비물 체크리스트 보고 확인하기
☐ 기내 반입할 수 없는 물품을 다시 확인해 위탁수하물용 캐리어에
  넣기
☐ 항공권 온라인 체크인하기 |

| **D-DAY** | 출국하기 | ☐ 여권, 비자, 항공권, 숙소 바우처, 여행자 보험 증서 등 필수 준비물
  확인하기
☐ 공항 터미널 확인 후 출발 시각 3시간 전에 도착하기
☐ 공항에서 포켓 와이파이 등 필요 물품 수령하기 |

여행 준비물
체크리스트

필수 준비물

- ☐ 여권(유효기간 6개월 이상)
- ☐ 여권 사본, 사진
- ☐ 항공권(E-Ticket)
- ☐ 바우처(호텔, 현지 투어 등)
- ☐ 현금
- ☐ 해외여행용 체크(신용)카드
- ☐ 각종 증명서(여행자 보험,
   국제운전면허증 등)

기내 용품

- ☐ 볼펜(입국신고서 작성용)
- ☐ 수면 안대
- ☐ 목베개
- ☐ 귀마개
- ☐ 가이드북, 영화, 드라마 등
   볼거리
- ☐ 수분 크림, 립밤
- ☐ 얇은 외투

전자 기기

- ☐ 노트북 등 전자 기기
- ☐ 휴대폰 등 각종 충전기
- ☐ 보조 배터리
- ☐ 멀티탭
- ☐ 카메라, 셀카봉
- ☐ 포켓 와이파이, 유심칩
- ☐ 멀티어댑터

의류 & 신발

- ☐ 현지 날씨 상황에 맞는 옷
- ☐ 속옷
- ☐ 잠옷
- ☐ 수영복, 비치웨어
- ☐ 양말
- ☐ 여벌 신발
- ☐ 슬리퍼

세면도구 & 화장품

- ☐ 치약 & 칫솔
- ☐ 면도기
- ☐ 샴푸 & 린스
- ☐ 바디워시
- ☐ 선크림
- ☐ 화장품
- ☐ 클렌징 제품

기타 용품

- ☐ 지퍼백, 비닐 봉투
- ☐ 보조 가방
- ☐ 선글라스
- ☐ 간식
- ☐ 벌레 퇴치제
- ☐ 비상약, 상비약
- ☐ 우산
- ☐ 휴지, 물티슈

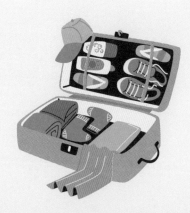

출국 전 최종 점검 사항

① 여권 확인
② 항공권의 출국 공항 터미널 확인
③ 위탁수하물 캐리어 크기 및 무게 측정
   (항공사별로 다르므로 홈페이지에서 미리 확인)
④ 기내 반입 불가 품목 확인
⑤ 유심, 포켓 와이파이 등 수령 장소 확인

리얼
싱가포르

여행 정보 기준

이 책은 2024년 11월까지 취재한 정보를 바탕으로 만들었습니다.
정확한 정보를 싣고자 노력했지만, 여행 가이드북의 특성상
책에서 소개한 정보는 현지 사정에 따라 수시로 변경될 수 있습니다.
변경된 정보는 개정판에 반영해 더욱 실용적인 가이드북을 만들겠습니다.

한빛라이프 여행팀 ask_life@hanbit.co.kr

리얼 싱가포르

초판 발행 2022년 5월 5일
개정판 1쇄 2025년 1월 2일

지은이 백종은, 방연실 / **펴낸이** 김태헌
총괄 임규근 / **팀장** 고현진 / **책임편집** 김윤화
디자인 천승훈 / **지도·일러스트** 조민경
영업 문윤식, 신희용, 조유미 / **마케팅** 신우섭, 손희정, 박수미, 송수현 / **제작** 박성우, 김정우 / **전자책** 김선아

펴낸곳 한빛라이프 / **주소** 서울시 서대문구 연희로 2길 62 한빛빌딩
전화 02-336-7129 / **팩스** 02-325-6300
등록 2013년 11월 14일 제25100-2017-000059호
ISBN 979-11-93080-46-7 14980, 979-11-85933-52-8 14980(세트)

한빛라이프는 한빛미디어(주)의 실용 브랜드로 우리의 일상을 환히 비추는 책을 펴냅니다.

이 책에 대한 의견이나 오탈자 및 잘못된 내용은 출판사 홈페이지나 아래 이메일로 알려주십시오.
파본은 구매처에서 교환하실 수 있습니다. 책값은 뒤표지에 표시되어 있습니다.
한빛미디어 홈페이지 www.hanbit.co.kr / 이메일 ask_life@hanbit.co.kr
블로그 blog.naver.com/real_guide_ / 인스타그램 @real_guide_

지금 하지 않으면 할 수 없는 일이 있습니다.
책으로 펴내고 싶은 아이디어나 원고를 메일(**writer@hanbit.co.kr**)로 보내주세요.
한빛라이프는 여러분의 소중한 경험과 지식을 기다리고 있습니다.

싱가포르를 가장 멋지게 여행하는 방법

리얼 싱가포르

백종은·방연실 지음

H 한빛라이프

각자 한국에서 직장 생활을 하다 선물처럼 찾아온 싱가포르 라이프! 깨끗한 거리, 적도임을 잊게 해주는 쾌적한 에어컨 바람, 그리고 한국인이라 하면 관심을 보이며 다가와준 싱가포르 사람들을 만날 때마다 이곳에 참 잘 왔다는 생각에 뿌듯했다.

그러나 꿈꿔온 해외 생활에도 무기력이 찾아왔다. 직장을 그만둔 아쉬움과 함께 뭔가 의미 있는 일을 하고 싶다는 소망이 고개를 들었다. 그러다 우연히 싱가포르 국립 박물관 도슨트가 되어 박물관 해설을 할 수 있는 길을 찾게 되었다. 세계 각국의 친구들과 싱가포르 역사를 공부하는 것은 큰 도전이었지만, 돌이켜보면 도슨트가 된 것은 싱가포르에서 제일 잘한 일이라는 생각이 든다.

역사를 알고 나니 '리얼 싱가포르'가 보이기 시작했다. 어떻게 서울만 한 싱가포르가 우리보다 1인당 국민 소득 2배를 넘는 선진국이 되었는지, 어떻게 다양한 민족이 어우러져 사는지도 알게 되었다. 낯설었던 힌두 사원과 모스크에도 가보고, 외형만 보고 겁내던 다른 문화권의 음식에도 도전해보았다. 또한 국립 박물관 한국어 투어를 신설하면서 한국인 방문객들의 뜨거운 반응에 더욱 보람을 느낄 수 있었다.

도슨트 활동을 하며 또 하나 감사했던 것은 우리 둘의 만남이었다. 이야기를 나눌수록 통하는 점이 많았고 결국 박물관 밖, 역사가 살아 숨 쉬는 현장으로 나가 골목골목을 누비며 싱가포르에 대해 알리자는 열정으로 싱가포르 최초의 한국어 워킹투어인 '비비시스터즈'를 설립했다. 감사하게도 많은 분이 찾아주셨고, 따뜻한 칭찬과 응원에 힘입어 전에는 상상도 못했던 책을 쓰게 되었다!

이 책을 위해 오롯이 여행자의 마음으로 돌아가 싱가포르를 취재하는 일은 참 흥미로웠다. 변화무쌍한 싱가포르답게 새로운 명소와 먹거리가 많이 생겼고, 많은 여행자를 직접 만나며 여행의 방식도 다양해진 것을 느꼈다. 그래서 누구나 쉽게 여행하기를 바라는 마음으로 기간별, 테마별 여행 코스에 공을 들였다.

항상 응원해주는 사랑하는 가족들과 친구들, 그리고 책을 만드는데 애써 주신 모든 분들께 마음 깊이 감사드린다. 끝으로 책을 읽음으로써 비로소 완성시켜주는 독자님들께도 감사의 인사를 전한다. 간단한 검색만으로 여행 정보가 넘치는 요즘이지만 누군가는 《리얼 싱가포르》를 통해 싱가포르에 매력을 느끼고 떠날 결심을 하기를, 그리고 이 책이 여행의 든든한 길잡이가 되기를 소망해본다.

비비시스터즈 | 백종은·방연실   2013년 '싱가포르 국립 박물관' 도슨트로 활동하며 인연을 맺었고, 싱가포르의 숨은 명소를 소개해보자는 열정으로 2017년 싱가포르 최초의 한국어 워킹투어 업체 "비비시스터즈 워킹투어"를 설립했다. 흥미진진한 역사 이야기와 문화 체험을 즐길 수 있는 투어로 입소문이 났고, 여행 작가로도 활동 중이다. 투어와 글을 통해 싱가포르 이야기를 나눌 때 가장 즐겁고, 책을 읽고 찾아 온 독자를 만나면 세상 반갑다. 보다 넓은 영역에서 싱가포르 전문가가 되고자 끊임없이 도전 중이다. 지은 책으로는 《싱가포르 건축 여행》이 있다.

홈페이지 bbsisterstours.com   **인스타그램** @bbsisters_sg

일러두기

- 이 책은 2024년 11월까지 취재한 정보를 바탕으로 만들었습니다. 정확한 정보를 싣고자 노력했지만, 여행 가이드 북의 특성상 책에서 소개한 정보는 현지 사정에 따라 수시로 변경될 수 있습니다. 여행을 떠나기 직전에 한 번 더 확인하시기 바라며 변경된 정보는 개정판에 반영해 더욱 실용적인 가이드북을 만들겠습니다.
- 영어의 한글 표기는 국립국어원의 외래어 표기법을 최대한 따랐습니다. 다만, 관용적 표기나 현지 발음에 동떨어진 경우 예외를 두었습니다.
- 우리나라에 입점된 브랜드의 경우에는 한국에 소개된 브랜드명을 기준으로 표기했습니다.
- 구글 맵스에서 소개된 장소의 한글명으로 검색이 되지 않는 경우에는 영문명을 입력하면 됩니다.
- 대중교통 및 도보 이동 시의 소요 시간은 대략적으로 적었으며 현지 사정에 따라 달라질 수 있으니 참고용으로 확인해주시기 바랍니다.
- 가는 방법이 택시로 설명된 경우에는 그랩과 같은 차량 공유 서비스 애플리케이션(앱)도 이용할 수 있습니다.
- 공휴일의 운영 시간은 별도의 표기가 없는 경우 보통 주말 또는 일요일의 운영 시간을 따릅니다.
- 이 책에서 싱가포르 달러는 $로 표기하며, 나이 정보는 만 나이를 기준으로 합니다.
- 음식점의 메뉴 요금에는 세금 추가 여부가 표시되어 있습니다. ⊕⊕ 표시는 봉사료 10%와 GST(상품 및 서비스세) 9% 추가, ⊕ 표시는 GST 9% 추가, 표시가 없는 곳은 추가 세금 없음을 의미합니다.
- 전화번호의 경우 국가 번호를 넣어 +65-1234-5678의 형태로 표기했습니다. 국제 전화 사용 시 국제 전화 서비스 번호를 누르고 표기된 + 이후의 번호를 그대로 누르면 됩니다.

주요 기호

🚶 가는 방법	📍 주소	🕐 운영 시간	✖ 휴무일	💲 요금	📞 전화번호
🏠 홈페이지	🏃 명소	🍴 맛집	🛍 상점	✈ 공항	Ⓜ MRT역
Ⓐ MRT역 출구	BUS 버스 정류장	🚠 케이블카	🚝 모노레일		

구글 맵스 QR코드

각 지도에 담긴 QR코드를 스캔하면 소개된 장소들의 위치가 표시된 구글 맵스를 스마트폰에서 볼 수 있습니다. '지도 앱으로 보기'를 선택하고 구글 맵스 앱으로 연결하면 거리 탐색, 경로 찾기 등을 더욱 편하게 이용할 수 있습니다. 앱을 닫은 후 지도를 다시 보려면 구글 맵스 하단의 '저장됨'-'지도'로 이동해 원하는 지도명을 선택합니다.

리얼 시리즈 100% 활용법

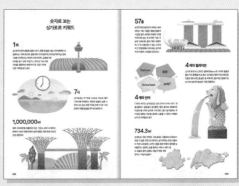

PART 1
여행지 개념 정보 파악하기

싱가포르에서 꼭 가봐야 할 장소부터 여행 시 알아두면 도움이 되는 국가 및 지역 특성에 대한 정보를 소개합니다. 여행지에 대한 개념 정보를 수록하고 있어 여행을 미리 그려볼 수 있습니다.

PART 2
테마별 여행 정보 살펴보기

싱가포르를 가장 멋지게 여행할 수 있는 각종 테마 정보와 읽을거리를 담았습니다. 볼거리부터 먹거리와 맛집, 쇼핑에 이르는 테마를 키워드별로 한데 모아 여행지의 매력을 다채롭게 보여줍니다. 자신의 취향에 맞는 장소들을 쉽게 찾아볼 수 있습니다.

PART 3
지역별 정보 확인하기

싱가포르의 관광 명소부터 맛집, 카페, 상점 등 꼭 가봐야 하는 인기 명소부터 작가가 발굴해낸 숨은 장소까지 속속들이 소개합니다. 올드 시티, 마리나 베이, 리버사이드 등 시내 중심지부터 카통 & 주치얏, 만다이 야생동물 공원 같은 여행자가 가볼 만한 외곽 지역까지 안내합니다.

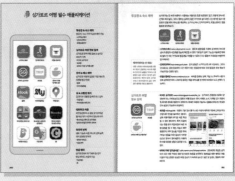

PART 4
실전 여행 준비하기

여행 시 준비해야 하는 필수 정보와 꿀팁을 모았습니다. 예약 사항부터 출입국 절차, 여행 필수 애플리케이션, 숙소 선택 방법과 테마별 추천 숙소까지 알차게 담았습니다. 여행 준비에 필요한 내용을 순서대로 구성해 보다 완벽한 여행을 계획할 수 있습니다.

차례

Contents

PART 1

미리 보는
싱가포르 여행

추천 여행 코스

PART 2

가장 멋진
싱가포르 테마 여행

PART 3

진짜 싱가포르를
만나는 시간

리얼 가이드

●

PART 4

실전에 강한
여행 준비

미리 보는
싱가포르 여행

싱가포르 여행
버킷 리스트 10

① 마리나 베이 샌즈 풀코스로 경험하기

싱가포르 하면 가장 먼저 떠오르는 랜드마크는 바로 마리나 베이 샌즈 호텔! 투숙객이라면 인피니티 풀에서의 인증 사진은 필수다. 투숙객이 아니더라도 볼 수 있는 꼭대기 층 전망대의 360도 파노라마 뷰는 황홀하기만 하다. 어마어마한 규모의 쇼핑몰에서 쇼핑도 즐기고, 소문난 맛집도 들러보자. 밤에는 화려한 레이저쇼 '스펙트라'로 마무리하면 알찬 하루가 완성된다. **P.152**

② 귀여운 멀라이언과
인증 사진 찍기

사자 얼굴에 물고기 몸통을 한 싱가포르의 마스코트 멀라이언! 1년 내내 입에서 물을 내뿜는 멀라이언 동상 앞에서 익살스러운 포즈로 사진 찍기는 싱가포르에 온 여행자라면 누구나 꼭 하는 필수 코스다. P.238

③ 가든스 바이 더 베이 식물원에서
영화 〈아바타〉 속 주인공 되어보기

영화 〈아바타〉의 무대를 옮겨 놓은 듯한 거대한 실내 식물원과 드높은 슈퍼트리 사이에서 영화 속 주인공이 되어보자. 야간에 화려하게 불을 밝힌 슈퍼트리의 모습은 비현실적인 느낌마저 든다. 나무 아래 누워 즐기는 '가든 랩소디' 쇼도 절대 놓치지 말자. P.158

④ 싱가포르의 화려한 야경에 빠져보기

싱가포르의 밤은 낮보다 더 눈부시다. 마리나 베이를 둘러싼 마천루에 화려한 조명이 더해져 만들어내는 스펙터클한 야경은 단연코 싱가포르 여행의 하이라이트! 아시아 최고라는 찬사가 아깝지 않을 정도로 벅찬 감동을 전해준다. 시원한 강바람을 맞으며 달리는 리버 크루즈와 루프톱 바에서의 칵테일은 싱가포르의 밤이 더 즐거워지는 꿀팁! P.054, 094, 156, 178

⑤ 싱가포르 속 다양한 문화 체험하기

중국, 말레이, 인도 등 다양한 민족이 어우러져 살아가는 싱가포르는 여러 나라를 여행하는 것처럼 다양한 문화를 경험할 수 있어 더욱 매력적이다. 올드 시티에서는 영국 식민지 시대의 영향을 받은 유럽식 건축물이 고층 빌딩 숲과 조화를 이루고, 차이나타운에서는 붉은 등과 불교 사원을, 아랍 스트리트가 있는 캄퐁글람에서는 황금빛 돔의 이슬람 사원을 만날 수 있다. 리틀 인디아에 가면 알록달록 사리를 입은 여인들과 힌두 사원, 그리고 톡 쏘는 커리 향이 우리를 반겨준다.

P.056, 124, 230, 266, 286

⑥ 동물의 천국,
   싱가포르 4대 동물원 즐기기

싱가포르 동물원에는 특별함이 있다. 울타리가 없는 자연 친화적인 환경에서 사육사의 세심한 보살핌으로 동물들이 행복한 꿈의 동물원이다. 세계 최초의 야간 동물원 나이트 사파리에서는 낮과는 다른 야행성 동물의 세계가 펼쳐져 우리의 심장을 뛰게 만든다. 아시아 최대의 새 공원 버드 파라다이스와 아시아 최초로 강을 테마로 한 리버 원더스까지, 네 군데 모두 둘러보기에는 하루가 너무 짧다. P.338

⑦ 호커센터에서
   싱가포르 현지 음식 맛보기

미식의 천국 싱가포르에는 먹고 싶은 음식이 한가득이지만 그중 싱가포르 고유의 현지 음식 맛보기는 필수! 싱가포르 사람들이 하루에 한 끼 이상은 꼭 식사를 해결하는 호커센터에서 그들의 소울 푸드를 만나보자. 저렴한 가격에 다양한 음식을 맛볼 수 있어 좋고, 현지인과 어울릴 수 있어 더 특별하다. P.082

⑧ 오차드 로드에서 쇼퍼 홀릭 되어보기

여행지에서 쇼핑은 필수! 싱가포르의 샹젤리제 거리, 오차드 로드는 우리의 쇼핑을 책임진다. 명품 브랜드부터 합리적인 가격의 스파SPA 브랜드, 싱가포르에만 있는 로컬 브랜드까지 없는 것이 없는 대형 쇼핑몰이 줄지어 있다. 여행자의 마음을 설레게 하는 면세 혜택은 기본. 양손 가득 쇼핑백을 들고 오차드 로드의 명물인 아이스크림 빵을 먹으며 신나게 걸어보자. P.196

⑨ 싱그러운 싱가포르 보타닉 가든 산책 후 브런치 즐기기

오랜 역사를 간직한 식물원 싱가포르 보타닉 가든을 걸으며 싱가포르 열대 자연의 싱그러움을 만끽해보자. 잔잔한 백조의 호수와 생기 가득한 푸른 나무, 향기로운 꽃과 각양각색의 난꽃이 잊지 못할 힐링의 시간을 선사한다. 아침 산책 후에는 분위기 좋은 카페에서 건강하게 즐기는 브런치로 마무리! P.212

⑩ 센토사섬에서 하루 종일 놀기

남녀노소 누구나 즐길 수 있는 놀거리가 가득해 모두가 행복해지는 섬 센토사로 떠나보자. 유니버설 스튜디오 싱가포르에서 할리우드 영화 속 주인공이 되어 보고, 바람을 가르며 질주하는 카트라이더 루지도 즐겨보자. 케이블카 위에서 내려다보는 센토사섬 전경도 멋짐 그 자체! 주말에는 싱가포르의 힙스터가 모두 모이는 비치 클럽에서 다 같이 즐기는 여유로운 칵테일 한잔과 해 질 녘 붉은 노을도 놓칠 수 없다. P.300

여행을 꿈꾸게 하는
싱가포르의 매력

안전도 1위

세계적인 사회 조사 분석 업체 갤럽이 2022년에 실시한 세계 법 & 질서 지수Global Law and Order Index 조사에서 싱가포르는 가장 안전한 나라 1위를 차지했다. 칼 같은 법 집행으로 치안이 좋아서 밤늦게 다녀도 안전한 편이며 여자 혼자 여행하기 좋은 나라로 늘 상위권에 손꼽힌다. 즐거운 여행을 위해서는 어떤 경우에도 안전 사고 예방이 우선이니 조심해서 나쁠 것은 없다.

청결하고 깨끗한 나라

세계에서 가장 깨끗한 나라로 손꼽히는 싱가포르는 거리에서 쓰레기를 거의 찾아보기 힘들 정도로 쾌적한 환경을 자랑해 가족 여행지로도 각광받는다. 함부로 쓰레기를 버리다 적발되면 최고 $2,000의 벌금 혹은 3개월 이하의 징역이 선고되며, 대중교통 이용 시 음식이나 음료를 섭취해도 $500 이하의 벌금형을 받는다.

영어가 공식 언어

싱가포르는 영어가 4개의 공식 언어 중 하나로 지정되어 있기 때문에 영어를 할 수 있다면 의사소통에 불편함이 없고, 길을 찾거나 간판이나 메뉴판을 볼 때도 큰 어려움이 없다. 간혹 시장이나 호커센터 등에서 만나는 현지 어르신이나 음식점 또는 호텔에서 만나는 일부 외국인 직원을 제외하고는 영어로 모든 일 처리가 가능하다.

정원 속 도시

매년 새로운 건물이 들어서면서 첨단 도시로 진화해 가는 싱가포르지만 언제나 푸른 녹지와 아름드리 우 거진 나무가 가까이에 있어 싱가포르는 언제나 싱그 럽다. 산업화 초기부터 국가 차원에서 도심과 녹지 비 율을 지키고자 노력해온 결과, 현재는 싱가포르 보타 닉 가든과 가든스 바이 더 베이를 비롯해 무려 350개 이상의 공원이 조성되어 현지인과 여행자의 휴식처가 되고 있다. 이제는 건물 위로도 환상적인 옥상 정원과 수직 정원을 늘려가며 정원 속 도시City in a Garden라 는 싱가포르의 새 비전을 달성해가는 중이다.

한 나라 안에서 즐기는 세계 문화

싱가포르에서는 올드 시티, 차 이나타운, 부기스 & 캄퐁글람, 리틀 인디아 등 조금씩만 옮겨 다녀도 한 나라 안에서 마치 영국이나 유럽, 중국, 중동 국가나 말레이시아, 인도네시아, 인도에 온 것처럼 각양각색의 문화를 즐길 수 있다. 또한 일상에서도 다양한 민족과 언어를 자연스레 접할 수 있어서 싱가포르는 마치 하나의 작은 세계와 같다.

미식의 천국

싱가포르 사람들의 음식 사랑은 특별하다. 다문화의 영향으로 중식, 말레이식, 인도식, 페라나칸식 등 다양한 음식을 즐길 수 있는 것은 물론, 세계적으로 인정받는 셰프들의 음식도 쉽게 만 날 수 있다. 또한 태국식, 유럽식, 일식, 아프리카식, 그리스식 등 정말 다양한 나라의 정통 음식점을 쉽게 찾아볼 수 있는데, 현지화하지 않은 본토 그대로의 맛을 즐길 수 있다는 것도 장점 이다. 게다가 저렴한 가격에 현지 음식을 즐길 수 있는 호커센 터부터 고급스러운 미 쉐린 스타 레스토랑까 지 그 종류도 무한대라 진정한 미식가라면 사 랑에 빠지지 않을 수가 없다.

전통과 현대 건축의 조화

싱가포르는 비교적 짧은 역사를 갖고 있음에도 건축 면에서 대 단히 흥미로운 곳이다. 옛 건축물을 문화유산으로 보존하려는 정책에 따라 도시 곳곳에 영국 식민지 시대에 지어진 유럽식 건 축물과 싱가포르 전통 가옥인 낮은 숍하우스를 볼 수 있는가 하 면, 세계적인 건축가 모셰 사프디Moche Safdie가 설계한 마리나 베이 샌즈 같은 초현대식 건축물을 동시에 만날 수 있어 매력적 이다. 특히 고층 빌딩 숲 사이로 옛 건물들이 조화를 이루는 모 습은 싱가포르의 진정한 스카이라인이라 할 수 있다.

숫자로 보는
싱가포르 키워드

1위

싱가포르 창이 공항은 항공 서비스 전문 컨설팅 기업 스카이트랙스가 발표하는 '세계 최고의 공항'에서 2013년부터 2020년까지 8년 연속 1위를 차지했으며, 카타르 도하 하마드 공항에 1위 자리를 잠시 내어 주었으나 2023년 다시 1위 자리를 탈환하여 현재까지 총 12회 1위에 오른 기록을 갖고 있다.

7시

싱가포르는 약 북위 1.2도로 적도와 매우 가까이에 위치한다. 덕분에 일출과 일몰 시간이 1년 내내 오전 7시와 오후 7시로 거의 같아서 여행 일정을 짜기에 편리하다.

1,000,000㎡

영화 〈아바타〉를 떠올리게 하는 가든스 바이 더 베이는 면적이 100만 제곱미터(약 30만 평)로 세계 최대 규모의 인공 정원이다.

57층

싱가포르의 랜드마크 마리나 베이 샌즈는 국내 기업인 쌍용건설에서 시공을 맡아 화제가 되었다. 57층 꼭대기에 있는 투숙객만 이용 가능한 인피니티 풀이 특히 유명하며, 누구나 올라갈 수 있는 스카이파크 전망대에서 바라보는 싱가포르의 야경은 그야말로 장관이다.

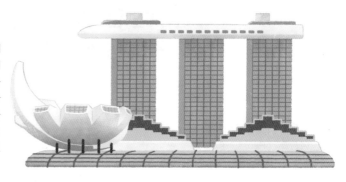

4개의 멀라이언

싱가포르의 마스코트인 멀라이언Merlion은 사자의 얼굴과 물고기의 몸통을 하고 있다. 싱가포르 정부가 공식적으로 인정한 멀라이언 동상은 총 4개이며, 멀라이언 공원에 있는 8.6m 높이의 동상이 가장 유명하다.

4개의 언어

다민족 국가인 싱가포르는 공식 언어가 4개나 된다. 대중교통이나 공공장소 안내문은 영어, 중국어, 말레이어, 타밀어 총 4개의 언어로 쓰여 있다. 일부 음식점이나 호커센터 외에는 대부분 영어로 소통할 수 있어서 여행하는데 큰 어려움은 없다.

734.3 km²

싱가포르 국토 면적은 734.3㎢로 서울(605.2㎢)보다 조금 더 넓은 도시국가다. 한때는 서울보다 작은 나라였으나 간척 사업을 통해 꾸준히 영토를 넓혀왔으며, 현재도 진행 중이다. 마리나 베이 샌즈 호텔과 창이 공항도 매립지 위에 세워졌다는 사실이 놀랍다.

이것만 알아도 충분!
싱가포르 여행 기본 정보

시차

한국보다 1시간 느리다.
한국이 오전 9시일 때
싱가포르는 오전 8시다.

통화

싱가포르 달러로 SGD 혹은
S$로 표시한다.
이 책에서는 $로 통일한다.

환율

1 싱가포르 달러
= 약 1,040원

화폐

싱가포르 화폐는 지폐 6종, 동전 5종
으로 구성된다. 지폐 속 인물은 싱가
포르 초대 대통령 유솝 빈 이스학Yusof
bin Ishak이며, $1 동전에는 멀라이언이
새겨져 있다.

· 지폐 $2·5·10·50·100·1000
· 동전 ¢5·10·20·50, $1

인구

약 590만 명
싱가포르 거주자(외국인과 국외 거주자 제
외) 중 중국계 74%, 말레이계 13.5%, 인도계
9%, 기타 3.4%로 다민족 국가를 이룬다.

★ 2023년 기준

**비행
시간**

인천 공항에서 싱가포르 창이 공항까지
약 6시간 20분이 소요된다.

비자

관광 목적인 경우 **90일 무비자 입국**이 가능하다.

종교

다민족 국가답게 종교도 다양
불교 31.1%, 도교 8.8%, 기독교(천주교 및 개신교) 18.9%, 이슬람교 15.6%, 힌두교 5%, 무교 20%로 구성된다.

★ 2020년 기준

 물가

싱가포르는 영국 경제분석기관인 EIU에서 발표한 2023년 '세계에서 가장 살기 비싼 나라' 1위로 선정된 바 있으며, 지난 11년간 9번이나 1위에 올랐을 정도로 물가가 비싼 편이다.

· **편의점 생수(500ml)** $2.5(약 2,600원) vs 1,100원
· **스타벅스 아메리카노(T)** $5.4(약 5,600원) vs 4,500원
· **맥도날드 빅맥(단품)** $6.9(약 7,200원) vs 5,500원

전압

220~240V, 50Hz가 일반적이다.
3구 형태의 멀티 어댑터가 필요하다.

+65

세금

싱가포르에 팁 문화는 없지만 푸드 코트나 호커센터를 제외한 대부분의 음식점에서는 봉사료Service Charge 10%와 GST(상품 및 서비스세) 9%가 추가되니 예상보다 비싸게 나온 계산서를 보고 놀라지 말자. 정확하게는 봉사료 10%가 먼저 추가된 금액에 다시 GST 9%가 추가되기 때문에 메뉴판에 명시된 가격에서 19.9%가 추가된다.

★ 이 책에서는 음식점의 추가 세금 여부를 아래와 같이 표기한다. 표기가 없는 곳은 추가 세금이 없음을 뜻한다.

⊕⊕ = 봉사료,
GST 추가
⊕ = GST 추가

전화

싱가포르 국가 번호 +65
싱가포르로 국제 전화를 걸 때는 +65(0을 길게 누르면 +로 바뀜)를 누른 후 전화번호를 누르면 된다.

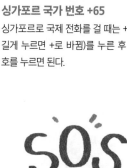

**긴급
연락처**

· **경찰서** 999
· **구급차 및 소방서** 995
· **주싱가포르 대한민국 대사관**
   +65-6256-1188(대표전화)
   +65-9654-3528(사건사고, 근무시간 외)

한눈에 보는 싱가포르 지역 가이드

AREA ④ 오차드 로드
쇼핑몰과 명품 매장이 즐비한
싱가포르의 대표 쇼핑 거리

AREA ① 올드 시티
영국 식민지 시대의 발자취와
싱가포르의 역사를 느낄 수 있는
싱가포르 중심지

REAL PLUS ① 뎀시 힐
분위기 좋은 브런치 레스토랑과
부티크 숍이 어우러진 주말 나들이 장소

AREA ③ 리버사이드
싱가포르강을 따라 음식점과 바가
가득해 언제나 활기 넘치는 지역

REAL PLUS ② 티옹바루
싱가포르에서 가장 오래된 주택가 중 하나로
골목을 걷는 재미가 있는 아기자기한 동네

AREA ② 마리나 베이
높은 빌딩이 모여 유려한
스카이라인과 화려한 야경을
자랑하는 싱가포르 여행의
하이라이트

AREA ⑤ 차이나타운 & CBD
골목에 가득한 중국식 붉은 등과 사원,
오래된 중식당부터 트렌디한 음식점까지
공존하는 매력 만점의 지역

**AREA ⑧
센토사섬 & 하버프런트**
유니버설 스튜디오를 포함한 신나는
어트랙션과 탁 트인 해변을 즐길 수 있어
하루 종일 놀아도 시간이 모자란 곳

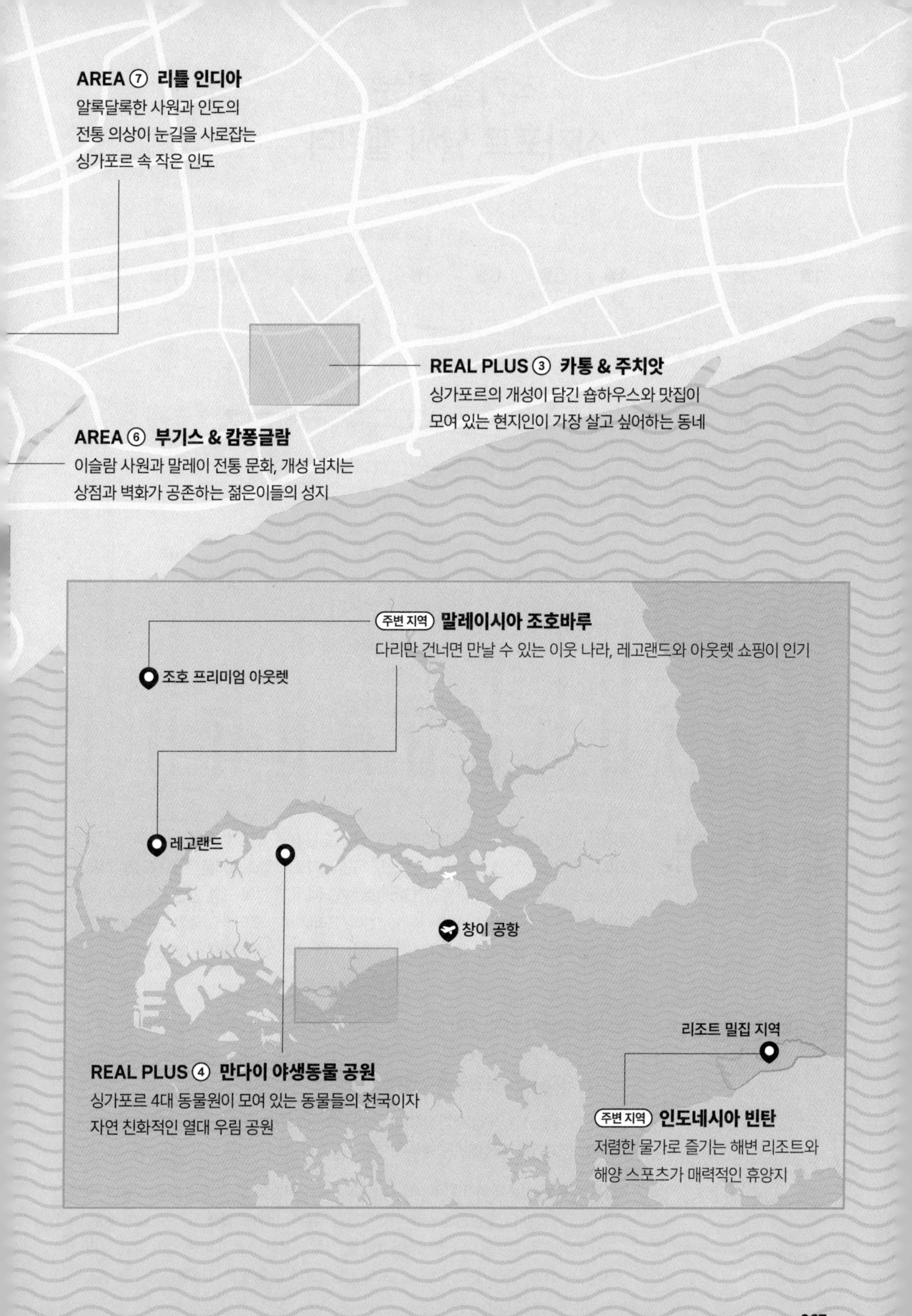

AREA ⑦ 리틀 인디아
알록달록한 사원과 인도의
전통 의상이 눈길을 사로잡는
싱가포르 속 작은 인도

REAL PLUS ③ 카통 & 주치앗
싱가포르의 개성이 담긴 숍하우스와 맛집이
모여 있는 현지인이 가장 살고 싶어하는 동네

AREA ⑥ 부기스 & 캄퐁글람
이슬람 사원과 말레이 전통 문화, 개성 넘치는
상점과 벽화가 공존하는 젊은이들의 성지

주변 지역 **말레이시아 조호바루**
다리만 건너면 만날 수 있는 이웃 나라, 레고랜드와 아웃렛 쇼핑이 인기

📍 조호 프리미엄 아웃렛

📍 레고랜드

📍

✈ 창이 공항

리조트 밀집 지역
📍

REAL PLUS ④ 만다이 야생동물 공원
싱가포르 4대 동물원이 모여 있는 동물들의 천국이자
자연 친화적인 열대 우림 공원

주변 지역 **인도네시아 빈탄**
저렴한 물가로 즐기는 해변 리조트와
해양 스포츠가 매력적인 휴양지

적기를 찾는
싱가포르 날씨 캘린더

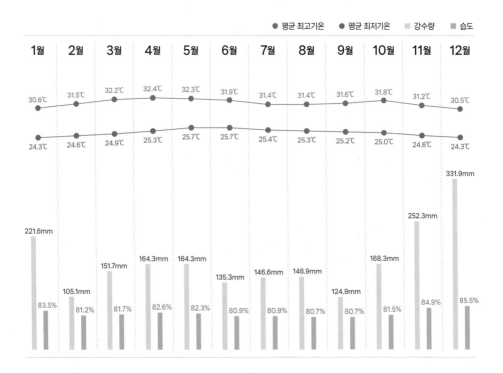

| | 평균 최고기온 | 평균 최저기온 | 강수량 | 습도 |

| 1월 | 2월 | 3월 | 4월 | 5월 | 6월 | 7월 | 8월 | 9월 | 10월 | 11월 | 12월 |

평균 최고기온: 30.6℃, 31.5℃, 32.2℃, 32.4℃, 32.3℃, 31.9℃, 31.4℃, 31.4℃, 31.6℃, 31.8℃, 31.2℃, 30.5℃

평균 최저기온: 24.3℃, 24.6℃, 24.9℃, 25.3℃, 25.7℃, 25.7℃, 25.4℃, 25.3℃, 25.2℃, 25.0℃, 24.6℃, 24.3℃

강수량: 221.6mm, 105.1mm, 151.7mm, 164.3mm, 164.3mm, 135.3mm, 146.6mm, 146.9mm, 124.9mm, 168.3mm, 252.3mm, 331.9mm

습도: 83.5%, 81.2%, 81.7%, 82.6%, 82.3%, 80.9%, 80.9%, 80.7%, 80.7%, 81.5%, 84.9%, 85.5%

1년 내내 덥고 습한 여름 날씨

싱가포르는 적도 근처에 위치하여 365일 덥고 습한 여름 날씨가 지속되는 전형적인 열대기후다. 1991~2020년 평균치를 기준으로 하면 싱가포르 일 최고기온은 31.6도, 일 최저기온은 25도다. 연평균 강수량은 2,113mm로 1년 내내 비가 많이 오며, 연간 강수일수가 171일에 달해 1년 중 절반 가까이는 비가 내린다. 그러나 비가 오더라도 국지성이거나 하루에 한두 차례 30분 미만으로 짧게 내리는 경우가 많아 너무 걱정할 필요는 없다.

건기와 우기의 구분

우리나라처럼 사계절은 없지만 1년에 두 차례 불어오는 몬순(계절풍)의 영향으로 건기와 우기가 있다. 그러나 싱가포르는 기본적으로 언제나 여름철임을 감안하여 가벼운 옷차림과 신발, 모자나 우양산 등을 챙겨 더위에 대비하는 것이 현명하다.

- **우기 11~1월** 1년 중 비가 가장 많이, 자주 내리는 시기로 평균 기온도 조금 낮고 비교적 선선한 편이기 때문에 더위에 매우 취약한 여행자라면 이 시기를 노리자.

- **건기 5~8월** 비교적 비가 자주 내리지 않아서 맑은 하늘을 볼 수 있는 확률이 높다. 하지만, 뜨거운 햇볕 아래 많은 장소를 다니기에는 극심한 더위로 쉽게 지칠 수 있어 수분 보충과 컨디션 조절이 필수다. 5~6월은 1년 중 가장 더운 시기로 피하는 것이 좋고, 우리나라의 한여름에 해당하는 7~8월에는 오히려 한국보다 덜 덥게 느껴져 여행하기 괜찮다.

언제나 활기찬
싱가포르의 축제와 공휴일

다민족 국가 싱가포르에는 일년 내내 다채로운 축제들이 펼쳐진다. 나의 여행 시기에는 어떤 축제와
이벤트가 있는지 미리 확인해보자. 공휴일Ⓗ이 일요일인 경우에는 다음 날인 월요일이 대체 휴무일로 지정된다.

🏠 www.mom.gov.sg/employment-practices/public-holidays

1~2월

Ⓗ 양력설 New Year's Day
1월 1일
한국처럼 1월 1일 단 하루만 쉰다. 대부분의 음식점과 상점
은 정상 영업한다.

싱가포르 아트 위크 Singapore Art Week
1월 중순~하순 • 2025년 1월 17~26일

싱가포르를 대표하는 예술 행사
주간으로, 100개 이상의 행사를
즐길 수 있다. 대표 건물들에 화
려한 조명을 쏘아 올리는 '라이트
투 나이트Light to Night'는 싱가포
르 아트 위크의 밤을 뜨겁게 밝히
며 많은 이들을 설레게 한다.

🚶 올드 시티, 마리나 베이 등 🏠 www.nac.gov.sg/artweek

타이푸삼 Thaipusam
1월 중순~2월 중순 • 2025년 2월 11일

힌두력으로 열 번째 달
15일에 해당하는 날로
악을 무찌른 무루간 신
을 기리는 축제다. 전날
밤부터 행사가 시작되
며 축제 당일에는 신자

들이 이른 아침부터 리틀 인디아에서 포트 캐닝 공원 근처
의 힌두 사원까지 걸어서 행진한다. 일부 신자는 고행 의식
을 위해 혀나 살갗을 꼬챙이로 뚫거나 대못이 박힌 카바디
Kavadi라고 불리는 무거운 반원형 틀을 짊어진다.

🚶 리틀 인디아 🏠 thaipusam.sg

Ⓗ 춘절 Chinese New Year
음력 1월 1~2일 • 2025년 1월 29~30일

우리의 음력설에 해당하며 중국계 민족이 대다수인
싱가포르에서 가장 중요한 명절 중 하나다. 차이나
타운에서는 약 3주 전부터 붉은색 장식과 화려한 등
이 밤거리를 밝히고, 설맞이 먹거리와 장식품을 판매
하는 장터가 열린다. 막
상 연휴 기간에는 차이
나타운 내 상점과 음식
점이 쉬는 경우가 많으
니 일정에 참고하자.

🚶 차이나타운

리버 홍바오 River Hongbao
춘절 전후 10간간 • 2025년 1월 27일~2월 8일

싱가포르의 춘절을 더욱 풍성하게 즐길 수 있는 축
제로, 중국 신화 속 인물과 12간지 동물을 묘사한 대
형 등이 설치되어 밤을 환하게 밝힌다. 축제 기간 중
에는 마리나 베이의 밤하늘을 수놓는 불꽃놀이가
매일 밤 펼쳐진다.

🚶 마리나 베이 일대 🏠 riverhongbao.sg

칭게이 퍼레이드 Chingay Parade
춘절 지나 둘째 주 • 2025년 2월 7~8일

춘절을 기념하는 화려한 퍼레이드로, 과거 춘절의 풍
습이었던 폭죽 사용이 금지되면서 이를 대체하는 행
사로 시작되었다. 현재는 싱가포르의 다양한 민족이
함께 즐기는 특별한 축제가 되었다. 번쩍이는 퍼레이
드 카와 춤추는 용, 흥겨운 사자춤, 다채로운 싱가포
르 문화를 보여주는 공연까지 볼거리로 가득하다.

🚶 마리나 베이 일대 🏠 www.chingay.gov.sg

3~4월

ⓗ 성 금요일 Good Friday
3월 하순~4월 중순 • 2025년 4월 18일

부활절 직전의 금요일로 예수 그리스도가 십자가에서 당한 고난과 죽음을 기념하는 기독교의 명절이다. 교회와 성당에는 특별 예배가 열리고, 시내 곳곳에서 부활절 행사를 찾아볼 수 있다. 음식점에 이스터 브런치 같은 부활절 특별 메뉴도 생기니 참고하자.

ⓗ 하리 라야 푸아사 Hari Raya Puasa
3월 하순~4월 하순 • 2025년 3월 31일

이슬람교의 한 달간의 금식 기간인 라마단의 종료를 기념하는 명절. 캄퐁글람 거리에는 명절 음식을 판매하는 노점이 생기고, 술탄 모스크를 비롯한 이슬람 사원에서는 말레이 전통 의상을 입고 모여 기도하는 신자들과 화려한 장식을 볼 수 있다. 이슬람력으로 열 번째 달 1일에 해당하는 날이므로 매년 날짜가 바뀐다.

🚶 술탄 모스크

5월

ⓗ 노동절 Labour Day
5월 1일

우리나라와는 다르게 노동절은 전체 공휴일로 지정되어 있다. 싱가포르 대통령 관저인 이스타나는 1년에 다섯 차례 일반에 개방되어 내부 관람이 가능한데 노동절도 그중 하나다.

🚶 이스타나

ⓗ 부처님 오신 날 Vesak Day
음력 4월 15일 • 2025년 5월 12일

부처의 탄생을 기리는 불교 명절로, 싱가포르를 포함한 남방 불교권 국가에서는 우리의 음력 4월 8일보다 일주일이 늦다. 불교 사원을 중심으로 다양한 기념 행사가 펼쳐지며, 신자들이 꽃과 초, 향을 바치며 기도하는 모습을 볼 수 있다.

🚶 불아사

아이라이트 싱가포르
iLight Singapore
5월 말~6월 중순
• 2025년 5월 30일~6월 22일

마리나 베이를 중심으로 라이트 조형물이 설치되어 야경의 화려함이 배가 되는 예술제다. 매년 다른 테마의 작품을 선보이고, 에너지 절약형 재료를 사용해 지속 가능성을 강조한 것이 특징이다. 매년 날짜가 바뀔 수 있으니 정확한 날짜는 홈페이지를 참고하자.

🚶 마리나 베이 일대
🏠 www.ilightsingapore.gov.sg

6~7월

Ⓗ 하리 라야 하지 Hari Raya Haji
6월 중순~7월 초순 • 2025년 6월 6일

완전한 신앙과 믿음을 다시 한번 새기는 이슬람 명절로, '하지'라고 불리는 성지 순례의 끝을 기념하는 날이기도 하다. 신자들은 가장 좋은 옷을 입고 모스크에서 기도하며 가축을 도살해 나누는 '코르반Korban' 의식을 행한다. 이슬람력의 마지막 달 10일부터 시작되어 매년 날짜가 조금씩 달라진다.

🏃 술탄 모스크

그레이트 싱가포르 세일
Great Singapore Sale(GSS)
6월 하순~7월 하순

일년 내내 쇼핑 천국인 싱가포르지만 할인율 70~80%의 파격 세일을 자랑하는 한 달간의 GSS 기간에는 거리 곳곳이 쇼핑백을 든 사람으로 가득하다. 제대로 쇼핑을 즐기고 싶다면 이 기간을 노릴 것!

🏃 마리나 베이, 오차드 로드 등 주요 쇼핑몰

8월

Ⓗ 독립 기념일 National Day
8월 9일

싱가포르가 1965년 말레이시아로부터 독립 국가가 된 것을 기념하는 날로, 싱가포르에서 가장 큰 국가 행사다. 행사 당일에는 독립 기념일 퍼레이드 행사를 진행하는데, 싱가포르 공군의 에어쇼와 군사 퍼레이드, 다양한 민족의 전통 공연이 펼쳐지며 화려한 불꽃놀이로 막을 내린다. 공식 행사는 8월 9일이지만 3주 전부터 주말에 진행되는 리허설 때도 불꽃놀이를 볼 수 있으니 일정이 맞는다면 구경해보자. 건물 곳곳에 걸린 싱가포르 국기 물결과, 국기 색깔인 빨간색과 흰색 옷을 맞추어 입고 축제를 즐기는 현지인의 모습이 장관을 이룬다. 특히 마리나 베이의 아름다운 도시 경관을 환하게 밝히는 불꽃놀이는 잊지 못할 추억을 선사한다.

🏃 마리나 베이를 포함한 싱가포르 전역

싱가포르 나이트 페스티벌
Singapore Night Festival
8월 중순~하순

싱가포르의 오래된 문화유산 지역을 밝히는 야간 행사로 올드 시티 일부와 부기스 지역의 랜드마크를 중심으로 조형물이 설치되고 거리 공연과 문화 행사가 펼쳐진다. 나이트 페스티벌의 하이라이트는 싱가포르 국립 박물관과 차임스 건물을 거대한 캔버스 삼아 펼쳐지는 미디어 아트. 매년 날짜가 바뀔 수 있으니 정확한 날짜는 홈페이지를 참고하자.

🏃 올드 시티, 부기스 일대　🏠 www.nightfestival.gov.sg

9월

F1 싱가포르 그랑프리
F1 Singapore Grand Prix
9월 중순~10월 초순 • 2025년 10월 3~5일

국제자동차연맹(FIA)이 주최하는 세계 최고의 자동차 경주다. 싱가포르 F1이 특별한 점은 바로 시원한 야간에 진행된다는 점, 랜드마크가 모여 있는 마리나 베이와 시내 중심가의 실제 도로를 막아 4.94km 길이의 마리나 베이 스트리트 서킷을 만든다는 점이다. 행사 기간에는 도심 전체가 축제 분위기로 들썩거리는데, 호텔 비용 또한 평소보다 2배 이상 비싸진다는 점을 염두에 두자. 그리고 도로가 통제되는 구간이 많기 때문에 택시보다는 가급적 MRT를 이용할 것을 추천한다.

🚶 마리나 베이, 올드 시티 일대

중추절 Mid-Autumn Festival
음력 8월 15일 • 2025년 10월 6일

우리의 추석과 같은 중추절은 중국계 민족에게는 큰 명절이지만 공휴일은 아니다. 추수를 감사하며 달에 소원을 빌고 보름달 모양의 월병Mooncake을 나눠 먹는다. 호텔마다 자체적으로 다양한 맛의 월병을 제작해 한 달 전부터 홍보가 시작되며, 백화점이나 시내 곳곳에서도 월병 시식과 판매가 이루어진다. 차이나타운 거리는 대형 등으로 장식되어 중추절 행사를 더욱 뜨겁게 달군다.

🚶 차이나타운, 오차드 로드

10~11월

Ⓗ 디파발리 Deepavali
10월 중순~11월 중순 • 2025년 10월 20일

'빛의 축제'라고도 불리는 힌두교 최대의 명절. 힌두력으로 여덟 번째 달 15일에 해당하는 날로 선이 악을 물리친 것을 기념하는 축제다. 인도계 가정에서는 집집마다 등을 환하게 밝히고 리틀 인디아를 중심으로 디파발리를 즐기기 위한 길거리 장터와 재미난 행사가 펼쳐진다. 리틀 인디아를 관통하는 세랑군 로드에는 대형 아치와 함께 눈부신 거리 조명 장식이 설치되어 마치 크리스마스를 방불케 한다.

🚶 리틀 인디아

12월

Ⓗ 크리스마스 Christmas Day
12월 25일

예수 탄생을 기념하는 기독교 명절로, 무려 11월 말부터 오차드 로드에는 매년 새로운 테마로 눈부신 크리스마스 장식과 조명이 설치되어 장관을 이룬다. 주요 쇼핑몰에서는 크리스마스와 새해를 맞아 다양한 할인 행사가 진행되며, 가든스 바이 더 베이 식물원에서는 '크리스마스 원더랜드' 행사가 펼쳐지니 놓치지 말자. 싱가포르에서 만나는 한여름의 크리스마스도 색다른 경험이 될 것이다.

🚶 오차드 로드, 마리나 베이

마리나 베이 카운트다운 Marina Bay Countdown
12월 31일

1년의 마지막 날 카운트다운을 하며 기쁜 마음으로 새해를 맞이하는 행사로 신나는 공연과 조명쇼, 화려한 불꽃놀이를 볼 수 있다. 현지인, 관광객 할 것 없이 많은 사람이 모이는 행사이니 안전에 주의하자.

🚶 마리나 베이

싱가포르만의 문화,
호커 문화 & 페라나칸

호커센터
Hawker Centre

호커센터는 싱가포르 사람들이 적어도 하루 한 끼 이상을 해결하는 곳으로 싱가포르의 식문화를 이야기할 때 빼놓을 수 없는 아주 중요한 개념이다. 호커Hawker란 거리에서 음식을 파는 행상을 뜻하는 말로, 1970년대 리콴유 총리가 복잡한 거리를 정화하기 위해 호커들이 모여 장사할 수 있는 호커센터를 만들어주면서 본격적으로 시작되었다. 현재 싱가포르에는 110군데 이상의 호커센터가 있으며, 저렴한 가격으로 다양한 종류의 음식을 맛볼 수 있어 여행자에게도 큰 사랑을 받는다. 다문화의 영향으로 중식, 말레이식, 인도식, 양식뿐 아니라 한식이나 일식까지 정말 다양한 음식이 모여 있다는 점과 인종, 성별, 나이, 사회적 배경 등에 관계 없이 누구나 한 끼 식사를 해결하며 서로 소통하는 공동체 결속의 장이라는 점에서 싱가포르의 호커 문화는 2020년 유네스코 무형문화유산으로 등재되었다.

호커센터 이용 방법

• 카드를 받지 않는 곳이 많으므로 현금을 반드시 준비해 가자.
• 테이블 위에 휴대용 휴지가 올려져 있다면 자리를 맡아 두었다는 뜻이다. 우리도 같은 방법으로 자리를 맡고 음식을 주문하러 가면 된다.
• 어떤 음식을 먹어야 할지 모르겠다면 가장 줄이 긴 집으로 가보자. 보통 줄이 긴 곳이 맛집이다.
• 식사 후 빈 그릇은 반드시 퇴식대에 반납해야 한다. 미반납시 1차 위반은 서면 경고, 2차 위반 시 벌금 $300이다.

싱가포르식 커피, 코피 Kopi

커피를 좋아하는 사람이라면 싱가포르식 로컬 커피에 도전해 보자. 어려운 F발음이 없이 한국어와 비슷하게 '코피'라고 부르는데, 연유를 넣어 달콤하면서도 특유의 구수한 커피 향이 느껴진다. 그 향의 비밀은 로부스타 원두를 사용하기 때문인데, 로부스타 원두는 아라비카 원두에 비해 쓴맛이 강하고 풍미도 적어 로스팅할 때 버터(또는 마가린)와 설탕을 넣고 캐러멜화 하여 진한 풍미를 더해준다. 커피를 내릴 때는 양말처럼 생긴 커피 삭Coffee Sock에 잘 갈은 원두를 넣고 뜨거운 물을 여러 번 통과시켜 거품을 내어 부드러운 맛을 살리고, 취향에 따라 연유나 설탕, 우유를 섞어서 마신다.

그러나 막상 호커센터나 카페에서 커피를 주문할 때는 암호 같은 메뉴판에 당황할 수 있다. 대부분 영어로 주문이 가능하니 크게 걱정할 필요는 없으나, 현지어를 써주면 센스 있는 여행자가 될 수 있다. 규칙을 알면 굉장히 쉽지만 기억하기 어렵다면 내 취향의 음료 이름만이라도 알아두자. 앞에 코피Kopi 대신 '테Teh'를 넣으면 홍차를 의미한다.

코피 주문 방법

기본편

Kopi [코피] 블랙커피 + 연유

★ 연유가 들어간 달콤한 밀크 커피로 싱가포르식 커피의 근본이다.

Kopi O [코피 오] 블랙커피 + 설탕

★ 알파벳 O는 한자의 검을 오烏에서 유래된 것으로 '블랙커피'를 뜻한다.

Kopi C [코피 씨] 블랙커피 + 설탕 + 무가당 우유

★ 알파벳 C는 한자의 신선할 선鮮, xian에서 유래되었으며, 싱가포르식 커피를 탄생시킨 하이난 출신 사람들은 '씨'로 발음하므로 C로 굳어졌다. 연유 대신 신선한 우유가 들어간 '밀크 커피'를 뜻한다.

온도 조절

Peng [뼁] 아이스(찬 음료)로 주세요.

★ 뼁은 한자의 얼음 빙冰을 의미하며, 시원하게 마시려면 내가 고른 커피 이름 맨 뒤에 붙이면 된다.

양 조절

Gao [까오] 진하게 해주세요(커피 많이).
Po [포] 연하게 해주세요(물 많이).

★ '코피 오'는 기본적으로 진한 편이어서 조금 연하게 마시고 싶다면 '코피 오 포'라고 외쳐보자.

단맛 조절

Kosong [코쏭] 설탕은 빼 주세요.
Siew Dai [씨우따이] 설탕은 조금만 넣어주세요.
Ga Dai [가따이] 설탕을 더 넣어주세요.

★ 단맛 조절을 원한다면 내가 고른 커피 이름 뒤에 코쏭, 씨우따이, 가따이를 붙인다. 한국인 입맛에 가따이는 너무 달아서 쓸 일은 없을 것. 코쏭과 씨우따이는 기억해두면 좋다.

싱가포르 여행을 하다 보면 페라나칸이라는 말을 심심치 않게 발견할 수 있다. 페라나칸이란 '현지에서 태어난'이라는 뜻으로 중국, 인도, 아랍 등지에서 건너온 상인들과 현지 말레이 여인 사이에서 태어난 혼혈 민족을 의미한다. 싱가포르에는 중국계 페라나칸 민족이 대다수이며, 페라나칸 여성은 논야Nonya, 남성은 바바Baba라고 부른다. 페라나칸 민족은 일찍이 무역과 상업에 종사하며 부를 이루었으며 중국식과 말레이식, 서양식이 혼합된 독특하면서도 화려한 페라나칸 문화를 형성했다. 페라나칸 문화가 궁금하다면 페라나칸 박물관에 방문해보자. 오차드 로드의 에메랄드 힐이나 동부의 카통 & 주치앗 지역에서는 부유한 페라나칸인이 거주했던 화려한 장식의 숍하우스도 만나볼 수 있다.

페라나칸
Peranakan

음식

논야들은 요리 솜씨가 매우 뛰어났는데, 말레이 음식을 기본으로 하면서 다양한 향신료를 조합한 페이스트 렘파Rempah와 코코넛밀크를 많이 사용한다. 또한 이슬람교에서는 금지된 돼지고기 같은 중국식 식재료를 사용하거나 중국식 조리법을 활용하는 특징을 가진다. 생각보다 향이 강하지 않아서 우리 입맛에도 잘 맞는 편이다. 대표 음식인 아얌 부아 컬루악Ayam Buah Keluak은 매콤한 그레이비소스에 닭고기를 넣고 끓인 음식으로 밥과 함께 곁들여 먹는다. 부아 컬루악은 밤톨보다 조금 큰 견과류로 원래 독성이 있어 오랜 시간 특별한 처리를 해야 안전하게 즐길 수 있다. 쌉싸름하면서도 고소한 특유의 맛이 있다. 우리의 갈비찜과 비슷한 비프 렌당Beef Rendang과 통삼겹살을 된장과 비슷한 소스에 졸여낸 바비 퐁테Babi Pongteh도 맛있다. 싱가포르 대표 음식이기도 한 국수 요리 락사Laksa도 본래 페라나칸 음식이다.

전통 의상

논야들은 손재주가 뛰어나 자수와 비즈 공예에도 뛰어난 능력을 보였고, 그들의 의상에도 그대로 반영되었다. 페라나칸 스타일 블라우스, 논야 커바야Nonya Kebaya는 꽃, 나비, 새 등 다양한 패턴의 자수가 특징이며 짧고 몸에 딱 맞아서 긴 바틱 사롱 스커트와 잘 어울린다. 논야들의 사롱 커바야 패션은 아주 작고 반짝이는 비즈를 손으로 꿰어 만든 슬리퍼 카숏 마넥Kasut Manek까지 신어 줘야 완성이다.

도자기

'논야 자기Nonyaware'라고도 불리는 페라나칸 스타일 도자기는 부유한 페라나칸 민족이 직접 취향에 맞게 주문 제작한 것으로 중국식 도자기와는 다르게 분홍, 노랑, 하늘색 등 파스텔 톤으로 매우 화려하고 모란, 나비, 봉황, 용 등 부와 풍요로움을 상징하는 무늬가 생동감 있게 그려져 있어 독특한 아름다움을 자랑한다.

알고 보면 재미있는
싱가포르 역사

14세기
싱가푸라의 탄생

약 700년 전 싱가포르는 '물로 둘러싸인 땅'이라는 의미의 테마섹 Temasek으로 불렸다. 그러다 1299년 지금의 인도네시아 수마트라 섬, 팔렘방 지역의 상닐라우타마Sang Nila Utama 왕자가 사냥을 나왔다가 바다 건너 반짝이는 테마섹섬을 발견했다. 우여곡절 끝에 섬에 도착하자마자 희한한 동물이 앞을 가로막았다. 모두들 그 동물이 사자라고 믿었고, 이를 좋은 징조로 여긴 왕자는 이곳에 새로운 나라를 세우고 '싱가푸라Singapura'라는 이름을 붙였다. 산스크리트어로 싱가Singa/Simha는 사자라는 뜻이고 푸라Pura는 도시라는 뜻이다.

1819년
래플스 경 상륙 및 영국 식민지 시대

싱가포르의 본격적인 역사는 1819년 영국인 토머스 스탬퍼드 래플스 경이 상륙하며 시작된다. 영국은 당시 동남아시아 항로와 향신료 무역을 독점하던 네덜란드를 피해 새로운 항구가 필요했다. 래플스 경은 동서양을 잇는 거점에 위치한 싱가포르의 좋은 입지 조건을 한눈에 알아보았다. 그러나 당시 싱가포르는 이미 네덜란드와 파트너십을 맺고 있던 조호 왕국에 속해 있어서 영국 항구를 세우는 일은 불가능해 보였다. 그러나 래플스 경은 왕위 다툼에서 밀려난 첫째 왕자 후세인을 찾아 싱가포르의 새로운 술탄(왕)으로 세우며 끝내 조약을 맺었고, 싱가포르 항구를 관세가 없는 자유 무역항으로 선포했다. 싱가포르가 세계적인 무역항으로 발전한 데는 래플스 경의 공이 크다. 그래서 지금도 싱가포르에서는 '건국의 아버지'라 불리며 래플스 경의 동상과 래플스 호텔, 래플스 시티 쇼핑센터, MRT 래플스 플레이스 역 등 그의 이름을 곳곳에서 발견할 수 있다. 1826년 싱가포르는 말라카, 페낭과 함께 해협 식민지 Straits Settlements로 동인도회사의 지배를 받다가 1867년부터는 영국이 직접 통치하는 본격적인 대영제국 식민지로 편입되었다. 이후 수에즈 운하가 열리면서 유럽과 아시아 간 항해 시간이 3분의 1로 줄어들고 교역량이 폭증하면서 싱가포르는 영국의 대표 항구로 세계의 주목을 받게 된다.

1963년
말레이 연방과 합병하여 말레이시아 건립

작은 나라 싱가포르가 완전한 독립을 이루기 위해서는 말레이 연방과의 합병이 필수적이었다. 1963년 싱가포르는 말레이 연방, 보르네오섬의 사바, 사라왁 지역과 합병하여 말레이시아라는 새로운 연방 국가가 되었다.

1965년
독립국가 싱가포르

아쉽게도 합병의 결과는 성공적이지 못했다. 말레이시아와 싱가포르는 각종 정책에 대해 이견을 보였고, 특히 말레이시아 연방 정부에서 말레이계 우대 정책을 시행하며 인종 갈등이 촉발되어 폭동까지 일어났다. 결국 2년을 채 넘기지 못한 1965년 8월 9일 싱가포르는 말레이시아에서 분리 독립 되었다. 분리 독립이 결정되었을 때 리콴유 총리가 생중계 영상에서 눈물을 보인 일은 매우 유명한 장면으로 싱가포르 사람들의 마음 속에 깊이 남아 있다. 그러나 리콴유 총리의 약속대로 싱가포르는 빠른 경제 성장을 이루어냈고 다양한 민족이 조화를 이루며 살아가는 글로벌 도시국가로 발돋움하였다.

1942~1945년
쇼난토(일제 강점기)

평화와 번영을 누리던 싱가포르에도 제2차 세계대전의 그림자가 드리운다. 수적인 우세에도 영국 연합군은 1942년 2월 15일 일본에 항복했고, 역사상 가장 큰 영국군의 참패로 기록되었다. 일본은 나라 이름을 '남쪽의 등불'이라는 뜻의 쇼난토Syonanto로 바꾸고 약 3년 반 동안 싱가포르를 지배했는데, 많은 연합군과 시민이 학살당했고, 창씨개명과 일본어 교육을 강요하는 등 우리나라와 비슷한 고통을 겪었다. 1945년 일본이 항복하며 쇼난토 시대는 막을 내렸고, 싱가포르는 다시 영국의 식민지가 되었다.

1959년
리콴유 초대 총리와 자치 정부 수립

제2차 세계대전 이후 싱가포르는 독립에 대한 열망이 커져만 갔다. 특히 영국에 대한 실망감으로 반식민주의 정서와 민족주의가 확산되며, 1959년 싱가포르 최초의 총선이 열렸다. 이 선거에서 인민행동당People's Action Party이 압승을 거두었고, 당 대표이던 리콴유Lee Kuan Yew가 초대 총리가 되며 싱가포르의 첫 자치 정부가 탄생했다.

알아두면 유용한
싱가포르 현지 생활 정보

좌측통행

영국 통치의 영향으로 자동차와 보행자 모두 좌측통행이 원칙이다. 차량 통행 방향이 한국과 반대이므로 길을 건널 때는 반드시 우측에서 차가 오는지 확인해야 한다. 에스컬레이터에서는 한국과 반대로 왼쪽이 서서 올라가는 줄이고, 오른쪽이 급한 사람들이 걸어 올라가는 줄이다.

싱글리시

우리나라에 콩글리시가 있다면 싱가포르에는 싱글리시가 있다! 싱가포르 공식 언어에 영어가 포함되지만 중국계, 말레이계, 인도계 등 여러 민족이 모여 살기 때문에 다양한 언어의 영향을 받아 싱가포르만의 독특한 싱글리시가 생겨났다. 특유의 액센트와 발음으로 처음에는 알아듣기 어렵지만, 나름의 체계를 갖는다. 영어 단어를 사용하되 중국어 문장의 어순을 따르기도 하고, 문장 끝에 'lah', 'leh', 'mah' 등의 접미사를 붙여 같은 말이라도 미묘한 뜻 차이를 만들기도 한다. 또한 본토 영어에는 없는 싱글리시에만 있는 단어도 있으니 몇 가지 알아 두면 은근 유용하게 사용할 수 있다.

일상에서 자주 쓰이는 싱글리시 표현

- Can / Cannot ◀〕 캔/캔낫 가능하다 / 불가능하다
- Alamak ◀〕 알라막 어머, 아이쿠, 저런
- Makan ◀〕 마깐 식사, 먹다
- Dabao ◀〕 따빠오 포장, 테이크아웃
- Chope ◀〕 촙 자리를 맡다
- Shiok ◀〕 시옥 맛있다, 끝내주게 좋다

강력한 실내 냉방

리콴유 초대 총리는 더운 날씨에서 의욕과 생산성이 떨어지는 것을 방지하고자 공공기관과 사무실에 에어컨 설치를 의무화했으며, 에어컨을 20세기 최고의 발명품이라 칭한 바 있다. 강력한 냉방 덕분에 중심업무지구(CBD)에서는 긴팔 옷에 재킷까지 입은 직장인을 흔히 볼 수 있었다. 그러나 최근에는 싱가포르도 지속 가능한 성장을 중요하게 여겨 탄소 배출량 감소를 위해 실내 온도를 25도로 유지하도록 권고하고 있어 예전처럼 너무 추운 정도는 아니다.

비와 태양을 피하는 법

싱가포르에는 건물을 잇는 지하 통로와 그늘막이 곳곳에 설치되어 있어 잘 이용하면 갑자기 쏟아지는 비와 뜨거운 햇빛을 피해 다닐 수 있다. 특히 MRT역 출구로 나오면 가장 가까운 버스 정류장까지는 반드시 그늘막이 이어져 있어 환승 시에도 비를 맞지 않고 대중교통 이용이 가능하다.

벌금의 도시

별명 부자 싱가포르는 '파인 시티Fine City'로도 불리는데, 좋은 도시라는 뜻도 되지만 벌금의 도시라는 뜻도 된다. 싱가포르에는 지켜야 할 법규와 벌금 제도가 많지만 공공장소에서의 기본적인 규칙만 잘 지킨다면 크게 걱정할 필요는 없다. 막상 현지에서 무단 횡단을 하는 등 사회 규범을 위반하는 사람을 종종 볼 수 있는데 사복 경찰이 상시 단속하니 조심하는 것이 상책이다.

꼭 알아두면 좋은 싱가포르 벌금 제도

- 도로 무단 횡단
  $200~1,000 벌금 / 3개월 이하 징역
- 대중교통(버스, MRT) 내 음식, 음료 취식
  $500 이하 벌금
- 쓰레기 무단 투기
  $300~2,000 벌금 / 3개월 이하 징역
- 껌(반입 금지 품목) 판매
  $20,000 이하 벌금 / 2년 이하 징역
- 흡연 구역 외 흡연
  $1,000 이하 벌금 / 3개월 이하 징역
- 전자 담배(반입 금지 품목) 판매
  $10,000 이하 벌금 / 6개월 이하 징역
- 공공장소에서 22:30~07:00 동안 음주
  최대 $1,000 벌금
- 공공장소에서 고성방가, 노숙
  $1,000 벌금 / 1개월 이하 징역
- 숙소나 집 안에서 나체 모습을 밖에서 보이게 노출
  $2,000 벌금 / 3개월 이하 징역
- 새 모이 주기 $500 이하 벌금
- 공중 화장실에서 변기 사용 후 물 내리지 않기
  $150 벌금
- 호커센터(푸드 코트)에서 그릇 미반납
  1차 서면 경고, 2차 위반 시 $300 벌금

주류 구매 제한 시간

밤 10시 30분 이후부터 다음 날 아침 7시 사이에는 슈퍼마켓이나 편의점에서 술을 판매하지 않으며, 공공장소에서의 음주도 금지된다. 술집이나 음식점에서는 음주가 가능하지만 그마저도 자정 전까지만 가능하다. 늦은 밤 숙소에서 한잔하고 싶다면 밤 10시 30분 전에 미리 구입해두자.

음식점에서

바로 안으로 들어가지 않고 입구에서 종업원에게 몇 명인지 말하면 자리를 안내해준다. 생수는 유료지만, 수돗물(탭 워터)도 괜찮다면 요청 시 무료로 제공된다.

HDB 공공아파트

싱가포르를 여행하다 보면 아파트 베란다에 설치된 긴 장대 위로 빨래를 말리는 모습을 볼 수 있어 정겹다. 바로 싱가포르 주택개발청(HDBHousing and Development Board)에서 지은 공공아파트인데, 2023년 기준 싱가포르 국민의 약 78%가 HDB 아파트에 거주한다. 99년 임대이기는 하나, 분양받은 후 5년 간의 실거주 의무 기간이 지나면 시장 가격으로 매매가 가능하다는 점에서 사실상 자가 주택으로 봐도 무방하며, HDB 아파트 거주자의 약 90%가 그 집을 소유해 높은 자가 보유율을 자랑한다. HDB 아파트는 시내 중심가를 제외하고 항상 MRT역에서 가까운 초역세권에 위치하며 단지 안에는 병원, 학교, 시장 등이 있어 생활하기 편리하다. 최근에는 국민의 생활 환경과 삶의 질 향상을 위해 민간 기업에서 지은 아파트 같은 초고층의 멋진 디자인과 다양한 편의시설도 갖춰가는 중이다.

추천 여행 코스

COURSE ①
단기 집중 2박 3일 코스

주말이나 짧은 휴가를 활용하는 여행자를 위한 집중 코스. 빠빠한 일정인 만큼 선택과 집중이 필요하다. 싱가포르 대표 여행지 위주로 공략하자.

♠ **추천 숙소** 짧은 일정이므로 교통이 편리한 싱가포르 시내 중심가에 한 곳을 정해 머무는 것을 추천한다.

스탑오버 여행자를 위한 속성 여행

싱가포르에서 단 몇 시간을 머무르더라도 핵심만 쏙쏙 골라 보는 코스. 시간 절약을 위해 이동은 최대한 택시를 이용하는 것을 추천한다.

○ **주얼 창이 공항** 레인 볼텍스 감상 및 쇼핑

　택시 20분

○ **멀라이언 공원** 멀라이언과 인증 사진

　택시 5분 / 도보 15분

○ **클락 키** 점보 시푸드에서 칠리크랩으로 저녁 식사

　도보 5분

○ **리버 크루즈** 야경 감상

　마리나 베이 샌즈 앞에서 하선 / 클락 키에서 택시 10분

○ **마리나 베이 샌즈** 스펙트라 쇼 감상

　도보 20분

○ **가든스 바이 더 베이** 가든 랩소디 쇼 감상

　택시 10분 / 도보 20분

○ **라우파삿** 시원한 맥주와 사테 즐기기
　세라비/랜턴 루프톱 바에서 칵테일

　택시 20분

○ **창이 공항**

DAY 1

싱가포르 중심지 & 야경 포인트

○ **14:00** 창이 공항 도착 후 숙소 체크인

　택시 / MRT

○ **16:00** MRT 시티홀 역

　도보 5분

○ **16:05 올드 시티**
　• 래플스 호텔 구경 및 기념품점 쇼핑
　• 롱 바에서 싱가포르 슬링 맛보기

　도보 10분

○ **17:00** 싱가포르 국립 미술관 관람

　택시 10분 / 도보 15분

○ **18:30 리버사이드**
　클락 키의 점보 시푸드에서 칠리크랩으로 저녁 식사

　도보 10분

○ **20:00** 리버 크루즈 탑승 및 야경 즐기기

　택시 10분

○ **21:30 차이나타운 & CBD**
　라우파삿에서 맥주와 사테 즐기기

DAY 2

다문화 체험 & 마리나 베이

○ **09:00** MRT 부기스 역

　도보 10분

○ **09:10 부기스 & 캄퐁글람**
　잠잠 또는 블랑코 코트 프론 미에서 아침 식사

　도보 3분

○ **10:00** • 술탄 모스크 관람
　• 아랍 스트리트, 하지 레인에서 벽화 관람 및 기념품 쇼핑

　MRT 15분

○ **12:00** MRT 차이나타운 역

도보 5분

🜚 **12:10 차이나타운 & CBD**
맥스웰 푸드센터 또는 동북인가에서 점심 식사

도보 3~5분

🜚 **13:30** • 싱가포르 시티 갤러리, 불아사, 스리 마리암만
사원 관람
• 파고다 & 트랭가누 스트리트에서 기념품 쇼핑

도보 10분

🜚 **15:30** 야쿤 카야 토스트에서 간식

도보 10분

🜚 **16:30** 캐피타스프링의 스카이 가든 전망대

도보 10분

🜚 **17:30 리버사이드**
• 보트 키 산책
• 싱가포르 강변의 다리와 거리 예술 작품 감상

도보 10분

🜚 **18:00 차이나타운 & CBD**
멀라이언 공원에서 인증 사진

택시 5분 / 도보 15분

🜚 **18:40 마리나 베이**
더 숍스 앳 마리나 베이 샌즈에서 저녁 식사

도보 5분

🜚 **20:00** 마리나 베이 샌즈 앞에서 스펙트라 쇼 감상

도보 15분

🜚 **20:45** 가든스 바이 더 베이의 슈퍼트리 아래 누워
가든 랩소디 쇼 감상

택시 10분

🜚 **21:30 차이나타운 & CBD**
랜턴에서 칵테일 한잔하며 야경 즐기기

DAY 3

열대 자연 여행

🜚 **09:00** 숙소 체크아웃 및 짐 맡기기

택시 10~15분

🜚 **09:30 오차드 로드**
싱가포르 보타닉 가든 관람

택시 10분

🜚 **11:30** 와일드 허니에서 브런치 후 간단한 쇼핑

택시 15분 / MRT 15분

🜚 **14:00 마리나 베이**
가든스 바이 더 베이의 플라워 돔,
클라우드 포레스트 관람

택시 / MRT

🜚 **16:00** 숙소에서 짐 찾아서 공항 가기

택시 30분

🜚 **16:30** • 창이 공항 도착
• 주얼 창이 관람
• GST 환급 및 마지막 쇼핑 즐기기

COURSE ②
정석대로 핵심 3박 4일 코스

싱가포르의 주요 명소를 구석구석 돌아보고 먹방도 찍을 수 있어서 가장 많은 여행자가 선택하는 정석 코스. 떠날 때 살짝 아쉬운 마음이 들 수 있는 일정으로 언젠가 다시 오고 싶어질 것이다.

🔺 **추천 숙소** 비교적 짧은 일정이므로 교통이 편리하면서도 휴식을 취하기 좋고, 취향에 따라 수영도 즐길 수 있는 시내 중심가 호텔 한 곳을 정해 머무는 것을 추천한다.

DAY 1

싱가포르 중심지 & 야경 포인트

○ **14:20** 창이 공항 도착 후 숙소 체크인

  택시 / MRT

○ **16:30 차이나타운 & CBD**
  멀라이언 공원에서 인증 사진

  도보 15분

○ **17:30 마리나 베이**
  더 숍스 앳 마리나 베이 샌즈 구경 및 저녁 식사

  도보 5분

○ **20:00** 마리나 베이 샌즈 앞에서 스펙트라 쇼 감상

  도보 15분

○ **20:45** 가든스 바이 더 베이의 슈퍼트리 아래 누워 가든 랩소디 쇼 감상

  도보 15분

○ **21:30** 세라비에서 칵테일 한잔하며 야경 즐기기

DAY 2

다문화 & 로컬 라이프 체험

○ **09:00** MRT 텔록 아이어 역

  도보 5분

○ **09:05 차이나타운 & CBD**
  야쿤 카야 토스트에서 아침 식사

  도보 10분

○ **10:00** 싱가포르 시티 갤러리 관람

  도보 10분

○ **11:00** • 불아사, 스리 마리암만 사원 관람
         • 파고다 & 트랭가누 스트리트에서 기념품 쇼핑

  도보 10분

○ **12:00** 동북인가 또는 맥스웰 푸드센터에서 점심 식사

  택시 10분 / MRT 20분

○ **13:30 부기스 & 캄퐁글람**
  • 술탄 모스크 관람
  • 아랍 스트리트, 하지 레인에서 벽화 관람 및 기념품 쇼핑

  도보 3분

○ **14:30** 잠잠에서 간식으로 무르타박과 테 타릭

  택시 5분 / 도보 15분

○ **15:30 올드 시티**
  • 래플스 호텔 구경 및 기념품점 쇼핑
  • 롱 바에서 싱가포르 슬링 맛보기

  도보 10분

○ **16:30** 싱가포르 국립 미술관 또는 박물관 관람

  택시 5분 / 도보 15분

○ **18:30 리버사이드**
  클락 키의 점보 시푸드에서 칠리크랩으로 저녁 식사

  도보 10분

○ **19:30** 리버 크루즈 탑승 및 야경 즐기기

  택시 10분

○ **21:00 차이나타운 & CBD**
  라우파삿에서 맥주와 사테 즐기기

DAY 3

유니버설 스튜디오 싱가포르 & 센토사섬

○ 09:30 • MRT 하버프런트 역
       • 비보시티에서 아침 식사

센토사 익스프레스 3분

○ 09:45 리조트 월드 역

도보 3분

○ 10:00 **센토사섬 & 하버프런트**
       유니버설 스튜디오 싱가포르

내부

○ 13:00 유니버설 스튜디오 내 점심 식사

센토사 익스프레스 5분

○ 16:00 비치 역

도보 3분

○ 16:30 스카이라인 루지 탑승

도보 10분

○ 17:30 실로소 비치에서 인증 사진

도보 3분

○ 18:00 트라피자에서 석양을 즐기며 저녁 식사

도보 10분

○ 19:40 윙스 오브 타임 관람

도보 3분

○ 20:00 센토사 센소리스케이프 산책하며 마무리

DAY 4

열대 자연 여행

○ 09:00 숙소 체크아웃 및 짐 맡기기

택시 10~15분

○ 09:30 **오차드 로드**
       싱가포르 보타닉 가든 관람

택시 10분

○ 11:30 와일드 허니에서 브런치 후 간단한 쇼핑

택시 10분 / MRT 15분

○ 14:00 **마리나 베이**
       가든스 바이 더 베이의 플라워 돔,
       클라우드 포레스트 관람

택시 / MRT

○ 16:00 숙소에서 짐 찾아서 공항 가기

택시 30분

○ 16:30 • 창이 공항 도착
       • 주얼 창이 관람
       • GST 환급 및 마지막 쇼핑 즐기기

COURSE ③
느긋하게 즐기는 4박 5일 코스

로맨틱한 싱가포르 보타닉 가든에서 산책 후 예쁜 카페를 찾아 현지인처럼 여유롭게 브런치도 즐겨보자. 팍팍했던 일상을 벗어나 싱가포르의 자연을 경험하며 호텔에서 수영도 즐기고 맛집도 섭렵할 수 있는 최적의 일정을 소개한다.

♠ **추천 숙소** 3박은 싱가포르 시내 중심가에서 지내고, 하루쯤은 센토사섬에 숙소를 잡아 머물며 휴양지 기분을 만끽해도 좋다.

DAY 1

싱가포르 중심지 & 야경 포인트

○ **14:20** 창이 공항 도착 후 숙소 체크인

택시 / MRT

○ **16:30** **차이나타운 & CBD**
멀라이언 공원에서 인증 사진

도보 15분

○ **17:30** **마리나 베이**
더 숍스 앳 마리나 베이 샌즈 구경 및 저녁 식사

도보 5분

○ **20:00** 마리나 베이 샌즈 앞에서 스펙트라 쇼 감상

도보 15분

○ **20:45** 가든스 바이 더 베이의 슈퍼트리 아래 누워 가든 랩소디 쇼 감상

도보 15분

○ **21:30** 세라비에서 칵테일 한잔하며 야경 즐기기

DAY 2

다문화 & 로컬 라이프 체험

○ **09:00** MRT 텔록 아이어 역

도보 5분

○ **09:05** **차이나타운 & CBD**
야쿤 카야 토스트에서 아침 식사

도보 10분

○ **10:00** 싱가포르 시티 갤러리 관람

도보 10분

○ **11:00** • 불아사, 스리 마리암만 사원 관람
• 파고다 & 트랭가누 스트리트에서 기념품 쇼핑

도보 10분

○ **12:00** 동북인가 또는 맥스웰 푸드센터에서 점심 식사

택시 10분 / MRT 20분

○ **13:30** **부기스 & 캄퐁글람**
• 술탄 모스크 관람
• 아랍 스트리트, 하지 레인에서 벽화 관람 및 기념품 쇼핑

도보 3분

○ **14:30** 잠잠에서 간식으로 무르타박과 테타릭

택시 5분 / 도보 15분

○ **15:30** **올드 시티**
• 래플스 호텔 구경 및 부티크 쇼핑
• 롱 바에서 싱가포르 슬링 맛보기

도보 10분

○ **16:30** 싱가포르 국립 미술관 또는 박물관 관람

택시 5분 / 도보 15분

○ **18:30** **리버사이드**
클락 키의 점보 시푸드에서 칠리크랩으로 저녁 식사

도보 10분

○ **19:30** 리버 크루즈 탑승 및 야경 즐기기

택시 10분

○ **21:00** **차이나타운 & CBD**
라우파삿에서 맥주와 사테 즐기기

DAY 3

쇼핑 여행

★ 쇼핑에 큰 관심이 없다면 오전에는 싱가포르 보타닉 가든 또는 가든스 바이 더 베이를 관람하고, 오후에는 만다이 야생동물 공원으로 이동해 싱가포르 동물원과 나이트 사파리를 관람하는 열대 자연 여행 일정으로 대체하자.

○ 09:00 **오차드 로드**
싱가포르 보타닉 가든 산책

택시 10분

○ 11:00 **뎀시 힐**
PS 카페에서 브런치

택시 10분

○ 12:30 **오차드 로드**
오차드 로드의 쇼핑몰에서 쇼핑

택시 15분 / MRT 15분

○ 14:00 **리틀 인디아**
무스타파 센터에서 기념품 쇼핑

도보 10분

○ 15:30 무투스 커리 또는 바나나 리프 아폴로에서
피시 헤드 커리로 늦은 점심 식사

택시 15분

○ 17:00 **마리나 베이**
가든스 바이 더 베이의 플라워 돔,
클라우드 포레스트 관람

도보 10분

○ 19:00 마리나 버라지에서 노을 및 야경 감상

택시 10분

○ 20:00 **리버사이드**
송파 바쿠테에서 늦은 저녁 식사

도보 10분

○ 21:00 브루웍스 또는 사우스브리지에서 맥주 한잔하며
야경 즐기기

DAY 4

유니버설 스튜디오 싱가포르 & 센토사섬

○ 09:30 ・MRT 하버프런트 역
・비보시티에서 아침 식사

센토사 익스프레스 3분

○ 09:45 리조트 월드 역

도보 3분

○ 10:00 **센토사섬 & 하버프런트**
유니버설 스튜디오 싱가포르

내부

○ 13:00 유니버설 스튜디오 내 점심 식사

센토사 익스프레스 5분

○ 16:00 비치 역

도보 3분

○ 16:30 스카이라인 루지 탑승

도보 10분

○ 17:30 실로소 비치에서 인증 사진

도보 3분

○ 18:00 트라피자에서 석양을 즐기며 저녁 식사

도보 10분

○ 19:40 윙스 오브 타임 관람

도보 3분

○ 20:00 센토사 센소리스케이프 산책하며 마무리

DAY 5

호텔 & 공항 만끽 여행

○ 10:00 ・느긋한 아침 식사 및 호텔 수영장에서 휴식
・숙소 체크아웃

내부

○ 12:30 숙소에서 짐 찾아서 공항 가기

택시 30분

○ 13:00 주얼 창이 관람 및 점심 식사

도보 5~10분

○ 14:30 ・창이 공항 도착
・GST 환급 및 마지막 쇼핑 즐기기

ONE DAY COURSE ①
인생 사진을 찍으러 다니는
사진 여행

여행을 오래 추억하는 방법 중 하나는 멋진 사진을 남기는 것! 다양한 문화에 영향을 받은 이국적인 거리와 건축물, 푸른 열대 자연과 함께 싱가포르의 감성이 가득한 잊지 못할 인증 사진을 찍으러 떠나보자.

- 싱가포르 보타닉 가든과 마리나 버라지는 웨딩 촬영 또는 스냅 사진 촬영지로도 유명하며, 올드 시티 내 차임스와 싱가포르 국립 미술관과 같은 유럽식 건축물도 인기 촬영지다.
- 여유로운 일정이라면 싱가포르의 독특한 감성이 담긴 숍하우스를 찾아가보자. 차이나타운의 케옹사익 로드, 클럽 스트리트와 안시앙 힐, 오차드 로드의 에메랄드 힐에 특히 예쁜 숍하우스가 모여 있다.

08:00 리버사이드
포트 캐닝 공원의 트리 터널에서 사진 남기기

도보 15분

09:00 티옹바루 베이커리에서 아침 식사

도보 5분

10:00 • 올드 힐 스트리트 경찰서에서 인증 사진
• 클락 키 강변을 배경으로 촬영

택시 10분

11:00 오차드 로드
싱가포르 보타닉 가든에서 밴드스탠드,
스완 레이크 등 촬영 포인트 찾기

택시 15분

12:30 부기스 & 캄퐁글람
블랑코 코트 프론 미 또는 잠잠에서 점심 식사

도보 3분

13:30 • 하지 레인, 아랍 스트리트에서 벽화 촬영
• 부소라 스트리트에서 술탄 모스크 배경으로
인생 사진 찍기

도보 2분

14:30 타릭 카페에서 테타릭 마시며 벽화 인증 사진

택시 15분 / MRT 20분

16:00 카통 & 주치앗
페라나칸 하우스 방문

도보 15분

17:30 328 카통 락사에서 저녁 식사

택시 15분 / MRT 20분

19:00 마리나 베이
마리나 버라지에서 마리나 베이 풍경 담기

도보 10분

19:45 가든스 바이 더 베이의 슈퍼트리 아래 누워
가든 랩소디 쇼 감상

도보 15분

21:00 마리나 베이 샌즈 앞에서 스펙트라 쇼 감상

도보 15분

21:30 차이나타운 & CBD
멀라이언 공원에서 멀라이언과 마리나 베이 샌즈
야경 담기

ONE DAY COURSE ②
저렴하게 즐기는
가성비 여행

물가 비싸기로 소문난 싱가포르지만 잘 찾아보면 큰 돈을 들이지 않고도 즐길 수 있는 것들로 가득하다. 입장료가 거의 없는 여행지와 현지인이 즐겨 먹는 착한 가격의 맛집 중심으로 소개한다. 저렴한 대중교통을 최대한 활용할 것을 추천한다.

- 싱가포르의 모든 공원(일부 유료 구간 제외)과 종교 사원은 누구나 무료로 입장이 가능하다. 싱가포르 국립 박물관과 국립 미술관에서 운영하는 자체 투어도 대부분 무료로 참여가 가능하며, 에스플러네이드에서는 주말이면 언제나 무료 공연이 진행된다.
- 여유로운 일정이라면 말레이시아 조호바루나 인도네시아 빈탄으로 당일치기 여행을 떠나도 좋다. 싱가포르보다 훨씬 저렴한 가격에 식사, 쇼핑, 마사지 등을 즐길 수 있다.

09:30 리틀 인디아
테카 센터에서 인도식 프라타로 아침 식사 후 시장 구경

도보 15분

11:00 · 스리 비라마칼리암만 사원 관람
· 리틀 인디아 아케이드에서 아이 쇼핑 또는 헤나 체험

MRT 10분 / 버스 10분

12:30 부기스 & 캄퐁글람
잠잠 또는 블랑코 코트 프론 미에서 점심 식사

도보 3분

13:30 · 술탄 모스크 관람
· 아랍 스트리트, 하지 레인의 벽화 관람

MRT 10분

15:00 차이나타운 & CBD
야쿤 카야 토스트에서 간식

도보 10분

16:00 · 싱가포르 시티 갤러리, 불아사, 스리 마리암만 사원 관람
· 파고다 & 트랭가누 스트리트에서 기념품 쇼핑

도보 15분

17:30 피나클 앳 덕스턴의 스카이 브리지에서 싱가포르 전경 감상

도보 10분

18:30 맥스웰 푸드센터에서 저녁 식사

MRT 10분

19:45 마리나 베이
가든스 바이 더 베이의 슈퍼트리 아래 누워 가든 랩소디 쇼 감상

도보 15분

21:00 마리나 베이 샌즈 앞에서 스펙트라 쇼 감상

도보 15분

21:30 차이나타운 & CBD
멀라이언 공원에서 마리나 베이 야경 감상

ONE DAY COURSE ③
자연 속에서 즐기는
어드벤처 여행

정원 속 도시를 추구하는 싱가포르는 언제나
자연과 가까이 함께할 수 있어 좋다.
평소 등산이나 야외 액티비티를 즐기는 여행자라면
싱가포르의 열대 자연을 온몸으로 느낄 수 있는
자연 속 모험을 떠나보자.

09:00 **오차드 로드**
싱가포르 보타닉 가든 산책

택시 10분 / 버스 15분

11:00 다시지아 빅 프론 미에서 점심 식사

택시 20분

12:30 **센토사섬 & 하버프런트**
팔라완 비치의 흔들다리 건너 아시아 최남단
포인트 방문

비치 셔틀 15분

14:30 메가 어드벤처 짚라인, 스카이라인 루지 체험

센토사 익스프레스 10분

17:30 비보시티에서 저녁 식사

택시 40분

19:30 **만다이 야생동물 공원**
나이트 사파리 체험

여유로운 일정이라면 마운트 페이버와 헨더슨 웨이브를 포함
하는 약 10km의 등산로인 '서던 리지스 트레일Southern Ridges
Trail'을 걷거나 마리나 베이에서 이스트 코스트 공원까지
10km가량의 산책로를 도보나 자전거로 즐겨도 좋다.

ONE DAY COURSE ④
아이들을 위한
맞춤 교육 체험 여행

깨끗하고 안전한 나라 싱가포르는 가족여행지로도
최적의 장소! 아이들의 기억에 오래 남을 즐거운 체험과
교육 프로그램으로 알찬 하루를 보내자.

- 초등학교 저학년 이하 어린이의 경우 싱가포르 국립 박물관
  대신 싱가포르 어린이 박물관 또는 싱가포르 국립 미술관 1층
  의 케펠 센터를 방문해도 좋다.
- 여유 있는 일정이라면 싱가포르 서쪽에 있는 사이언스센터
  Science Centre 또는 싱가포르 국립 대학교National University
  of Singapore 캠퍼스 방문을 계획해보자.

09:00 만다이 야생동물 공원
싱가포르 동물원에서 즐기는 아침 식사 체험

내부

10:30 동물쇼 & 먹이 주기 체험 및 점심 식사

택시 30분

14:30 올드 시티
싱가포르 국립 박물관에서 역사 배우기

택시 5분 / 도보 15분

16:00 싱가포르 국립 도서관 내 어린이 도서관 둘러보기

택시 10분 / MRT 15분

17:00 마리나 베이
아트사이언스 뮤지엄에서 퓨처 월드 체험
또는 더 숍스 앳 마리나 베이 샌즈의 디지털
라이트 캔버스 체험

도보 5분

19:00 더 숍스 앳 마리나 베이 샌즈에서 저녁 식사

도보 15분

20:30 싱가포르 플라이어 탑승

ONE DAY COURSE ⑤
어르신도 즐기는
여유로운 여행

1년 내내 무더운 싱가포르지만 잘만 계획하면
더위를 피해 많이 걷지 않고도 여행할 수 있다.
체력이 약한 여행자나 어르신도 편안하게
즐길 수 있는 코스를 따라가보자.

빅버스는 언제든 하차 후 재탑승이 가능하므로 자세히 돌아보
고 싶은 장소가 있다면 내려서 구경해도 좋다.

08:30 호텔 조식으로 아침 식사

택시 10~15분

09:30 마리나 베이
선텍 시티에서 빅버스 탑승(노란 노선) 후
마리나 베이 샌즈, 클락 키 등 주요 관광지를
버스 위에서 한국어 해설과 함께 관람

빅버스

10:20 오차드 로드
싱가포르 보타닉 가든에서 하차 후
국립 난초 정원 관람

빅버스

12:00 빅버스 탑승 후 오차드 로드, 래플스 호텔 등 관람

빅버스

13:00 마리나 베이
선텍 시티에서 하차 후 송파 바쿠테 또는
딘타이펑에서 점심 식사, 부의 분수 감상

도보 5분

14:30 선텍 시티에서 빅버스 탑승(빨간 노선) 후 리틀
인디아, 부기스 & 캄퐁글람, 차이나타운 & CBD
등 다문화 지역을 버스 위에서 해설과 함께 관람

빅버스 1시간

15:30 마리나 베이 샌즈 컨벤션센터에서 하차

도보 3분

15:40 마리나 베이
• 더 숍스 앳 마리나 베이 샌즈 구경
• 바샤 커피 또는 TWG 티에서 티타임

도보 10분

17:00 가든스 바이 더 베이의 플라워 돔,
클라우드 포레스트 관람

도보 3분

19:45 가든스 바이 더 베이의 슈퍼트리 아래 누워
가든 랩소디 쇼 감상

택시 10분

20:30 차이나타운 & CBD
팜 비치 시푸드에서 칠리크랩으로
늦은 저녁 식사하며 스펙트라 쇼 감상

도보 3분

22:00 멀라이언 공원의 멀라이언과 인증 사진

ONE DAY COURSE ⑥
아트 러버를 위한
예술 여행

역사는 짧은 편이지만 예술 발전을 위해
아낌없는 지원을 하는 싱가포르다.
예술에 관심이 많은 여행자라면 싱가포르만의
감성을 느낄 수 있는 예술 여행을 계획해보자.

○ **10:00 올드 시티**
　싱가포르 국립 미술관 관람

내부

○ **12:00** 내셔널 키친 바이 바이올렛 운에서 페라나칸
　음식으로 점심 식사

도보 3분

○ **13:30** 더 아트 하우스 관람

도보 1분

○ **14:00** 빅토리아 극장 & 콘서트홀 건축물 위주 관람

도보 3분

○ **14:30 차이나타운 & CBD**
　싱가포르강의 거리 예술 작품 감상

택시 10분

○ **15:30** 차이나타운 골목길 벽화 감상

택시 8분 / MRT 10분

○ **16:30 마리나 베이**
　아트사이언스 뮤지엄 관람

도보 3분

○ **18:30** 더 숍스 앳 마리나 베이 샌즈에서 저녁 식사

도보 10분

○ **19:30** 헬릭스 다리 건너기

도보 10분

○ **20:00** 에스플러네이드 관람 또는 공연 즐기기

- 싱가포르에는 연중 내내 재미있는 예술 행사가 펼쳐진다. 싱
가포르 아트 위크, 아이라이트 싱가포르, 싱가포르 나이트 페
스티벌 등의 일정도 살펴보자.
- 차이나타운 외에도 캄퐁글람, 리틀 인디아, 티옹바루 골목에
재미난 벽화들이 많으니 관심 있다면 찾아가보자.

PART 2

가장 멋진
싱가포르
테마 여행

밤을 수놓는 빛의 아름다움
싱가포르의 백미, 야경 명소

고층 빌딩이 즐비한 도심의 화려한 야경은 단연 싱가포르 여행의 하이라이트. 음악과 빛이 어우러진
가든 랩소디와 스펙트라 쇼 등 다양한 즐길거리로 쉴 틈이 없는 싱가포르의 밤을 놓치지 말자.

싱가포르에서 꼭 봐야 할 쇼 No.1

가든 랩소디 ⏰ 19:45, 20:45

영화 〈아바타〉가 떠오르는 식물원 가든스 바이 더 베이에서 매일 밤 펼쳐지는 하이라이
트 쇼. 아름다운 선율과 함께 거대한 슈퍼트리의 화려한 조명이 하늘을 수놓는다. 슈퍼
트리 아래 누워 감상하는 가든 랩소디 쇼는 싱가포르 여행의 필수 코스다.

▶ 마리나 베이 P.158

마리나 베이를 수놓는 레이저쇼
스펙트라
🕐 20:00, 21:00(금·토요일 22:00 추가)

매일 밤 마리나 베이 샌즈 앞 광장에서 펼쳐지는 야외 공연으로 시원한 분수와 레이저쇼, 신나는 음악이 어우러져 장관을 이룬다. 마리나 베이의 눈부신 스카이라인을 마주하며 공연을 즐기고 있노라면 싱가포르에 온 것이 제대로 실감난다.

▶ 마리나 베이 P.156

강을 따라 낭만이 흐르는
클락 키

강변을 따라 음식점과 펍, 클럽이 모여 있고 어둠이 내리면 화려한 조명과 흥겨운 라이브 음악, 밤을 즐기러 나온 사람들로 에너지가 넘친다. 클락 키에서 출발하는 리버 크루즈를 타고 시원한 바람을 맞으며 감상하는 싱가포르의 야경은 그야말로 환상적이다.

▶ 리버사이드 P.176

세계 종교가 한 자리에!

민족만큼 다양한 종교 사원

싱가포르 최초의 로마가톨릭 성당
굿 셰퍼드 대성당

1847년 완공된 싱가포르에서 가장 오래된 천주교 성당. '선한 목자'라는 성당 이름은 조선 시대 천주교 박해 사건으로 순교한 프랑스 출신의 앵베르 신부를 기리는 의미로 붙었다.

▶ 올드 시티 P.135

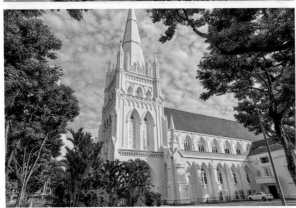

싱가포르 최초의 성공회 성당
세인트 앤드류 대성당

싱가포르에서 가장 큰 성당 중 하나로 영국의 국교이기도 한 성공회 성당이다. 스코틀랜드 상인들이 초기 건축비를 지원하면서 스코틀랜드의 수호성인인 '성 안드레아'의 이름을 붙였다.

▶ 올드 시티 P.124

실제 부처님의 성치가 모셔진 곳
불아사

1980년 미얀마에서 발견된 석가모니 부처의 실제 치아가 모셔진 불교 사원. 부처님 오신 날이나 춘절에는 화려한 등 장식과 불공을 드리기 위해 방문한 신자들로 장관을 이룬다.

▶ 차이나타운 & CBD P.230

다양한 민족이 모여 사는 싱가포르인 만큼 세계의 다양한 종교를 모두 만날 수 있어 흥미롭다.
심지어 하나의 도로 위에 여러 종교 사원이 나란히 서 있는 모습은 경이롭기까지 하다.
사원은 대부분 자유롭게 둘러볼 수 있지만 신자들을 배려해 관람 예절을 꼭 지키자.

싱가포르 최초의 힌두 사원
스리 마리암만 사원

싱가포르에서 가장 오래된 힌두 사원으로 질병으로부터 지켜주는 어머니 신 마리암만을 모신 곳이다. 사원 입구의 '고푸람'이라 불리는 탑 위에는 수많은 힌두 신이 새겨져 있어 눈길을 사로잡는다.

▶ 차이나타운 & CBD P.230

하늘의 복이 깃든 도교 사원
티안혹켕 사원

싱가포르에서 가장 오래된 중국 사원 중 하나로 도교 사원이다. 바다의 수호신 '마조'를 모시며, 과거 싱가포르로 건너온 중국 이민자들이 새로운 땅에서의 건강과 성공을 빌었던 곳이다.

▶ 차이나타운 & CBD P.234

싱가포르 대표 이슬람 사원
술탄 모스크

황금색 돔 지붕이 돋보이는 술탄 모스크는 싱가포르를 대표하는 이슬람 사원이다. 모스크 양쪽으로 늘어선 야자수와 함께 만들어내는 이국적인 풍경은 싱가포르 여행 인증 사진에서 빠지지 않는다.

▶ 부기스 & 캄퐁글람 P.266

---🚶---

역사와 예술을 사랑한다면
문화를 보존하는 박물관 & 미술관

꼭 한 군데만 들른다면 이곳!
싱가포르 국립 미술관

구 시청과 대법원 건물을 대대적으로 리모델링해 국립 미술관으로 재탄생시켜 건물 자체가 하나의 예술 작품이라 해도 과언이 아니다. 싱가포르 최대 규모의 미술관으로 무려 8,000점 이상의 작품을 보유하며, 싱가포르관과 동남아시아관 2개의 상설전으로 나뉜다.

▶ 올드 시티 P.125

싱가포르의 700년 역사를 한눈에
싱가포르 국립 박물관

1887년에 문을 연 싱가포르에서 가장 오래 된 박물관으로 다양한 유물과 전시를 통해 싱가포르의 700년 역사를 배울 수 있다. 작은 섬나라 싱가포르가 어떻게 세계적인 도시국가로 성장했는지 흥미롭게 소개되어 있어 역사에 관심이 있는 여행자에게는 필수 코스다.

▶ 올드 시티 P.132

예술과 과학의 만남
아트사이언스 뮤지엄

예술과 과학의 융합을 테마로 실험적인 전시와 작품을 선보이는 박물관이다. 상설전 퓨처 월드는 어린이가 좋아할 만한 흥미로운 체험과 볼거리로 가득하며, 마리나 베이 샌즈의 건축가 모셰 사프디가 설계한 연꽃 모양의 건물 자체도 흥미롭다.

▶ 마리나 베이 P.156

싱가포르는 비교적 짧은 역사를 갖고 있지만 빠른 시간 안에 성장해왔으며,
다양한 민족이 모여 사는 만큼 다양한 문화를 존중하고 보존해나간다.
우리에게 아직은 낯선 싱가포르 및 동남아시아의 예술도 알면 알수록 흥미롭다.

낯설지만 매력적인 혼합 문화
페라나칸 박물관

주로 현지 말레이 여성과 중국 이민자 남성 간의 결혼으로 탄생한
페라나칸 문화는 낯선 만큼 더욱 매력적이다. 다양한 문화의 영향
을 받은 알록달록한 도자기, 의복, 가구 등의 유물을 통해 우리와 비
슷하면서도 다른 페라나칸 문화를 배울 수 있다.

▶ 올드 시티 P.134

중국계 이민자의 이야기
차이나타운 헤리티지 센터

싱가포르 인구 중 가장 많은 수를 차지하는 중
국계 이민자의 파란만장한 싱가포르 정착 이야
기와 역사를 배울 수 있는 박물관으로, 실제 숍
하우스 속 당시 생활 모습을 들여다 볼 수 있어
흥미롭다.

▶ 차이나타운 & CBD P.231

인도계 이민자의 이야기
인디언 헤리티지 센터

싱가포르 인구 중 수는 가장 적지만 전통을 지
켜 나가는 인도계 이민자의 역사와 문화를 소
개한 박물관이다. 인도의 계단식 우물에서 착
안한 건물 디자인이 독특하다.

▶ 리틀 인디아 P.286

✦

싱가포르의 다문화를 엿보다

역사가 녹아든 전통 건축물

영국의 무역항이 들어서면서 다양한 민족이 모여 살게 된 싱가포르에는 다양한 문화의 영향을 받은
옛 건축물을 감상하는 재미가 있다. 과거의 흔적을 따라 건축물 여행을 떠나보자.

싱가포르 최고의 호텔

래플스 호텔

1887년에 지어진 영국 식민지 시대 콜로니얼 양식의
대표 건축물로, 오랜 역사가 담긴 싱가포르 최고의 호
텔이다. 엘리자베스 여왕, 마이클 잭슨 등 싱가포르를
방문한 세계 유명 인사들이 다녀갔으며 전 객실이 스
위트룸인 초특급 호텔이다.

▶ 올드 시티 P.131, 367

럭셔리 호텔로 변신한 우체국

더 풀러턴 호텔 싱가포르

영국 식민지 시절 우체국으로 쓰였던 웅장한 네오클래
식 양식의 건물로 현재 국립 미술관이 된 옛 시청, 대법
원 건물과 함께 싱가포르의 랜드마크를 이루었다. 호
텔이 된 지금도 로비에는 빨간 우체통과 집배원 복장
의 테디베어를 만날 수 있다.

▶ 차이나타운 & CBD P.371

알록달록한 매력

페라나칸 하우스

알록달록한 파스텔 색상 덕분에 많은 여행자의 인증
사진 명소로 손꼽히는 페라나칸 하우스. 봉황과 모란
등의 중국 전통 모티프와 유럽식 창문과 코린트식 기
둥 등 서양 건축 양식을 결합한 장식으로 집집마다 개
성이 넘친다.

▶ 카통 & 주치앗 P.331

🚶

독특한 디자인과 화려함으로

시선을 사로잡는 현대 건축물

세계적인 건축가들이 설계한 건축물은 싱가포르에 스카이라인을 이루며 새로운 매력을 더한다.
어디에서도 볼 수 없는 개성 강한 현대 건축물을 만나보자.

싱가포르의 랜드마크
마리나 베이 샌즈

2010년 등장해 단숨에 싱가포르의 랜드마크가 된 마리
나 베이 샌즈는 세계적인 건축가 모셰 사프디가 포개어진
트럼프 카드 모양에서 영감을 받아 설계했으며 우리나라
의 쌍용건설이 건설에 참여했다. 배 모양의 루프톱에 위
치한 인피니티 풀이 하이라이트. ▶ 마리나 베이 P.152

두리안을 닮은
에스플러네이드

2002년 완공된 종합 예술 극장으로 싱가포르의 DP 아키
텍츠와 영국의 마이클 윌포드가 함께 설계했다. 둥근 지
붕 위 뾰족뾰족한 햇빛 가리개 덕분에 열대 과일 '두리안'
이라는 별명으로 불리는데 밤에 조명이 켜지면 큰 등불처
럼 마리나 베이를 밝힌다. ▶ 마리나 베이 P.161

럭셔리한 디자인의 공공아파트
피나클 앳 덕스턴

2009년 완공된 싱가포르가 자랑하는 HDB 공공아파트
다. 싱가포르인 부부가 운영하는 arc 스튜디오에서 설계
했으며, 50층으로 이루어진 7개 동이 병풍처럼 2개의 스
카이 브리지로 이어진다. 꼭대기 층에서 바라보는 싱가포
르 뷰가 환상적이다. ▶ 차이나타운 & CBD P.234

도심 속 오아시스
파크로열 컬렉션 피커링

2013년 오픈하자마자 거대한 절벽 위에 층층이 푸른 식물
로 가득한 참신한 디자인으로 주목을 받았다. 싱가포르의
WOHA에서 설계했으며, 테라스 가든 덕분에 전 객실을
가든 뷰로 즐길 수 있다. 인피니티 풀에서 바라보는 올드
시티와 싱가포르강이 아름답다. ▶ 차이나타운 & CBD P.380

061

언제나 푸른 정원 속 도시

무역과 금융의 허브답게 시내 중심가에는 고층 빌딩이 가득하지만 '정원 속 도시City in a Garden'라는
비전 아래 도심 곳곳 어디서든 푸른 자연을 만날 수 있는 곳이 바로 싱가포르다.

실내 식물원도 싱가포르는 다르다
가든스 바이 더 베이

싱가포르를 대표하는 식물원으로 여러 테마의 정원과 산
책로가 조성되어 있다. 2개의 유리 돔 안은 식물을 위해
내부 온도가 23~25도로 유지되어 더운 날씨에도 쾌적하
게 돌아볼 수 있다. 매일 밤 슈퍼트리 아래 펼쳐지는 가든
랩소디 쇼도 놓치지 말자. ▶마리나 베이 P.158

유네스코 세계문화유산이 된 식물원
싱가포르 보타닉 가든

160년 이상의 역사를 가진 거대한 규모의 열대 정원으로
영국식 정원의 정취를 간직한다. 동남아시아 식물 연구의
중심지로 2015년에는 유네스코 세계문화유산에 선정되
었다. 각양각색의 난꽃을 만날 수 있는 국립 난초 정원이
하이라이트. ▶오차드 로드 P.212

싱가포르 역사를 간직한 열대 정원
포트 캐닝 공원

과거 싱가포르 항구를 방어하는 요새로 사용됐던 역사
를 가진 공원. 도심 한가운데 위치하지만 우거진 푸른 나
무 사이로 예쁜 꽃과 지저귀는 새를 만날 수 있다. 도심에
서 잠시 벗어나 자연 속에서 휴식을 취하고 싶다면 방문
을 추천한다. ▶리버사이드 P.181

싱가포르 사람들의 휴식처
이스트 코스트 공원

서울에 한강시민공원이 있다면 싱가포르에는 이스트 코
스트 공원이 있다. 푸른 해변과 야자수 길을 따라 가볍게
산책하는 것만으로도 힐링이 된다. 싱가포르 사람들의 일
상에 스며들고 싶다면 방문해보자. 해변가를 따라 자전거
를 타는 것도 좋다. ▶카통 & 주치앗 P.330

➤

조용하고 편안한 활자 속으로
나만 알고 싶은 도서관 & 서점

종이 냄새를 좋아하고 책에 둘러싸여 있을 때 편안함을 느끼는 '책 덕후'라면 이곳을 주목하자.
싱가포르의 명소이자 책을 탐독하며 시간을 보낼 수 있는 아지트를 소개한다.

싱가포르다운 젊은 모던함
싱가포르 국립 도서관

여행할 때 그 나라의 도서관을 둘러보는 것을 좋아한다면
꼭 방문해야 할 곳. 싱가포르를 대표하는 국립 도서관으
로 60만 권 이상의 장서를 소장하며, 누구에게나 자유롭
게 열람실을 개방한다. B1층의 어린이 도서관이 가족여행
자에게 특히 인기다. ➤ 올드 시티 P.136

책의 도시라 불리는
브라스 바사 콤플렉스

싱가포르 국립 도서관 바로 옆에 위치한 오래된 상가 건
물이지만 싱가포르 사람들에게는 '책의 도시'라 불리는
책과 예술의 집합소. 싱가포르 대표 서점 중 하나인 '파퓰
러'도 있고, 상가 속 작은 책방을 둘러보며 중고 서적이나
잡지 등을 싸게 득템할 수도 있다. ➤ 올드 시티 P.145

도서관 자체가 볼거리
오차드 도서관

대표 쇼핑 거리인 오차드 로드의 쇼핑몰 3~4층에 위치한
다. 디자인, 건축, 예술 관련 도서를 중심으로 큐레이팅 해
놓았다. 누구나 자유롭게 이용 가능하며 공용 업무 공간
도 갖추었다. 분주한 오차드 로드에서 조용히 시간을 보
낼 수 있는 오아시스 같은 곳이다. ➤ 오차드 로드 P.197

싱가포르의 대형 서점
키노쿠니야 서점

싱가포르에서 가장 규모가 큰 대형 서점으로 타카시마야
백화점 4층에 위치한다. 영어, 중국어, 일본어로 된 다양
한 서적이 있으며, 싱가포르의 베스트셀러 책도 쉽게 찾
아볼 수 있다. 일본에서 온 만화책 코너와 아기자기한 문
구류도 인기다. ➤ 오차드 로드 P.207

놀거리가 너무도 많아!
신나게 즐기는 테마파크 & 액티비티

센토사의 대표 테마파크
유니버설 스튜디오 싱가포르

할리우드 유명 영화를 주제로 조성된 테마파크로 아시아에서는 일본 다음 두 번째로 만들어졌다. 영화 줄거리를 따라 만들어진 어트랙션이 재미와 스릴을 더하며, 시시때때로 펼쳐지는 화려한 퍼레이드와 공연은 누구나 부담 없이 즐길 수 있다.

▶ 센토사섬 & 하버프런트 P.309

워터 슬라이드와 스노클링까지 한 번에
어드벤처 코브 워터파크

가족여행에 최적화되어 있는 싱가포르의 대표 워터파크. 취향 따라 골라 즐길 수 있는 스릴 만점의 워터 슬라이드와 인공 파도 풀로 재미를 더한다. 열대어를 가까이서 만날 수 있는 스노클링과 돌고래 체험도 가능하다.

▶ 센토사섬 & 하버프런트 P.313

나도 카트라이더!
스카이라인 루지

센토사에서 가장 인기 있는 어트랙션으로 무동력 카트를 타고 중력을 이용해 신나게 트랙을 질주한다. 한 번으로는 아쉬울 정도로 스릴이 넘친다. 리프트를 타고 올라가면서 감상하는 센토사 바다의 아름다운 뷰는 덤이다.

▶ 센토사섬 & 하버프런트 P.314

작은 섬나라 싱가포르지만 남녀노소 누구나 즐길 수 있는 놀거리가 너무나 많아 지루할 틈이 없다. 온갖 테마파크와 액티비티를 한데 모아놓은 매력적인 센토사섬과 싱가포르 4대 동물원이 모여 있는 만다이 야생동물 공원으로 떠나보자.

행복한 동물들로 가득한
싱가포르 동물원

만다이 야생동물 공원의 대표 동물원. 세계 최초의 '오픈 콘셉트' 동물원 중 하나로 철조망이나 울타리가 없어서 아주 가까이에서 동물들을 만나볼 수 있다. 어린이들이 가장 좋아하는 먹이 주기 체험과 동물쇼 등 다양한 프로그램이 있으니 참여해보자.

▶ 만다이 야생동물 공원 P.342

세계 최초의 밤에만 여는 동물원
나이트 사파리

만다이 야생동물 공원에서 가장 특별한 곳. 밤에만 여는 동물원으로 평소 보기 어려운 야행성 동물의 활발한 모습을 가까이서 볼 수 있다. 모험심 많은 여행자라면 트램 라이드로 관람한 뒤 어두운 밤 정글을 탐험하는 기분을 만끽할 수 있는 워킹 트레일을 따라 걸어보자.

▶ 만다이 야생동물 공원 P.346

센토사에서 즐기는 짜릿한 도전
메가 어드벤처

센토사의 자연을 체험할 수 있는 어트랙션으로 메가집, 메가점프, 메가클라임, 메가바운스 중 선택해서 즐길 수 있다. 최고 인기 어트랙션은 길이 450m의 집라인을 타고 내려오는 메가집이다. 하늘을 가르며 내려오는 짜릿함을 경험해보자.

▶ 센토사섬 & 하버프런트 P.315

테마파크와 쇼핑을 가성비 있게 즐기자!

다리 건너 말레이시아 조호바루

조호바루Johor Bahru는 말레이시아 조호르Johor주의 주도로
싱가포르와 조호르해를 사이에 두고 마주한다. 1923년 싱가포르와
육지로 이어지는 다리가 생겨 자유롭게 왕래가 가능해졌다.
싱가포르에 비해 물가가 저렴해 싱가포르 사람들은 주말을 이용해
생필품 위주의 쇼핑과 식도락을 즐기러 조호바루를 찾는다.
싱가포르에 사는 한국인 사이에서는 주말 골프 여행과 마사지 코스로도
인기가 많다. 레고랜드가 있어 가족 단위 여행자가 많이 찾기도 한다.

기본 정보

- **행정구분** 말레이시아 조호르주의 주도
- **화폐** '링깃Ringgit'이라 읽고 단위는 RM
- **환율** 1RM=308원, $1=4RM으로 계산
- **언어** 말레이어
- **시차** 1시간
  (싱가포르와 동일, 한국보다 1시간 느림)
- **종교** 이슬람교(국교)
- **전압** 220~240V
  (싱가포르와 동일한 콘센트)
- **비자** 관광 90일 무비자

이동 방법

싱가포르에서 말레이시아로 국가를 이동하는 것이라 입국 심사를 위한 여권을 꼭 챙겨야 한다. 말레이시아 입국 전 전자 입국신고서를 작성하면 편리하다.

기차

일행이 많지 않은 경우 가장 추천하는 방법. 단 5분 만에 갈 수 있는 가장 빠른 교통수단으로 싱가포르의 우드랜드Woodlands 기차역에서 조호바루 센트럴Johor Bahru Sentral 기차역까지 운행하는 셔틀 테브라우Shuttle Tebrau 기차를 이용하면 된다. 승차권은 KMTB(홈페이지 shuttleonline.ktmb.com.my/Home/Shuttle) 같은 예약 사이트에서 간단하게 예매할 수 있다. 승차권 요금은 갈 때와 올 때의 가격에 차이가 있으나 보통 왕복 $8~10 사이다. 최소 하루 전 예약은 필수이며 특히 출퇴근 시간 주말, 공휴일에는 매우 혼잡할 수 있으니 참고하자. 또한 출입국 심사에 시간이 걸리니 우드랜드 기차역에는 넉넉히 50분에서 1시간 정도 미리 도착하는 것을 추천한다.

🚶 이동 과정
① MRT 마슬링Marsiling 역 C출구에서 버스 856번 승차 후 10분 정도 이동해 우드랜드 기차역에서 하차
② 우드랜드 트레인 체크포인트Woodlands Train Checkpoint 2층으로 올라가 싱가포르 출국
③ 말레이시아 입국 심사를 거친 뒤 셔틀 테브라우 기차에 탑승
④ 좌석은 자유석이므로 빈 자리에 착석
⑤ 조호바루 센트럴 기차역에서 하차

버스

교통 체증과 입국 심사로 시간이 많이 소요되므로 크게 추천하지 않지만 가격 면에서는 가장 저렴한 방법이다. 버스 요금은 $2~5이며, 싱가포르 교통카드도 이용 가능하지만 현금 잔돈을 준비하는 것이 좋다.

🚶 이동 과정
① • MRT 크란지Kranji 역 앞 버스 정류장에서 170X·CW1번 버스 탑승
　• MRT 뉴튼Newton 역 앞의 뉴튼 푸드센터Newton Food Centre 앞 버스 정류장(위치 500 Clemenceau Ave N, Singapore 229495)에서 CW5번 버스 탑승
　• MRT 부기스Bugis 역 근처 퀸 스트리트 버스터미널Queen Street Bus Terminal에서 CW2번· Singapore-JB Express(SJE) 버스 탑승
② 우드랜드 체크포인트Woodlands Checkpoint 정류장 하차 후 싱가포르 출국 심사
③ 다시 동일한 버스에 탑승
④ 조호바루 센트럴JB Sentral에 내려 입국 심사

싱가포르로 돌아올 때에는!

싱가포르로 돌아올 때는 조호바루 터미널 내 체크포인트에서 출국 심사를 마친 후 우드랜드 Woodlands 표지판을 따라 이동하면 된다. 조호바루로 올 때와 마찬가지로 기차, 버스, 택시 중 원하는 수단을 이용하면 되는데 당일편 기차는 거의 매진되니 꼭 왕복 승차권을 예매해두자.

택시 또는 개인 픽업 차량

여럿이 이용하거나 짐이 많다면 택시나 개인 픽업 차량을 이용하는 것이 가장 편리하다. 말레이시아로 가는 택시는 MRT 부기스 역 근처 퀸 스트리트 버스터미널 바로 앞에 위치한 싱가포르-조호바루 택시승강장Ban San St. Taxi Stand에서 탑승할 수 있다. 합승 택시를 이용할 경우 라킨 터미널Larkin Sentral로만 이동이 가능하고, 단독으로 이용하면 조호바루의 목적지를 말하면 된다. 요금은 1인당 $12, 1대 단독 이용 시 $60이다. 개인 픽업 차량을 이용할 경우에는 출발지와 목적지 지정이 자유롭고 차량 종류도 선택할 수 있어 가장 편한 방법이나 비용이 보통 $80~100 정도로 가장 비싸다. 클룩이나 현지 여행사를 통해 예약할 수도 있다. 택시에 탄 채로 출입국 심사를 하기 때문에 편리하다.

레고랜드 LEGO LAND

2012년에 오픈한 아시아 최초의 레고랜드. 40여 개의 어트랙션과 세계 대표 도시를 축소해 만들어놓은 '미니랜드'가 있는 테마파크, 워터파크, 호텔이 결합되어 있다. 곳곳이 레고로 장식되어 있어 동심을 자극하는 요소 천지다 보니 레고를 좋아하는 아이들에게 특별한 경험으로 기억될 것이다. 규모가 꽤 큰 편이라 반나절로는 부족한 느낌이다. 테마파크와 워터파크를 각각 하루 일정으로 잡는 여행자가 대부분이다. 다만, 초등학교 고학년 이상의 자녀라면 크게 흥미를 느끼지 못할 수도 있으니 비용과 시간을 고려해 선택하자.

📍 7, Persiaran Medini Utara 3, 79100 Iskandar Puteri, Johor, Malaysia
🕐 테마파크 10:00~18:00, 워터파크 10:00~18:00 ※시즌별 운영시간이 다르므로 홈페이지 확인 필수 💲 테마파크 일반 199RM, 3~11세·60세 이상 169RM, 3세 이하 무료, 워터파크 일반 149RM, 3~11세·60세 이상 129RM, 3세 이하 무료 📞 +60-7597-8888
🏠 legoland.com.my

레고 호텔

레고랜드를 제대로 즐기고 싶다면 파크 안의 레고 호텔에서 묵는 것이 가장 좋은 옵션이다. 아이들에게 특별한 추억을 만들어 주기에 제격이며 이동이 편리해 부모에게도 좋다. 호텔 내부 전체가 레고 테마로 꾸며져 있는데 크게 킹덤, 어드벤처, 해적, 닌자고 테마룸으로 나뉜다. 객실에는 2층 침대와 TV를 갖춘 아이들만의 공간이 따로 마련되어 있다. 특히 퀴즈를 풀어 비밀번호를 알아내면 객실 안에 있는 금고에서 레고 장난감을 꺼낼 수 있는 보물찾기가 아이들에게 인기 만점. 요금은 시즌에 따라 차이가 꽤 큰 편이지만 대부분의 객실이 최대 5인까지 숙박이 가능한 데다 조식이 포함된 가격인 것을 감안하면 합리적인 편이다. 공식 홈페이지에서 이벤트를 자주 진행하니 호텔 예약 사이트와 비교해보자.

💲 킹덤 테마룸Kingdom Themed 비수기 850RM~

테마파크

레고랜드는 더 비기닝The Beginning, 레고 테크닉LEGO®Technic, 레고 킹덤스LEGO Kingdoms, 이매지네이션Imagination, 레고 시티LEGO City, 모험의 땅Land of Adventure, 미니랜드MINILAND, 레고 닌자고 월드LEGO® NINJAGO™ World의 총 8개 테마 존으로 나뉜다. 여러 어트랙션 중 인기 있는 몇 가지를 소개한다.

인기 어트랙션

- **더 드래곤 The Dragon** 중세 성을 테마로 한 어트랙션으로 지나치게 무섭지 않으면서도 충분히 스릴을 느낄 수 있어 모든 연령대가 즐기기에 적합하다. 레고로 잘 꾸며진 성 내부의 볼거리도 인기 요소.
- **드라이빙 스쿨 Driving School** 운전 방법 및 안전 교육을 받은 후 레고 자동차를 몰고 코스를 주행하면 면허증을 발급해준다. 아이들을 위한 코스로 속도도 느리고 안전해서 걱정 없이 이용할 수 있다. ※6~12세 아동만 이용 가능
- **보팅 스쿨 Boating School** 레고로 만들어진 보트를 직접 조종해 강을 돌아보는 코스다. 물결에 자연스럽게 배가 움직이기 때문에 조종이 서툴러도 무난하게 탈 수 있다. 드라이빙 스쿨과 함께 줄이 긴 어트랙션 중 하나다. ※신장 86~130cm 어린이는 보호자와 함께 탑승
- **레고 닌자고 더 라이드 LEGO® NINJAGO® The Ride** 닌자가 되어 악당들을 물리치는 이야기로 진행되는 어트랙션. 손의 움직임을 이용해 직접 게임에 참여하며 적들을 물리치고 4D 기술로 생동감 있는 모험을 즐길 수 있어 아이들에게 인기가 많다. ※신장 80~120cm 어린이는 보호자와 함께 탑승
- **미니랜드 MINILAND** 타지마할, 앙코르와트, 자금성 등 아시아의 유명한 랜드마크와 건축물을 레고로 재현해놓았는데 엄청난 디테일로 어른도 즐겁게 구경할 수 있다. 싱가포르의 마리나 베이 샌즈 등 도시의 낯익은 풍경을 구경하는 재미가 있다.
- **빌드 앤 테스트 Build & Test** 나만의 레고 자동차를 만들어 경주를 펼칠 수 있는 프로그램.

워터파크

아이들에게 최적화된 전용 워터파크다. 슬라이드와 유수 풀, 아이들이 안전하고 즐겁게 놀 수 있도록 모든 놀이시설이 갖춰져 있다. 인공 파도 풀장과 레고 블럭이 떠다니는 유수 풀장이 특히 아이들에게 인기다. 비치된 구명조끼는 무료로 이용이 가능하고, 개인 튜브 사용은 금지된다. 참고로 유아차도 가지고 들어갈 수 있다.

워터파크에 가져가면 좋은 아이템

햇빛이 매우 강하고 그늘이 별로 없어 강력한 워터프루프 선크림, 뒷목까지 가려줄 수 있는 모자를 추천한다. 우리나라 여름의 자외선과는 차원이 달라 자칫하면 피부가 크게 상하거나 열사병에 걸릴 수 있다.

조호 프리미엄 아웃렛
Johor Premium Outlets

레고랜드 호텔에서 차로 30분 정도 거리에 있는 조호 프리미엄 아웃렛은 레고랜드에서 아이들을 위해 시간을 보낸 엄마 아빠를 위한 곳이다. 아르마니 익스체인지, 버버리, 페라가모 등 한국인이 좋아하는 명품 브랜드와 아디다스, 나이키, 룰루레몬 등 스포츠 브랜드를 포함해 150개의 브랜드가 입점해 있고 식사를 해결할 수 있는 음식점과 푸드 코트도 나쁘지 않다. 말레이시아 환율이 적용되어 다른 아웃렛에 비해 저렴하고 25~60% 할인된 상품이 대부분이다. 특히 말레이시아에 나이키 팩토리가 있어 나이키 제품이 저렴하다. 아이들이 뛰어놀 수 있는 놀이터와 쉼터, 카페와 음식점 등이 다양하게 배치되어 있어 하루 코스로 추천할 만하다.

📍 Jalan Premium Outlets Indahpura, 81000 Kulai, Johor, Malaysia
🕐 10:00~22:00 📞 +60-7661-8888
🏠 www.premiumoutlets.com.my/johor-premium-outlets

🛍 주요 쇼핑 브랜드

· **High St |** 아르마니 익스체인지, 게스, 라코스테, 나이키 등

· **Low St |** 발리, 버버리, 코치, 펜디, 구찌, 폴로 랄프 로렌, 페라가모, 룰루레몬, 캘빈클라인, 겐조, 롱샴 등

🍴 추천 음식점

· **High St | 앱솔루트 타이** Absolute Thai 태국 음식점으로 싱가포르에도 체인점이 있는 브랜드다. 그린 치킨 커리 24RM, 4인용 똠얌꿍 58RM 정도의 적당한 가격에 태국 요리를 즐기기 좋다. 아웃렛의 인기 매장 중 하나.

· **High St | 더 그로브** The Grove 코코넛을 사용한 다양한 요리를 선보이는 카페로 코코넛 셰이크, 스무디 등 쇼핑 중 당 충전이 필요할 때 들르기 좋다.

· **Low St | 푸드 코트** 말레이식 볶음밥과 면 요리, 중국 음식, 태국 음식 등 다양한 요리를 저렴하게 맛볼 수 있다.

· 푸드 코트 옆 인포메이션 센터에 들러 아웃렛 지도와 할인 정보를 얻자. 휠체어나 유아차도 대여할 수 있다. 푸드 코트 근처에는 짐 보관함도 있다.
· 아웃렛에서는 신용카드와 말레이시아 현지 통화 링깃으로만 결제가 가능하다. 미리 환전을 못했다면 아웃렛 입구에 위치한 마이 뱅크MAY BANK에서 환전할 수 있다.

하루 동안 저렴하게 즐기는 휴양
페리 타고 가는 인도네시아 빈탄

빈탄Bintan은 싱가포르에서 배로 45~60분 거리에 있기 때문에
당일치기로도 편하게 다녀올 수 있다. 아름다운 해변 리조트에
투숙하거나 다양한 해양 스포츠 및 골프를 즐길 수 있고
물가도 저렴해서 싱가포르 사람들도 즐겨 찾는 휴양지다.
우기는 보통 11~3월이며 여행하기 좋은 시기는 4~10월까지.
우기에는 파도가 높게 일어 체험이 어려운 해양 스포츠도
있다는 점을 감안하여 일정을 짜보자.

기본 정보

- **행정구분** 인도네시아 리아주의 제도주
- **화폐** '루피아Rupiah'라 읽고 단위는 IDR
- **환율** 100IDR=8.6원, $1=12,040IDR로 계산
- **언어** 인도네시아어
- **시차** 2시간(싱가포르보다 1시간 느림, 한국보다 2시간 느림)
- **종교** 이슬람교
- **전압** 220V(한국과 동일한 콘센트)
- **비자** 도착 비자 발급 시 500,000IDR

Nirwana Resort Hotel

이동 방법

싱가포르에서 인도네시아로 국가를 이동하는 것이므로 입국 심사를 위한 여권을 꼭 챙겨야 한다. 빈탄에 도착하면 도착 비자 Visa on Arrival를 발급받아야 하니 잊지 말고 비자 발급을 위한 현금(500,000IDR)을 준비하도록 하자.

페리

빈탄에 갈 때는 싱가포르의 타나 메라 페리터미널 Tanah Merah Ferry Terminal에서 빈탄의 반다 벤탄 텔라니 페리터미널 Bandar Bentan Telani Ferry Terminal행 페리를 이용하면 되는데 보통 45~60분가량 소요된다. 승선권은 온라인 예약 사이트(brf.com.sg)에서 미리 예매하거나 현장에서 구입할 수 있다. 승선권 요금은 예약 사이트의 이코노미 클래스 가격 기준으로 편도 $57, 왕복 $90다. 보통 하루 3회 운항하며 주말이나 공휴일에는 추가 운항이 있을 수 있으니 온라인 예약 사이트를 통해 최신 정보를 확인하는 것이 좋다. 택시를 이용해 터미널로 가는 경우 시내 호텔에서 30~40분, 창이 공항에서 10~15분이 소요된다. 페리 출발 최소 1시간 전에는 터미널에 도착해 체크인 절차를 마무리하는 것이 좋다. 보통 25kg이 넘는 짐은 추가 비용이 발생하니 페리의 수하물 규정을 미리 확인하자.

이동 과정

○─ (싱가포르) 타나 메라 페리터미널

│ 페리 45~60분

○─ (인도네시아) 반다 벤탄 텔라니 페리터미널

- 체크인 후 탑승장에 작은 면세점이 있어서 맥주 구입 등 소소하게 면세 쇼핑을 즐길 수 있다.
- 창이 공항에서 타나 메라 페리터미널까지 왕복하는 셔틀버스를 편도 $4에 운행한다. 짐이 많지 않은 나 홀로 여행자라면 이용할 만하다.
- 우기에는 파도가 높게 일어 페리가 자주 흔들릴 수 있으니 멀미약을 준비하는 것이 좋다.

클럽 메드 빈탄 Club Med Bintan

리조트 요금에 숙박, 식사, 음료와 주류, 대부분의 액티비티가 모두 포함된 올인클루시브 리조트로 아이를 동반한 가족여행자에게 특히 인기가 많다. 윈드서핑, 스노쿨링, 카약 등의 수상 스포츠를 모두 즐길 수 있으며 요가, 피트니스 등 클래스 프로그램이 다양해 리조트에만 머물러도 지루할 틈이 없다. 키즈 클럽도 연령별로 구분되어 맞춤 프로그램을 제공한다. 매일 저녁 G.O.라 불리는 리조트 직원들이 선보이는 다양한 공연과 이벤트도 인기 있는 볼거리다. 미리 예약할 경우 할인 가격이 적용되는 경우가 많고 특가 프로모션도 자주 진행하니 참고하자.

🏃 페리터미널에서 리조트 셔틀버스로 20분　📍 Lot A11 Jalan Perigi Raya Lagoi North Bintan Utara, Bintan 29152, Indonesia
💲 슈페리어-발코니 65만 원~ ※2인 기준, 항공 및 페리 불포함
📞 +62-770-692801　🏠 www.clubmed.co.kr

안몬 리조트 빈탄
ANMON Resort Bintan

사막의 오아시스를 테마로 한 럭셔리 글램핑 리조트. 에어컨과 전용 욕실을 갖춘 모던한 내부 시설과 독특한 디자인의 글램핑 텐트가 매력적이다. 개인 텐트에서 바비큐를 즐기거나 리조트 내 다양한 음식점과 바를 이용할 수 있어 편리하다. 대규모 레저 및 관광 단지인 트레저 베이 빈탄Treasure Bay Bintan 내에 위치해 대형 인공 해수 풀장인 크리스탈 라군Crystal Lagoon에서 각종 수상 스포츠를 즐길 수 있고 ATV, 양궁 등 다양한 지상 액티비티를 쉽게 접할 수 있다는 것도 큰 장점이다.

🚶 페리터미널에서 리조트 셔틀버스로 5분
📍 586J+8C Kawasan Pariwisata, Jalan Raja Haji Fisabililah No.88, Sebong Lagoi, Teluk Sebong, Bintan 29155, Indonesia
💲 디럭스 글램프 텐트 21만 원 ※2인 기준
📞 +62-770-691266 🏠 theanmon.com

니르와나 리조트 호텔
Nirwana Resort Hotel

빈탄 북부에 위치한 리조트 호텔로 가족 동반 여행자에게 가성비 좋은 호텔 중 하나다. 열대 정원에 둘러싸여 자연 속에서 휴양하는 기분을 만끽할 수 있으며 대형 야외 수영장이나 리조트 바로 앞 바다에서 해수욕도 즐길 수 있다. 가족 친화적인 호텔답게 키즈 클럽과 가족이 다 함께 참여할 수 있는 다양한 프로그램을 제공한다.

🚶 페리터미널에서 리조트 셔틀버스로 15분
📍 Jalan Panglima Pantar, Lagoi 29155, Indonesia
💲 스탠더드 13만 원 ※2인 기준 📞 +62-811-6918-002
🏠 www.nirwanagardens.id

리아 빈탄 골프 클럽 Ria Bintan Golf Club

리아 빈탄 골프 클럽은 유명 골프 코스 설계자인 게리 플레이어Gary Player가 설계한 코스로 18홀 오션 코스와 9홀 포레스트 코스로 구성된다. 골프 다이제스트가 선정한 세계 100대 골프장 중 하나로 이름을 올리기도 했으며, 인도네시아 최고의 골프장으로 선정되는 등 화려한 수상 경력을 자랑한다. 열대 우림의 이국적인 자연과 아름다운 바다를 배경으로 펼쳐지는 코스가 인상적이며 페어웨이와 그린이 전반적으로 잘 관리되어 있어 이용자의 만족도가 높은 편이다. 숙박을 포함한 패키지로도 이용이 가능하니 공식 홈페이지를 확인해보자.

🚶 페리터미널에서 차로 17분 📍 Jalan Perigi Raja, Lagoi Bintan Resorts Bintan Utara, Kepulauan Riau 29155, Indonesia 📞 +62-770-692839 💲 18홀 평일 14만 원 ※버기, 캐디피, 보험, 페리터미널 왕복 차량 서비스 포함 🏠 riabintan.com

라구나 골프 빈탄 Laguna Golf Bintan

바다가 보이는 아름다운 경치와 세계적인 골프 코스 설계자인 그레그 노먼Greg Norman의 도전적인 코스 디자인이 인상적인 곳. 18홀 골프 코스로 해안선을 따라가는 홀과 열대 우림 속의 홀이 조화롭게 배치되어 있다. 숙박과 골프 라운딩을 함께 즐길 수 있는 패키지를 포함한 다양한 프로모션을 진행해 비교적 합리적인 가격에 예약이 가능하다. 공식 홈페이지, 이메일, 현지 여행사 또는 온라인 골프 예약 플랫폼을 통해 예약하면 된다.

🚶 페리터미널에서 차로 10분 📍 Jalan Teluk Berembang Laguna Bintan Resort, Lagoi 29155, Indonesia 💲 18홀 평일 그린피 10만 원 📞 +62-852-8392-5060 🏠 www.lagunagolfbintan.com

싱가포르 베스트 음식

칠리크랩 Chilli Crab

싱가포르를 대표하는 음식을 딱 하나만 꼽는다면 단연 칠리크랩! 매콤달콤한 칠리소스에 주로 스리랑카산 머드 크랩이 조리되어 나오는데 통통한 게살과 소스의 조합이 상당히 중독적이다. 겉은 바삭하고 속은 촉촉하게 튀겨진 중국식 빵Brown Bun이나 밥을 함께 주문해 소스에 찍어 먹으면 그 맛이 두 배가 된다.

✕ **추천 맛집** 점보 시푸드 P.182, 333, 팜 비치 시푸드 P.244

치킨라이스 Chicken Rice

중국 하이난(해남) 출신 이민자에게서 시작되어 지금은 명실공히 싱가포르 사람들의 국민 음식이 되었다. 겉보기 에는 닭고기가 올라간 평범한 흰쌀밥이지만 뜨겁게 삶아 낸 닭고기를 찬물에 담가 적당히 쫄깃하면서도 부드러운 식감을 살린 고기 맛과 닭 육수와 생강 등을 넣고 지어낸 밥은 한입 먹는 순간 그 향긋한 풍미에 놀란다.

✕ **추천 맛집** 티안티안 하이나니즈 치킨라이스 P.239

바쿠테 Bak Kut The

우리나라의 갈비탕과 비슷한 음식으로 돼지갈비를 생강, 마늘, 후추와 각종 한약재와 함께 오랜 시간 고아내어 진 한 국물과 부드러운 고기를 즐길 수 있다. 땀을 많이 흘리 는 싱가포르에서는 보양 음식으로 그만이다. 밥을 시켜 국물에 말아서 먹어도 좋고 현지인처럼 중국식 밀가루 빵 인 요우티아오Youtiao를 시켜 같이 먹어도 맛있다.

✕ **추천 맛집** 송파 바쿠테 P.183

무르타박 Murtabak

밀가루 반죽을 얇게 펼친 후 달걀과 고기, 채소 등을 넣고 네모나게 접어 지글지글 철판 위에서 바삭하게 구워낸 음 식이다. 그냥 먹어도 맛있지만 함께 나오는 커리소스에 찍 어 먹으면 더욱 맛있다. 한국에서 접하기 어려운 생소한 음식이지만 희한하게도 한국인 입맛에 찰떡처럼 잘 맞아 서 한번 맛보면 자꾸 생각난다.

✕ **추천 맛집** 잠잠 P.269

싱가포르에서 꼭 맛봐야 할 대표 음식만 모았다. 중독성 강한 칠리크랩부터
달달한 디저트까지 나만의 먹킷리스트를 만들어 하나씩 맛보자.

사테 Satay

싱가포르 및 동남아시아에서 두루 즐겨 먹는 꼬치구이.
닭고기, 소고기, 양고기를 작게 잘라 양념에 잰 다음 꼬치
에 끼워 숯불에 굽는다. 큼직한 새우를 통으로 끼운 새우
사테도 있다. 불맛 가득한 사테를 달콤하고 고소한 땅콩
소스에 찍어 먹으면 박수가 절로 나올 정도로 맛있다. 특
히 시원한 맥주와 찰떡궁합을 이룬다.

✖ **추천 맛집** 라우파삿 P.240

락사 Laksa

싱가포르와 말레이시아 등지에서 즐겨 먹는 국수 요리로,
얼핏 짬뽕과 비슷해 보이지만 코코넛밀크가 들어가 고소
하면서도 얼큰한 국물 맛이 특징이다. 토핑으로는 새우,
달걀, 어묵, 유부, 숙주, 꼬막 등이 올라가며 고급 레스토
랑에는 랍스터 락사도 있다. 코코넛밀크 때문에 호불호가
있지만 한번 빠지면 자꾸만 생각나는 음식이다.

✖ **추천 맛집** 숭아이 로드 락사 P.293, 328 카통 락사 P.332

포피아 Popiah

얇게 부친 밀전병에 소스를 뿌리고 아삭하게 삶은 순무
와 숙주를 비롯한 각종 채소, 두부, 달걀, 새우, 고소한 땅
콩 가루 등을 넣고 김밥처럼 돌돌 말아서 잘라 먹는 음식.
다양한 식감이 만들어내는 조화가 어떤 고급 요리보다
훌륭하다. 크기가 크지 않아서 간식이나 애피타이저로 먹
기 좋고, 호커센터에서도 쉽게 찾을 수 있다.

✖ **추천 맛집** 맥스웰 푸드센터 P.239

피시 헤드 커리 Fish Head Curry

인도식 매콤한 커리소스에 중국인이 즐겨 먹는 생선 머리
가 합쳐진 음식! 커다란 생선 머리가 떡하니 들어간 모습
에 살짝 동공 지진이 올 수 있지만, 어두육미란 말처럼 두
툼한 생선 살이 쫀득해서 맛있고 칼칼한 커리소스에서는
매운탕 같은 친숙함이 느껴진다. 소스에 밥을 비벼 먹다 보
면 어느새 밥 한 공기를 추가하는 자신을 발견할 지도!

✖ **추천 맛집** 무투스 커리 P.291, 바나나 리프 아폴로 P.291

카야 토스트 Kaya Toast

싱가포르 사람들이 주로 아침 식사로 즐겨먹는 대표 음식. 바삭하게 구운 토스트 사이에 코코넛밀크와 달걀, 설탕, 판단잎을 넣고 만든 카야잼과 버터 슬라이스를 넣어 만든다. 반숙보다 덜 익힌 달걀Soft-boiled Egg에 간장을 살짝 뿌린 다음 토스트를 찍어 먹으면 달콤한 토스트와 짭짤하고 고소한 달걀의 조합이 절묘하다.

✗ 추천 맛집 야쿤 카야 토스트 P.241, 동아 이팅 하우스 P.241

소야 빈커드 푸딩 Soya Beancurd Pudding

두유의 고소한 맛에 탱글탱글한 순두부 같은 식감을 자랑하는 중국식 푸딩이다. 싱가포르 사람들은 워낙 두유를 좋아해서 두유를 이용한 디저트가 다양하지만 가장 사랑받는 것은 역시 토핑이나 시럽이 없는 근본의 맛 푸딩이다. 냉장고에서 바로 꺼내 시원하고, 너무 달지 않고 부드러워서 아이나 어르신 입맛에도 그만이다.

✗ 추천 맛집 라오반 소야 빈커드 P.239

박과 Bak Kwa

싱가포르 스타일의 육포로 과거 중국 복건성에서 설 명절에 귀한 고기를 즐기려고 얇게 자른 돼지고기에 달달한 양념을 발라 건조한 후 철판에 구워 먹던 것에서 유래되었다. 박과는 크게 두 가지 종류로 돼지고기 슬라이스로 된 정통 박과는 씹는 맛이 좋고, 다진 고기로 만든 것은 지방 함량은 높지만 부드러워 먹기 편하다. 단, 박과는 국내 반입 금지 품목이므로 여행 중 먹을 수 있는 만큼만 구매하자.

✗ 추천 맛집 비첸향 P.247, 림치관 P.247

첸돌 Cendol

싱가포르 버전의 팥빙수로 얼음을 갈아 그 위에 영롱한 초록색 젤리 첸돌과 팥을 얹고 고소한 코코넛밀크와 진한 갈색빛의 굴라말라카 시럽을 뿌린 다음 섞어 먹는다. 굴라말라카는 팜 슈거 Palm Sugar라고도 불리는데 코코넛 꽃 봉오리에서 추출한 수액으로 만들어 깊고 진한 단맛이 인상적이다. 시원한 첸돌 한 그릇이면 싱가포르의 더위도 사르르 녹는다.

✗ 추천 맛집 푸드 오페라 P.205

싱가포르 슬링 Singapore Sling

싱가포르 대표 칵테일로 1915년 당시 여성들이 공공장소에서 술을 마실 수 없던 시대 상황에서 래플스 호텔 바텐더 남통분Ngiam Tong Boon이 진에 과일 주스를 섞어 겉으로는 술처럼 보이지 않게 만든 것이 그 시작이다. 진 베이스로 파인애플 주스와 라임 주스가 들어가 달콤하고, 체리리큐어가 석양을 닮은 붉은 색을 만들어낸다. 달달한 맛으로 술술 넘어가지만 도수가 꽤 높으므로 방심하지 말자.

✕ **추천 맛집** 롱 바 P.142

밀크티 Milk Tea

무더운 날씨에 수시로 당 충전이 필요한 싱가포르는 달콤하고 시원한 밀크티의 천국이다. 밀크티 매장에 길게 줄을 선 모습이 뉴스에 났을 정도로 싱가포르 사람들의 밀크티 사랑은 못 말릴 정도. 종류는 홍차, 우롱차, 녹차, 과일차 등으로 다양하며 쫄깃한 타피오카 펄이나 젤리를 넣거나 흑당 시럽이나 짭조름한 치즈크림을 얹어 먹을 수도 있어서 취향에 따라 골라 먹는 재미가 있다.

✕ **추천 맛집** 헤이티 P.202

자판기 오렌지주스 IJOOZ

물가가 비싸기로 소문난 싱가포르에는 $2만 내면 오렌지 4개를 바로 주스로 만들어주는 자판기가 있다. 시원하고 새콤달콤한 생오렌지 주스 한 잔이면 무더운 싱가포르 날씨도 싹 잊게 된다. 자판기는 시내 곳곳에 있는데, 관광지 주변은 $3인 곳도 있으니 잘 확인하자. 자판기를 찾기가 어렵다면 구글 맵스에서 영어로 'iJooz near me'를 검색하면 위치를 알려준다.

✕ **추천 맛집** 싱가포르 시내 전역

열대 과일 Tropical Fruit

값싸고 맛있는 열대 과일을 실컷 먹는 것도 싱가포르 여행의 묘미다. 냄새는 지독하지만 과일의 왕이라고 불리는 두리안과 과일의 여왕이라고 불리는 망고스틴, 언제 먹어도 행복한 애플망고, 비타민 보충에 훌륭한 용과Dragon Fruit와 파파야, 50kg에 육박하는 거대 과일 잭프루트Jackfruit, 일반 복숭아보다 진한 단맛을 자랑하는 납작 복숭아Donut Peach도 싱가포르에서 모두 다 맛볼 수 있다.

✕ **추천 맛집** 부기스 스트리트 P.275, 테카 센터 P.289

현지 음식을 제대로 맛보고 싶다면

현지인도 사랑하는 로컬 맛집

50년 전통의 진한 국물
송파 바쿠테

1969년 작은 카트에서 시작해서 50년이 넘도록 맛의 역사를 이어오는 돼지갈비탕, 바쿠테 대표 맛집이다. 본점은 대기가 길지만 회전율이 빠른 편이다. 무더운 싱가포르에서 즐겨 먹는 대표 보양식으로 여행 중 지친 체력을 보충하자.

▶ 리버사이드 P.183

중독적인 단짠의 매력
야쿤 카야 토스트

싱가포르의 대표적인 아침 메뉴인 카야 토스트 맛집으로 무려 1944년에 시작하여 80년의 역사를 자랑한다. 달콤한 카야잼을 바른 토스트를 수란에 찍어 먹으면 단짠의 조화가 환상적이다. 주둥이가 긴 주전자로 여러 번 옮겨 담으며 커피를 내리는 모습도 흥미롭다.

▶ 차이나타운 & CBD P.241

속이 꽉 찬 밀전병 무르타박
잠잠

100년 넘게 자리를 지키며 꾸준히 사랑받는 무르타박 전문점. 술탄 모스크 바로 뒤에 위치해 현지인과 관광객 모두 즐겨 찾는다. 1층에서 재빠른 솜씨로 무르타박을 만드는 모습을 볼 수 있다. 주문 시 무르타박에 들어가는 고기 종류를 고를 수 있는데 무슬림 음식이라 돼지고기는 없으며, 치킨과 소고기가 한국인 입맛에 딱이다.

▶ 부기스 & 캄퐁글람 P.269

현지인의 소울 푸드이자 싱가포르를 대표하는 음식을
제대로 맛보고 싶다면 원조 맛집으로 향하자.
여러 지점을 가진 곳도 있으니 여행 중 편한 장소로 들러보자.

속이 풀리는 시원한 새우 국물
블랑코 코트 프론 미

지친 속을 달래주는 뜨끈하고 진한 국물 맛으로 현지
인의 동네 맛집에서 한국인 여행자의 성지가 된 새우
국수 맛집. 취향에 따라 토핑은 새우나 돼지갈비 중 골
라 먹을 수 있으며, 매콤한 칠
리 간장에 찍어 먹으면 더
맛있다.

▶ 부기스 & 캄퐁글람 P.270

독특한 비주얼이지만 맛은 훌륭!
무투스 커리

인도식 매운 커리와 생선 머리를 즐겨 먹는 중국인의
요리법이 만나 싱가포르에서 탄생한 피시 헤드 커리 맛
집으로, 생선 머리가 떡하니 올라간 비
주얼만 봐서는 다소 놀랄 수 있지만
일단 맛을 보면 부드러운 생선 살
과 칼칼한 커리소스가 한국인 입
맛에도 잘 맞는다.

▶ 리틀 인디아 P.291

카통 & 주치앗 지역을 대표하는
328 카통 락사

싱가포르의 락사 맛집으로 코코넛밀크가 어우러진 얼
큰하고 구수한 국물이 일품이다. 일반 락사와는 달리
면이 짧게 잘려 있어 숟가락으로만 퍼
먹을 수 있는데, 숟가락 가득 먹을
때마다 부드러운 면과 꼬막, 새우,
어묵, 숙주가 어우러져 자꾸 생각
나는 맛이다.

▶ 카통 & 주치앗 P.332

물가 높은 싱가포르에서 가성비를 외치다!
가성비 최고, 호커센터 & 푸드 코트

로컬 맛집의 진수
맥스웰 푸드센터

싱가포르 사람들의 사랑을 듬뿍 받는 유서 깊은 호커센터로 몇 대
째 이어오는 오래된 맛집이 많다. 제대로 된 현지 음식을 맛보고 유
네스코 무형문화유산으로 등재된 현지인의 호커 문화를 경험하기
를 원한다면 이곳으로 가보자.

▶ 차이나타운 & CBD P.239

082

싱가포르 사람들이 하루 한 끼 이상은 꼭 해결하는
호커센터와 푸드 코트. 전국의 수많은 호커센터와 푸드 코트 가운데 중에서도
맛집이 모여 있고 접근성이 좋은 곳을 콕 집어 소개한다.

마천루 한복판의 호커센터
라우파삿

싱가포르의 비즈니스 중심지인 래플스 플레이스 한복판
에 위치한 호커센터. 낮에는 주변 직장인의 점심을 책임
지고 저녁 7시가 되면 도로를 막고 숯불 향 가득한 사테
거리로 변신한다. 활기 넘치는 분위기를 즐기려면 낮보다
저녁이 좋다.

▶ 차이나타운 & CBD P.240

명품 뷰를 자랑하는 호커센터
마칸수트라 글루턴스 베이

두리안을 닮은 에스플러네이드 공연장 옆 호커센터로 마
리나 베이를 바라보며 야외에서 식사할 수 있어 뷰만큼
은 고급 레스토랑이 부럽지 않다. 매장 수는 많지 않지만
싱가포르 대표 메뉴인 칠리크랩, 락사, 사테, 바쿠테, 첸돌
등으로 채워져 있어 무엇을 골라도 안심이다.

▶ 마리나 베이 P.167

쇼핑도 식후경
푸드 오페라

오차드 로드의 대표 쇼핑몰인 아이온 B4층에 위치한 푸
드 코트로 찾아가기도 쉽고 깔끔해서 현지인과 여행자 모
두에게 인기가 많다. 현지 음식을 비롯해 중식, 인도식, 일
식, 한식, 태국식 등 다양한 메뉴와 디저트까지 갖추고 있
어 편리하다.

▶ 오차드 로드 P.205

마리나 베이 샌즈 안에도 푸드 코트가!
라사푸라 마스터스

럭셔리 호텔이자 쇼핑몰인 마리나 베이 샌즈 지하에 위치
한 푸드 코트로 가격대가 조금 높은 편이지만 깔끔하고
유명 맛집이 엄선되어 있어 어느 곳을 택해도 실패할 확
률이 낮다. 영업시간도 오전 8시부터 밤 10시(금·토요일
은 밤 11시)까지로 길다는 것도 장점이다.

▶ 마리나 베이 P.162

전 세계의 음식을 맛보자!

싱가포르에서 즐기는 세계 음식

미쉐린 1스타 광둥 요리집
레이 가든

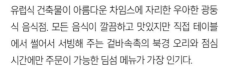

유럽식 건축물이 아름다운 차임스에 자리한 우아한 광둥식 음식점. 모든 음식이 깔끔하고 맛있지만 직접 테이블에서 썰어서 서빙해 주는 겉바속촉의 북경 오리와 점심시간에만 주문이 가능한 딤섬 메뉴가 가장 인기다.

▶ 올드 시티 P.139

가성비 최고의 중국 동북부 음식점
동북인가

현지인과 본토 중국인이 입을 모아 추천하는 맛집으로 중국 동북부 음식을 전문으로 한다. 특히 새콤달콤한 소스에 묻힌 중국식 찹쌀 탕수육 꿔바로우는 남녀노소 모두가 좋아하며, 고추잡채와 직접 빚은 투박한 손만두도 맛있다. ▶ 차이나타운 & CBD P.242

말레이인의 소울 푸드 나시르막
더 코코넛 클럽

말레이 문화의 중심지 캄퐁글람에 위치한 코코넛 테마 음식점으로 입구부터 힙한 열대 바이브가 느껴진다. 말레이인의 소울 푸드 나시르막을 고급스럽고 깔끔한 맛으로 즐길 수 있으며, 코코넛이 들어간 음료와 디저트도 인기다.

▶ 부기스 & 캄퐁글람 P.271

인도 총리도 다녀간 남인도 식당
코말라 빌라

리틀 인디아에 위치한 유명한 채식 음식점이다. 인도 느낌이 물씬 나는 소박한 식당이지만 2015년 인도의 모헨드라 총리 부처가 방문하며 더욱 유명해졌다. 반죽을 크레이프처럼 얇고 바삭하게 구운 도사가 우리 입맛에 가장 맛있다. ▶ 리틀 인디아 P.290

하나의 작은 세계와도 같은 싱가포르는 다양한 세계 음식을 맛볼 수 있어 좋다.
평소 쉽게 접하지 못했던 새로운 음식에 도전하는 시간을 가져보자.

미술관 안의 페라나칸 레스토랑
내셔널 키친 바이 바이올렛 운

미술관 안에 위치한 우아한 분위기의 페라나칸 음식점으로 중국, 말레이, 서양식이 혼합된 이곳만의 특별한 맛을 자랑하며 한국인의 입맛에도 잘 맞는 편이다. 가벼운 핑거 푸드 쿠에 파이 티와 우리의 갈비찜 같은 비프 렌당이 특히 맛있다. ▶올드 시티 P.137

트렌디한 멕시코 맛집
슈퍼 로코 로버슨 키

누구나 좋아하는 멕시칸 요리를 트렌디한 감각으로 업그레이드한 맛집. 컬러풀한 인테리어로 마치 멕시코에 간 듯한 흥겨운 분위기를 느낄 수 있다. 추천 메뉴는 역시 타코로 종류도 다양하고 1개씩도 주문 가능해서 골라 먹는 재미가 있다. ▶리버사이드 P.185

싱가포르 유일의 아프리카 음식점
카페 우투

아프리카에서 어린 시절을 보낸 주인장이 오픈한 아프리카 테마 음식점. 볼드한 패턴과 원색의 조화가 돋보이는 인테리어로 마치 아프리카로 여행을 떠나 온 듯한 착각이 든다. 밥과 함께 먹는 커리류가 주를 이루는데 생각보다 우리 입맛에도 잘 맞는다. ▶차이나타운 & CBD P.243

센토사 해변에서 즐기는 스페인 요리
FOC 바이 더 비치

스페인 북동부 카탈루냐 해변에서 영감을 받은 비치 레스토랑으로 센토사섬의 팔라완 비치에 위치한다. 뜨거운 여름날과 잘 어울리는 과일 향 가득한 상그리아와 맛있는 스페인 타파스를 즐길 수 있다. 한국인 입맛에도 딱 맞는 쌀 요리 파에야가 추천 메뉴. ▶센토사섬 & 하버프런트 P.322

이름만 들어도 안다!
세계적인 스타 셰프의 레스토랑

싱가포르를 사랑할 수밖에 없는 가장 큰 이유는 바로 먹거리. 이름만 들어도 아는 스타 셰프가 참여한
레스토랑도 많다. 유명 셰프의 손맛을 느낄 수 있는 고퀄리티의 음식이 보장된 레스토랑이다.

Gordon Ramsay

고든 램지의 모던 브리티시
브레드 스트리트 키친

미국의 리얼리티 쇼에서 호통으로 유명해진 고든 램지가
모던 브리티시 요리를 선보이는 레스토랑이다. 시그니처
메뉴는 비프 웰링턴이다. 마리나 베이 샌즈에 위치하며 캐
주얼한 분위기지만 수준 높은 서비스로 식사를 즐길 수
있다. ▶ 마리나 베이 P.163

Wolfgang Puck

울프강 퍽의 가성비 코스 요리
스파고 다이닝 룸

스타 셰프 울프강 퍽이 스테이크 하우스 '컷CUT'과 함께
자신의 이름을 걸고 운영하는 레스토랑이다. 마리나 베이
샌즈 57층에 위치해 최고의 뷰를 자랑하며 비교적 괜찮
은 가격으로 훌륭한 맛과 서비스의 3코스 메뉴를 선보이
는 곳이다. ▶ 마리나 베이 P.166

John Kunkel

미국 셰프의 정통 미국식 레스토랑
야드버드 서던 테이블 앤 바

미국 남부 출신의 셰프 존 쿤켈의 레스토랑으로 농장에
서 직접 공수한 신선한 재료로 전통 미국 요리를 선보인
다. 무려 100년 동안 가족 대대로 내려온 프라이드 치킨
레시피로 만드는 치킨 앤 와플이 대표 메뉴.

▶ 마리나 베이 P.162

Malcolm Lee

미쉐린 스타에 빛나는 싱가포르 셰프
캔들넛

세계 최초로 미쉐린 1스타를 받은 페라나칸 음식점으로
싱가포르 출신 말콤 리가 오너 셰프로 있는 곳. 페라나칸
음식의 전통적인 맛을 기본으로 현대적인 세련미가 추가
되었다. 아마카세 코스는 셰프가 엄선한 테이스팅 메뉴를
골고루 맛볼 수 있다. ▶ 뎀시 힐 P.221

🍴

고급스러운 식사 시간
한 끼는 럭셔리하게 파인 다이닝

수준 높은 파인 다이닝을 취향별로 골라 즐길 수 있는 곳이 바로 싱가포르다.
가격대가 높기는 하지만 그래도 특별한 날을 기념하여 한껏 분위기를 내고 싶은 날 찾아보자.

미쉐린 3스타에 빛나는
오데트

싱가포르 국립 미술관 내에 위치한 싱가
포르 최고의 파인 다이닝 레스토랑. 모던
프렌치 요리를 제공하며 미쉐린 3스타에
걸맞게 요리 하나하나가 예술의 경지에
가까워 최고의 맛과 서비스를 기대해도
좋다. 60일 전부터 예약 가능하다.
▶ 올드 시티 P.138

백만 불짜리 뷰
스카이 레스토랑 & 바

스위소텔 더 스탬포드 70층에 위치한 모
던 그릴 레스토랑. 마리나 베이가 한눈에
내려다보이는 전망은 고급 레스토랑 중
에서도 매우 탁월한 수준이다. 해산물 애
피타이저와 최상급 와규를 사용한 스테
이크가 평이 좋다. ▶ 올드 시티 P.138

🍴

공간 자체도 멋진 이곳!

비주얼 맛집, 인스타그래머블 카페

싱가포르에는 더운 날씨를 피해 쉬어갈 수 있는 카페가 참 많다.
수많은 카페 중에서도 재미난 콘셉트나 인테리어로 멋진 비주얼을 자랑하는 곳을 소개한다.
카페 외관과 내부 장식을 배경으로 개성 넘치는 인증 사진을 남겨보자.

옛 한약방에서 힙한 카페로
마이 어섬 카페

옛 중국식 한약방을 개조한 카페로 현지인에게 사랑받는 핫 플레이스다. 천장을 가득 메운 컬러풀한 등이 이곳의 트레이드 마크로 옛날 한약방을 떠올리게 하는 빈티지 가구로 채워져 있어 사진을 남기기에도 좋다. 저녁에는 와인 바로 변신해 새로운 매력을 뽐낸다. ▶ 차이나타운 & CBD P.243

티옹바루 속 감성 가득한 카페
플레인 바닐라

티옹바루 특유의 느긋한 감성이 느껴지는 곳으로 가게 앞에 세워진 자전거와 따뜻하고 아늑한 인테리어로 꾸준히 사랑받는 컵케이크 전문 카페다. 좋은 재료를 엄선해 만든 아기자기한 비주얼의 컵케이크도 꼭 맛보자. ▶ 티옹바루 P.257

가장 핫한 철물점
체셍홧 하드웨어

옛 철물점을 개조하여 만든 젊고 트렌디한 카페. 철물점의 원래 모습을 살린 인테리어와 외벽의 귀여운 벽화가 눈길을 사로잡는다. 주문 즉시 바리스타가 직접 내려주는 스페셜티 커피는 한번 맛보면 금세 이곳의 팬이 될 것이다.
▶ 리틀 인디아 P.294

홍차와 귀여운 핑거 푸드의 만남

우아한 수다 타임, 애프터눈 티

영국 상류층의 사교 문화였던 애프터눈 티는 오후 4시쯤 먹는 차와 간식의 개념으로
영국 식민지의 영향으로 싱가포르로 건너와 하나의 문화로 자리 잡았다.
참고로 하이 티는 애프터눈 티와 약간 다른 개념이지만 싱가포르에서는 둘을 혼용해서 사용한다.

유럽의 저택으로 떠나는 시간 여행

더 그랜드 로비

싱가포르 최고의 호텔인 래플스 호텔의 화려한 로비
라운지에서 최고의 애프터눈 티를 즐겨보자. 고급스
러운 삼단 실버 트레이에 나오는 케이크와 샌드위치
는 비주얼도 맛도 너무나 훌륭하다. 하프 연주를 들으
며 차를 마시고 있노라면 유럽의 귀족이 된 듯한 기분
이 든다. ▶올드 시티 P.141

마리나 베이 샌즈 전망은 덤

더 랜딩 포인트

아름답기로 소문난 더 풀러턴 베이 호텔 싱가포르 로비
에 위치해 마리나 베이 샌즈를 정면으로 감상할 수 있다.
트레이에 담겨 나오는 세이보리 6종과 스위트 6종으로
구성된 애프터눈 티 세트는 먹기 아까울 정도로 예쁜 모
양새를 자랑한다. ▶ 차이나타운 & CBD P.245

현지인이 특히 사랑하는

더 로즈 베란다

오차드 로드의 샹그릴라 호텔에 위치한 곳으로 제대로 된
식사 메뉴와 무제한 디저트 바를 갖추고 있어 늦은 점심
겸 애프터눈 티를 함께 즐길 수 있다. 휴양지 느낌이 물씬
나는 수영장과 정원 뷰는 이곳만의 매력 포인트다.

▶ 오차드 로드 P.202

싱가포르 대표 티 살롱

TWG 티 온 더 베이

마리나 베이 샌즈 내 위치한 싱가포르 차 브랜드 TWG
티의 대표 매장으로 마치 물 위에 떠 있는 공중 정원같이
아름다운 공간이다. 800가지가 넘는 차 종류 가운데 마
음에 드는 차를 골라 대표 디저트인 차맛의 마카롱과 함
께 티타임을 즐겨보자. ▶ 마리나 베이 P.166

🍴

느긋한 아침 겸 점심 식사!
여유롭게 즐기는 브런치 카페

여행 기분을 만끽하려면 호텔 조식도 좋지만 하루쯤은 현지인 틈에 섞여 여유 있게 브런치를 즐겨보는 건 어떨까.
주재 외국인이 많은 싱가포르답게 분위기 좋은 브런치 맛집이 많다.

열대 숲속의 브런치 카페
PS 카페

뎀시 힐의 필수 방문지로 손꼽히는 곳. 넓은 통창으로 매장 안에서 푸른 정원을 감상할 수 있으며, 블랙 앤 화이트를 기본으로 두고 싱싱한 꽃을 포인트로 배치한 인테리어가 시그니처다. 샌드위치와 파스타도 맛있고 락사, 미고랭 같은 아시아 메뉴도 인기다. ▶뎀시 힐 P.219

전 세계 아침 메뉴가 다 모인
와일드 허니

현지인이 애정하는 브런치 음식점. 스페인, 멕시코, 튀니지 등 세계 여러 나라의 대표 아침 식사를 재해석한 요리로 가득하다. 흔한 브런치 메뉴가 아니라서 골라 먹는 재미가 있다. 아침 메뉴지만 시간 제한 없이 하루 종일 주문이 가능하다. ▶오차드 로드 P.199

로버슨 키의 원조 브런치 맛집
토비스 에스테이트

싱가포르강 로버슨 키에 위치한 브런치 맛집. 호주식 브런치 문화를 처음 싱가포르에 소개했다는 평을 듣는다. 여유롭게 주말을 즐기는 사람들이 자아내는 느긋한 공기가 매력적이며, 호주식 플랫화이트 커피가 특히 유명하다.
▶리버사이드 P.185

아침 산책 후 즐기는 브런치
티옹바루 베이커리

싱가포르 최고의 크루아상으로 유명한 빵집. 최근 문을 연 포트 캐닝 공원 지점은 클락 키와도 가깝고 공원 산책 후 들르기 좋아서 나날이 인기 상승 중이다. 초록빛 가득한 숲속 카페에 앉아 샌드위치와 커피 한 잔으로 하루를 시작하기 좋다. ▶리버사이드 P.186, 티옹바루 P.256

싱가포르 MZ들이 사랑하는

진하고 달콤한 커피 & 밀크티 맛집

무더운 싱가포르 날씨에 지치지 않으려면 적당한 타이밍에 카페인과 당 충전은 필수!
오랫동안 사랑받아 온 커피 맛집과 싱가포르의 MZ 세대가 열광하는 밀크티 맛집을 꼽아보았다.

싱가포르 커피 마니아의 성지

커먼 맨 커피 로스터스

현지 커피콩 농장과 연계해 지속 가능한 커피 문화를 전
파하는 카페로 늘 커피 애호가로 북적인다. 직접 로스팅
은 물론, 다른 음식점이나 카페에 맞춤 제조된 커피콩을
공급한다. 티옹바루 베이커리의 커피도 이곳에서 제공받
는다. ▶ 리버사이드 P.186, 카통 & 주치앗 P.335

싱가포르에서 만든 고급 커피

바샤 커피

싱가포르 차 브랜드 TWG 티에서 론칭한 커피 브랜드로
고급스러운 맛과 주황색 패키지 덕분에 커피계의 에르메
스라고 불린다. 원산지나 블렌딩 방법에 따라 무려 200종
의 커피를 제공한다. 이왕이면 화려한 매장 안에서 즐기
는 것을 추천한다. ▶ 마리나 베이 P.165, 오차드 로드 P.205, 206

말레이식 밀크티 전문점

타릭

술탄 모스크 앞에 위치한 말레이식 밀크티인 테타릭 전문
점이다. 쌉싸름한 홍차와 달콤한 연유가 섞여 거품 가득
부드러운 풍미가 있다. 가게 외벽에는 캄퐁글람의 정겨운
옛 모습이 고스란히 담긴 큰 벽화가 있어서 사진 찍기도
좋다. ▶ 부기스 & 캄퐁글람 P.272

트렌디한 밀크티 전문점

헤이티

최근 싱가포르에서 가장 인기 있는 곳 중 하나로 아시아
전통차에 과일, 치즈폼 등으로 변화를 주어 젊은 세대의
입맛을 사로잡았다. 특히 치즈폼을 올린 포도, 망고, 딸기
맛 과일차가 인기 메뉴로 과육과 치즈폼의 단짠 조합이
중독적이다. ▶ 오차드 로드 P.202

멋진 야경과 칵테일의 조화
밤을 책임지는 싱가포르 바

싱가포르의 야경은 아시아 최고라는 찬사가 아깝지 않을 정도로 아름답다.
작열하는 태양 아래 야자수와 함께 뜨거운 낮을 보냈다면 이제는 싱가포르의 시원한 밤을 즐길 차례.
이곳에 소개된 바만 알아두어도 싱가포르의 밤이 더욱 특별해진다.

싱가포르 베스트 루프톱 바
랜턴

더 풀러턴 베이 호텔에 위치한 루프톱 바로 싱가포르에서 가장 인기 있는 곳. 눈앞에 펼쳐진 마리나 베이 뷰가 환상적이며 편안한 분위기에 도란도란 이야기 나누기 좋다. ▶ 차이나타운 & CBD P.248

백만 불짜리 뷰 맛집
스모크 앤 미러스

싱가포르 국립 미술관 5층에 위치해 아는 사람만 아는 분위기 최고의 루프톱 바. 올드 시티와 마리나 베이 샌즈를 정면으로 바라보는 뷰와 함께 하는 칵테일 한 잔은 하루를 마무리하기에 안성맞춤.
▶ 올드 시티 P.142

보트 키의 숨은 루프톱 바
사우스브리지

싱가포르 강변의 숍하우스 5층 루프톱에
위치해 보트 키부터 저 멀리 마리나 베이
까지 이어지는 탁 트인 야경을 선사한다.
시원한 강바람을 맞으며 마시는 칵테일은
한낮의 피로를 잊게 해준다.

▶ 리버사이드 P.187

마리나 베이 샌즈의 꼭대기
세라비

마리나 베이 샌즈 57층에 위치한 루프톱 바로 싱가포르가 한눈에 내
려다보이는 짜릿한 뷰를 선사한다. 클럽 라운지에서는 신나는 음악
과 함께 야경을 감상할 수 있어 여행자가 즐겨 찾는다.

▶ 마리나 베이 P.167

위대한 개츠비처럼
아틀라스

로비에 들어서는 순간 마치 영화 〈위대한 개
츠비〉 속 파티장처럼 화려한 아르데코풍 인
테리어에 압도된다. 3층 높이의 진 타워에는
1,000가지가 넘는 진 컬렉션을 갖추었으며
서비스도 훌륭하다. ▶ 부기스 & 캄퐁글람 P.274

느긋한 분위기의 루프톱 바
포테이토 헤드 싱가포르

차이나타운 속 힙한 거리인 케옹사익 로드에 위치한 루프톱 바로 하
와이안 셔츠가 어울리는 편안한 분위기가 매력적이다. 화려한 스카
이라인과 골목길의 숍하우스 지붕을 내려다보는 뷰가 특별하다.

▶ 차이나타운 & CBD P.249

이건 꼭 사자!
싱가포르 베스트 아이템

TWG 티 TWG Tea

싱가포르를 대표하는 차 브랜드로 현지 매장에서 구매하면 가격도 저렴하고 종류도 다양하다. 홍차 계열로는 1837 블랙 티와 싱가포르 브렉퍼스트, 녹차 계열로는 실버 문, 카페인 없는 캐모마일 티가 선물용으로 인기다.

💲 티백 15개 세트 $30

🛍 **추천 상점** 아이온 오차드 P.204, 더 숍스 앳 마리나 베이 샌즈 P.166

바샤 커피 Bacha Coffee

'커피계의 에르메스'라고 불릴 정도로 고급스러운 맛과 패키지를 자랑하는 싱가포르의 커피 브랜드다. 선물용으로는 드립백 커피를 추천하며, 싱가포르 모닝, 밀라노 모닝, 세빌 오렌지가 특유의 향긋함으로 인기가 많다.

💲 드립백 12개 세트 $30

🛍 **추천 상점** 아이온 오차드 P.204, 니안 시티 P.207, 더 숍스 앳 마리나 베이 샌즈 P.165

뱅가완 솔로 Bengawan Solo

싱가포르의 대표 과자점으로 웬만한 쇼핑몰에는 다 입점되어 있다. 마카다미아 수지 쿠키, 아몬드 쿠키, 파인애플 타르트가 선물용으로 사기 좋고, 말레이식 떡 쿠에Kueh와 판단 시폰케이크도 맛있다.

💲 쿠키류 $26.5~, 파인애플 타르트 $28, 판단 시폰케이크 $20

🛍 **추천 상점** 래플스 시티 쇼핑센터 P.144, 창이 공항

쿠키 뮤지엄 The Cookie Museum

싱가포르의 고급 쿠키 브랜드로 현지 음식에서 영감을 받은 다양한 맛으로 유명하다. 최고 인기 상품은 진짜 게가 박힌 칠리크랩 쿠키. 이상한 조합 같지만 짭조름하면서도 매콤달콤해 중독적이다.

💲 칠리크랩 쿠키 $43

🛍 **추천 상점** 래플스 시티 쇼핑센터 P.144

여행의 재미 중 하나는 바로 쇼핑! 싱가포르 여행을 떠올릴 수 있는 기념품과
여행의 추억을 함께 나누고픈 소중한 사람들을 위한 선물까지 알차게 골라보자.

칠리크랩소스 Chilli Crab Paste

싱가포르에서 맛있게 먹은 칠리크랩을 집에서도 만들어
먹을 수 있는 마법의 소스. 칠리크랩 전문점 '점보 시푸드'
의 제품과 일반 마트나 무스타파 센터에서 판매하는 '프
리마 테이스트Prima Taste' 브랜드 제품이 맛있다.

💲 $8~9

🛍 **추천 상점** 점보 시푸드 P.182, 333, 무스타파 센터 P.296

카야잼 Kaya Jam

카야잼은 다양한 브랜드가 있지만 한국에서도 인지도가
높은 '야쿤 카야 토스트' 제품이 맛있고, 래플스 호텔의
기념품점 래플스 부티크에서 판매하는 제품이 맛도 포장
도 고급스러워 선물용으로 인기가 많다.

💲 야쿤 카야 토스트 $6.8, 래플스 부티크 $14

🛍 **추천 상점** 야쿤 카야 토스트 P.241, 래플스 부티크 P.131

솔티드 에그 감자칩 Salted Egg Potato Chips

최근 싱가포르에서 선풍적인 인기를 얻은 현지 과자로 바
삭한 감자칩에 소금에 절인 오리알 노른자를 입힌다. 감
자칩 대신 생선 껍질 튀김으로 만든 과자는 특유의 감칠
맛으로 맥주를 절로 부른다.

💲 어빈스 클래식 믹스 $9.6, 감자칩 95g $9

🛍 **추천 상점** 오차드게이트웨이 P.211, 부기스 스트리트 P.275,
무스타파 센터 P.296, 창이공항 1·3·4터미널, 각종 슈퍼마켓

부엉이 커피 & 밀크티 OWL

싱가포르를 대표하는 인스턴트 커피 브랜드. 믹스커피와
비슷한 '3in1 커피'가 가장 인기 있고, 달달한 블랙커피
'피 오'와 단맛이 없는 '코피 오 코송'은 깔끔한 맛으로 즐
길 수 있다. 밀크티는 '테타릭'을 찾으면 된다.

💲 스틱/티백 20개 기준 $5~

🛍 **추천 상점** 부기스 스트리트 P.275, 무스타파 센터 P.296,
각종 드러그스토어, 슈퍼마켓

찰스앤키스 CHARLES & KEITH

싱가포르를 대표하는 신발 및 가방 브랜드로 합리적인 가격과 트렌디한 디자인으로 여성들의 절대적인 사랑을 받는다. 여행 중 바로 쓰기에도 부담이 없다. 현지에서 구매하는 것이 가격도 저렴하고 디자인도 훨씬 다양하다.

⑤ 신발 $40~100, 가방 $20~150

🛍 **추천 상점** 더 숍스 앳 마리나 베이 샌즈 **P.154**, 창이 공항, 대부분의 쇼핑몰

페드로 PEDRO

남성을 위한 신발과 가방, 클러치 등을 합리적인 가격으로 만나볼 수 있다. 여성용 신발과 잡화도 있지만 조금 더 파격적이거나 중성적인 디자인이 많다. 국내에 아직 들어오지 않은 브랜드라는 점도 장점이다.

⑤ 신발 $40~150, 가방 $80~150

🛍 **추천 상점** 더 숍스 앳 마리나 베이 샌즈 **P.154**, 창이 공항, 대부분의 쇼핑몰

싱가포르 슬링 칵테일 팩 & 래플스 도어맨 인형
Singapore Sling Cocktail Pack & Raffles Doorman Soft Toy

싱가포르 슬링의 탄생지인 래플스 호텔 롱 바의 오리지널 레시피 그대로 어디서든 만들어 먹을 수 있는 칵테일 프리믹스도 고급스러운 선물로 좋다. 래플스 호텔의 명물인 도어맨 캐릭터 인형은 아이들 선물로도 좋다.

⑤ 싱가포르 슬링 칵테일 팩 $70, 래플스 도어맨 인형 $39.9

🛍 **추천 상점** 래플스 부티크 **P.131**

타이거 밤 Tiger Balm

동남아시아 여행의 대표 기념품이자 만병통치약인 호랑이 연고. 근육통, 타박상뿐 아니라 코막힘이나 벌레 물린 데도 효과가 좋다. 흰색이 붉은색보다 박하 향이 덜하며, 저렴한 가격으로 부담 없이 선물하기 좋다.

⑤ $5~7

🛍 **추천 상점** 부기스 스트리트 마켓 **P.275**, 무스타파 센터 **P.296**, 창이 공항, 각종 드러그스토어, 슈퍼마켓

멀라이언 도자기 Porcelain Plate

일본식 청자에 멀라이언이 들어간 접시가 인기를 끌면서 싱가포르 건축물과 도시 풍경 시리즈로 확장되었으며 고급스러운 선물로 손색없다. 최근에는 싱가포르 모티프가 그려진 싱가포르 스티커 컬렉션도 기념품으로 인기가 많다.

Ⓢ 도자기 접시 15cm $48, 싱가포르 스티커 컬렉션 접시 8in $32

🛍 추천 상점 슈퍼마마 뮤지엄 스토어 P.129

페라나칸 도자기 Peranakan Porcelain

알록달록한 색감에 모란이나 봉황, 나비 등의 전통 문양을 더한 페라나칸 양식의 도자기는 다른 곳에서는 찾기 어려운 독특한 디자인으로 인기가 많다. 특히 수저 세트는 작고 가벼워 기념품으로 가져가기 좋다.

Ⓢ 페라나칸 수저 $5~

🛍 추천 상점 킴추쿠에창 P.332

일러스트 접시 Melamine Plate

싱가포르 랜드마크와 현지 음식을 아기자기하게 그려낸 일러스트 접시. 플라스틱 소재라 가볍고 깨질 염려가 없는 것도 장점이다. 같은 일러스트의 에코백과 티타올도 있다.

Ⓢ 접시 $18.9~, 에코백 $26~, 티타올 $26.9~

🛍 추천 상점 캣 소크라테스 P.258, 휘게 P.278, 탕스 P.206

아기자기한 기념품 Souvenir

키링, 마그넷(자석), 가방, 티셔츠 같은 아기자기한 기념품도 빼놓으면 서운하다. 베스트셀러는 역시 멀라이언 상품이고, '아이 러브 싱가포르'나 '벌금의 도시 Fine City', '사자의 도시 Lion City' 글자가 새겨진 티셔츠나 가방도 인기다.

Ⓢ 키링·마그넷 $3~5, 가방 $5~, 티셔츠 $5~

🛍 추천 상점 파고다 스트리트 P.231, 부기스 스트리트 P.275, 무스타파 센터 P.296

쇼핑의 모든 것이 모여 있는

싱가포르 대표 쇼핑몰

여행에서 빼놓을 수 없는 즐거움은 바로 쇼핑! 시간은 한정되어 있고
어디로 가야 할지 모르겠다면 싱가포르의 대표 쇼핑몰만 골라 방문해보자.

딱 한 군데만 들른다면 이곳
더 숍스 앳 마리나 베이 샌즈

마리나 베이 샌즈 호텔에 위치한 쇼핑몰로 화려한 명품
브랜드가 먼저 눈에 들어오지만, 알고 보면 찰스앤키스,
자라처럼 대중적인 브랜드까지 다 있어서 한 번에 쇼핑을
해결할 수 있다. 회원카드 발급 시 포인트 적립도 가능하
니 쇼핑 전에 꼭 챙기자. ▶ 마리나 베이 P.154

오차드 로드의 대표 쇼핑몰
아이온 오차드

B4층에서 4층에 걸쳐 다양한 브랜드와 음식점이 모여 있
어 쇼핑부터 식사까지 한 번에 해결할 수 있는 쇼핑몰. 싱
가포르에 입점한 어지간한 브랜드는 이곳에서 찾을 수 있
다고 해도 과언이 아니다. MRT 오차드 역과 연결되어 있
어 편리한 것도 장점. ▶ 오차드 로드 P.204

올드 시티의 대표 쇼핑몰
래플스 시티 쇼핑센터

주요 호텔 근처에 위치하고 여행자가 즐겨 찾는 로컬 브랜
드가 모여 있어 현지인뿐만 아니라 여행자 사이에서도 인
기 있는 쇼핑몰이다. 지하에는 다양한 맛집과 슈퍼마켓,
기념품으로 구입하기 좋은 아이템이 다 모여 있다.

▶ 올드 시티 P.144

싱가포르 최대 쇼핑몰
비보시티

센토사섬으로 건너가기 위한 필수 관문이자 싱가포르 최
대 규모의 쇼핑몰로 현지인도 즐겨 찾는다. 명품 매장은
없지만 중저가 브랜드와 스포츠 브랜드가 많고, 맛집도
모여 있어서 센토사섬을 오가면서 쇼핑을 하거나 식사를
해결하기 좋다. ▶ 센토사섬 & 하버프런트 P.324

알뜰한 쇼핑을 위한 꿀팁
여행자만의 특권, GST 환급

GST란?

싱가포르 소비세에 해당하는 세금으로 'Goods and Services Tax'의 약자다. 총 금액의 9%가 부가된다. 싱가포르를 여행하는 동안 'TAX FREE' 마크가 붙어 있는 상점에서 $100(GST 포함) 이상을 구매하면 9%의 GST 환급을 요청할 수 있다. 쇼핑몰의 경우 쇼핑몰 내 여러 매장에서 구매한 당일 영수증($100 이하 영수증 최대 3개)을 합쳐 $100 이상이면 환급 가능한 곳이 많다. 이때 영수증은 GST 등록 번호와 상점 이름이 동일한 상점에서 발행한 것이어야 한다. 싱가포르에서 이미 상품을 사용했거나 환급 요청 시점이 상품을 구매한 날로부터 2개월이 지난 경우, 상업적인 목적으로 보내는 상품, 화물로 부치는 상품, 투어 및 숙박 등의 서비스 요금은 환급 대상에서 제외된다.

★ 자세한 환급 사항은 쇼핑몰마다 다를 수 있으므로, 쇼핑 시 관광객임을 밝히고 GST 환급에 대해 안내를 받자.

창이 공항 GST 환급 카운터 위치

터미널	Departure Hall 출국 심사 전	Transit 출국 심사 후 면세 구역
1터미널	체크인 카운터 3, 4 부근	찰스앤키스 매장 옆
2터미널	스타벅스 옆	아이솝 창이 컬렉션 센터 옆
3터미널	체크인 카운터 5, 6 사이	신라면세점 부근
4터미널	체크인 카운터 3, 4 사이	출국 심사 후 오른쪽

GST 환급 방법

상품 구입 후 매장에서 GST 환급 요청

① 매장에서 계산할 때 실물 여권과 e-Pass를 제시
　※여권 복사본이나 이미지 파일은 허용되지 않음, e-Pass는 싱가포르 입국 신고 시 기재한 개인 이메일로 발송
② 매장 직원이 시스템에 필요한 정보를 입력해 eTRS Elecronic Tourist Refund Scheme 티켓 발급
③ 영수증과 eTRS 티켓을 잘 챙겨두었다가 공항에서 GST 환급 신청

공항에서 eTRS 무인 환급 신청기를 이용

구매한 물건을 수하물로 부치려면 수하물을 체크인하기 전에 GST 환급을 신청해야 한다. 세관에서 환급 절차를 진행하기 전에 구매 물품을 검사할 수도 있기 때문이다. 공항에서 출국 심사대를 지나기 전 eTRS 무인 환급 신청기에서 환급을 신청할 수 있다. 물품을 소지하고 탑승할 예정이라면 출국 심사대를 지난 후 면세 구역 내 eTRS 무인 환급 신청기에서 환급을 신청하면 된다.

신청기에서 환급 방법으로 신용카드를 선택하면 약 10일 내에 환급이 완료되며, 현금을 선택한 경우 여권을 가지고 출국 심사대를 지나 면세 구역에 위치한 센트럴 환급 카운터 Central Refund Counter에서 받으면 된다. 모바일 앱 'Global Blue-Shop Tax Free'를 이용한 환급 신청도 가능한데 이 방식은 휴대폰 위치 정보와 알림 설정을 활성화한 후 공항의 eTRS 무인 환급 신청기 위치에서 반경 15m 이내에 있어야 사용할 수 있다.

eTRS 무인 환급 신청기 이용 방법

① 환급 신청기에 여권을 스캔
② 쇼핑 시 사용했던 신용카드를 긁거나 eTRS 티켓을 스캔
③ 신용카드, 현금 중에서 환급 방법 선택
④ 환급 요청 결과 확인
⑤ 세관 검사 카운터로 가야 하는지 여부를 확인
⑥ 세관원에게 물건 확인
⑦ 수속 완료

여행을 추억하는 기념품 찾기

기념품 사기 좋은
보물 같은 장소

싱가포르 여행의 추억을 담은 기념품과 소중한
사람들을 위한 선물을 준비해보자. 가성비 좋은 기본
아이템부터 눈이 반짝 뜨이는 레어템까지
다양한 상품들을 한눈에 볼 수 있는 장소들을 소개한다.

여행자가 사랑하는 활기찬 시장
부기스 스트리트

여행지에서 하나쯤 사고 싶어지는 멀라이언 마그넷과 키
링, 티셔츠와 가방, 거기에 길거리 음식과 신선한 열대 과
일까지 여행자가 원하는 것은 다 모여 있다. 시장 뒷골목
숍하우스의 알록달록한 벽화를 배경으로 인증 사진도 남
겨보자. ▶부기스 & 캄퐁글람 P.275

싱가포르 최고 호텔의 품격 있는 아이템
래플스 부티크 Raffles Boutique

명실공히 싱가포르를 대표하는 래플스 호텔 내 위치한 기념품점으로 자체 제작한 카야잼과 차 세트, 파인애플 타르트가 인기이며, 에코백, 키링 등의 기념품도 고급스럽다. ▶올드 시티 P.131

없는 것이 없는 대형 쇼핑센터
무스타파 센터 Mustafa Centre

식료품은 물론이고 의류, 전자제품, 생활용품, 도서, 주얼리 등 없는 것이 없는 대형 쇼핑센터. 가격도 저렴하고 여행자가 즐겨 찾는 멀라이언 쿠키, 부엉이 커피, 칠리크랩 소스, 마그넷 등 다양한 기념품이 다 모여 있어 쇼핑하기 편리하다. 새벽 2시까지 영업하는 것도 장점.

▶리틀 인디아 P.296

부담 없는 가격대의 기념품
파고다 스트리트 & 트랭가누 스트리트

골목길을 따라 끝도 없이 펼쳐지는 가게들이 진풍경을 이룬다. 싱가포르를 추억할 수 있는 자석, 가방, 티셔츠, 모자, 12간지 인형, 찻잔, 부채 등 종류도 다양해서 잘 둘러보면 괜찮은 물건을 득템할 지도 모른다. 여러 개 구매 시 저렴하게 구매할 수 있다.

▶차이나타운 & CBD P.231

현지에서만 살 수 있어 이득
싱가포르의 로컬 브랜드

로컬 디자인을 한곳에서 만나다
디자인 오차드

싱가포르 디자이너의 제품을 한곳에서 만날 수 있다. 1층 쇼룸에는 다양한 상품이 전시되고, 2층은 소규모 브랜드를 위한 업무 공간으로 쓰인다. 어디서나 살 수 있는 제품이 아닌 이색적인 로컬 브랜드가 궁금하다면 들러보자.

▶ 오차드 로드 P.209

깜찍한 디자인과 색의 가방 브랜드
비욘드 더 바인즈

2015년 론칭한 싱가포르 가방 브랜드로 현지 젊은이들에게 뜨거운 반응을 얻고 있다. 다양한 색상과 깃털처럼 가벼운 무게가 특징으로 복주머니 같은 깜찍한 디자인의 일명 만두백이 인기 아이템. 공장을 연상케 하는 매장 인테리어도 흥미롭다.

▶ 오차드 로드 P.207

싱가포르에 왔다면 현지에서만 살 수 있는 브랜드에 관심을 가져보자.
한국에서는 구할 수 없다는 희소성 덕분에 나를 위한 선물로도, 남을 위한 선물로도 좋다.
싱가포르의 주목할 만한 로컬 브랜드를 만날 수 있는 곳을 소개한다.

싱가포르 아이콘이 담긴 도자기
슈퍼마마

2010년에 시작한 디자인 스토어로 일본
식 청자에 싱가포르 아이콘을 담은 도자
기 접시 시리즈가 '대통령 디자인상'을 받
으며 주목을 받았다. 가격대는 조금 있지
만 디자인도 예쁘고 품질도 좋아서 선물
용으로도 좋다. ▶ 올드 시티 P.129

최고의 파인애플 타르트
커러

1983년 작은 과자점으로 시작한 커러는
최상의 재료를 사용한다는 철칙 하에 지
금은 싱가포르 최고의 파인애플 타르트
브랜드로 성장했다. 버터 향 가득한 쿠키
위에 신선한 파인애플잼을 듬뿍 올린 타
르트는 너무 달지 않으면서도 입에서 살
살 녹는다. ▶ 차이나타운 & CBD P.246

센스 있는 아이템을 찾는다면
개성 만점의 편집 숍

우리나라에서도 쉽게 구할 수 있는 뻔하고 흔한 브랜드보다 주인장의 개성이 담긴 센스 있는 편집 숍에서는
더욱 특별한 아이템을 만날 수 있다. 꼭 구매를 하지 않고 구경만 하더라도 시간 가는 줄 모른다.

냐옹~ 집사 왔는가
캣 소크라테스

싱가포르 디자이너의 제품 위주로 재미난 인테리어 소품, 문구 및 잡화가 가득한 곳이다. 싱가포르를 테마로 한 귀여운 일러스트가 그려진 가방과 접시, 노트가 눈길을 끈다. 고양이 철학자 '마요'가 책 위에서 뒹굴거리는 귀여운 모습을 구경하러 오는 손님이 더 많다는 소문.
▶ 티옹바루 P.258

개성 넘치는 빈티지 편집 숍
어 빈티지 테일

싱가포르에서 몇 안되는 빈티지 숍 중 하나로 유명 디자이너의 아카이브 작품과 함께 1950~90년대 의류와 액세서리 컬렉션을 보유한다. 컬러풀한 벽지와 빈티지 가구로 꾸며진 인테리어까지도 주인장의 감각이 돋보인다.
▶ 카통 & 주치앗 P.337

아기자기한 소품이 한가득
크레인 리빙

아기자기한 주방용품, 침구, 인테리어 소품, 가방, 액세서리 등 작지만 구경할 것이 가득한 귀여운 가게다. 주로 싱가포르 로컬 브랜드 제품이 많으며, 주인장이 선별한 다른 곳에서는 보기 힘든 독특한 디자인과 색감을 가진 물건들이 눈길을 끈다. ▶ 카통 & 주치앗 P.337

현지인과 함께 카트 채우기

현지 마트 & 재래시장

현지인의 삶을 들여다볼 수 있는 가장 좋은 방법은 마트나 시장 구경이 아닐까. 장바구니에 물건을 담으며
물가도 비교해 보고 직접 간식거리도 사서 맛보자. 싱가포르가 한층 가깝고 정겹게 느껴질 것이다.

싱가포르 대표 슈퍼마켓
CS 프레시 CS Fresh

싱가포르 대표 슈퍼마켓인 콜드 스토리지Cold Storage에
서 운영하는 프리미엄 마켓. 주요 쇼핑몰 내에 위치하며
신선한 수입 식재료로 외국인에게 인기가 많다. 가격대는
살짝 높은 편이지만 품질이 좋다.
▶ 올드 시티 P.144

싱가포르 생활의 중심
페어프라이스 FairPrice

집을 구할 때 근처에 이곳이 있는지 확인할 정도로 현지
인의 장바구니를 책임지는 슈퍼마켓. 저렴하게 양질의 식
재료를 살 수 있고 로컬 브랜드를 구경하기도 좋다. 페어
프라이스 파이니스트는 프리미엄 브랜드를 취급한다.
▶ 리버사이드 P.189, 차이나타운 & CBD P.250

싱가포르 최대 재래시장
테카 센터 Tekka Centre

리틀 인디아에 위치한 싱가포르에서 가장 큰 재래시장으
로 신선한 채소, 과일, 육류, 해산물까지 없는 것이 없어서
제대로 시장 분위기를 느낄 수 있다. 시장 옆에는 간단히
한 끼를 해결할 수 있는 호커센터가 있고, 2층에는 인도
전통 의류 상가도 있다. ▶ 리틀 인디아 P.289

현지인의 일상 속으로
티옹바루 마켓 Tiong Bahru Market

싱가포르에서 가장 오래된 동네 중 하나인 티옹바루에
위치한 재래시장. 규모는 크지 않지만 식재료뿐 아니라
생활 잡화까지 없는 것이 없어 이른 아침부터 장을 보러
나오는 현지인으로 붐빈다. 2층에는 아침 식사를 할 수 있
는 호커센터도 있다. ▶ 티옹바루 P.255

PART 3

진짜
싱가포르를
만나는 시간

창이 공항에서
시내로 이동

공항에서 시내 중심지까지는 약 20km 정도로 가까운 편이며 대중교통도 잘 되어 있어 이동에 어려움은 없다. 우리나라 지하철과 같은 MRT 외에 택시, 시티 셔틀버스 등이 있으니 자신의 상황에 맞는 교통수단을 이용하면 된다.

MRT

MRT를 이용하려면 우선 창이 공항의 2터미널로 이동한 후, 'Train to City' 또는 'MRT' 표지판을 따라가면 된다. MRT 창이 공항Changi Airport 역에서 탑승하면 시내까지는 30분 정도 소요된다. 요금은 $2 정도가 드는 가장 저렴한 방법이지만 어린아이를 동반하거나 짐이 많은 경우는 다소 힘들 수 있다.

🕐 05:30~23:18 💲 $2

택시

짐이 많거나 3인 이상이 이동할 때 가장 편리한 교통수단이다. 싱가포르는 신용도가 높고 규제가 엄격해 바가지요금을 걱정하지 않아도 되고, 교통 체증이 거의 없어서 안심하고 이용할 수 있다. 'Taxi' 표지판을 따라 택시승강장에 줄을 서면 직원의 친절한 안내에 따라 순서대로 탑승할 수 있다. 보통 시내 호텔까지 20~30분만에 도착하며 일반 택시의 경우 요금은 $30~40 정도가 나온다. 인원이 4인이 넘어가는 경우에는 일반 택시 2대나 6인승 택시를 이용하면 된다. 단, 요금은 일반 택시보다 비싸다.

💲 $30~40

· 예상보다 택시 요금이 많이 나와 바가지 요금이 의심된다면 기사에게 영수증을 요청하자. 공항 출발 시 유료 도로 통행료와 다양한 할증 요금이 붙을 수 있는데 영수증에서 확인할 수 있다.

· 그랩Grab과 같은 차량 공유 서비스 앱을 이용하면 출발 전 미리 요금을 알 수 있어 편리하다. 다만, 택시승강장이 아닌 별도의 픽업 포인트에서 차량을 불러야 한다. 'Arrival Pick-up' 또는 'Ride-Hailing Pick-up' 표지판을 따라가면 되는데 1터미널과 3터미널은 B1층, 2터미널과 4터미널은 1층에 픽업 포인트가 있다. 그랩을 포함한 차량 공유 서비스 앱 이용 방법은 P.116을 참고하자.

시티 셔틀버스

창이 공항과 시내 주요 호텔까지를 오가는 셔틀버스다. 창이 공항의 각 터미널에 있는 'City Shuttle & Limousine' 표지판을 따라가면 된다. 셔틀버스는 오전 7시부터 밤 11시까지 매시간 출발한다. 단, 시간이 맞지 않으면 오래 대기해야 하고, 여럿이 이동한다면 택시에 비해 요금이 그리 저렴하지도 않아서 크게 추천하지는 않는다.

🕐 07:00~23:00, 1시간 간격 운행 💲 일반 $10, 12세 미만 $7 🏠 www.cityshuttle.com.sg

공항 속 복합 쇼핑몰,
주얼 창이 공항 Jewel Changi Airport

2019년 4월 문을 연 쇼핑몰과 실내 녹지 공간이 결합된 복합 문화 공간이다. 무려 13만 4,000㎡,

총사업비 약 1조 5,000억 원 규모의 대규모 프로젝트로 마리나 베이 샌즈를 설계한

세계적인 건축가 모셰 사프디가 설계를 맡았다. 주얼 창이의 하이라이트는 뭐니 뭐니 해도

유리 돔 지붕에서 엄청난 기세로 물이 쏟아지는 거대한 인공 폭포와 주변을 둘러싼 실내 정원이다.

어마어마한 규모와 창의적인 디자인, 숲의 싱그러움에 감탄이 절로 나온다.

밤에는 화려한 조명과 음악이 더해진 쇼Light & Sound Show가 펼쳐져 장관을 이룬다.

약 300개의 상점과 음식점이 입점해 있어 주말이면 쇼핑과 식사를 즐기러 이곳을 찾는 현지인도 많다.

창이 공항과 바로 연결되어 싱가포르에 도착하자마자 또는 싱가포르를 떠나기 전에 들르기 좋다.

🚶 ① 1터미널의 1층 도착 홀과 연결 ② 2·3터미널의 2층 출발 홀과 이어진 연결 통로로
도보 5~10분 ③ 4터미널의 1층 도착 홀 픽업 포인트에서 무료 셔틀버스 이용
📍 78 Airport Blvd, Singapore 819666 🏠 www.jewelchangiairport.com

캐노피 파크 Canopy Park

싱가포르의 초록초록한 매력과 신나는 어트랙션을 마지막까지 즐기고 싶다면 5층의 캐노피 파크로 올라가 보자. 드넓은 실내 식물원과 아이들이 뛰어 놀 수 있는 체험 프로그램으로 채워져 있다. 유료 프로그램인 캐노피 브리지, 바운싱 네트, 미로 체험 등을 이용하면 캐노피 파크는 무료로 입장 가능하다.

🚶 5층 ⓢ $8

주얼 레인 볼텍스 Jewel Rain Vortex

세계에서 가장 높은 실내 폭포이자 주얼 창이의 하이라이트. 가든스 바이 더 베이와 비슷한 느낌의 거대 실내 정원과 폭포의 조화가 절로 감탄을 자아낸다. 돔 지붕에서 지하층까지 40m를 힘차게 쉼 없이 떨어지는 물줄기에서 에너지가 느껴진다. 저녁에는 레인 볼텍스에서 펼쳐지는 화려한 조명 쇼를 볼 수 있다.

🕐 폭포 11:00~22:00(금~일요일·공휴일 10:00~),
쇼 20:00·21:00(금~일요일·공휴일·공휴일 전날 22:00 추가)

추천 매장 & 음식점

찰스앤키스와 페드로, 자라, 유니클로, 나이키, 아디다스 등 다양한 패션 브랜드가 포진되어 있고, 점보 시푸드, 송파 바쿠테, 야쿤 카야 토스트, 딘타이펑, 바이올렛 운 등 싱가포르를 대표하는 맛집의 분점이 다 모여 있어서 바쁜 여행 일정을 소화하느라 또는 줄이 너무 길어서 아쉽게 맛보지 못한 싱가포르 음식을 마지막까지 즐길 수 있다.

🕐 10:00~22:00, 매장마다 다를 수 있음

싱가포르의
대중교통

물가 비싼 싱가포르에서 대중교통은 시민과 여행자의 발이 되어주는 든든한 친구다. 싱가포르 전역을 촘촘히 연결하는 MRT와 버스, 택시 등을 적절하게 활용하면 저렴하면서도 편리하게 여행을 즐길 수 있다. 싱가포르 육상교통청이 운영하는 대중교통 앱 'MyTransport.SG'를 활용하면 MRT와 버스 이용이 몇 배는 더 편리해진다. 자세한 이용 방법은 P.362를 참고하자.

MRT
Mass Rapid Transit

여행자가 가장 많이 이용하는 교통수단. 우리나라의 지하철 같은 개념으로 웬만한 지역은 MRT로 이동할 수 있다. 현재 MRT 6개 노선과 우리의 경전철과 같은 LRT 3개 노선을 운행 중이며 2030년까지 MRT는 8개 노선으로 늘어날 예정이다. 요금은 거리별로 책정되며 일회용 승차권은 판매하지 않으므로, 반드시 교통카드를 이용해야 한다. 최근에는 트래블월렛과 같은 컨택리스 기능이 있는 카드도 교통카드로 사용 가능하다. MRT 이용 시 차량 내부나 역 안에서 음식이나 음료 섭취는 금지된다. 이는 버스 등 다른 대중교통 이용 시에도 마찬가지며 적발 시 $500 이하의 벌금형을 받는다.

🕐 05:30~24:00, 역에 따라 다름 💲 $1.09~2.37 🏠 www.smrt.com.sg

버스

MRT가 닿지 않는 시내 구석구석을 연결하는 교통수단이다. 1층과 2층 버스 2종류가 있으며, 넓은 유리창을 통해 시원하게 바깥 풍경을 감상할 수 있다. 요금은 거리별로 책정되며 이동 거리가 짧은 싱가포르에서는 1회 이용 시 최대 $3을 넘지 않는다. 버스 이용 방법은 우리나라와 거의 동일하다고 생각하면 된다. 앞문으로 타고 뒷문으로 내리며, 현금 결제도 가능하나 카드 결제보다 비싸고, 거스름돈을 주지 않으므로 정확한 잔돈이 필요하다. 교통카드는 탑승 시와 하차 시 모두 단말기에 찍어야 해당 노선 최대 요금이 차감되지 않는다. 교통카드 하나로 여러 명의 요금을 결제할 수 없으며, 반드시 1인 1카드로 사용해야 한다. 하차 시에는 미리 벨을 누르는데, 다음 정류장을 알려주는 안내

방송이 나오지 않으니 구글 맵스를 사용하거나 버스 기사에게 목적지에 도착하면 알려달라고 부탁하자. 다음 정류장이 가까워지면 카드를 찍는 단말기에 정류장 이름이 나오니 이를 참고해도 좋고, 최근에는 안내 전광판이 있는 버스도 일부 운행 중이다.

💲 카드 $1.09~2.37, 현금 $1.9~3

MRT & LRT 노선도

Sentosa Island

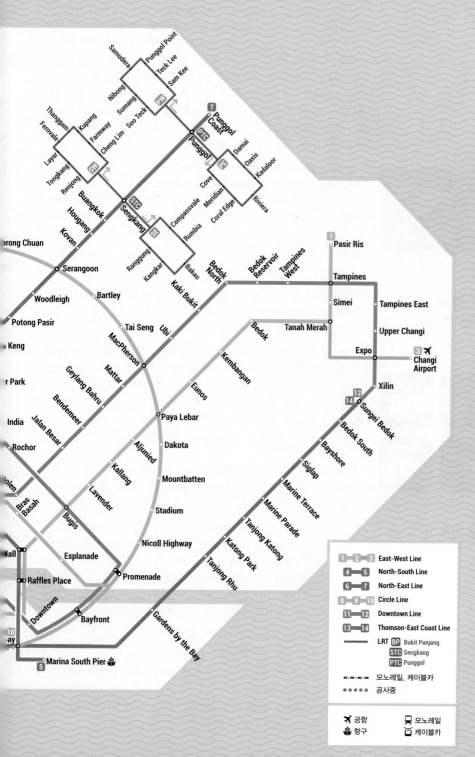

East-West Line
1 — 2 — 3

North-South Line
4 — 5

North-East Line
6 — 7

Circle Line
8 — 9 — 10

Downtown Line
11 — 12

Thomson-East Coast Line
13 — 14

LRT | BP Bukit Panjang
STC Sengkang
PTC Punggol

▬▬▬ 모노레일, 케이블카
●●●●● 공사중

✈ 공항   🚃 모노레일
⚓ 항구   🚠 케이블카

택시

가장 편리한 교통수단으로 높은 싱가포르 물가에 비해 택시비는 크게 비싸지 않은 편이라 이용하기 좋다. 모든 택시는 미터기를 사용하며 택시 기사 대부분이 양심적이라 안심하고 이용할 수 있다. 택시 요금은 기본 요금에 미터기에 따라 책정되는 거리 및 시간 기반 단위 요금이 더해지며, 여기에 시간대에 따른 할증 요금과 유료 도로 통행료, 택시 예약비 등이 합산되어 나온다. 요금 체계가 매우 복잡하므로 대략의 요금 체계를 알아두면 좋다. 우리나라와 달리 택시승강장이 아닌 곳에서는 택시를 타고 내릴 수 없다. 택시 승강장Taxi Stand은 주변의 큰 건물 앞이나 쇼핑몰, 호텔, MRT역 근처에서 쉽게 찾을 수 있다. 대부분의 택시는 현금과 카드로도 결제할 수 있는데, 자세한 택시 요금 내역이 궁금하다면 하차 시 기사에게 영수증을 요청하자.

- **기본요금Flag-down** 일반 택시 $4.4~4.8, 프리미엄 $4.8~5.5
- **주행 요금** 일반 택시 기준 10km 미만 시 400m당 $0.26, 10km 이상 시 350m당 $0.26
- **시간 할증** 피크 타임 이용 시 미터 요금의 25%, 심야 이용 시 미터 요금의 50% 추가
- **지역 할증** 싱가포르 도심, 창이 공항, 마리나 베이 샌즈, 가든스 바이 더 베이, 센토사 섬, 만다이 야생동물 공원 등에서 출발 시 $3~8가량의 요금 추가
- **통행료** 유료 도로 이용 시 통행료 부과

차량 공유 서비스 앱

이제는 싱가포르에서도 택시를 길에서 잡아타는 것이 어려워지고 있다. 여행 전 차량 공유 서비스 앱을 미리 다운받아 전화번호와 결제 가능한 카드 정보를 입력해 두자. 앱을 사용하면 무더운 날씨에 택시를 잡느라 애쓰지 않아도 된다.

- **그랩 Grab** '동남아시아의 우버'로 통하며 싱가포르에 본사를 둔 앱이다. 일반 승용차, 6인용 승합차, 미니 버스 등 다양한 종류의 차량을 제공한다. 택시가 아닌 일반 차량을 이용하지만 출발지와 목적지를 입력할 수 있고, 미리 정확한 요금이 표시되기 때문에 요금이 얼마나 많이 나올지 걱정할 필요가 없다.
- **CDG Zig** 싱가포르 택시 회사인 컴포트델그로ComfortDelGro에서 운영하는 앱. 요금은 미터 요금Meter Fare과 고정 요금Flat Fare 중 선택 가능하고 그랩과 마찬가지로 차량 종류도 선택할 수 있다.
- **타다 & 카카오T** 한국에서 사용하던 앱을 싱가포르에서도 사용할 수 있다. 한국에서와 마찬가지로 출발지와 목적지를 입력하고 이동 수단을 선택해 호출하면 된다.

공유 자전거

싱가포르는 주요 관광지 간 동선이 짧은 편이라 자전거를 이용하면 이동이 더욱 편리한 경우가 많다. 또한 마리나 베이나 리버사이드, 이스트 코스트 공원 등지에는 자전거를 타기 좋은 도로가 잘 조성되어 있어 싱가포르 여행의 또 다른 재미를 선사해줄 것이다. 싱가포르에는 현재 2개의 공유 자전거 업체가 운영 중이며 이용 방법 및 가격은 거의 동일하다. 우리나라 공유 자전거 앱을 이용할 때처럼 앱을 다운받은 후 전화번호나 이메일로 인증 후 가입한 다음 결제 가능한 카드를 등록하면 된다. 앱을 통해 자전거 위치를 검색할 수 있고 이용 후 지정 주차장에 반납해야 한다.

Ⓢ 30분 $1, 30분 초과 시 10분당 $0.5 추가

- **애니휠 Anywheel** 초록색 자전거. 비교적 오래된 업체로 자전거는 조금 노후됐지만 자전거 대수와 지정 주차장 수가 많다.
- **헬로라이드 HelloRide** 파란색 자전거. 새로 생긴 업체로 비교적 자전거가 깨끗하나 자전거 대수와 지정 주차장 수는 적은 편이다.

교통카드와 교통패스

싱가포르의 대표적인 교통카드는 이지링크 카드이지만, 요즘에는 컨 택리스가 표시된 카드나 모바일 결제 서비스로도 싱가포르 대중교통 을 이용할 수 있어 이전보다 편리해졌다.

이지링크 카드 EZ-Link Card

싱가포르의 MRT, 시내버스, 센토사 익스프레스, 택시까지도 이용 가능한 교통카드. 일 회권은 사라졌기 때문에 대중교통을 이용하려면 반드시 필요하다. MRT역 내 안내 창 구 Passenger Service Centre나 편의점에서 구매할 수 있다. 가격은 $10이며 $5는 카드 발 급비로 처음 카드를 사면 $5가 충전되어 있다. 최소 잔액 $3이 있어야 이용이 가능하고, 충전은 MRT역에 비치된 충전기를 이용해 충전하면 된다. 충전 시 현금과 카드 모두 사 용할 수 있다.

 $10(발급비 $5+충전 $5) 🏠 ezlink.simplygo.com.sg

컨택리스 카드

가지고 있는 해외 이용 겸용 카드(비자, 마스터카드)에 와이파이 모양과 비슷한 '컨택리 스' 표시가 있다면 싱가포르에서 별도의 조치 없이 교통카드로 사용할 수 있다. 한국에 서 발급 가능한 트래블월렛, 트래블로그와 같은 외화 충전식 카드에도 '컨택리스' 기능 이 있어 이용 가능하다. 외화 충전식 카드의 경우 사용 전 싱가포르 달러로 환전된 상태 여야 한다. 비자나 마스터카드가 아닌 유니온페이는 이용이 불가하다.

삼성페이 & 애플페이

모바일 결제 서비스인 삼성페이와 애플페이를 통해서도 MRT와 버스를 이용할 수 있다. 페이 관련 앱을 설치해 결제 카드를 등록해두면 휴대폰이나 스마트워치를 교통카드처 럼 단말기에 태그해 이용할 수 있다.

투어리스트 패스

싱가포르 내 대중교통을 무제한으로 이용할 수 있는 패스로 1·2·3일권이 있으며, 주요 MRT역에 있는 심플리고 매표소 SimplyGo Ticket Office 또는 24시간 이용 가능한 무인 발 매기를 통해 구매할 수 있다.

🟢 1일권 $17, 2일권 $24, 3일권 $29 🏠 thesingaporetouristpass.com.sg

AREA ····①

싱가포르 역사의 시작

올드 시티 Old City

올드 시티는 약 200년 전 싱가포르에 무역 항구를 세운 래플스 경이 관공서 지구로 지정한 이후 현재까지 싱가포르의 시내 중심지로 발전해 왔다. 싱가포르 국립 미술관, 대법원, 국회의사당 등이 밀집한 싱가포르 역사, 정치, 문화의 핵심 지역으로 싱가포르에서는 올드 시티라는 이름 보다는 시빅 디스트릭트Civic District로 알려져 있다. 영국 식민지 시대에 세워진 옛 유럽식 건축물이 당시의 모습을 잘 보존한 채 박물관, 미술관, 음식점 등으로 탈바꿈한 각각의 사연이 흥미롭다. 싱가포르 여행의 출발지라 할 수 있는 올드 시티의 매력 속에 푹 빠져보자.

올드 시티
추천 코스

- 🕐 4~6시간 소요 예상
- ⌛ 부기스 & 캄퐁글람, 마리나 베이,
  리버사이드 연계 여행 추천

여행자라면 반드시 한 번쯤은 지나는 MRT 시티홀 역에서 출발해 래플스 호텔까지 돌아보는 코스다. 만약 부기스 & 캄퐁글람 지역으로 이동해 하루를 마무리하고 싶다면 싱가포르 국립 도서관, 라살 예술대학 등도 추가할 수 있다. 올드 시티는 지역이 방대한 편이라 여러 박물관과 미술관 중 취향에 맞는 곳을 골라 관람하고 성당, 호텔 등은 건물 외부만 둘러본다 해도 하루가 꽉 찬다. 다행히 올드 시티에는 실내 관광지가 많은 편이라 다른 지역에 비해 무더운 싱가포르 날씨에도 체력 부담이 덜한 장점이 있다. 여행 일정이 짧다면 마리나 베이, 싱가포르 강변까지 연결해 싱가포르의 대표 야경을 감상하는 코스로 계획을 짜 보는 것을 추천한다.

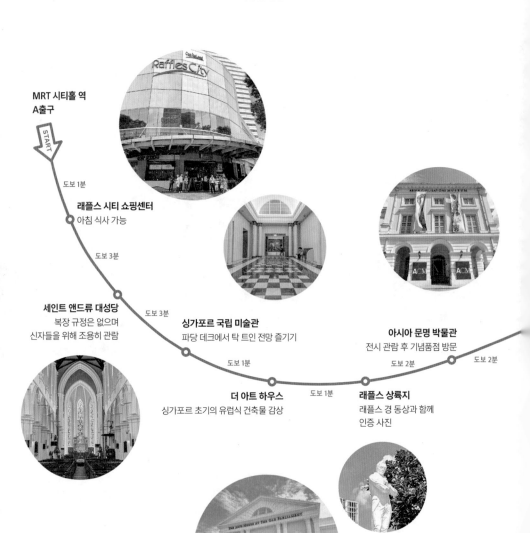

**MRT 시티홀 역
A출구**

START

도보 1분

래플스 시티 쇼핑센터
아침 식사 가능

도보 3분

세인트 앤드류 대성당
복장 규정은 없으며
신자들을 위해 조용히 관람

도보 3분

싱가포르 국립 미술관
파당 데크에서 탁 트인 전망 즐기기

도보 1분

더 아트 하우스
싱가포르 초기의 유럽식 건축물 감상

도보 1분

래플스 상륙지
래플스 경 동상과 함께
인증 사진

도보 2분

아시아 문명 박물관
전시 관람 후 기념품점 방문

도보 2분

푸난 몰
쇼핑과 점심 식사
한 번에 해결

페라나칸 박물관
싱가포르에서 경험할 수 있는
독특한 혼합 문화

도보 8분

도보 6분

도보 5분

빅토리아 극장 & 콘서트홀
원조 래플스 경 동상 찾아보기

싱가포르 국립 박물관
무료 한국어 도슨트 투어
매월 두 번째 목요일 11:30

도보 8분

차임스
휴식 및 저녁 식사
즐기기

도보 4분

래플스 호텔
• 래플스 부티크에서 기념품 쇼핑
• 롱 바에서 싱가포르 슬링 맛보기

올드 시티
상세 지도

Fort Canning Ⓜ

싱가포르 국립 박물관 ❿

오날루 베이글 하우스 ⓾

싱가포르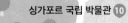
경영대학교(SMU) ⓯

페라나칸 박물관 ⓫

⓬ 싱가포르 어린이 박물관

굿 셰퍼드 대성당 ⓮

⓭ 아르메니아 교회

더 캐피톨 캠핀스키 호텔 싱가포르 Ⓗ

차임스 ⓶
레이 가든 ⓸
프리베 차임스 ⓹

Ⓗ 라이프 푸난 싱가포르

⓵ 푸난 몰

Ⓓ
Ⓑ

City Hall Ⓜ

싱가포르 국립 미술관 ⓷
내셔널 키친 바이 바이올렛 운 ⓵
오데트 ⓶
스모크 앤 미러스 ⓫

Ⓐ

세인트 앤드류 대성당 ⓵

싱가포르
국회의사당 ⓼

Ⓒ

래플스 시티 쇼핑센터 ⓶
스카이 레스토랑 & 바 ⓷
브로자이트 ⓻
스위소텔
더 스탬포드 Ⓗ

⓻ 더 아트 하우스

⓸ 래플스 상륙지

🚶 파당

⓺ 빅토리아 극장 & 콘서트홀

⓹ 아시아 문명 박물관

Ⓔ

09 마마 디암

18 라살 예술대학

Ⓜ Rochor

Bencoolen
Ⓜ

Ⓐ

Ⓗ 이비스 싱가포르 온 벤쿨렌

17 난양 예술대학(NAFA)

Ⓔ

Ⓜ Bras Basah

Ⓐ

Ⓜ Bugis

Ⓗ 칼튼 호텔 싱가포르

03 브라스 바사
콤플렉스

16 싱가포르 국립 도서관

09 래플스 호텔
08 더 그랜드 로비
10 롱 바

Ⓜ Esplanade
Ⓗ JW 메리어트 호텔 싱가포르 사우스 비치

0   100m

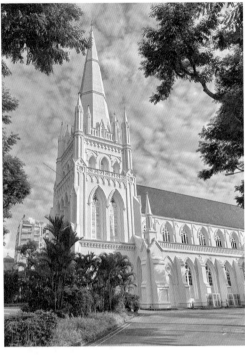

세인트 앤드류 대성당
Saint Andrew's Cathedral

MRT 시티홀 역을 나오면 바로 보이는 이 새하얀 성당은 싱가포르에서 가장 큰 성당 중 하나로 영국 성공회 신자들의 가장 오래된 예배 장소다. 스코틀랜드 상인들이 초기 공사 자금을 지원했기 때문에 스코틀랜드 수호성인인 '성 안드레아'의 이름을 땄다. 이 성당은 과거 두 번이나 번개를 맞은 것으로 유명하며 현재까지도 성공회 신자의 성전으로 활발히 이용된다. 성당 내부 정면에 보이는 3장의 화려한 스테인드글라스는 영국 식민지 시대의 지도자 3인을 기리기 위해 설치되었다. 가운데 있는 것이 바로 래플스 경을 위한 것이며 양쪽은 래플스 경의 뒤를 이어 싱가포르를 다스렸던 존 크로포드와 윌리엄 버터워스를 위한 것이다.

🚶 MRT 시티홀City Hall 역 B출구 앞 📍 11 St Andrew's Rd, Singapore 178959 🕐 화~금요일 09:00~17:00, 토요일 11:30~18:30, 일요일 07:30~17:30 ❌ 월요일, 공휴일 📞 +65-6337-6104 🏠 www.cathedral.org.sg

차임스 Chijmes

로맨틱한 데이트 코스로 꼽히는 차임스는 여러 음식점과 바가 모여 있는 복합 상업 단지다. 차임스를 이루는 옛 유럽식 건물들은 싱가포르에서 가장 오래된 가톨릭 여학교와 수녀원, 고아원 그리고 성당으로 쓰였다. 멀리서도 눈에 띄는 고딕 양식의 아름다운 성당 건물은 현재는 이벤트 장소로 쓰이는데 특히 결혼식 장소로 인기가 많다. 딤섬 전문점 '레이 가든P.139'과 숨은 칠리크랩 맛집 '뉴 우빈 시푸드New Ubin Seafood'가 식사하기 좋다. 낮에도 아름답지만 저녁이면 조명을 밝힌 나무와 정원이 매력을 더해 야경과 칵테일을 즐기기도 좋다. 지하층 펍에는 종종 라이브 공연이나 스포츠 경기 중계가 있어 언제나 활기가 넘친다.

🚶 MRT 시티홀City Hall 역 A출구에서 래플스 시티 쇼핑센터를 통과해 도보 5분
📍 30 Victoria St, Singapore 187996
🕐 매장마다 다름 📞 +65-6337-7810
🏠 chijmes.com.sg

싱가포르를 대표하는 웅장한 미술관 ······ ③

싱가포르 국립 미술관 National Gallery Singapore

싱가포르 현대사를 상징하던 시청과 대법원 건물이 대대적인 리모델링을 거쳐
이제는 싱가포르에서 가장 큰 국립 미술관이 되었다. 옛 시청과 대법원 건물은
각각 '시티홀 윙City Hall Wing'과 '슈프림 코트 윙Supreme Court Wing'이라는 이름으
로 불리며, 각각 싱가포르 작품으로 구성된 DBS 싱가포르 갤러리, 동남아시아
유명 작가들의 작품으로 구성된 UOB 동남아시아 갤러리로 나뉜다. 무려 8,000
점이 넘는 현대미술 작품을 보유하며, 때때로 재미있는 특별전이 열리기도 한다.
무엇보다 갤러리 건물 자체가 하나의 예술 작품이라고 해도 될 만큼 아름답고
웅장해서 현대미술 애호가가 아니라도 방문할 가치가 충분하다.

🏃 MRT 시티홀City Hall 역 B출구에서 도보 5분 📍1 St Andrew's Rd, Singapore
178957 🕙 10:00~19:00, 30분 전 입장 마감 💲 상설전 일반 $20, 7~12세·60세 이상
$15, 6세 이하 무료 📞 +65·6271-7000 🏠 www.nationalgallery.sg

• 어린이를 동반한 여행자라면 시티홀 윙
1층 케펠 센터Keppel Centre에 꼭 들러보
자. 다양한 연령대의 어린이가 직접 만지고
경험할 수 있는 무료 전시와 체험 활동이
마련되어 있다.

• 시티홀 윙 꼭대기 층 파당 데크에 오르
면 탁 트인 마리나 베이 뷰를 무료로 감상
할 수 있으니 놓치지 말자. 슈프림 코트 윙
4층에서 볼 수 있는 하얀색 돔도 사진 포
인트로 인기 있는 장소다.

싱가포르 국립 미술관에서
이것만은 꼭 보자!

Image courtesy of National Heritage Board, Singapore.

in DBS
싱가포르 갤러리

로하니 Rohani
조제트 첸 Georgette Chen • 1963년

조제트 첸은 싱가포르의 대표 여성 작가로 파리, 뉴욕 등지에서 미술을 공부한 후 싱가포르에 정착해 난양 예술대학에서 학생들을 가르쳤다. 초상화의 주인공 '로하니'는 그녀의 학생이었다가 친한 친구가 된 인물로 말레이 전통 의상의 화려함이 돋보이며, 세밀한 묘사에서 친구에 대한 애정이 엿보인다.

Oil on canvas, 97.8×128.6cm. Gift of the artist's family. Collection of National Gallery Singapore.

벽돌 공장에서 작업 중 Working at the Brick Factory
류캉 Liu Kang • 1954년

류캉은 싱가포르 현대미술의 선구자로 손꼽히는 인물로 1950년대 초 작가 3인과 함께 동서양의 양식이 결합된 싱가포르만의 독특한 '난양 화풍'을 확립했다. 그는 예술적 영감을 얻기 위해 자주 여행을 떠났는데, 전쟁 이후 싱가포르 및 말레이시아에서 흔히 볼 수 있던 벽돌 공장의 풍경을 개성 있게 담아냈다.

Oil on canvas, 65.3×54.3cm. Gift of the artist's estate. Collection of National Gallery Singapore.

Oil on canvas, 88.5×126.5cm. Gift of the artist. Collection of National Gallery Singapore.

구내식당에서의 인부들 Workers in a Canteen
추아 미아 티 Chua Mia Tee • 1974년

추아 미아 티는 예술은 사회 문제를 반영하고 공감을 이끌어야 한다는 움직임을 이끌었던 싱가포르의 대표 작가이자 초상화의 대가다. 그는 초상화 외에도 급속도로 변화하는 싱가포르 풍경에 주목했는데 이 작품은 조선소의 점심시간 모습을 사실적으로 담아내며 경제 발전에 기여한 노동자들에 대한 경의를 표하고 있다.

Oil on canvas, 300×396cm. Collection of National Gallery Singapore.
This work has been adopted by Yong Hon Kong Foundation.

산불 Boschbrand(Forest Fire)
라덴 살레 Raden Saleh • 1849년

19세기 인도네시아 현대미술의 아버지라
불리는 라덴 살레의 작품 중 가장 규모가
큰 작품이다. 야생동물들이 산불에 쫓겨
벼랑 끝으로 몰린 장면을 드라마틱하게
묘사했다. 유럽 낭만주의 양식을 인도네시
아의 자연, 문화적 배경에 독창적으로 융
합한 작품을 그렸다.

춤추는 돌연변이 Dancing Mutants
에르난도 R. 오캄포 Hernando R. Ocampo • 1965년

전쟁 이후의 참담한 현실을 반영하고자 했던 필리핀의 신
사실주의를 주도하던 화가 오캄포의 작품이다. 제2차 세
계대전을 종식시킨 원자폭탄의 위력과 공포를 추상적으
로 표현했는데, 보는 사람에 따라 화염 속에서 달려 나오
는 사람의 형태로 보거나 필리핀의 열대 동식물을 떠올리
기도 한다.

Oil on canvas, 101.8×76cm.
Collection of National Gallery Singapore.

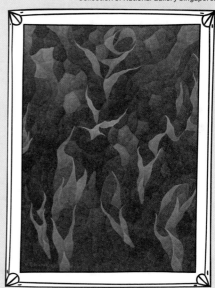

Lacquer on board, 159×119cm.
Collection of National Gallery Singapore.

베트남 풍경 Landscape of Vietnam
응우옌기어찌 Nguyễn Gia Trí • 1940년경

래커화의 거장 응우옌기어찌는 오래전부터 사원 등을 장
식하는 용도로 사용했던 전통적인 옻칠 기법을 현대 회
화에 적용해 근대적인 래커화의 틀을 완성시킨 선두주자
다. 검정색, 붉은색, 금색 등 베트남의 전통 색채를 이용
하면서도 화면 구성과 원근법은 다분히 서양 회화 기법
을 따르고 있어 독특한 조화로움이 느껴진다.

싱가포르의 핫한 이벤트 광장, 파당 Padang

싱가포르 국립 미술관 앞에 펼쳐진 직사각형 모양의 넓은 잔디밭은 파당이라는 다소 생소한 이름으로 불린다. 파당은 말레이어로 '넓은 들판'이라는 뜻인데 바로 이곳에서 싱가포르 역사에서 중요한 행사가 여러 번 이루어졌고 현재까지도 온갖 핫한 이벤트는 이곳에서 열린다. 영국 식민지 시대에는 크리켓 경기도 자주 있었는데 지금도 파당 한쪽에 '크리켓 클럽'이 남아있어 흥미롭다. 제2차 세계대전 이후 일본군의 항복 선언이 파당에서 이뤄졌으며 싱가포르 국기와 국가가 처음 발표된 곳도 이곳이다.

독립 기념일 퍼레이드
National Day Parade ● 8월 9일

싱가포르의 독립 기념일인 8월 9일에는 대규모 퍼레이드를 비롯해 공군의 에어쇼, 각종 공연, 불꽃놀이 등의 행사가 펼쳐지는데 파당은 퍼레이드가 진행되는 단골 장소다. 독립 기념일 전후에 방문한다면 행사를 위해 설치된 대형 무대와 리허설 장면을 볼 수 있다.

F1 싱가포르 그랑프리
F1 Singapore Grand Prix ● 9월 중순~10월 초순

싱가포르에서 벌어지는 큰 행사 중 하나인 F1 싱가포르 그랑프리 서킷에 파당과 싱가포르 국립 미술관 사이 도로도 포함된다. F1 기간 중에는 도심 한복판인 파당에 관람석이 설치되어 아주 가까운 거리에서 자동차 경주 장면을 직관할 수 있다. 특히 싱가포르 F1은 야간에 진행되기 때문에 마리나 베이를 포함한 싱가포르의 아름다운 야경과 함께 경주 장면을 즐길 수 있다. 물론 관람석에 앉기 위해서는 입장권이 있어야 한다.

건국의 아버지가 내딛은 첫발 ······ ④

래플스 상륙지 Raffles Landing Site

싱가포르에서 자주 보이는 '래플스'라는 이름은 싱가포르 건국의 아버지라 불리는 래플스 경에게서 따왔다. 영국 동인도회사의 일원으로 동남아시아 지역에 정착한 래플스 경은 동서양을 잇는 싱가포르의 위치에 주목하고 자유무역항을 열어 싱가포르의 발전을 이끌었다. 1819년 래플스 경이 싱가포르에 처음 발걸음을 내딛은 자리로 알려진 곳에 그의 동상을 세웠다.

🚶 ① MRT 시티홀City Hall 역 B출구에서 도보 10분 ② 싱가포르 국립 미술관에서 도보 3분 ♥ 1 Old Parliament Ln, Singapore 179429

> 빅토리아 극장 & 콘서트홀 앞에 색깔만 다른 쌍둥이 래플스 경 동상이 하나 더 있는데 이 검은색 동상이 1887년에 만들어진 원조 동상이니 꼭 함께 보자.

최고의 유물과 전망을 자랑하는 박물관 ······ ⑤

아시아 문명 박물관
Asian Civilisations Museum

박물관 1층에 자리잡은 광둥식 레스토랑 '엠프레스Empress'와 카페 '프리베 ACM Prive ACM'은 싱가포르강을 바라보며 여유롭게 식사하기에 좋다.

이름 그대로 아시아의 역사와 문명을 중점으로 다루는 박물관이다. 싱가포르 문화에 영향을 준 주변 동남아시아 국가, 중국과 인도 등에서 파생된 다양한 종교와 문화를 소개하며, 싱가포르 인구를 구성하는 여러 민족의 문화적 뿌리를 유물을 통해 깊이 있게 배울 수 있다. 이곳의 하이라이트는 1층에 위치한 중국 당나라 난파선Tang Shipwreck 전시관으로 9세기 남중국과 중동 국가를 오가다 난파된 배에서 발견된 금은 세공품과 도자기 같은 각종 진귀한 물건을 전시한다. 전시 관람 후에는 박물관 1층의 기념품점에 들러보자. 싱가포르 여행을 기념할 수 있는 귀여운 기념품을 만날 수 있고, 싱가포르 브랜드 '슈퍼마마Suparmama' 제품도 눈길을 사로잡는다. 슈퍼마마는 일본 관광객 사이에서 인기가 많은 브랜드로 멀라이언, HDB 아파트, 마리나 베이 샌즈 등 싱가포르의 대표 아이콘이 그려진 도자기 접시가 베스트셀러다.

🚶 ① MRT 시티홀City Hall 역 B출구에서 도보 12분 ② 래플스 상륙지에서 도보 3분
♥ 1 Empress Pl, Singapore 179555 ⏰ 10:00~19:00(금요일 ~21:00), 30분 전 입장 마감 ⓔ 일반 $15, 학생·60세 이상 $10, 6세 이하 무료 📞 +65-6332-7798
🏠 www.acm.org.sg

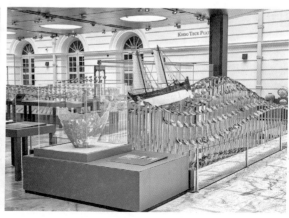

종소리를 따라가면 만나는 ⑥
빅토리아 극장 & 콘서트홀 Victoria Theatre & Victoria Concert Hall

싱가포르에서 가장 오래된 공연장으로 영국 빅토리아 여왕의 이름을 땄다. 3층에 위치한 헤리티지 갤러리Heritage Gallery에서는 건물의 탄생부터 현재까지의 역사를 간단히 살펴볼 수 있다. 공연을 보지 않더라도 아름다운 건물 내부를 둘러보거나 시계탑에서 울려퍼지는 종소리를 들으며 잠깐의 여유를 즐겨도 좋다. 공연 정보는 홈페이지에서 확인하자.

🚶 ① MRT 시티홀City Hall 역 B출구에서 도보 10분 ② 아시아 문명 박물관에서 도보 2분 📍 9 Empress Pl, Singapore 179556 ⏰ 헤리티지 갤러리 10:00~21:00, 공연장은 각각 상이 📞 +65-6908-8810 🏠 www.vtvch.com

옛 국회의사당의 재탄생 ⑦
더 아트 하우스 The Arts House

당초 스코틀랜드 상인 맥스웰Maxwell의 개인 저택으로 지어진 이 건물은 싱가포르의 옛 국회의사당으로 사용되었으며, 리콴유 초대 총리도 이곳에서 국회 일을 보았다. 현재는 더 아트 하우스라는 예술 공간으로 바뀌어 다양한 전시와 공연장으로 이용된다. 건물 옆 귀여운 코끼리 동상은 과거 태국 출라롱콘 왕이 싱가포르 방문 기념으로 보낸 선물이다.

🚶 ① MRT 시티홀City Hall 역 B출구에서 도보 10분 ② 싱가포르 국립 미술관 옆, 래플스 상륙지 방향으로 도보 1분 📍 1 Old Parliament Ln, Singapore 179429 ⏰ 10:00~21:30 📞 +65-6332-6900 🏠 www.artshouselimited.sg

싱가포르 정치의 중심 ⑧
싱가포르 국회의사당 Parliament House

싱가포르 국회의 규모가 커지면서 1999년 현재의 자리로 이전했으며 현재까지 주요 관공서가 모여 있는 올드 시티 안에 굳건히 자리한다. 건물 꼭대기에 싱가포르 국기가 휘날려 쉽게 알아볼 수 있다. 내부는 평소에 일반에 개방되지 않아 싱가포르강에서 리버 크루즈를 타거나 올드 시티에서 클락 키 방면으로 이동하는 길에 지나가면서 건물 외관만 감상해도 충분하다.

🚶 ① MRT 시티홀City Hall 역 B출구에서 도보 7분 ② 더 아트 하우스 바로 뒤 📍 1 Parliament Pl, Singapore 178880 📞 +65-6332-6666 🏠 www.parliament.gov.sg

래플스 호텔
Raffles Singapore

싱가포르에서 최고를 상징하는 것 앞에는 '건국의 아버지' 래플스 경의 성이 따라붙곤 한다. 대표적인 예가 바로 래플스 호텔로 고급 호텔이 즐비한 싱가포르에서도 모두가 이곳을 싱가포르 최고의 호텔로 꼽는다. 싱가포르 국가기념물로도 지정된 이 호텔은 영국 식민지 시대 콜로니얼 양식의 정수를 그대로 보여주며 전 객실이 스위트룸인 것이 특징이다. 마이클 잭슨, 어니스트 헤밍웨이, 엘리자베스 여왕 등 전 세계 VIP가 묵었던 호텔로도 유명하다. 호텔 로비는 투숙객이나 레스토랑 이용객만 입장 가능하지만, 녹음이 우거진 호텔 정원과 기념품점 래플스 부티크Raffles Boutique(영업 10:00~20:00)만 둘러보아도 래플스 호텔의 우아함을 즐길 수 있다. 특히 소중한 지인을 위해 신경 좀 썼다는 느낌을 주는 고급스러운 선물을 사고 싶다면 래플스 부티크에 꼭 들러보자. 싱가포르 슬링을 집에서도 맛볼 수 있는 칵테일 팩($70), 맛과 향도 진한데 포장도 예쁜 카야 잼($14), 그리고 래플스 호텔을 상징하는 도어맨 캐릭터 인형($39.9)이 인기 선물 아이템이다. 기념품 쇼핑 후에는 멋진 유니폼을 입고 터번 차림을 한 도어맨과 함께 기념사진도 찍으면 좋은 추억이 될 것이다.

🚶 MRT 시티홀City Hall 역 A출구에서 래플스 시티 쇼핑센터를 통과해 도보 5분 📍 1 Beach Rd, Singapore 189673 📞 +65-6337-1886 🏠 www.raffles.com/singapore

싱가포르 국립 박물관
National Museum of Singapore

싱가포르에서 가장 오래된 박물관으로 1887년에 세워졌다. 700년의 싱가포르 역사를 시간순으로 경험할 수 있도록 꾸며진 역사 갤러리Singapore History Gallery는 역사에 관심이 있는 여행자라면 반드시 들러야할 필수 코스다. 박물관 건물은 신고전주의와 르네상스 양식을 띠며, 중앙의 돔 지붕과 빅토리아 여왕 재위 50주년을 기념하기 위해 설치한 50개의 스테인드글라스도 아름답다. 매월 두 번째 목요일 오전 11시 30분에 무료한국어 도슨트 투어가 진행된다. 영어 도슨트 투어는 매일 2회이상 진행되니 홈페이지에서 일정 확인 후 시간이 맞다면 참여해보자.

🚶 MRT 벤쿨렌Bencoolen 역 B출구에서 도보 5분 📍 93 Stamford Rd, Singapore 178897 🕐 10:00~19:00, 30분 전 입장 마감 💲 상설전 일반 $10, 학생·60세 이상 $7, 6세 이하 무료 📞 +65-6332-3659 🏠 www.nhb.gov.sg/nationalmuseum

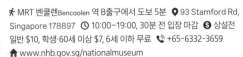

> 박물관 뒷문으로 나가면 포트 캐닝 공원과 연결되니 함께 둘러본 후 클락 키로 이동하는 동선도 괜찮다.

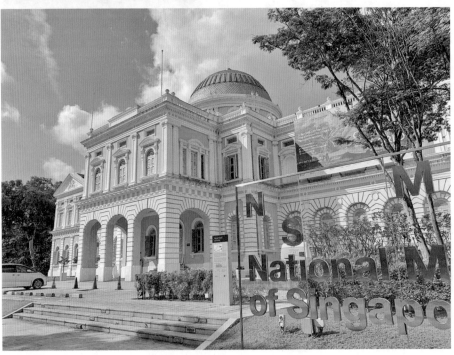

싱가포르 국립 박물관에서 이것만은 꼭 보자!

Credits to National Museum of Singapore, National Heritage Board

싱가포르 스톤
The Singapore Stone • 10~14세기

싱가포르에서 발견된 유물 중 가장 오래된 문자 기록물이다. 1819년 영국인이 싱가포르에 들어왔을 때 싱가포르강 입구에서 비석의 형태로 발견되었으나 폭파되고 남겨진 조각을 전시 중이다. 비석은 대략 10~14세기 것으로 추정되며, 내용은 아직까지 완전히 해석하지 못했다.

파당
The Padang in Singapore
• 1851년

초기 싱가포르의 토목 기사이자 정부 조사관이었던 존 턴불 톰슨John Turnbull Thomson의 작품이다. 과거 사교 활동의 중심지였던 파당에 모인 유럽, 중국, 말레이, 아랍, 인도 사람의 모습을 세세히 묘사해 다민족 국가인 싱가포르의 특징이 잘 나타난다.

Gift of Mrs. F. G. Hall-Jones

금 팔찌
Gold armlet discovered at Bukit Larangan(Fort Canning Hill)
• 14세기

귀한 금으로 만든 장신구로 1928년 지금의 포트 캐닝 공원에서 발견되었다. 팔찌에 새겨진 얼굴은 '칼라'라고 불리는 상상의 동물로 나쁜 기운으로부터 보호해준다고 믿어졌다. 14세기 포트 캐닝 공원에 왕족이 살았다는 것을 보여주는 싱가포르 역사의 중요한 유물이다.

래플스 경 초상화
Portrait of Sir Thomas Stamford Bingley Raffles • 1912년

싱가포르 건국의 아버지 래플스 경의 초상화다. 1912년에 그린 복제본으로 원본은 영국 국립 초상화 미술관 National Portrait Gallery에서 볼 수 있다. 래플스 경이 쓴 《히스토리 오브 자바 History of Java》 책이 영국에서 큰 성공을 거두며 기사 작위를 받게 되었고, 이를 기념하기 위해 1817년 이 초상화를 남겼다.

리콴유 법복
Mr. Lee Kuan Yew's Barrister gown
• 1950년대

싱가포르 초대 총리인 리콴유는 영국의 케임브리지 대학교에서 법을 전공했으며, 이 법복은 그가 변호사 시절 사용한 것이다. 그가 싱가포르에서 정치 활동을 시작한 1950년대에는 노동자의 파업이 많았고, 노동자를 위한 법률 자문인 역할을 하며 큰 정치적 지지를 얻었다.

Gift of Mr. Lee Kuan Yew

토착민과 이민족이 빚어낸 매력적인 혼합 문화 ····· ⑪

페라나칸 박물관 Peranakan Museum

다양한 문화가 공존하는 싱가포르지만 페라나칸 문화야말로 가장 독특한 문화유산이라 할 수 있다. '페라나칸'은 말레이어로 '현지에서 태어난'이라는 뜻으로 외국 이민자와 현지 여인 사이에 태어난 자손을 의미한다. 특히 싱가포르에서 말레이계 토착민과 중국계 이민자 사이에서 태어난 중국계 페라나칸이 가장 많은 수를 차지한다. 이곳에서도 주로 중국계 페라나칸의 문화를 전시하는데 식기와 복식에 화려한 색감과 모란, 봉황, 용 등의 부와 풍요로움을 상징하는 문양이 자주 쓰이며 중국식 식재료에 말레이식 양념을 곁들인 요리 또한 색다른 매력을 보여준다. 화려한 보석, 가구, 직물 등을 감상하며 과거 무역을 통해 부를 축적했던 페라나칸인을 떠올려보자.

🚶 MRT 시티홀City Hall 역 B출구에서 도보 8분 📍 39 Armenian St, Singapore 179941 🕐 10:00~19:00(금요일 ~21:00)
💲 일반 $18, 학생·60세 이상 $12 ※특별전에 따라 입장료 다름
📞 +65-6332-7591 🏠 www.peranakanmuseum.org.sg

싱가포르 최초의 어린이를 위한 국립 박물관 ····· ⑫

싱가포르 어린이 박물관
Children's Museum Singapore

싱가포르의 역사가 담긴 빈티지 우표를 전시하던 우표 박물관이 싱가포르 최초의 국립 어린이 박물관으로 재탄생했다. 박물관을 찾는 어린이가 흥미로운 경험을 통해 박물관에 대한 긍정적인 이미지를 갖게 하고, 어른이 되어서도 박물관을 좋아할 수 있게 만드는 것이 이곳의 취지다. 아이들의 눈높이에 맞춘 재미있는 전시로 과거부터 현재에 이르는 싱가포르의 변천사를 배울 수 있고 다양한 체험 활동도 제공한다. 초등학교 저학년 이하의 어린이 동반 여행자라면 더위와 비를 피해 방문해볼 만하다. 하루 4회로 입장 가능하며 방문 30일 전부터 홈페이지를 통해 예약할 수 있다.

🚶 MRT 시티홀City Hall 역 B출구에서 도보 10분 📍 23-B Coleman St, Singapore 179807 🕐 09:00~10:45, 11:00~12:45, 14:00~13:45, 16:00~17:45
💲 일반 $15, 어린이 $10
❌ 월요일 📞 +65-6337-3888
🏠 www.nhb.gov.sg/childrensmuseum

아르메니아 교회 Armenian Apostolic Church of St. Gregory the Illuminator

아르메니아는 서아시아에 위치한 작은 나라로 기독교를 국
교로 채택한 최초의 국가로 알려져 있다. 일찍이 싱가포르에
진출한 아르메니아인은 싱가포르 역사 곳곳에 등장하는데,
싱가포르 국화를 처음 발견한 아그네스 조아킴도 아르메니
아인이다. 이곳은 1835년 완공된 싱가포르에서 가장 오래된
교회로 아담한 순백색의 교회 건물과 고즈넉한 정원이 기분
좋은 쉼터가 되어 준다.

🏃 MRT 시티홀City Hall 역 B출구에서 도보 10분
📍 60 Hill St, Singapore 179366 🕐 10:00~18:00
🏠 www.armeniansinasia.org

굿 셰퍼드 대성당 Cathedral of the Good Shepherd

1847년에 세워진 이 성당은 싱가포르에서 가장 오래된 천주
교회이며 국가기념물로도 지정되었다. 이곳은 한국과도 인연
이 있는데, 싱가포르에서 선교 활동을 하다 조선으로 건너가
천주교 박해 사건으로 순교한 프랑스인 신부 앵베르Laurent
Joseph Marius Imbert가 남긴 '선한 목자Good Shepherd는 양들
을 위해 목숨을 바친다'는 말에서 이 성당의 이름을 따왔다.

🏃 MRT 브라스 바사Bras Basah 역 B출구 바로 앞
📍 4 Queen St, Singapore 188533 🕐 06:00~22:00
📞 +65-6337-2036 🏠 cathedral.catholic.sg

싱가포르 경영대학교(SMU) Singapore Management University

미국의 펜실베이니아 대학교 와튼스쿨을 모델로 삼아 설
립된 경영 특성화 대학교다. 싱가포르에서는 싱가포르 국
립 대학교National University of Singapore와 난양 공과대학교
Nanyang Technological University에 이어 3위 대학으로 손꼽히
며 세계 대학 순위 상위권에도 올랐다. 싱가포르 국립 박물
관에서 차임스 근방까지 각 단과 대학 캠퍼스가 곳곳에 흩
어져 있다.

🏃 MRT 브라스 바사Bras Basah 역 A출구에서 도보 3분
📍 81 Victoria St, Singapore 188065 📞 +65-6828-0100
🏠 www.smu.edu.sg

싱가포르 국립 도서관 National Library

총 60만 권 이상의 장서를 소장한 공공도서관으로 누구에게나 개방되어 있다.
편안하게 방문해볼 만한 곳은 B1층 열람실로 다양한 주제의 책을 마음껏 볼
수 있으며, 싱가포르를 주제로 한 책만 모아 놓은 코너도 마련되어 있다. 또한
같은 층에 2024년 다양한 해양 생물을 테마로 한 '어린이 생물 다양성 도서관
Children's Biodiversity Library'을 새롭게 오픈했는데 대형 산호 모양 기둥과 곳곳에
보이는 해파리 장식 등이 아이들의 관심을 끌기에 충분하다.

🏃 MRT 부기스Bugis 역 C출구에서 도보 5분
📍 100 Victoria St, Singapore 188064
🕐 10:00~21:00 🏠 www.nlb.gov.sg/
main/visit-us/our-libraries-and-
locations/libraries/central-public-library

난양 예술대학(NAFA)
Nanyang Academy of Fine Arts

싱가포르 최초의 예술교육기관으로 싱가포르의 난양 화풍
이 확립된 곳이다. 난양은 '남쪽 바다'라는 뜻으로 중국에서
싱가포르를 부르는 이름이다. 난양 화풍이란 서양식 아이디
어와 기술을 현지식 테마 및 주제와 결합하는 스타일을 의
미한다. 교내에 다양한 전시가 있어 잠시 둘러보기 좋다.

🏃 MRT 벤쿨렌Bencoolen 역 A출구 바로 앞
📍 80 Bencoolen St, Singapore 189655
📞 +65-6512-4000 🏠 www.nafa.edu.sg

라살 예술대학
Lasalle College of the Arts

독특한 디자인으로 완공 직후 싱가포르 건축협회상,
대통령 디자인상을 수상했다. 협곡이나 절벽에서 볼 수
있는 지층 형태에서 영감을 받은 건축물이다. 밖에서는
검은색 상자로 보이지만 중앙에 서면 각 건물 안을 훤
히 들여다볼 수 있는 열린 구조가 특별하다.

🏃 MRT 로처Rochor 역 A출구에서 도보 2분
📍 1 McNally St, Singapore 187940
📞 +65-6496-5111 🏠 www.lasalle.edu.sg

고급 음식점에서 즐기는 현지 음식 ⋯⋯①

내셔널 키친 바이 바이올렛 운
National Kitchen by Violet Oon Singapore

늘 먹는 한식이라도 한정식집만의 특별함이 있는 것처럼,
고급스러운 분위기에서 현지 음식을 즐길 수 있는 페라나
칸 음식점이다. 중국, 말레이, 서양식이 혼합되어 다른 곳
에서는 먹어보기 어려운 특별한 맛을 자랑하는데 한국인
의 입맛에도 잘 맞는 편이다. 추천 메뉴로는 싱가포르 대
표 핑거푸드인 쿠에 파이 티Kueh Pie Tee와 우리의 갈비찜
같이 부드럽게 익힌 고기 맛이 일품인 비프 렌당을 추천
한다. 국물이 아닌 그레이비소스에 볶은 드라이 락사Dry
Laksa도 인기 메뉴다. 싱가포르에 총 3개 지점이 있으며
싱가포르 국립 미술관 지점이 특유의 고급스럽고 우아한
분위기로 가장 인기가 많다.

🚶 MRT 시티홀City Hall 역 B출구에서 도보 5분, 싱가포르 국립
미술관 시티홀 윙 2층 📍 1 St Andrew's Rd, #02-01,
Singapore 178957 🕐 런치 12:00~15:00, 하이티 15:00~
17:00, 디너 18:00~22:30 💲 ⊕⊕ 쿠에 파이 티 $19, 비프 렌당
$28, 드라이 락사 $29, 디저트 $14~ 📞 +65-9834-9935
🏠 www.violetoon.com

미쉐린 3스타 레스토랑 ...... ②
오데트 Odette

싱가포르 최고의 파인 다이닝 레스토랑. 모던 프렌치 요리를 제공하며 미쉐린 3스타에 걸맞게 요리 하나하나가 예술의 경지에 가까운 최고의 맛과 서비스를 기대해도 좋다. 디너는 7코스로 먹기 아까울 정도로 예쁜 성게알 요리와 게 요리가 인상적이며, 이곳의 대표 메뉴인 비둘기 요리가 메인으로 나온다. 홈페이지에서 60일 전부터 예약이 가능하며 12세 미만 어린이는 동반할 수 없다.

🚶 MRT 시티홀City Hall 역 B출구에서 도보 8분, 싱가포르 국립 미술관 슈프림 코트 윙 1층 ♀ 1 St Andrew's Rd, #01-04, Singapore 178957 🕐 런치 화~토요일 12:00~13:15, 디너 월~토요일 18:30~20:00, 마지막 예약 가능 시간 기준 ❌ 일요일, 공휴일 💲 ⊕⊕ 런치 $348~, 디너 $398~ ※예약 시 인당 보증금 $200 📞 +65-6385-0498 🏠 www.odetterestaurant.com

아는 사람만 아는 백만 불짜리 뷰 ...... ③
스카이 레스토랑 & 바 Skai Restaurant & Bar

스위소텔 더 스탬포드 호텔 70층에 위치한 모던 그릴 레스토랑으로 마리나 베이 샌즈를 포함한 싱가포르의 전경이 한눈에 내려다보이는 이곳 뷰는 싱가포르의 유명 레스토랑 중에서도 매우 탁월한 수준이다. 미쉐린 스타 레스토랑 출신의 수석 셰프 소마스 스미스Seumas Smith는 그만의 일본식 터치를 가미한 신선한 해산물 스타터로 유명하며, 그릴 레스토랑답게 호주 및 일본산 최상급 와규를 사용한 스테이크는 풍부한 맛과 극강의 부드러움을 자랑한다. 같은 층에 위치한 스카이 바에서도 같은 뷰를 감상할 수 있으며 상큼한 트로피컬 칵테일과 마리나 베이 뷰가 절묘하게 어우러진다.

🚶 MRT 시티홀City Hall 역 A출구에서 래플스 시티 쇼핑센터로 연결, 스위소텔 더 스탬포드 호텔 70층 ♀ 2 Stamford Rd, Level 70, Singapore 178882 🕐 스카이 레스토랑 런치 11:30~14:30, 하이티 15:00~17:00, 디너 18:00~22:30(금·토요일 ~23:00), 스카이 바 17:00~24:00(금·토요일 ~01:00) ❌ 일요일, 공휴일 💲 ⊕⊕ 런치(2코스) $48, 셰프의 테이스팅 메뉴(4코스) $178, 칵테일 $27~ 📞 +65-6431-6156 🏠 www.skai.sg 📷 @skai.sg

미쉐린 1스타 중식당 ……④
레이 가든 *Lei Garden*

광둥식 요리를 전문으로 하며 중국, 홍콩, 마카오에도 지점이 있다. 싱가포르 지점은 유럽식 건축물이 아름다운 차임스에 자리해 보다 우아하고 깔끔한 분위기에서 식사를 즐길 수 있다. 직접 자리에서 썰어 서빙해주는 북경오리와 바삭한 껍질과 촉촉한 속살이 일품인 크리스피 로스트 포크Crispy Roasted Pork가 대표 메뉴. 북경오리는 예약 시 미리 주문하는 것이 좋다. 매일 한정 수량만 판매하는 망고 사고 디저트도 꼭 먹어보자. 레이 가든은 딤섬 맛집으로도 소문이 자자한데 점심 때만 주문이 가능하며 주말에는 예약이 필수다.

🚶 ① MRT 시티홀City Hall 역 A출구에서 도보 5분, 차임스 내 ② 래플스 시티 쇼핑센터에서 도보 3분 📍 30 Victoria St, #01-24, Singapore 187996 🕐 11:30~15:00, 18:00~ 22:00 💲 ⊕⊕ 크리스피 로스트 포크 $24, 북경오리(반마리/1마리) $46/$92, 딤섬류 $7~10, 망고 사고 디저트 $8 📞 +65-6339-3822 🏠 www.leigarden.hk/location/singapore

유럽 노천 카페에 온 듯한 분위기의 카페 ……⑤
프리베 차임스 *Privé Chijmes*

차임스에 위치한 아늑한 카페로 밤이 되면 활기찬 분위기가 더해져 인기가 많다. 메뉴는 버거, 파스타 같은 캐주얼한 양식부터 인도네시아식 볶음밥인 나시고렝, 태국식 커리와 팟타이, 락사 스파게티 등 아시아 메뉴까지 다양해 누구나 부담없이 즐길 수 있다. 바로 앞에는 차임스의 옛 성당 건물이 낭만을 더하고 잔디밭에 앉아 편안히 휴식을 취하는 사람들로 마치 유럽의 노천 카페에 나와 있는 듯한 분위기를 즐길 수 있다.

🚶 ① MRT 시티홀City Hall 역 A출구에서 도보 5분, 차임스 내 ② 래플스 시티 쇼핑센터에서 도보 3분 📍 30 Victoria St, #01-33, Singapore 187996 🕐 월~목요일 11:30~22:30, 금요일 11:30~ 23:00, 토요일 10:30~23:00, 일요일 10:30~22:30 💲 ⊕⊕ 버거 $23, 파스타 $20~, 나시고렝 $23, 팟타이 $19 📞 +65-6776-0777 🏠 www.privechijmes.com.sg

쫀득한 베이글과 커피가 생각날 때 ……… ⑥

오날루 베이글 하우스
ONALU Bagel Haús

싱가포르 국립 박물관 주변에서 간단한 한끼를 원할 때 방문하기 좋은 베이글 맛집이다. 베이글 빵과 크림치즈 조합으로 주문하거나 속재료가 다른 샌드위치로 주문할 수 있다. '수상한 무언가 Something Fishy'라는 주인장의 작명 센스가 돋보이는 이름의 훈제연어 샌드위치와 베이컨과 달걀, 치즈가 들어가서 든든한 클래식 B.E.C가 추천 메뉴다. 싱가포르 경영대학교 캠퍼스 주변에 위치해 현지 학생에게도 인기가 많다. 아침 일찍 오픈해 박물관 관람 전 아침 식사를 해결하기도 좋다.

🚶 ① MRT 벤쿨렌Bencoolen 역 B출구에서 도보 5분 ② 싱가포르 국립 박물관 바로 옆 📍 60 Stamford Rd, #01-11, Singapore 178900 🕐 09:30~17:45 💲 베이글 & 크림치즈 세트 $5, 클래식 B.E.C $12 📞 +65-8268-5900 🏠 onalu.co

싱가포르에서 만나는 정통 독일 음식 ……… ⑦

브로자이트 Brotzeit at Raffles City

정통 독일 음식점으로 싱가포르 곳곳에 여러 지점이 있는 인기 맛집이다. 야외석에 앉아 시원한 생맥주를 즐기는 사람들을 보면 동참하고 싶은 마음을 참기 어렵다. 돈가스와 비슷한 슈니첼Schnitzel과 겉은 바삭하고 속은 촉촉한 독일식 족발 요리 슈바인스학슨Schweinshaxn이 우리 입맛에 딱 맞는다. 여러 명이 함께 방문한다면 대표 메뉴를 골고루 맛볼 수 있는 브로자이트플래터Signature Brotzeitplatter와 3L짜리 귀여운 오크통에 담겨 나오는 생맥주3L Party Keg를 추천한다.

🚶 MRT 시티홀City Hall 역 A출구, 래플스 시티 쇼핑센터 1층 📍 252 North Bridge Rd, #01-17, Singapore 179103 🕐 일~수요일 11:00~23:00, 목~토요일·공휴일 전날 11:00~24:00 💲 ⊕ ⊕ 슈니첼 $28~32, 슈바인스학슨 $45, 브로자이트플래터(4~6인) $138, 맥주(500ml) $15.5~ 📞 +65-6883-1534 🏠 brotzeit.co/location/raffles-city

차원이 다른 애프터눈 티 ⑧
더 그랜드 로비 The Grand Lobby

싱가포르 최고의 호텔인 래플스 호텔 로비에 위치한 만큼 최고의 애프터눈 티를 선사한다. 로비에 들어서는 순간 거대한 샹들리에에 감탄하고, 새하얀 대리석 바닥과 빅토리아 양식 기둥으로 장식된 아름다운 공간에 마음을 빼앗긴다. 고급스러운 삼단 트레이에는 예쁜 케이크와 샌드위치, 달콤한 디저트류가 담겨 나오고, 따끈한 스콘과 진한 클로티드 크림, 잼이 따로 서빙된다. 차는 래플스 호텔에서만 맛볼 수 있는 특별 셀렉션 중에서 고를 수 있으며, 샴페인을 추가하면 셰프의 특별 페이스트리를 하나 더 선택할 수 있다. 하프 연주를 들으며 즐기는 우아한 애프터눈 티는 싱가포르 여행의 특별한 추억이 된다.

🚶 MRT 시티홀City Hall 역 A출구에서 도보 5분, 래플스 호텔 로비 📍 1 Beach Rd, Raffles Singapore, Singapore 189673
🕐 애프터눈 티 12:00~18:00
💲 ⊕⊕ 래플스 애프터눈 티 1인 $98, 샴페인 추가 1잔 $33~43 📞 +65-6412-1816 🏠 www.rafflessingapore.com/restaurant/the-grand-lobby

어린 시절 숨바꼭질을 떠올리게 하는 히든 바 ⑨
마마 디암 Mama Diam

간판도 없이 입구가 숨겨져 있어 아는 사람만 찾아갈 수 있다는 스피크이지 바Speakeast Bar 콘셉트의 칵테일 바로 최근 싱가포르 젊은 세대 사이에서 인기를 끌고 있다. 마마 디암은 과거 싱가포르 HDB 아파트 1층에서 흔히 볼 수 있던 구멍가게인 마마 숍Mama Shop에서 이름을 따온 것이다. 이름에 걸맞게 동네 구멍가게처럼 꾸며진 매장 안 진열장을 밀면 바로 통하는 입구가 등장한다. 싱가포르 전통 음식에 현대적인 감각을 더해 재해석한 메뉴가 인상적인데, 특히 옛 감성 가득한 연유 캔에 담겨져 나오는 시그니처 칵테일은 특별한 재미를 더해주니 꼭 주문해 보자.

🚶 MRT 벤쿨렌Bencoolen 역 B출구에서 도보 3분 📍 38 Prinsep St, Singapore 188665
🕐 16:00~22:30(금·토요일 ~24:00)
💲 ⊕⊕ 칠리크랩 소프트셸 크랩 바오(2개) $18.9, 치킨 커리 쿠에 파이 티 $15.9, 시그니처 칵테일 $20 📞 +65-8533-0792
🏠 www.mamadiamsg.com

롱 바 Long Bar

진, 체리 브랜디, 리큐어, 파인애플이 들어간 분홍색의 달달한 맛으로 유명한 싱가포르 대표 칵테일, 싱가포르 슬링이 이곳에서 태어났다. 여성은 공공장소에서 술을 마실 수 없던 시절, 재치 있는 바텐더 남통분Ngiam Tong Boon이 여성 손님을 위해 과일주스처럼 보이지만 알코올이 함유된 음료를 만들어냈고 이것이 히트를 쳤다. 바에 들어서면 마치 과거로 돌아간 듯한 분위기에 천장에 매달린 부채가 천천히 바람을 일으키고 바텐더들은 오래된 기계로 얼음을 갈아낸다. 꼭 칵테일을 마시지 않더라도 빈티지한 분위기만으로 충분히 만족스럽다.

🚶 MRT 시티홀City Hall 역 A출구에서 도보 5분, 래플스 호텔 2층 📍 328 North Bridge Rd, #02-01, Singapore 188719 🕐 11:00~22:30(목~토요일 ~23:30) ⑤ ⊕ ⊕ 오리지널 싱가포르 슬링 $39 📞 +65-6412-1816 🏠 www.raffles.com/singapore/dining/long-bar

땅콩 껍질은 바닥에!

테이블마다 제공되는 땅콩 자루가 재미있다. 적당히 짭짤하게 조미된 땅콩을 한두 개씩 집어 먹다 보면 금세 쌓이는 껍질에 민망해지기도 한다. 하지만 과거에 그랬던 것처럼 땅콩 껍질을 바닥에 그대로 버리는 것이 이곳의 관례. 바닥에 마구 버려진 땅콩 껍질을 밟다 보면 깨끗한 싱가포르에서 느끼기 어려운 묘한 일탈감이 샘솟는다.

스모크 앤 미러스 Smoke & Mirrors

다른 루프톱 바에 비하면 아주 높지는 않지만 전면이 시원하게 탁 트인 파당 광장과 올드 시티의 유럽식 건축물, 그 뒤로 마리나 베이 샌즈와 래플스 플레이스의 스카이라인이 펼쳐지는 뷰는 이곳에서만 즐길 수 있는 특별한 포인트다. 미술관에서 작품을 감상한 후 해 질 때쯤 올라가 노을과 함께 칵테일을 한잔하며 하루를 마무리해 보자.

🚶 MRT 시티홀City Hall 역 B출구에서 도보 5분, 싱가포르 국립 미술관 6층 📍 1 St. Andrew's Rd, #06-01, Singapore 178957 🕐 월~수요일 18:00~24:00, 목~토요일 18:00~01:00, 일요일 17:00~24:00 ⑤ ⊕ ⊕ 칵테일 $28~, 목테일 $18~ 📞 +65-9380-6313 🏠 www.smokeandmirrors.com.sg ⓞ @SmokeAndMirrorsBarSG

**에너지가 샘솟는
친환경 쇼핑 공간** ······· ①
푸난 몰 Funan Mall

2019년 리노베이션을 마치고 새롭게 문을 연 쇼핑몰로 트렌디한 녹색 디자인과 재미난 볼거리로 싱가포르 젊은이들의 마음을 단번에 사로잡았다. 쇼핑몰 내부를 가로지르는 자전거 전용 트랙은 푸난 몰의 트레이드마크. 1층에는 자전거 마니아라면 꼭 들러봐야할 브롬톤 매장Brompton Junction이 입점해 있는데 깜찍한 디자인의 접이식 자전거는 그 자체로 풍부한 볼거리를 제공한다. 쇼핑몰 중앙에는 거대한 암벽 등반 시설Climb Central이 있어 언제나 에너지가 넘친다. 쇼핑몰 안에는 싱가포르 브랜드를 비롯한 잘 알려지지 않은 개성 강한 브랜드가 많이 입점해 있다. 2층의 제로 웨이스트 숍The Green Collective에서 로컬 브랜드의 친환경 제품과 향긋한 꽃차를 구입해 선물하기 좋다. 최근 여행자에게 인기를 끌고 있는 신개념 서비스 아파트인 라이프 푸난 싱가포르 **P.376**도 이곳에 있다.

🚶 MRT 시티홀City Hall 역 D출구 방향 지하 통로로 연결 📍 107 North Bridge Rd, Singapore 179105 🕐 10:00~22:00 📞 +65-6970-1668 🏠 www.capitaland.com/sg/malls/funan

주요 매장

3층	플라이트 익스피어리언스Flight Experience
2층	비욘드 더 바인즈Beyond The Vines, 러브 보니토Love, Bonito, 더 폼The Form, 더 그린 컬렉티브The Green Collective, PPP 커피PPP Coffee
1층	브롬톤 정션Brompton Junction, 맥도날드
B1층	페어프라이스, 왓슨스, 아줌마Ajumma's(한식), 파라다이스 다이너스티Paradise Dynasty(중식)
B2층	클라임 센트럴Climb Central, 빅 애피타이트Big Appetite(푸드 코트), 누들 스타 KNoodle Star K(한식), 올드 창키Old Chang Kee(간식)

쇼핑의 모든 것이 이곳에 ······ ②

래플스 시티 쇼핑센터 Raffles City Shopping Centre

올드 시티의 대표 쇼핑센터인 래플스 시티에는 다양한 연령대를 만족시킬 브랜드와 음식점이 여럿 입점해 있다. 덕분에 오차드 로드까지 나갈 필요 없이 모든 것을 원스톱으로 해결할 수 있어 현지인에게 인기가 많다. 세포라, 바샤 커피, 조말론 런던 등 인기 브랜드는 주로 1층에 위치하며, 2층에는 싱가포르 잡화 브랜드인 찰스앤키스, 페드로가 있고 카페 앤 밀 무지Café & Meal Muji는 꽤 규모가 커서 한 번쯤 둘러볼 만하다. 지하에는 현지 슈퍼마켓인 CS 프레시가 있어 간식거리나 선물용 칠리크랩소스, 치킨라이스소스 등을 구입하기 좋다.

식사를 해결하고 싶다면 맛집 브랜드가 모여 있는 B1층으로 가보자. 베트남 쌀국수로 유명한 남남 누들 바NamNam Noodle Bar와 딘타이펑은 간단한 식사를 하기 좋고, 한식집 향토골도 맛이 좋은 편이라 점심시간이면 현지 직장인들로 늘 붐빈다. 3층의 푸드 코트도 부담없이 들르기 좋은데 광동식 바베큐 미트와 중국식 웍에서 불맛 가득하게 조리하는 볶음국수가 맛이 괜찮다. 현지 음식이 입에 맞을까 고민된다면 두부와 어묵, 채소를 고르면 따끈한 국물에 말아주는 용타우푸Yong Tau Foo와 지글지글 철판 위에 밥과 고기를 비벼 먹는 페퍼 런치Pepper Lunch가 정답. 또한 이곳의 한식 코너도 맛이 괜찮은 편이다.

🏃 MRT 시티홀City Hall 역 A출구와 연결
📍 252 North Bridge Rd, Singapore 179103 🕐 10:00~22:00
📞 +65-6318-0238 🏠 www.capitaland.com/sg/malls/rafflescity

주요 매장

3층	더 푸드 플레이스(푸드 코트), PS 카페
2층	찰스앤키스, 페드로, 망고, 씨퐐리, 카페 앤 밀 무지
1층	조말론 런던, 코스, 룰루레몬, 산드로, 오니츠카타이거, 세포라, 브로자이트(독일식), 바샤 커피
B1층	막스앤스펜서, CS 프레시(슈퍼마켓), 뱅가완 솔로, 쿠키 뮤지엄, 딘타이펑, 티옹바루 베이커리, 야쿤 카야 토스트, 남남 누들 바(베트남식), 향토골(한식), 다 파올로 가스트로노미아Da Paolo Gastronomia(브런치)

예술 작품에 관심 있다면!

래플스 시티 쇼핑센터와 연결된 '스위소텔 더 스탬포드'와 '페어몬트 싱가포르Fairmont Singapore' 호텔 사이에 위치한 갤러리 '오드 투 아트Ode To Art'는 싱가포르에서 손꼽히는 갤러리로 예술 애호가라면 꼭 들러보기를 추천한다.

유서 깊은 책의 도시 ······ ③

브라스 바사 콤플렉스
Bras Basah Complex

현지인들에게 '책의 도시City of Books'라 불리는 책과 예술의 집합소다. 요즘 지어진 세련된 쇼핑몰과는 확연히 다른 옛 향수를 불러일으키는 오래된 상가 건물로 주변에 싱가포르 경영대학교, 예술학교가 위치해 학생들이 자주 찾는 곳이기도 하다. 3~5층에는 싱가포르 대표 서점 중 하나인 '파퓰러Popular'가 있고, 3층의 미술용품 전문점 '아트 프렌드Art Friend'를 비롯해 작은 책방과 화방이 가득하다. 저렴하게 판매 중인 중고 서적이나 잡지, 악보 등을 잘 살펴보면 득템의 기회를 잡을 수도 있다. 특히 싱가포르 공립학교 기출문제를 연도별로 묶어 판매하는 모습은 흥미로운 볼거리다.

🚶 ① MRT 부기스Bugis 역 C출구에서 도보 5분 ② 싱가포르 국립 도서관 바로 옆 📍 231 Bain St, Singapore 180231 🕐 10:00~19:00 📞 +65-9726-5377 🏠 www.brasbasahcomplex.com

AREA ···· ②

싱가포르의 얼굴

마리나 베이 Marina Bay

마리나 베이 샌즈를 중심으로 에스플러네이드, 멀라이언 동상, 아트사이언스 뮤지엄 등 랜드마크가 모여 있어 여행을 실감 나게 해주는 하이라이트 지역이다. 싱가포르 사진엽서나 기념품에 등장하는 풍경 대부분이 마리나 베이의 모습이다. 도시재개발청(URA)에 의해 만들어진 이 지역은 사실상 100만 평이 넘는 규모의 매립지로 중심업무지구와 함께 금융 및 비즈니스의 중심지이자, 가든스 바이 더 베이 식물원과 더불어 싱가포르 관광의 중심지 역할을 한다. 세계적인 레이싱 대회인 F1 싱가포르 그랑프리 트랙이 설치되어 전 세계 팬들의 마음을 설레게 하고, 수시로 다채로운 국가 행사가 개최되는 마리나 베이는 명실상부 싱가포르를 대표하는 얼굴이다.

마리나 베이
추천 코스

🕐 4~6시간 소요 예상
☑ 리버사이드, 차이나타운 & CBD 연계 여행 추천

마리나 베이는 오후에 시작해서 가든스 바이 더 베이 등 실내 어트랙션을 즐긴 다음 야경을 감상하며 하루를 마무리하는 코스로 계획하는 것이 일반적이다. 야경만 집중적으로 공략한다면 저녁에 싱가포르 강변 클락 키에서 배를 타고 마리나 베이로 건너와서 야경을 보며 마무리하는 것도 방법이다. 싱가포르 야경의 하이라이트인 가든 랩소디와 스펙트라 쇼를 하루에 다 보고 싶다면 좀 더 신중하게 동선을 계획해야 한다. 쇼가 끝난 후에는 마리나 베이 샌즈의 클럽이나 세라비에서 흥을 이어가도 좋고 에스플러네이드의 마칸수트라 글루턴스 베이 호커센터나 중심업무지구의 라우파삿 사테 거리로 넘어가서 야식과 맥주를 즐겨도 좋다. 아트사이언스 뮤지엄이나 레드닷 디자인 박물관 관람을 원한다면 좀 더 서둘러 여행 일정을 시작하도록 하자.

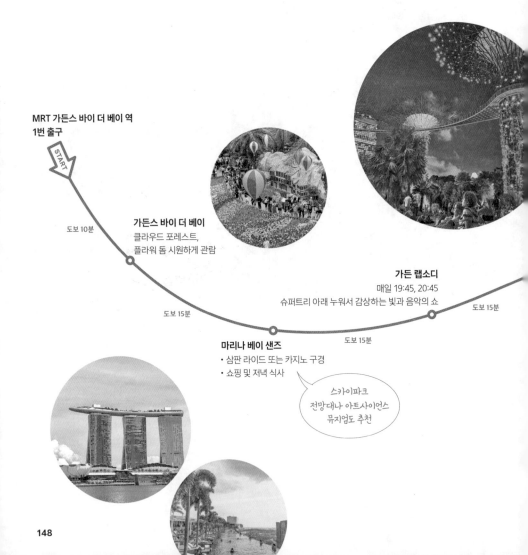

**MRT 가든스 바이 더 베이 역
1번 출구**

START

도보 10분

가든스 바이 더 베이
클라우드 포레스트,
플라워 돔 시원하게 관람

가든 랩소디
매일 19:45, 20:45
슈퍼트리 아래 누워서 감상하는 빛과 음악의 쇼

도보 15분

도보 15분

도보 15분

마리나 베이 샌즈
• 삼판 라이드 또는 카지노 구경
• 쇼핑 및 저녁 식사

스카이파크
전망대나 아트사이언스
뮤지엄도 추천

헬릭스 다리
다리 중간 포토 존에서
마리나 베이 샌즈를 배경으로 인증 사진

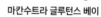

에스플러네이드
두리안을 닮은
싱가포르 최고의 공연장

도보 5분

도보 10분

스펙트라
매일 20:00, 21:00
(금·토요일 22:00 추가)

리버 크루즈를 이용해
쇼를 감상하는 루트도 가능

도보 1분

마칸수트라 글루턴스 베이
마리나 베이 야경과 함께 즐기는
시원한 맥주와 야식 타임

13 덕투어

13 빅버스

C

B

M Esplanade

01 선텍 시티

A

C

B

D

파크로열 컬렉션 마리나 베이 H

M Promenade

02 밀레니아 워크

A

만다린 오리엔탈 싱가포르 H

12 콜로니

H 더 리츠칼튼 밀레니아 싱가포르

12 에스플러네이드

13 마칸수트라 글루턴스 베이

11 싱가포르 플라이어

헬릭스 다리 10

플라워 돔 ●

클라우드 포레스트 ─────

마리나 베이 샌즈 01

C

B

D

가든스 바이 더 베이 07

슈퍼트리 그로브 ●

🚢 Bayfront South Jetty(리버 크루즈)

M Bayfront

E

A

09 레드닷 디자인 박물관

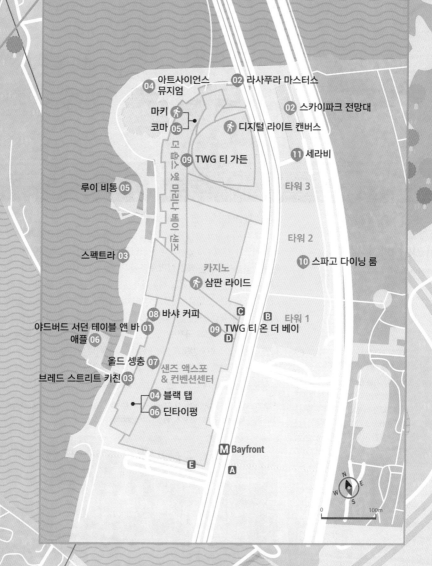

아트사이언스
04 뮤지엄
02 라사푸라 마스터스

마키 🏃
코마 05
02 스카이파크 전망대

🏃 디지털 라이트 캔버스

09 TWG 티 가든
11 세라비

루이 비통 05
타워 3

타워 2
10 스파고 다이닝 룸

스펙트라 03

카지노
🏃 삼판 라이드

08 바샤 커피
C
B 타워 1

야드버드 서던 테이블 앤 바 01
애플 06
09 TWG 티 온 더 베이
D

올드 셍충 07
샌즈 액스포
& 컨벤션센터

브레드 스트리트 키친 03

04 블랙 탭
06 딘타이펑

M Bayfront

E
A

0   100m

08 마리나 버라지

0   100m

스카이파크 전망대
타워 3
아트사이언스 뮤지엄
루이 비통
타워 2
타워 1
더 숍스 앳 마리나 베이 샌즈
애플
스펙트라

싱가포르 하면 떠오르는
바로 그곳 ⋯⋯⋯ ①

마리나 베이 샌즈
Marina Bay Sands

파리에 에펠탑이 있다면 싱가포르에는 마리나 베이 샌즈가 있다. 싱가포르 풍경 사진에 빠지지 않고 등장하는 곳으로 이스라엘 출신의 스타 건축가 모셰 사프디가 카드가 기대어 서 있는 모양을 모티프 삼아 설계한 것으로 유명하다. 3개의 건물이 떠받치고 있는 배 모양의 구조물 위에는 인증 사진을 찍는 사람으로 언제나 붐비는 인피니티 풀과 스카이파크 전망대, 음식점, 루프톱 바가 올라가 있다. 3개의 타워는 호텔로 사용되며, 마리나 베이와 맞닿아 있는 부속 건물은 카지노, 컨벤션센터, 쇼핑몰, 극장, 아트사이언스 뮤지엄이 포함된 거대한 복합 리조트를 이루어 호텔에 묵지 않더라도 꼭 들러볼 만하다. 카지노를 구경하고 싶다면 여권과 ICA 전자방문패스(e-Pass)를 확인하니 잊지 말자. 전자방문패스는 입국 심사 후 보통 이메일로 발송된다. 카지노는 24시간 운영하며 21세 미만은 입장할 수 없고, 드레스 코드는 스마트 캐주얼이다.

🚶 MRT 베이프런트Bayfront 역 C·D출구와 연결   📍 10 Bayfront Ave, Singapore 018956   📞 +65-6688-8888   🏠 ko.marinabaysands.com

회원 혜택을 놓치지 말 것!

방문 전 홈페이지를 통해 '마리나 베이 샌즈 리워드 회원'에 가입하고 현지 샌즈 리워드 카운터(1층, B2층)에 방문해 무료로 등급을 업그레이드 하면, 스카이파크 전망대, 삼판 라이드 등 다양한 시설에 대한 무료 입장권 및 할인 혜택을 받을 수 있다. 또한 마리나 베이 샌즈에서 숙박을 하거나 더 숍스 앳 마리나 베이 샌즈 내 가맹점에서 쇼핑 및 식사를 하면 포인트를 적립 받아 현금처럼 사용할 수도 있다.

싱가포르 중심지를 한눈에 담다 ······ ②

스카이파크 전망대 SkyPark Observation Deck

마리나 베이 샌즈 호텔에 투숙하지 않아 아쉬움을 느낀다면 스카
이 파크 전망대에 올라보자. 3개의 타워 위에 올려진 배의 뱃머리
에 바로 이 전망대가 있다. 입장료만 내면 누구나 입장이 가능하며
56층 루프톱에 위치해 싱가포르 전경이 360도로 펼쳐진다. 구석
구석 걸어다니며 보았던 명소를 내려다보며 하나하나 복습하는 재
미가 쏠쏠하다. 무더운 한낮보다는 일몰 시간이나 야경을 볼 수 있
는 시간에 방문하길 추천한다. 전망대는 항상 여행자로 붐비기 때
문에 시간을 두고 여유있게 방문하거나 피크 타임에는 미리 예약
하는 것이 안전하다.

🚶 MRT 베이프런트Bayfront 역 C출구에서 도보 5분, 타워 3 입구로 연결
📍 10 Bayfront Ave, Singapore 018956 🕐 오프 피크 11:00~16:30,
피크 타임 17:00~22:00, 30분 전 입장 마감 💲 일반 $32, 2~12세·65세
이상 $28, 피크 타임 $4 추가 📞 +65-6688-8826
🏠 ko.marinabaysands.com/attractions/sands-skypark.html

●

즐거움이 한가득!
더 숍스 앳 마리나 베이 샌즈
The Shoppes at Marina Bay Sands

마리나 베이 샌즈에 위치한 화려한 쇼핑몰로 싱가포르 여행에서
빠질 수 없는 필수 쇼핑 코스 장소다. 샤넬, 구찌, 디올, 에르메스 등
명품 브랜드가 먼저 눈에 들어오지만, 알고보면 찰스앤키스,
자라처럼 대중적인 브랜드까지 다양해서 한 번에 쇼핑을 해결할 수 있다.
뭔가를 꼭 사지 않더라도 고급스러운 매장 분위기와 신상품을
둘러보는 것만으로도 한껏 마음이 든든다. 현지인에게는 '컷 바이 볼프강 퍽',
'와쿠 긴', '브레드 스트리트 키친' 등 유명 레스토랑이 있어 특별한
식사를 위해 방문하는 곳으로 인기가 많다.

🚶 MRT 베이프런트Bayfront 역 C·D출구와 연결, 마리나 베이 샌즈 내
🕐 10:00~22:00, 매장마다 다름 📞 +65-6688-8868
🏠 ko.marinabaysands.com/shopping.html

추천 매장

B1층 **더 위스키 디스틸러리 The Whisky Distillery** 전 세계 인기 리미티드 에디션 위스
키를 모아 판매한다. 경매가 1억 원을 호가한다는 야마자키Yamazaki 55년산, 전
세계에 50병밖에 없는 맥캘란Macallan 65년산 등을 보유한다.

B2층 **산드로 Sandro** 캐주얼하면서도 페미닌한 파리지앵 스타일의 여성복 브랜드.

B2층 **더 미니 클럽21 The Mini Club21** 마르디 메크르디Mardi Mercredi, 더 셀비지스The
Salvages 같은 트렌디 이지웨어를 모아 판매한다.

B2층 **자라 ZARA** 엄청난 규모와 함께 다른 매장에 없는 아이템을 종종 발견할 수 있다.

주요 매장

1층 Bay Level	샤넬, 구찌, 발렌시아가, 브라이틀링, 바오바오 이세이 미야케Bao Bao Issey Miyake, 상하이 탕Shanghai Tang, 클럽21 × 플레이 꼼데가르송Club21 × Play Comme des Garçons, 브레드 스트리트 키친(영국식)
B1층 Galleria Level	마키, 디올, 루이 비통, 샤넬, 에르메스, 셀린느, 지방시, 몽클레르, 까르띠에, 끌로에, 크리스챤 루부탱, IWC 샤프하우젠, 구찌 키즈, 버버리 키즈, 더 위스키 디스틸러리, 딘타이펑, 야드버드 서던 테이블 앤 바(미국식), 코마(일식), TWG 티 온 더 베이
B2층 Canal Level	디지털 라이트 캔버스, 삼판 라이드, 루이 비통, 애플, 산드로, 더 미니 클럽21, 자라, 찰스앤키스, 코스, 처치스Church's, 젠틀몬스터, 조 말론 런던, 배스 앤 바디웍스, 세포라, 라사푸라 마스터스(푸드 코트), 바샤 커피, TWG 티 가든

아이들과 어른들의
즐길 거리

팀랩의 화려한 인터랙션 영상 체험
디지털 라이트 캔버스 Digital Light Canvas

거대한 아이스링크 같은 공간에서 펼쳐지는 영상 체험. 아트사이언스 뮤지엄의 전시에도 참여한 팀랩의 작품으로 움직임에 따라 바닥의 영상이 변화해 상상력을 자극한다. 아이와 함께한다면 특히 추천하며, 입장하지 않더라도 주변에 잠시 멈춰 관람하기도 좋다. 입장권은 바로 앞 컨시어지에서 구매하면 되고, 12세 이하 어린이는 보호자를 동반해야 한다.

🚶 B2층, 라사푸사 마스터즈 옆 🕐 11:00~21:00, 1시간 전 매표 마감 💲 $12, 2세 미만 무료
🏠 ko.marinabaysands.com/attractions/digital-light-canvas.html

아이들이 좋아하는 곤돌라 체험
삼판 라이드 Sampan Rides

중국식 전통 돛단배 '삼판舢舨'을 타고 쇼핑몰 입구에서 출발해 중앙의 분수대까지 한 바퀴 돌고 온다. 레인 오큘러스Rain Oculus라 불리는 분수대는 지름 22m의 아크릴 볼에 빗물이 모여들어 실내 운하로 떨어지도록 설치된 친환경 작품이다. 탑승 시간은 약 20분 내외다. 단, 신장 85cm 미만인 어린이는 탑승이 불가하며 13세 미만 어린이는 보호자를 동반해야 한다.

🚶 B2층 🕐 11:00~21:00, 30분 전 매표 마감 💲 $15
🏠 ko.marinabaysands.com/attractions/sampan-rides.html

어른들을 위한 올나이트 놀이공원
마키 Marquee

뉴욕, 라스베이거스 등에서 유명세를 얻은 클럽으로 아시아 최초로 문을 열었다. 약 700평, 총 3층 규모의 클럽 내부에는 8개의 탑승 가능한 관람차와 3층 높이의 슬라이드까지 갖추었다. 유명 DJ와 셀러브리티의 공연이 자주 진행되며 우리나라의 비와 싸이, 효연도 이곳에서 공연했다. 홈페이지에서 예약이 가능하며 입장료는 DJ 라인업에 따라 조금씩 차이가 있다.

🚶 B1층 🕐 금·토요일, 공휴일 20:00~06:00 💲 DJ 라인업에 따라 다름, 홈페이지 확인 🏠 marqueesingapore.com

마리나 베이에서 즐기는 화려한 레이저쇼 ·······③

스펙트라 Spectra - A Light & Water Show

마리나 베이 샌즈 중앙 이벤트 플라자에서 펼쳐지는 화려한 무료 야외 공연으로 시원한 분수와 레이저쇼, 신나는 음악이 어우러져 장관을 이룬다. 총 4개의 장으로 구성되는데 싱가포르의 건국부터 오늘날의 국제적인 도시에 이르기까지의 여정이 담겨 있다. 설치 제작에만 2년이 걸린 12m 높이의 유리 프리즘이 스크린 역할을 하여 신비로운 영상미를 연출한다. 또한 분수대와 관람석에 설치된 고출력 스피커는 수준 높은 사운드를 자랑한다. 매일 밤 여행자로 붐비기 때문에 좋은 자리에서 보고 싶다면 쇼 시간보다 서둘러 자리를 잡는 것이 좋다.

🚶 더 숍스 앳 마리나 베이 샌즈의 마리나 베이 쪽 중앙 출입구 앞 광장 📍 2 Bayfront Ave, Event Plaza, Singapore 018972 🕐 20:00, 21:00(금·토요일 22:00 추가), 매회 15분간 진행 📞 +65-6688-8868 🏠 ko.marinabaysands.com/attractions/spectra.html

예술과 과학이 만나다 ·······④

아트사이언스 뮤지엄
ArtScience Museum

모셰 사프디가 설계한 또 하나의 랜드마크로 1,400평 규모에 21개 갤러리를 갖추었다. 연꽃에서 영감을 받아 만들었다는 건물은 위에서 내려다보면 꼭 사람의 손 모양 같다. 각 손가락 끝 위치에 설치된 유리창을 통해 자연광이 들어와 건물 내 은은한 채광을 더한다. 예술과 과학이 싱가포르 정부의 집중 사업인 만큼 미국 자연사 박물관, 도쿄 모리 미술관 등 세계 유명 박물관 및 갤러리와 협업해 수준 높은 전시를 선보인다. 특히 일본 디지털 아티스트 그룹인 팀랩TeamLab이 참여한 상설전 '퓨처 월드Future World'는 어린이도 어른도 모두 만족할 만한 흥미로운 체험과 볼거리로 가득하다. 항상 재미있는 특별전이 열리니 방문 전 홈페이지를 확인하자.

🚶 더 숍스 앳 마리나 베이 샌즈와 헬릭스 다리 사이 📍 6 Bayfront Ave, Singapore 018974 🕐 10:00~19:00, 1시간 전 입장 마감 💲 퓨처 월드 일반 $35, 2~12세 $30 📞 +65-6688-8888 🏠 ko.marinabaysands.com/museum.html

물 위에 떠 있는 아름다운 유리 성 ······ ⑤
루이 비통
Louis Vuitton Singapore Marina Bay Sands

모셰 사프디가 설계한 물 위에 떠 있는 매장으로 '크리스 털 파빌리온Crystal Pavilion'이라 불린다. 전면이 유리로 설 계되었고, 내부에 들어서면 마치 배에 탄 듯한 기분이 든 다. 루이 비통의 역사 소개 코너와 갤러리도 있다. 밤에 조 명이 밝혀지면 더 아름답다.

🚶 더 숍스 앳 마리나 베이 샌즈 B2층, 루이 비통 매장에서 연결로를 통해 입장 📍 2 Bayfront Ave, #B2-36, Singapore 018972 🕐 11:00~23:30 📞 +65-6788-3888
🏠 ko.marinabaysands.com/shopping/louis-vuitton.html

미래 도시를 연상케 하다 ······ ⑥
애플
Apple Marina Bay Sands

물 위에 떠 있는 동그란 돔 모양의 애플 매장이다. 매장 연 결로의 에스컬레이터를 타고 올라갈 때 미래 도시로 빨려 들어가는 듯한 신비한 경험을 선사한다. 애플 제품에 관 심이 없더라도 판테온에서 영감을 받은 독특한 공간과 마 리나 베이의 아름다운 경치도 감상할 수 있어 특별하다.

🚶 더 숍스 앳 마리나 베이 샌즈 B2층, 애플 매장에서 연결로를 통해 입장 📍 2 Bayfront Ave, #B2-06, Singapore 018972 🕐 10:00~20:00 📞 +65 1800-407-4949
🏠 ko.marinabaysands.com/shopping/apple.html

가든스 바이 더 베이
Gardens by the Bay

2012년 문을 연 이 거대한 정원은 완공과 함께 세계적인 건축상을 휩쓸며 전 세계 여행자의 마음을 사로잡았다. 대표 어트랙션인 플라워 돔Flower Dome과 클라우드 포레스트Cloud Forest는 유료 실내 정원으로 식물들을 위해 내부 온도가 23~25도로 맞춰져 있어 무더운 한낮에 방문하기에 안성맞춤이다. 2019년에 오픈한 플로럴 판타지Floral Fantasy는 150종 이상의 꽃식물이 아름답게 펼쳐진 공간으로 SNS 사진 맛집으로 이미 유명세를 탔다. 어린이를 위한 시원한 물놀이 공간인 칠드런스 가든Children's Garden은 무료로 이용 가능하다. 가든스 바이 더 베이의 하이라이트는 단연 넓은 야외 정원인 슈퍼트리 그로브Supertree Grove로 영화 〈아바타〉에서 본 것만 같은 12그루의 거대 인공 나무가 환상적인 분위기를 만들어낸다. 높이가 25~50m에 이르는 이 슈퍼트리들은 철근과 콘크리트로 짠 나무 모양 구조물에 200여 종, 16만 포기 이상의 식물을 빼곡히 심어 만들었다. 이 슈퍼트리 사이를 걸어가는 공중 보행로 OCBC 스카이웨이OCBC Skyway와 가장 높은 슈퍼트리 캐노피에 위치한 슈퍼트리 전망대Supertree Observatory도 있다. 어둠이 찾아오면 매일 밤 두 차례 아름다운 선율에 맞추어 슈퍼트리 조명을 밝히는 빛의 공연이 시작된다. 슈퍼트리 아래 누워 감상하는 가든 랩소디 쇼(19:45, 20:45)는 싱가포르 여행자라면 절대로 놓칠 수 없는 필수 코스다.

🚶 ① MRT 베이프런트Bayfront 역 B출구에서 도보 10분 ② MRT 가든스 바이 더 베이Gardens by the Bay 역 1번 출구에서 도보 10분 📍 18 Marina Gardens Dr, Singapore 018953 🕐 클라우드 포레스트·플라워 돔·OCBC 스카이웨이·슈퍼트리 전망대 09:00~21:00, 플로럴 판타지 10:00~19:00(주말 ~20:00), 칠드런스 가든 목~일요일·공휴일(현지 학교 방학 중, 화·수요일 추가 운영) 09:00~19:00 💲 **슈퍼트리 그로브 무료, OCBC 스카이웨이·슈퍼트리 전망대** 일반 $14, 3~12세 $10, **클라우드 포레스트·플라워 돔** 일반 $32, 3~12세 $18, **플로럴 판타지** 일반 $20, 3~12세 아동 $12 ❌ 칠드런스 가든 월요일(월요일이 공휴일인 경우 화요일), 어트랙션마다 매월 휴무일이 다르니 홈페이지 확인 📞 +65-6420-6848 🏠 www.gardensbythebay.com.sg

> 슈퍼트리 꼭대기에는 태양광 전지판과 빗물을 재활용하는 장치가 설치되어 있는데, 여기에서 모은 빗물은 정원에 물을 주는데 활용되며 태양광을 이용해 생산한 전기는 슈퍼트리 조명을 밝히며 환상적인 가든 랩소디 쇼를 만들어낸다.

싱가포르 시민들의 휴식처이자 식수원 ········ ⑧

마리나 버라지 Marina Barrage

마리나 버라지는 싱가포르의 강과 바다를 분리하는 작은 댐으로 2008년에 완공되었다. 댐 안쪽은 담수화된 저수지로 싱가포르의 수돗물 공급원으로 쓰이며 현지인들이 카약이나 보트 경기를 즐기는 공간으로 이용된다. 1층의 무료 전시장인 지속 가능 싱가포르 갤러리Sustainable Singapore Gallery에서는 댐의 작동 원리 및 물을 포함한 싱가포르의 환경문제와 극복 과정을 둘러볼 수 있다. 이 댐의 루프톱 정원은 현지인이 사랑하는 나들이 장소로 잔디밭에서 연을 날리거나 피크닉을 즐기며 도심 풍경을 감상하기에 좋다. 싱가포르의 아이콘인 마리나 베이 샌즈 호텔, 가든즈 바이 더 베이, 싱가포르 플라이어 등이 막힘 없이 한눈에 들어오는 최고의 뷰 맛집이니 인생 사진을 원한다면 절대 놓치지 말자.

🏃 MRT 가든스 바이 더 베이Gardens by the Bay 역 1번 출구에서 도보 3분 📍 8 Marina Gardens Dr, Singapore 018951
🕐 지속 가능 갤러리 09:00~12:00, 13:00~18:00
❌ 지속 가능 갤러리 화요일 📞 +65-6514-5959 🏠 www.pub.gov.sg/public/places-of-interest/marina-barrage

디자인 트렌드를 한눈에 ⋯⋯ ⑨
레드닷 디자인 박물관 Red Dot Design Museum

세계적인 디자인상 '레드닷 디자인 어워드'의 수상작을 전시하는 박물관으로 독일에 이어 두 번째로 싱가포르에 생겼고, 2017년 마리나 베이로 옮겨왔다. 가전, 가구, 패션에 이르기까지 혁신적인 작품을 구경하는 재미가 있으며 한국 작품도 보여 반갑다. 재미난 디자인 제품으로 가득한 기념품점도 꼭 들러보자.

🚶 MRT 베이프런트Bayfront 역 E출구 또는 다운타운Downtown 역 B출구에서 도보 4분 📍 11 Marina Blvd, Singapore 018940
🕐 11:00~19:00(주말 10:00~) 💲 일반 $12($5 쇼핑 바우처 포함), 4인 입장권 $30($10 쇼핑 바우처 포함), 6세 이하 무료
📞 +65-6514-0111 🏠 museum.red-dot.sg

야경 사진을 더욱 빛나게 만드는 다리 ⋯⋯ ⑩
헬릭스 다리 Helix Bridge

마리나 베이 샌즈 호텔과 건너편 에스플러네이드 극장을 연결하는 싱가포르에서 가장 긴 보행자 다리다. DNA 이중나선 구조에서 영감을 받아 디자인된 다리로 밤이면 강렬하게 빛나는 붉은색과 녹색 조명이 마리나 베이 샌즈 주변 야경에 화려함을 더한다. 다리 중간중간 마리나 베이를 멋지게 담을 수 있는 사진 포인트는 덤이다.

🚶 ① MRT 베이프런트Bayfront 역 D출구에서 도보 3분, 더 숍스 앳 마리나 베이 샌즈에서 지상층으로 나가 연결 ② 아트사이언스 뮤지엄 옆 📍 10 Bayfront Ave, Singapore 018956

아시아 최대 규모의 관람차 ⋯⋯ ⑪
싱가포르 플라이어 Singapore Flyer

지상에서 165m 높이까지 올라가 마리나 베이 일대를 한눈에 볼 수 있는 관람차다. 총 28개의 유리 캡슐로 이뤄져 규모로는 아시아 최고를 자랑하며, 탑승 시간은 30분 정도 소요된다. 좀 더 특별한 경험을 원한다면 실제 파일럿 훈련에 사용하는 시뮬레이션 장치로 비행 체험을 할 수 있는 플라이트 익스피리언스 Flight Experience(싱가포르 플라이어 건물 2층)에 도전해보자.

🚶 MRT 프로메나드Promenade 역 A출구에서 도보 10분
📍 30 Raffles Ave, Singapore 039803 🕐 10:00~22:00
💲 일반 $40, 3~12세 $25 📞 +65-6333-3311
🏠 www.singaporeflyer.com

궁금증을 자아내는 거대 두리안의 정체 ······· ⑫

에스플러네이드 Esplanade-Theatres on the Bay

본래의 이름보다 '두리안 건물'이라는 별명으로 더 잘 알려진 싱가포르에서 꼭 봐야 할 현대건축으로 꼽히는 명소. 이곳은 발레, 오케스트라, 연극 공연 등이 열리는 싱가포르의 국립 종합 예술 극장으로 1,600석의 콘서트홀과 2,000석의 극장 시설을 갖추었다. 매년 3,500건의 공연이 펼쳐지며 그중 70%는 무료 공연이니 홈페이지를 참고해 관람 일정을 계획해보자. 내부에는 도서관, 쇼핑몰, 음식점이 있고 주말 저녁에는 야외 공연이 펼쳐져 활기를 더한다. 마칸수트라 글루턴스 베이 호커센터가 바로 옆에 위치해 함께 둘러보기 좋다.

🏃 MRT 에스플러네이드Esplanade 역 D출구에서 도보 8분
📍 11 Esplanade Dr, Singapore 038981 💲 공연마다 다름
📞 +65-6828-8377 🏠 www.esplanade.com

에스플러네이드 가이드 투어

에스플러네이드 건축 디자인과 음향 시설 등을 소개하는 다양한 유료 가이드 투어가 마련되어 있다. 모든 투어는 영어로 진행되며 투어에 따라 1~2시간 가량 소요되니 관심이 있다면 홈페이지를 통해 신청하자.

🕐 월·화요일 13:00 💲 일반 $20~, 학생·60세 이상 $10~

수륙양용 오리배를 타고 싱가포르 한 바퀴 ······· ⑬

빅버스 & 덕투어 BIG BUS & DUCKtours

더운 날씨에 도보 여행이 자신 없다면 시티 투어 버스를 이용해보자. 빅버스 투어는 주요 관광지 정류장에서 언제든 타고 내릴 수 있어 버스 정류장만 따라 가도 주요 명소를 모두 방문할 수 있다. 노란색 시티 노선City Route과 빨간색 헤리티지 노선Heritage Route 두 가지가 있으며 한국어로도 제공되는 오디오 가이드(이어폰 제공)도 제법 유익하다. 모두가 타는 투어 버스가 식상하게 느껴진다면 육지와 바다를 자유자재로 오가는 오리배를 타보는 건 어떨까. 덕투어는 베트남 전쟁 당시 사용했던 군용 차량을 오리배로 개조해 마리나 베이 샌즈, 멀라이언 공원, 래플스 플레이스 등 랜드마크를 누비고, 마리나 베이에서 크루즈를 하는 코스로 진행된다. 도로를 달리던 차가 갑자기 물속으로 입수할 때면 남녀노소 모두가 즐거운 비명을 지른다. 직접 동행하는 현지 가이드(영어)가 알찬 설명과 함께 유쾌한 유머로 즐거운 분위기를 이끈다.

🏃 MRT 프로메네이드Promenade 역 C출구에서 도보 5분, 선텍 시티 타워 2 📍 3 Temasek Blvd, #01-K8 Suntec City Tower 2, Singapore 038983
💲 빅버스(온라인, 1일) 일반 $53.1, 2~12세 $44.1, 덕투어 일반 $45, 2~12세 $35 📞 +65-6338-6877 🏠 빅버스 www.bigbustours.com, 덕투어 www.ducktours.com.sg

캐주얼한 분위기의 미국 스타일 치킨 맛집 ⋯⋯⋯ ①

야드버드 서던 테이블 앤 바

Yardbird Southern Table & Bar The Shoppes at MBS

〈타임아웃Timeout〉 잡지에서 최고의 미국식 레스토랑으로 선정된 셰프 존 쿤켈의 야드버드가 싱가포르에 상륙했다. 농장에서 직접 공수한 신선한 재료로 전통 미국 요리를 선보인다. 무려 100년 이상 가족 대대로 내려온 프라이드치킨 레시피로 만드는 치킨 앤 와플스Chicken & Waffles가 대표 메뉴. 귀여운 닭 모양의 바구니에 담겨 나오는 치킨과 와플, 수박 샐러드 조합은 어른 아이 할 것 없이 좋아한다. 랍스터가 올라간 맥앤치즈와 포크립도 여럿이 함께 나눠 먹기 좋다. 물가 비싼 마리나 베이 샌즈 안에서 가성비 괜찮은 맛집으로 소문난 곳이다.

🚶 더 숍스 앳 마리나 베이 샌즈 B1층 📍 10 Bayfront Ave, #B1-07, Singapore 018956 🕐 11:30~24:00(주말 10:00~) 💲 ⊕⊕ 치킨 앤 와플 $48, 랍스터 맥앤치즈 $79, 스모크 포크립 $46 📞 +65-6688-9959 🏠 ko.marinabaysands.com/restaurants/yardbird-southern-table-and-bar.html

마리나 베이 샌즈 안에도 어김없이 푸드 코트가 ⋯⋯⋯ ②

라사푸라 마스터스

Rasapura Masters
The Shoppes at MBS

싱가포르에 왔다면 아무리 화려한 쇼핑몰을 둘러보더라도 푸드 코트를 빼놓을 수 없다. 물가 높은 마리나 베이 샌즈에도 주머니 걱정 없이 현지 음식을 다양하게 맛볼 수 있는 푸드 코트가 있으니 끼니 걱정은 하지 않아도 된다. 장소 특성상 다른 호커센터나 푸드 코트에 비하면 가격대가 좀 높은 편이지만 여전히 $10 남짓으로 한 끼 식사가 가능하다. 여행자가 많이 찾는 곳인 만큼 유명 맛집이 엄선되어 어느 곳을 택해도 실패할 확률이 낮다. 영업시간이 길어서 아침 식사나 야식을 즐기기도 좋고, 무슨 맛일까 궁금하던 현지 음식에 도전해볼 수 있다. 반가운 한국 음식도 있으니 고국의 맛이 그립다면 들러보자.

🚶 더 숍스 앳 마리나 베이 샌즈 B2층 📍 2 Bayfront Ave, #B2-50, Singapore 018972 🕐 08:00~22:00(금·토요일 ~23:00) 📞 +65-6506-0161 🏠 ko.marinabaysands.com/restaurants/rasapura-masters.html

고든 램지의 모던 캐주얼 영국 요리 ······ ③
브레드 스트리트 키친
Bread Street Kitchen `The Shoppes at MBS`

영국 출신의 세계적인 셰프 고든 램지의 이름을 걸고 문을 연 캐주얼 영국식 레스토랑이다. 레스토랑 앞에 고든 램지의 사진이 걸려 있어 저절로 눈길이 간다. 시그니처 메뉴는 영국 요리의 대표 주자인 비프 웰링턴Beef Wellington으로 촉촉한 육질이 일품이며 곁들임 소스가 맛을 더한다. 피시앤칩스와 구운 대구 Roasted Cod, 버거와 스테이크류도 인기가 있다. 스타 셰프의 레스토랑임을 고려하면 가격도 괜찮은 편이고, 직원들의 서비스 수준도 높다. 아늑하고 프라이빗한 느낌을 주는 지하층과 외부 풍경을 즐길 수 있는 지상층으로 나뉘는데 이왕이면 마리나 베이 뷰가 펼쳐지는 지상층을 추천한다.

🚶 더 숍스 앳 마리나 베이 샌즈에서 지상층으로 나가 애플 매장 앞
📍 10 Bayfront Ave, #01-81, Singapore 018956 🕐 월~수요일 12:00~21:30, 목·금요일 12:00~22:30, 토요일 11:300~22:30, 일요일 11:30~21:30 💲 ⊕⊕ 비프 웰링턴(싱글) $68, 피시앤칩스 $48, 구운 대구 $58, 버거 $36 📞 +65-6688-5665
🏠 ko.marinabaysands.com/restaurants/bread-street-kitchen.htmltable-and-bar.html

---

육즙 가득 버거에 최강 비주얼 크레이지 쉐이크 ······ ④
블랙 탭 Balck Tap Craft Burgers & Beer `The Shoppes at MBS`

뉴욕에서 시작된 수제 버거집으로 두툼한 비프 버거와 밀크셰이크 조합으로 오픈 직후부터 주목을 받았다. 이름부터 심상치 않은 크레이지셰이크Crazyshake는 엄청난 양과 화려한 토핑으로 최강 비주얼을 자랑한다. '좋아요'를 부르는 사진과 한동안은 디저트 생각이 안 날 것 같은 극강의 단맛을 보장한다. 버거는 뉴욕의 정통 버거 스타일의 올아메리칸 버거The All-American Buger, 고기와 치즈 맛이 강하게 느껴지는 텍사스 버거Texan Burger를 추천한다. 소고기 대신 닭고기가 들어간 크리스피 치킨 샌드위치Crispy Chicken Sandwich도 인기 메뉴. 미국, 호주, 싱가포르 등에서 만든 수제 맥주 종류도 꽤 다양한 편이라 버거와 맥주 조합으로 즐겨도 좋다.

🚶 더 숍스 앳 마리나 베이 샌즈 1층
📍 10 Bayfront Ave, #L1-80, Singapore 018972 🕐 11:30~23:00(주말 11:00~) 💲 ⊕⊕ 올 아메리칸 버거 $23, 텍사스 버거 $26, 크리스피 치킨 샌드위치 $23, 크레이지 셰이크 $21~ 📞 +65-6688-9957
🏠 blacktap.com/restaurant-menu/singapore

마리나 베이 샌즈에서 만나는 화려한 일식 ······ ⑤
코마 KOMA `The Shoppes at MBS`

입구의 붉은색 아치가 보는 이를 압도하는 퓨전 일식 레스토랑으로 특별한 날에 방문하면 좋다. 중앙에서 시선을 사로잡는 2.5m 높이의 거대한 일본식 종은 코마의 트레이드 마크. 모든 요리는 일본에서 공수한 신선한 제철 식재료로 만드는데 연어 필로우, D.I.Y. 스파이시 튜나, 분재 화분 모양을 닮은 녹차케이크와 초콜릿 디저트가 인기 메뉴다.

🚶 더 숍스 앳 마리나 베이 샌즈 B1층 📍 2 Bayfront Ave, #B1-67, Singapore 018972 🕙 11:30~15:00, 17:00~24:00 💲 ⊕⊕ 런치(평일 2코스) $58~, 디너(오마카세) $380~, 사케 $20~ 📞 +65-6688-8690 🏠 komasingapore.com

말이 필요 없는 딤섬 플레이스 ······ ⑥
딘타이펑 Din Tai Fung `The Shoppes at MBS`

이름만으로도 맛이 보장되는 전 세계에 체인을 둔 딤섬 맛집. 얇은 만두피 속에 풍부한 육즙이 일품인 샤오롱바오는 꼭 맛봐야 할 대표 메뉴. 만두류 외에도 돼지고기가 올라간 볶음밥과 뜨끈한 우육면, 고소한 땅콩소스의 탄탄면도 인기가 있다. 고가의 음식점이 주를 이루는 마리나 베이 샌즈에서 적당한 가격과 호불호 없는 맛으로 특히 더 인기가 많다.

🚶 더 숍스 앳 마리나 베이 샌즈 B1층 📍 2 Bayfront Ave, #B1-01, Singapore 018972 🕙 11:00~21:00 💲 ⊕⊕ 샤오롱바오(6개/10개) $9.8/$13.8, 돼지고기볶음밥 $15, 우육면 $16.5, 탄탄면 $10.3 📞 +65-6634-9969 🏠 ko.marinabaysands.com/restaurants/din-tai-fung.html

싱가포르의 맛과 향을 담은 쿠키 맛집 ······ ⑦
올드 셍충 Old Seng Choong `The Shoppes at MBS`

1965년부터 전통을 이어 온 싱가포르 브랜드. 서양식 쿠키와 싱가포르 대표 음식을 조합하여 락사맛 쿠키, 사테맛 쿠키, 바쿠테맛 쿠키 등 재미있고 독특한 맛의 쿠키로 가득하다. 향긋한 얼그레이 쿠키와 촉촉한 판단 시폰케이크도 베스트셀러 중 하나. 한입 크기여서 간단하게 차나 커피와 곁들이기 좋고, 고급스러운 틴케이스에 담겨 있어 선물용으로 제격이다.

🚶 더 숍스 앳 마리나 베이 샌즈 1층 📍 2 Bayfront Ave, #01-72, Singapore 018972 🕙 10:30~22:00(금·토요일 ~23:00) 💲 쿠키류(틴케이스) $22.80, 판단 시폰케이크 $22.80 📞 +65-6688-7341 🏠 ko.marinabaysands.com/shopping/old-seng-choong.html

바샤 커피 Bacha Coffee The Shoppes at MBS

싱가포르에서 큰 성공을 거둔 TWG 티 브랜드에서 론칭한 커피 브랜드로 눈을 뗄 수 없을 정도로 화려한 매장 인테리어가 인상적이다. 고급스러운 맛과 주황색 패키지 덕분에 커피계의 에르메스라 불리기도. 무려 200종 이상의 커피가 있으며 달달한 크루아상과 함께 매장 안에서 즐기거나, 줄이 너무 길다면 조금 더 저렴한 포장을 선택해도 좋다. 매장에서 커피를 주문하면 주전자에 담아주며 인당 하나씩 주문해야 한다. 바샤의 드립백 커피 세트(12개 $30)는 럭셔리한 포장 덕분에 누구나 좋아할 선물 아이템으로 구매욕을 자극한다. 이 밖에도 리본 포장이 사랑스러운 바샤 커피 초콜릿과 다양한 맛의 쿠키는 부피가 작고 가격대도 더 저렴해서 소소한 기념품으로 인기 있다. 래플스 시티 쇼핑센터, 오차드 로드, 창이 공항 등에도 지점이 있다.

🚶 더 숍스 앳 마리나 베이 샌즈 B2층 📍 2 Bayfront Ave, #B2-13/14, Singapore 018972
🕐 10:00~22:00(금·토요일·공휴일 전날 ~23:00) 💲 ⊕ ⊕ 커피 $11~, 크루아상(2개) $8
📞 +65-6954-1910 🏠 ko.marinabaysands.com/restaurants/bacha-coffee.html

정통 티타임을 즐기는 시간 ····· ⑨
TWG 티 온 더 베이 & 가든
TWG Tea on the Bay & Garden `The Shoppes at MBS`

화려한 인테리어와 언제나 길게 늘어선 줄 때문에 누구나
한 번쯤 멈춰 서서 보게 되는 매장이다. 싱가포르를 대표하
는 프리미엄 차 브랜드 TWG 티는 'The Wellbeing Group'
의 약자로 특유의 디자인과 풍부한 향, 맛과 품질이 좋은 차
로 마니아층이 두텁다. 특히 이 매장은 싱가포르에서 가장
큰 티 살롱으로 마치 연못 위에 떠 있는 정원 같아서 우아한
티타임과 식사를 즐기기에 최적의 공간이다. 오후 2~6시의
티타임에는 2가지 종류의 세트 메뉴를 제공하니 예산에 맞
춰 선택하면 된다. 차와 어울리는 고소한 스콘과 알록달록
한 마카롱, 차향을 더한 아이스크림과 소르베도 맛있다. 선
물용으로 구매하기 좋은 티백 세트(15개 $30)도 다양하니
천천히 둘러보자.

🚶 더 숍스 앳 마리나 베이 샌즈 B1층, B2층 2개 매장
📍 2 Bayfront Ave, #B1-122/125 & #B2-65/68A, Singapore
018972 🕐 10:00~22:00(금·토요일·공휴일 전날 ~23:00)
💲 ⊕⊕ 식사 세트(메인+티+디저트) $55, 티타임 세트(1837/
CHIC) $25/$46 📞 +65-6565-1837 🏠 twgtea.com

스타 셰프 울프강 퍽의 가성비 코스 요리 ····· ⑩
스파고 다이닝 룸 Spago Dining Room

울프강 퍽 셰프의 이름을 걸고 운영하는 레스토랑이다. 마리나 베이 샌즈의 아이
콘 인피니티 풀과 싱가포르 도심의 화려한 풍경을 감상할 수 있는 최고의 전망을
가졌다. 뒷편으로는 가든스 바이 더 베이와 바다의 시원한 뷰가 펼쳐진다. 싱가포
르에서 비교적 괜찮은 가격으로 럭셔리한 한끼를 원한다면 이곳의 3코스 메뉴가
가장 좋은 선택이 될 것이다. 아시아 음식에 영감을 받아 재탄생한 메뉴가 인상적
인데, 애피타이저로는 튜나 타르타르 콘과 토마토 수프가, 메인으로는 이베리코
포크 스테이크와 허니 미소 대구 요리가 특히 훌륭하다.

🚶 마리나 베이 샌즈, 타워 2 57층
📍 10 Bayfront Ave, Level 57 Marina Bay
Sands Tower 2, Singapore 018956
🕐 런치 12:00~14:30, 디너 18:00~22:00
(금·토요일 ~22:30) 💲 ⊕⊕ 3코스 런치/
디너 $65/$88 📞 +65-6688-9955
🏠 ko.marinabaysands.com/restaurants/
spago.html

마리나 베이 샌즈의 터줏대감 루프톱 바 ······ ⑪
세라비 CÉ LA VI

마리나 베이 샌즈 꼭대기의 루프톱 바. 레스토랑, 바, 클럽 라운지로 운영되며 싱가포르 최고의 야경을 선사한다. 수요일 밤 10시에서 12시 사이에는 여성에게 무료입장 및 프로세코 1잔이 제공된다. 남성은 샌들, 민소매 차림이면 입장이 거부된다. 영업시간 및 입장료는 자주 변경되니 방문 전 홈페이지를 확인하자.

🚶 마리나 베이 샌즈, 타워 3 57층 📍 1 Bayfront Ave, Level 57 Marina Bay Sands Tower 3, Singapore 018971 🕐 **클럽 라운지** 월·화요일 12:00~01:00, 수·금·토요일 12:00~04:00, 목요일 12:00~03:00, **스카이 바** 16:00~01:00 💲 ⊕⊕ 입장료 $35(세금 포함, 식음료 주문 시 사용) 📞 +65-6508-2188 🏠 www.celavi.com/en/singapore

호텔 뷔페의 정석 ······ ⑫
콜로니 Colony

싱가포르 뷔페 중 최고로 손꼽히는 곳 중 하나로 양식, 중식, 일식뿐 아니라 말레이, 인도, 페라나칸 등 현지 음식을 더한 다양한 메뉴를 제공한다. 싱가포르에서 맛봐야 할 음식을 한자리에서 맛볼 수 있어 좋고, 5성급 호텔의 고급스러운 분위기와 수준 높은 서비스는 기본이다. 저렴한 점심은 인기가 많아 미리 예약하는 것이 좋다.

🚶 MRT 프로메나드Promenade 역 A출구에서 도보 10분, 더 리츠칼튼 밀레니아 싱가포르 3층 📍 7 Raffles Ave, Level 3 The Ritz-Carlton Millenia Singapore, Singapore 039799 🕐 런치 12:00~14:30(일요일 브런치 ~15:30), 디너 18:30~22:30 💲 ⊕⊕ **런치**(평일/토요일) 일반 $74/$78, 어린이 $37/$39, **디너**(일~목요일) 일반 $92, 어린이 $46 📞 +65-6434-5288 🏠 www.colony.com.sg

고급 레스토랑 부럽지 않은 최상의 뷰 ······ ⑬
마칸수트라 글루턴스 베이
Makansutra Gluttons Bay

마리나 베이를 바라보며 식사할 수 있는 최고의 뷰를 가진 호커센터. 매장 수는 많지 않지만 싱가포르에서 꼭 먹어봐야 할 대표 메뉴로 채워져 있어 뭘 골라도 안심이다. 그중 저렴하게 칠리크랩을 즐길 수 있는 홍콩 스트리트 올드 천키Hong Kong Street Old Chun Kee가 인기인데, 페퍼크랩, 시리얼 새우도 곁들이면 좋다.

🚶 ① MRT 에스플레네이드Esplanade 역 D출구에서 도보 8분 ② 에스플러네이드 바로 옆 📍 8 Raffles Ave, #01-15, Singapore 039802 🕐 화~목요일 16:00~23:00, 금·토요일 16:00~23:30, 일요일 15:00~23:30 ❌ 월요일 💲 칠리크랩 & 페퍼크랩(1마리/2마리) $45/$80, 시리얼 새우 $20~35 📞 +65-6336-7025 🏠 www.makansutra.com

선텍 시티 Suntec City

마치 하늘로 쭉 뻗은 손가락처럼 5개의 타워가 분수를 둘러싼 형태의 선텍 시티에는 컨벤션센터와 사무실, 쇼핑몰이 자리한다. 근처 직장인의 점심 식사 장소로 애용되는 만큼 송파 바쿠테, 야쿤 카야 토스트, 딘타이펑 등 싱가포르 대표 맛집 브랜드가 모여 있다. B1층에는 맛있고 깔끔하기로 소문난 푸드 코트가 자리하며, 대형 마트인 자이언트Giant에서는 과자나 각종 식료품 등을 저렴하게 살 수 있다. 싱가포르 젊은이들이 사랑하는 밀크티 맛집인 리호티Liho Tea도 B1층에 있으니 밀크티 마니아라면 한 번쯤 방문해보자. 쇼핑몰에는 온갖 생필품과 일본 간식거리로 가득한 돈돈돈키Dondon Donki와 핸즈Hands, 싱가포르 브랜드인 페드로, 찰스앤키스 등이 입점해 있다. 참고로 덕투어와 빅버스 투어 버스의 매표소와 탑승장은 타워 2의 1층에 자리한다. 워낙 규모가 커서 미리 지도에서 가고 싶은 매장 위치를 확인하는 것이 좋다.

🚶 MRT 프로메나드Promenade 역 C출구 또는 에스플러네이드Esplanade 역 A출구에서 도보 2분 📍 3 Temasek Blvd, Singapore 038983
🕐 10:00~22:00 📞 +65-6266-1502 🏠 sunteccity.com.sg

주요 매장

2층	돈돈돈키, 핸즈, 미니소, 토이저러스, 키부트KyBoot, 가디언 Guardian, 딘타이펑, 몬스터 커리Monster Curry(일식 카레), 푸티 엔Putien(중식)
1층	페드로, 에이치앤엠, 에코, 찰스앤키스, 풋락커, 유니클로, 코튼 온Cotton On, 벤저민 바커Benjamin Barker, 로비사Lovisa, 본가 (한식), 쉐이크쉑, 컴포즈 커피
B1층	자이언트(마트), 푸드 리퍼블릭(푸드 코트), 두끼, 송파 바쿠테 (현지식), 크리스털 제이드 키친Crystal Jade Kitchen(중식), 파라 다이스 다이너스티Paradise Dynasy(중식), 야쿤 카야 토스트, 토스트 박스Toast Box, 리호티(밀크티)

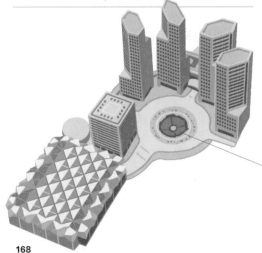

선텍 시티의 중심, 부의 분수 Fountain of Wealth

선텍 시티 앞 부의 분수에는 재미난 속설이 있는데 분수 안에 손을 넣고 시계 방향으로 세 바퀴를 돌면 부자가 된다는 것이다. 물을 만질 수 있는 터치 워터 세션Touch Water Sessions이 따로 정해져 있으니 시간 맞춰 도전해보자. B1층 푸드 코트 근처에 분수로 나가는 입구가 있다.

🕐 터치 워터 세션
10:00~12:00,
14:00~16:00,
18:00~19:30

테크 마니아를 위한 쇼핑몰 ······ ②
밀레니아 워크 Millenia Walk

건축계의 노벨상이라 불리는 프리츠커상을 수상한 미국인 건축가 필립 존슨Philip Johnson이 디자인한 쇼핑몰로 아름다운 건축물을 보기 위해 찾는 이도 많다. 패션보다는 테크에 초점이 맞춰져 있는데, 1층에는 주로 전자, 오디오 매장이, 2층에는 홈 & 리빙 매장이 있다. 2층의 커뮨Commune은 감각적인 가구와 인테리어 소품으로 동남아시아 전역에서 인기가 높다. 일식을 좋아한다면 인기 일본 음식점이 모여 있는 2층의 니혼 스트리트Nihon Street와 일본계 슈퍼마켓 메이지야Medi-ya에 가볼 것을 추천한다. 한국 음식이 그립다면 북창동순두부도 이 건물 1층에 있다.

🚶 MRT 프로메나드Promenade 역 A출구에서 도보 1분
📍 9 Raffles Blvd, Singapore 039596
🕐 10:00~22:00, 매장마다 다름 📞 +65-6883-1122
🏠 www.milleniawalk.com

주변 예술 작품 감상하기
밀레니아 워크 앞 광장에서 미국 팝아트를 대표하는 로이 리히텐슈타인의 작품 〈6번의 붓놀림Six Brushstrokes〉을 볼 수 있다. 중국 서예와 서양의 이상이 혼합된 이 거대한 작품은 그가 세상을 떠나기 불과 몇 달 전에 이곳에 설치되었다.

AREA ···· ③

여유와 낭만이 흐르는

리버사이드 Riverside

싱가포르 도심지를 관통하는 싱가포르강Singapore River은 과거 싱가포르 무역의 중심지로서 올드 시티와 상업 지구(현재의 중심업무지구)를 이으며 전 세계를 드나드는 무역선이 바삐 오가던 곳이었지만, 지금은 여행자를 태운 크루즈가 이를 대신한다. 3km 남짓한 길이의 작은 규모의 강이지만 근처 직장인들이 퇴근 후 피로를 풀며 한잔하는 보트 키, 클럽과 펍이 모여 있어 화려한 불금을 책임지는 클락 키, 현지인이 사랑하는 거주지이자 브런치 장소인 로버트슨 키로 나뉘며 각기 다른 매력을 자랑한다. 운이 좋다면 싱가포르강에서 헤엄치는 귀여운 수달 가족을 만날 수 있을지도 모른다.

리버사이드
추천 코스

- 🕐 4~6시간 소요 예상
- ✅ 올드 시티, 마리나 베이,
  차이나타운 & CBD 연계 여행 추천

여행 일정에 여유가 있다면 해 질 무렵 강변을 따라 로버슨 키에서 출발해 클락 키, 보트 키, 그리고 마리나 베이까지 천천히 산책하는 코스를 추천한다. 만약 아침 일찍 호텔을 나선다면 현지인처럼 강변이나 포트 캐닝 공원 산책 후 브런치를 즐기는 일정도 만족스럽다. 리버사이드는 올드 시티, 마리나 베이, 차이나타운 & CBD와 맞닿아 있어 이 지역들을 먼저 여행한 후 늦은 오후나 저녁 시간에 강변으로 건너오는 일정을 추천한다. 참고로 아래 추천 코스는 짧은 기간 싱가포르를 방문하는 여행자를 위한 일정이다.

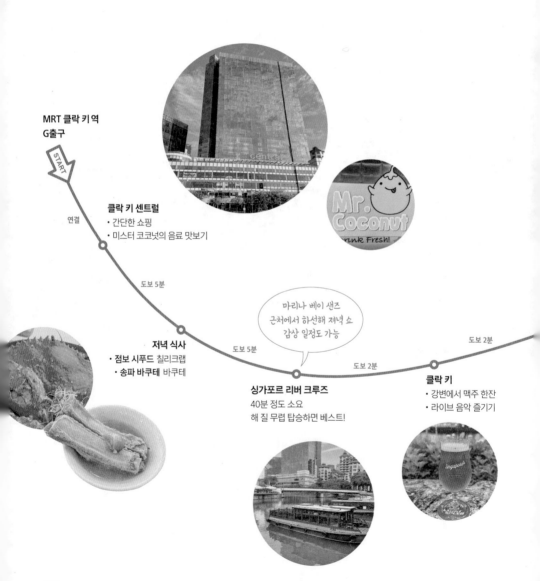

**MRT 클락 키 역
G출구**

START

연결

클락 키 센트럴
• 간단한 쇼핑
• 미스터 코코넛의 음료 맛보기

도보 5분

마리나 베이 샌즈 근처에서 하선해 저녁 쇼 감상 일정도 가능

저녁 식사
• 점보 시푸드 칠리크랩
• 송파 바쿠테 바쿠테

도보 5분

싱가포르 리버 크루즈
40분 정도 소요
해 질 무렵 탑승하면 베스트!

도보 2분

도보 2분

클락 키
• 강변에서 맥주 한잔
• 라이브 음악 즐기기

리드 다리
다리 위에서 클락 키 야경 인증 사진

도보2분

페어프라이스 파이니스트
쇼핑 후 야식

도보 5분

올드 힐 스트리트 경찰서
무지개 색깔 창문 앞에서 인증 사진

도보 3분

보트 키
사우스브리지 루프톱 바 즐기기

이후에는
도보 10분이면 가는
멀라이언 공원이나
마리나 베이에서
야경 즐기기

리버사이드
상세 지도

와인 커넥션 비스트로 **05**

08 커먼 맨 커피 로스터스

03 로버슨 키

04 싱가포르 타일러 프린트
인스티튜트(STPI)

🚶 알카프 다리
06 슈퍼 로코 로버슨 키

토비스 에스테이트 **07**

더 웨어하우스 호텔 **H**

0   100m

트리 터널

배틀박스 ●

● 포트 캐닝 센터

07 포트 캐닝 공원

Ⓐ　Ⓑ

09 티옹바루 베이커리

Ⓜ Fort Canning

● 래플스 하우스

02 페어프라이스 파이니스트

06 올드 힐 스트리트 경찰서

● 주크(클럽)

🛶 Fort Canning 선착장(워터B)

05 슬링샷 싱가포르

클락 키 01

🛶 Clarke Quay Jetty(리버 크루즈)

04 브루웍스

Ⓖ　Ⓒ　Ⓕ

리드 다리 🚶

클락 키 센트럴 01 🛶 Eu Tong Sen 선착장(워터B)

미스터 코코넛 10

01 점보 시푸드

Ⓔ　02 송파 바쿠테

Clarke Quay Ⓜ

12 사우스브리지

Ⓗ 파크 레지스 바이 프린스 싱가포르

28 홍콩 스트리트

03 109 용타푸

Ⓑ

11

비트 캡슐 호스텔 Ⓗ

Ⓐ

BYD by 1826 ●

보트 키 02

싱가포르의 밤이
시작되는 곳 ⋯⋯ ①
클락 키 Clarke Quay

🚶 MRT 클락 키|Clarke Quay 역 G출구로
나와 강 건너편
📍 3 River Valley Rd, Singapore 179024
🏠 www.clarkequay.com.sg

싱가포르 여행의 필수 코스인 클락 키는 강변을 따라 다양한 음식점과 펍이 들어서 있어 싱가포르의 밤을 더욱 특별하게 만든다. 어둠이 내리면 곳곳에서 하나둘 조명을 밝히며 손님들을 반기고, 흥겨운 라이브 음악과 함께 밤을 즐기러 나온 사람들로 언제나 에너지가 넘친다. 우산 모양의 캐노피가 있는 클락 키 중심지에는 음식점보다는 펍이나 라이브 바가 대부분이다. 제대로 된 식사를 하고 싶다면 근처 음식점을 먼저 들른 후 클락 키에서 분위기 좋은 곳을 찾아 한잔하는 코스를 추천한다. 보트를 타고 클락 키에서 출발해 마리나 베이까지 시원한 밤바람을 맞으며 바라보는 싱가포르의 야경 또한 놓쳐선 안 될 즐거움 중 하나다. 아시아 베스트 클럽 순위에서 빠지지 않고 등장하는 클럽 주크Zouk도 이곳에 있으니 싱가포르의 나이트 라이프가 궁금하다면 고민할 것 없이 클락 키로 가보자.

보트 키 Boat Quay

마리나 베이와 만나는 싱가포르강의 하류 지역으로 싱가포르의 중심업무지구 (CBD)인 래플스 플레이스와 맞닿은 싱가포르의 최고 중심지다. 옛 물류 창고로 쓰이던 낮은 숍하우스가 트렌디한 음식점과 펍 등으로 재탄생해 지나가는 여행자의 발길을 붙잡는다. 특히 강변의 야외석은 강 건너편 아시아 문명 박물관을 포함한 올드 시티의 풍경을 한눈에 볼 수 있어 인기다. 특별히 유명한 맛집은 없지만 해 질 무렵 분위기만은 미쉐린 레스토랑이 부럽지 않다. 음식점마다 주변 직장인을 위한 런치 세트 메뉴, 해피아워 맥주 할인 등 프로모션이 자주 있으니 확인해보자.

🚶 MRT 래플스 플레이스Raffles Place 역 B출구에서 도보 3분
📍 Bonham St, Singapore 049782

보트 키 숍하우스에 위치한 음식점 'BYD by 1826'은 2022년 방영된 한국 드라마 〈작은 아씨들〉에 등장한 바 있다. 드라마에서도 나왔듯이 야외 테라스석 뷰가 끝내주지만 음식 맛은 평범한 편이다.

로버슨 키 Robertson Quay

클락 키에서 강변을 따라 싱가포르강 상류 쪽으로 걷다보면 한적하면서도 예쁜 카페와 음식점이 모인 로버슨 키가 나온다. 주말에 현지인들이 여유 있게 브런치를 즐기러 오는 곳인 만큼 평화로운 강변 뷰를 즐길 수 있는 야외 음식점과 바가 늘어서 있다. 토비스 에스테이트, 커먼 맨 커피 로스터스 등 인기 브런치 장소는 주말이면 자리를 찾기가 어려울 정도다. 저녁이면 강아지와 함께 산책을 하거나 조깅을 즐기는 사람, 삼삼오오 모여 술자리를 갖는 사람으로 활기가 가득하다. 클락키와 마찬가지로 평일 낮에는 조용한 편이라 제대로 즐기려면 저녁이나 주말 낮에 방문하는 것을 추천한다. 로버슨 키에서 식사를 하고 클락 키로 걸어가서 밤을 즐기는 코스도 괜찮다

🚶 MRT 포트 캐닝Fort Canning 역 A출구에서 도보 5분
📍 Robertson Walk, Singapore 237995
🏠 www.robertsonquay.com

크루즈 타고 싱가포르강 즐기기

도심을 가로질러 흐르는 싱가포르강을 따라 보트에 몸을 싣고 주요 명소를 돌아보자.
크루즈는 '리버 크루즈'와 '워터B' 두 회사에서 운영 중이며, 코스는 동일하나 배의 모양과 선착장이 다르다.

클락 키에서 출발하는 대표 크루즈
리버 크루즈 River Cruise

이름에 걸맞는 대형 크루즈선은 아니지만 40~50명
정도가 탈 수 있는 옛 행상용 배 형태여서 기념사진
을 찍기 좋다. 마리나 베이 샌즈, 멀라이언 공원, 에스
플러네이드 등을 시원한 강바람을 맞으며 한 번에 돌
아볼 수 있어 인기가 많다. 클락 키 선착장Clarke Quay
Jetty이나 베이프런트 사우스 선착장Bayfront South
Jetty에서 출발해 다시 돌아오는 코스로 40분 정도 소
요된다. 출발지가 아닌 다른 선착장에서 내릴 수도 있
다. 단, 한번 내리면 재탑승은 불가능. 저녁 6시 30분
에서 7시 30분 사이에 탑승하면 최고의 노을과 야경
을 볼 수 있다.

클락 키 선착장 🚶 MRT 클락 키Clarke Quay 역 E출구에서
도보 8분
베이프런트 사우스 선착장 🚶 MRT 베이프런트Bayfront 역
E출구에서 도보 3분, 애플 매장 근처
선착장 공통 사항 🕐 월~목요일 13:00~22:00, 금~일요일
10:00~22:30 💲 일반 $28, 3~12세 $18
📞 +65-6336-6111 🏠 rivercruise.com.sg

여유롭게 야경을 즐기고 싶다면
워터B WaterB

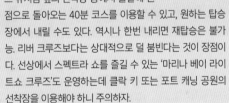

리버 크루즈와 모든 것이 비슷하지
만 포트 캐닝 공원 앞, 클락 키 센트
럴 쇼핑몰 앞Eu Tong Sen, 아트 사이언
스 뮤지엄 옆의 선착장 등에서 출발해 원
점으로 돌아오는 40분 코스를 이용할 수 있고, 원하는 탑승
장에서 내릴 수도 있다. 역시나 한번 내리면 재탑승은 불가
능. 리버 크루즈보다는 상대적으로 덜 붐빈다는 것이 장점이
다. 선상에서 스펙트라 쇼를 즐길 수 있는 '마리나 베이 라이
트쇼 크루즈'도 운영하는데 클락 키 또는 포트 캐닝 공원의
선착장을 이용해야 하니 주의하자.

Fort Canning 선착장 🚶 MRT 포트 캐닝Fort Canning 역 A출구,
브루웍스 건너편 📍 Tan Tye Pl, Singapore 170000
Eu Tong Sen 선착장 🚶 MRT 클락 키Clarke Quay 역 G출구, 클락 키
센트럴 쇼핑몰 앞 📍 8 Eu Tong Sen St, Singapore 059818
Bayfront North 선착장 🚶 MRT 베이프런트Bayfront 역 C출구,
아트 사이언스 뮤지엄 옆 📍 6 Bayfront Ave, Singapore 018974
선착장 공통 사항 🕐 크루즈 14:00~21:00, 라이트 쇼 크루즈
19:30~20:30 💲 **크루즈** 일반 $28, 3~12세 $18, **라이트쇼 크루즈**
일반 $40, 3~12세 $30 📞 +65-6509-8998 🏠 waterb.com.sg

싱가포르강을 잇는 다리 이야기

싱가포르강을 따라 걷다 보면 17개의 크고 작은 다리들을 만난다. 로버슨 키부터 마리나 베이까지
싱가포르 풍경을 더욱 빛나게 하는 다리들이 지닌 이야기를 알고 나면 강변 산책이 더욱 특별해진다.

알카프 다리 Alkaff Bridge in 로버슨 키

알록달록한 색감 덕분에라도 다시 한 번 쳐다
보게 되는 존재감 넘치는 다리. 필리핀 출신 작
가 파시타 아바드Pacita Abad가 평범했던 다리
에 55가지의 색상과 무늬를 입혀 독특한 예술
작품으로 탈바꿈시켰다. 다리 한켠에 작가의
서명이 남겨져 있으니 찾아보자.

리드 다리 Read Bridge in 클락 키

클락 키 중심가에 위치해 있어 여행자라면 누
구나 한 번은 건너게 되는 싱가포르강 대표 다
리다. 밤이 되면 다리 위에 모여 야경을 감상하
는 사람들로 항상 붐빈다. 다리 이름은 영국 식
민지 시대에 싱가포르 발전에 다방면으로 기
여한 윌리엄 리드William H. Read에서 따왔다.

카베나 다리 & 앤더슨 다리
Cavenagh Bridge & Anderson Bridge in 보트 키

카베나 다리는 싱가포르강을 가로지르는 다리 중 가장 오랜 역사를
자랑한다. 1869년 완공되었으며 당시에는 올드 시티와 옛 상업지구

를 연결하는 유일한 다리였기에
너무나 많은 사람과 차량이 모여
들어 다리의 안전에 위협을 받았
다고 한다. 지금도 다리 양쪽에는
당시 통행 차량의 무게를 제한했
던 표지판을 볼 수 있다. 현재는
보행자 전용 다리이며 1910년 통
행량 분산을 위해 바로 옆에 지어
진 앤더슨 다리 역시 현재는 보행
자 전용 다리로 멀라이언 공원까
지 가는 지름길이 되었다.

주빌리 다리 & 에스플러네이드 다리
Jubliee Bridge & Esplanade Bridge in 마리나 베이

멀라이언 공원과 에스플러네이드 극장을 연결하는 2개의 다리로 에
스플러네이드 다리가 먼저 생겼고, 이후 싱가포르 독립 50주년을 기
념하며 2015년 주빌리 다리가 완성되었다. 마리나 베이 일대를 한눈
에 볼 수 있는 야경 명소로 유명해 다리를 따라 사진을 찍는 사람들
을 쉽게 발견할 수 있다.

싱가포르 타일러 프린트 인스티튜트(STPI) Singapore Tyler Print Institute

주로 판화, 프린트, 페이퍼 아트를 구현하는 현대미술 작품을
전시한다. 초청 작가들이 미술관에 거주하며 작품 활동을 할
수 있고, 이후 전시까지 가능하다. 한국의 서도호 작가 등 각
국의 예술가들이 STPI만의 독특한 작업 기법을 이용해 자신
만의 새로운 작품을 탄생시키도 했다. 강변 산책 후 예술 작
품을 만나는 짧은 여유를 더해보자.

🚶 MRT 포트 캐닝Fort Canning 역 A출구에서 도보 10분, 로버슨 키 내
📍 41 Robertson Quay, Singapore 238236
🕐 월~토요일 10:00~19:00, 일요일 11:00~17:00 ❌ 공휴일
📞 +65-6336-3553 🏠 stpi.com.sg

슬링샷 싱가포르 Slingshot Singapore

클락 키에 울려퍼지는 비명의 원천지로 40m 높이로 서서
히 올라가 그네처럼 곤두박질치는 GX5 익스트림 스윙GX5
Extreme Swing과 세계에서 가장 높은 슬링샷Slingshot 중 선택
할 수 있다. 지상에서 70m 높이로 튀어 올랐다가 다시 떨어
지기를 반복하는 슬링샷은 보기만 해도 짜릿하다.

🚶 MRT 클락 키Clarke Quay 역 E출구에서 도보 5분, 클락 키 내
📍 3E River Valley Rd, Singapore 179024 🕐 16:30~23:30
💲 GX5 익스트림 스윙 일반 $45, 12세~18세 $35, 슬링샷 일반
$45, 18세 이하 $35(신장 125cm 이상 탑승 가능)
📞 +65-6338-1766 🏠 slingshot.sg

올드 힐 스트리트 경찰서
Old Hill Street Police Station

1930년대 지어진 알록달록한 건물의 정체는 바로 옛 경찰
서 건물. 클락 키 강변에서 워낙 눈에 띄다 보니 누구나 한
번쯤 멈춰 서서 사진을 찍곤 한다. 총 927개의 창문이 무
지개색으로 칠해져 있어 '무지개 건물'이란 별명을 갖는다.
현재는 경찰서가 아닌 디지털개발정보부(MDDI)와 문화
공동체청소년부(MCCY) 건물로 사용된다.

🚶 MRT 클락 키Clarke Quay 역 E출구에서 도보 3분
📍 140 Hill St, Singapore 179369
📞 +65-1800-837-9655 🏠 www.mddi.gov.sg

싱가포르 역사를 간직한
도심 속 오아시스 ......⑦
포트 캐닝 공원
Fort Canning Park

도심 한가운데 있는 공원으로 평소 현지인들이 조깅, 소풍, 가벼운 산책 코스로 즐겨찾는다. MRT 도비가트 역, 클락 키 역, 포트 캐닝 역 쪽에 입구가 있으며 싱가포르 국립 박물관 후문과도 바로 이어진다. 열대 지역에서만 볼 수 있는 청록의 나무와 천연색 꽃도 아름답지만 이 공원에 남아 있는 역사의 흔적도 흥미로운 볼거리다. 요새Fort라는 단어가 포함된 이름에서 알 수 있듯이 이 공원은 1860년대부터 싱가포르 항구를 방어하는 요새로 사용되었다. 공원에는 아직도 성벽 일부와 대포 등이 남아 있으며 래플스 경의 옛 집터(래플스 하우스Raffles House)도 볼 수 있다. 더운 날씨를 피할 수 있는 무료 실내 관람 시설인 포트 캐닝 센터Fort Canning Centre 안의 헤리티지 갤러리Heritage Gallery와 배틀박스Battlebox도 꼭 한번 들러볼 만하다. 헤리티지 갤러리에서는 싱가포르 700년 역사에 중요한 부분을 차지했던 이 공원의 역사를 다양한 유물과 시청각 자료를 통해 볼 수 있다. 또한 제2차 세계대전 당시 영국군이 사용했던 비밀 벙커인 배틀박스는 당시 긴박했던 벙커 안의 모습을 흥미진진하게 재현해놓았다.

🏃 ① MRT 도비가트Dhoby Ghaut 역 A·B출구의 길 건너편 ② MRT 포트 캐닝Fort Canning 역 B출구와 연결 ③ MRT 클락 키Clarke Quay 역 E출구에서 도보 3분, 올드 힐 스트리트 경찰서 옆 공원 입구 📍 River Valley Rd, Singapore 179037 🕐 헤리티지 갤러리 10:00~18:00, 배틀박스 10:00~17:00 ❌ 헤리티지 갤러리 마지막 주 월요일, 배틀박스 월·화요일 📞 +65 -1800-471-7300 🏠 beta.nparks.gov.sg/visit/parks/park-detail/fort-canning-park

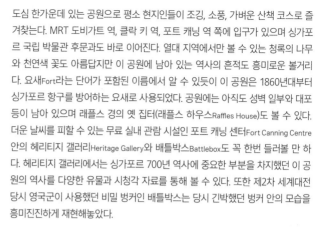

- SNS 인생 사진 명당으로 잘 알려진 '트리 더널Tree Turnel'을 찾아가보자. 중간 계단 난간에 앉아 나무로 덮인 하늘이 보이도록 밑에서 위로 찍는게 포인트. MRT 도비가트 역 쪽 입구에서 가깝다.
- 이른 아침 공원 산책 후 포트 캐닝 역 근처 티옹바루 베이커리 P.186에서 브런치를 즐기는 코스가 베스트!

점보 시푸드 Jumbo Seafood

싱가포르에서 꼭 먹어봐야 할 음식 1위는 뭐니뭐니해도 칠리크랩. 여러 음식점이 있지만 명불허전 대표 식당은 역시 점보 시푸드. 그중에서도 싱가포르강을 바라보며 식사할 수 있는 리버사이드 포인트Riverside Point 지점은 가장 인기가 많아 예약 필수다. 칠리크랩은 그때그때 시가로 가격이 책정되는데 게 종류는 스리랑카산 머드크랩이 일반적이다. 종업원이 인원수에 맞는 중량을 제안한다. 남은 소스에 볶음밥을 비벼 먹거나 튀긴 꽃빵을 찍어 먹어도 별미다. 시리얼을 묻혀 튀긴 새우튀김은 맥주 안주로 제격인 데다 한국인 입맛에도 잘 맞는다. 인원이 많다면 후추와 버터 양념의 매력적인 풍미를 느낄 수 있는 페퍼크랩도 도전해볼 만하다.

🚶 MRT 클락 키Clarke Quay 역 C출구에서 도보 5분, 리버사이드 포인트 1층
📍 30 Merchant Rd, #01-01/02 Riverside Point, Singapore 058282
🕐 11:30~23:00, 45분 전 주문 마감   💲 ⊕⊕ 칠리크랩·머드크랩(100g) $10.80~, 시리얼 새우 $26~52, 슈프림 시푸드 볶음밥 $22~44   📞 +65-6532-3435
🏠 www.jumboseafood.com

예약 시 리버워크점과 헷갈리지 말자

리버사이드 포인트 지점에 자리가 없다면 MRT 클락 키 역에서 보트 키 방면으로 가다 보이는 리버워크The Riverwalk 지점도 괜찮다. 인터넷으로 예약할 때 지점이 헷갈릴 수 있으니 잘 확인하자.

가성비 좋은 보양식이 필요할 때 ⋯⋯⋯ ②
송파 바쿠테 Song Fa Bak Kut Teh

칠리크랩과 함께 싱가포르의 또
다른 대표 음식인 바쿠테 맛집
본점. 바쿠테는 '뼈를 우려낸
차'라는 뜻으로 우리의 갈비탕
과 비슷한데 돼지갈비를 생강, 마
늘, 후추 및 각종 한약재와 함께 오랫동안 고아내 진한 국물 맛
이 일품이다. 땀을 많이 흘리는 싱가포르에서 이만한 보양식이
없기에 현지인과 여행자 모두에게 사랑받는다. 국물은 요청 시
직원이 무료로 계속 리필해준다. 청경채 등 채소 요리와 삼겹살
조림Braised Pork Belly 등을 함께 곁들여 먹어도 좋다. 간이 조금
짠 편이라 밥을 시켜 먹거나 중국식 빵인 요우티아오를 시켜 같
이 먹어도 맛있다. 고기를 매콤새콤한 칠리소스에 찍어 먹는 것
도 별미다. 차이나타운을 비롯해 지점이 여럿 있다.

🏃 MRT 클락 키Clarke Quay 역 E출구 바로 앞 건너편 📍 11 New Bridge
Rd, #01-01, Singapore 059383 🕙 10:00~21:15 💲 ⊕⊕ 포크립
바쿠테(S/L) $8.8/$11.2, 프라임립 바쿠테 $12.9, 삼겹살조림 $9.3, 채소
요리(S/M/L) $5.2/$7.2/$9.6, 공기밥 $1.4
📞 +65-6533-6128 🏠 www.songfa.com.sg

현지 직장인들의 점심 맛집 ⋯⋯⋯ ③
109 용타푸 109 Yong Tau Foo

보트 키와 맞닿은 싱가포르의 금융가이자 글로벌 기업이 모여 있는 중심업무지
구에서 현지 회사원들이 저렴하게 즐겨찾는 점심 메뉴가 궁금하다면 이곳으로
가보자. 용타푸는 신선한 채소와 어묵, 두부 등의 재료가 준비된 카운터에서 직
접 먹고 싶은 재료를 골라 주방에 건네주면 따끈한 국물에 익혀 조리해주는 음
식으로 호커센터나 푸드 코트에서 자주 볼 수 있다. 이곳 역시 셀프서비스로 운
영되는데 신선한 재료와 저렴한 가격 덕분에 언제나 인기가 많다. 깔끔한 맛을
좋아한다면 기본 국물을 선택하고 소스를 찍어 먹는 것을 추천한다. 현지 음식
에 익숙하다면 얼큰한 락사 국물에 도전해봐도 괜찮다.

🏃 MRT 클락 키Clarke Quay 역 E출구에서 도보 5분 📍 90 Circular Rd, Singapore 049441
🕙 11:00~22:00 💲 재료 1개당 $0.9, 밥 또는 국수 $0.9, 락사 국물 선택 시 $1.2 추가
❌ 일요일 📞 +65-6226-1109 🏠 www.burpple.com/109-teochew-yong-tau-foo

싱가포르 전통의 수제 맥주 맛집 ……… ④

브루웍스 Brewerkz

요란한 클락 키 내에서도 맛있는 맥주를 즐기고 싶다면 브루웍스로 가보자. 싱가포르에서 가장 오래된 크래프트 맥주 양조장으로 최근에는 아시아 맥주 챔피언십Asia Beer Championship에서 2년 연속으로 상을 받았다. 맥주 종류는 아주 다양한데 골든에일, 인디아 페일에일, 오트밀 스타우트가 대표적이며, 한 가지만 주문하기 아쉬운 손님을 위한 맥주 샘플러Beer Samplers도 있다. 여럿이 방문한다면 맥주 안주의 총집합 브루웍스 플래터Brewerkz Plater를 추천하며 버거, 치킨 윙, 파스타 등 음식 맛도 좋아서 가족들이 다 같이 식사하기에도 안성맞춤이다.

🏃 MRT 클락 키Clarke Quay 역 B출구에서 도보 7분, 리버사이드 포인트 1층
📍 30 Merchant Rd, #01-07 Riverside Point, Singapore 058282
🕐 12:00~24:00, 식사 메뉴 주문 마감 21:30(금·토요일, 공휴일 전날 22:00)
💲 ⊕⊕ 맥주 $12~, 맥주 샘플러 $24, 브루웍스 플래터 $54 📞 +65-9011-9408
🏠 www.brewerkz.com/outlet/riverside-point

> 클락 키 외에도 마리나 베이, 오차드 로드, 이스트 코스트 파크 등 여러 개의 지점이 있으며, 혼자 조용히 맥주를 즐기기도 괜찮은 곳이니 수제 맥주를 좋아한다면 한 번쯤 들러보자.

분위기, 가성비 모두 잡은 와인 전문점 ……… ⑤

와인 커넥션 비스트로 Wine Connection Bistro

현지인뿐 아니라 싱가포르에 거주하는 외국인에게 꾸준히 사랑받는 로버슨 키의 대표 와인 전문 음식점이다. 와인을 도매가에 가까운 저렴한 가격으로 즐길 수 있으며 피자, 스테이크 등 식사류와 와인과 어울리는 안주류도 맛과 가격이 훌륭하다. 싱가포르에 여러 지점이 있지만 로버슨 워크Robertson Walk 지점은 강변 분위기와 어우러져 마치 유럽에 온 듯 더욱 이국적이다. 주말이면 아이를 동반한 가족 단위의 손님도 많아 가족 여행자가 편하게 방문할 수 있다.

🏃 MRT 포트 캐닝Fort Canning 역 A출구에서 도보 8분, 로버슨 워크 1층 📍 11 Unity St, #01-19/20 Robertson Walk, Singapore 237995 🕐 월~목요일 11:30~23:00, 금요일 11:30~01:00, 토요일 11:00~01:00, 일요일 11:00~23:00 💲 ⊕⊕ 피자 $20~, 햄치즈 플래터 $46, 안주류 $10~20, 와인(잔) $10~16, 와인(병) $40~ 📞 +65-6235-5466
🏠 www.wineconnection.com.sg

재치 넘치는 멕시칸 음식점 ······ ⑥
슈퍼 로코 로버슨 키 Super Loco Robertson Quay

누구나 좋아하는 대중적인 멕시칸 요리를 트렌디한 감각으로 업그레이드한 맛집. 익살스러운 레슬러 캐릭터와 형형색색의 인테리어로 마치 멕시코에 온 듯한 흥거운 분위기를 느낄 수 있다. 추천 메뉴는 역시 타코로, 종류도 다양하고 1개씩도 주문 가능해서 골라 먹는 재미가 있다. 그중 담백하면서도 망고 살사소스가 톡 쏘는 생선 타코와 살짝 매콤한 초리조와 소고기가 들어간 타코가 인기가 많다. 주말 오전에는 브런치로 즐길 수 있는데 소시지와 달걀, 아보카도 등으로 꽉 채운 브레키 부리토Brekky Burrito를 추천한다. 저녁에는 강변 테라스 좌석에서 마가리타 한 잔과 함께 낭만적인 로버슨 키의 밤을 즐겨보자.

🚶 MRT 포트 캐닝Fort Canning 역 A출구에서 도보 12분, 더 키사이드 1층 📍60 Robertson Quay, #01-13 The Quayside, Singapore 238252 🕐 월요일 17:00~23:00, 화~목요일 11:30~23:00, 금요일 11:30~23:30, 토요일 10:00~23:30, 일요일 10:00~23:00 💲⊕⊕ 타코 $10~13, 슈퍼 브레키 부리토 $18, 마가리타(잔/저그) $18/$63 📞 +65-9815-7221 🏠 www.super-loco.com/robertsonquay
📷 @superloco_robertsonquay

로버슨 키의 브런치 맛집 터줏대감 ······ ⑦
토비스 에스테이트 Toby's Estate

커피에 대한 열정으로 변호사를 그만두고 바리스타를 시작해 세계 곳곳의 커피 원산지를 다니며 공정무역으로 재배된 커피콩을 전 세계로 공급하게 된 토비 스미스Toby Smith가 운영하는 카페. 주말 브런치 장소로 사랑받는 로버슨 키의 핫한 브런치 맛집이다. 여유로운 주말을 즐기는 사람들이 만들어내는 느긋한 공기가 매력적이다. 브런치 메뉴는 어느 것을 선택해도 실패가 없으며 직접 로스팅하는 커피 맛도 수준급이다. 호주식 카페답게 플랫화이트 맛집으로도 유명하다. 이른 아침 문을 열기 때문에 아침 식사를 하기도 좋다.

🚶 MRT 포트 캐닝Fort Canning 역 A출구에서 도보 15분, 로버슨 키 내
📍 8 Rodyk St, Singapore 238216
🕐 평일 07:00~15:00, 주말 07:30~17:00
💲⊕⊕ 브레키 오브 챔피언 $27,
에그 베네딕트 $24, 프렌치 토스트 $18.5,
플랫화이트 $5.5 📞 +65-6636-7629
🏠 tobysestate.com.sg
📷 @tobysestatesg

커피 마니아라면
놓치지 말자 ...... ⑧

커먼 맨 커피 로스터스
Common Man Coffee Roasters

싱가포르의 F&B와 뷰티 브랜드를 이끄는 스파 에스프리Spa Esprit 그룹의 간판 카페. 현지 커피콩 농장과 연계해 지속 가능한 커피 문화 전파에 앞장선다. 접근성이 조금 떨어짐에도 이곳 커피를 즐기러 온 손님으로 카페는 늘 북적인다. 로스팅은 기본이고 자체적으로 커피 아카데미를 운영해 바리스타를 양성하기도 한다. 말레이시아 쿠알라룸푸르에도 지점이 있으며 티옹바루 베이커리 같은 인기 카페에 맞춤 제조된 커피콩을 공급한다. 커피는 에스프레소 종류도 있지만 바리스타의 추천으로 내려주는 패스트 브루Fast Brew, 직접 원두를 선택해 주문할 수 있는 슬로 브루Slow Brew로 나뉜다. 팬케이크, 에그 베네딕트 등 친환경 식재료로 만든 식사 메뉴도 훌륭하다.

🚶 MRT 포트 캐닝Fort Canning 역 A출구에서 도보 13분, 로버슨 키 내 📍 22 Martin Rd, #01-00, Singapore 239058 🕐 07:30~ 18:00 💲 ⊕ ⊕ 팬케이크 $25, 커먼맨 풀 브렉퍼스트 $30, 에스프레소 커피 $6~, 패스트 브루·슬로 브루 $8.5 📞 +65-6836-4695 🏠 commonmancoffeeroasters.com 📷 @commonmancoffee

이른 아침 자연 속 카페에서 힐링 ...... ⑨

티옹바루 베이커리 Tiong Bahru Bakery

빵을 사랑하는 빵순이라면 반드시 가봐야 하는 싱가포르 대표 베이커리로 여러 지점이 있지만 최근에 문을 연 포트 캐닝 공원 지점은 클락 키와도 가깝고 공원 산책 후 들르기 좋아서 나날이 인기를 더해가는 중이다. 초록빛 가득한 자연 속 카페에 앉아 달달한 빵과 함께 커피 한잔을 마시면 그 자체로 힐링이 된다. 싱가포르 최고의 크루아상집 답게 버터 향 가득한 크루아상과 퀸아망이 인기 메뉴이며, 크루아상 그림이 들어간 귀여운 티셔츠와 가방 등 다양한 굿즈도 판매 중이니 기념품으로 골라보자. 근처에는 어린이를 위한 놀이터와 넓직한 잔디밭도 있어 아이들과 함께 방문하기도 좋다. 단, 주말에는 많이 붐빌 수 있으니 가급적 평일 방문을 추천한다.

🚶 MRT 포트 캐닝Fort Canning 역 B출구에서 도보 2분, 포트 캐닝 공원 내 📍 70 River Valley Rd, #01-05, Singapore 179037 🕐 07:30~19:00 💲 ⊕ ⊕ 크루아상 $4.2, 퀸아망 $5.8, 커피 $5~8 📞 +65-6877-4865 🏠 www.tiongbahrubakery.com

내 마음대로 골라 먹는 코코넛 음료 ······ ⑩
미스터 코코넛 Mr. Coconut

2016년 처음 문을 연 코코넛 음료 전문점으로 싱가포르의 젊은
세대에게 열렬한 지지를 얻으며, 최근에는 한국인 여행자 사이에
서도 꼭 먹어야 할 음료로 입소문이 났다. 신선한 코코넛을 기본
재료로 한 셰이크, 주스, 밀크, 커피까지 다양한 코코넛 음료를 맛
볼 수 있다. 코코넛 셰이크에 코코넛 볼, 화이트 펄, 아이스크림 등
토핑을 추가해서 먹는 것이 일반적. 당도 조절도 가능하다.

🚶 MRT 클락 키Clarke Quay 역 E출구와 연결, 클락 키 센트럴 1층
📍 6 Eu Tong Sen St, #01-37 Clarke Quay Central, Singapore
059817 🕐 11:00~21:45 💲 코코넛 셰이크 $5~9, 토핑 $0.6~1.3
📞 +65-6015-5335 🏠 mrcoconut.sg

아는 사람만 아는 스피크이지 바 ······ ⑪
28 홍콩 스트리트 28 HongKong Street

과거 홍등가였던 홍콩 스트리트 초입 숍하우스에 간판 하나 없
이 '28'이라는 숫자만 쓰여 있다. 문을 열고 들어가 암막을 젖히
면 모습을 드러내는 이 비밀스러운 공간은 '월드 50 베스트 바'
에 몇 차례나 이름을 올리며 칵테일 마니아의 사랑을 꾸준히 받
아왔다. 금주령이 있던 시절 뉴욕에서 비밀리에 운영되던 스피
크이지 바 콘셉트를 가져왔는데, 바텐더의 수준 높은 실력과 느
긋한 분위기로 바 마니아의 발길이 끊이지 않는다.

🚶 MRT 클락 키Clarke Quay 역 B출구에서 도보 5분 📍 28 Hongkong
St, Singapore 059667 🕐 18:00~01:00(목~토요일 ~02:00)
💲 ⊕⊕ 칵테일 $25~ 📞 +65-8318-0328 🏠 www.28hks.com

숨겨진 루프톱 바에서 분위기 한잔 ······ ⑫
사우스브리지 Southbridge

어둠이 찾아오면 래플스 플레이스의 직장인들은 퇴근길에 보
트 키를 찾아 간단히 한잔하곤 한다. 보트 키에 늘어선 바 가운
데 특히 인기가 많은 사우스브리지는 5층 루프톱에 위치해 보
트 키부터 저 멀리 마리나 베이까지 이어지는 환상적인 야경을
선사한다. 멋진 경치를 안주 삼아 시원한 바람을 맞으며 마시는
맥주와 칵테일은 무더운 한낮의 피로를 잊게 한다.

🚶 MRT 클락 키Clarke Quay 역 E출구에서 도보 5분, 보트 키 내 ※숍하우
스 뒤편 '80 Boat Quay'가 적힌 작은 문이 입구 📍 80 Boat Quay,
Level 5 Rooftop, Singapore 049868 🕐 17:00~24:00 💲 ⊕⊕
칵테일 $20~, 트러플 프라이 $15, 굴(6개) $30, 해피아워 맥주 $10
📞 +65-6877-6965 🏠 www.southbridge.sg 📷 @southbridgesg

월~목요일 오후 5시부터 8시 사이 해피아워에 저렴하게 판매
하는 시그니처 오이스터Signature Oyster($23)가 인기 메뉴.

클락 키의 시작을 알리는
랜드마크 ······ ①
클락 키 센트럴
Clarke Quay Central

클락 키의 대표 쇼핑몰로 MRT 클락 키 역과 바로 연결되어 편리하고, 규모가 크지는 않지만 알짜배기 매장이 입점해 있어 시간이 없는 여행자라면 클락 키를 관광하는 김에 둘러보기 좋다. 2층의 다이소와 1층 찰스앤키스, 아일랜드 숍 등이 둘러볼만 하다. B1층에는 일본계 대형 잡화점 돈돈돈키가 입점해 있어 기념품이나 생필품을 사기에 좋다. 간편히 데워 먹을 수 있는 즉석식품 코너와 일식 푸드 코트도 인기다. 든든하게 한 끼를 해결하기 좋은 일본식 장어 덮밥 전문점과 텐동 전문점도 있다. 1층 입구로 나가면 싱가포르강과 이어져 클락 키의 멋진 풍경이 눈앞에 펼쳐진다.

🚶 MRT 클락 키Clarke Quay 역 E출구와 연결 📍 6 Eu Tong Sen St, Singapore 059817
🕐 11:00~22:00, 매장마다 조금씩 다름 📞 +65-6532-9922
🏠 clarkequaycentral.com.sg

주요 매장

2층	다이소
1층	찰스앤키스, 아일랜드 숍, 야쿤 카야 토스트, 써브웨이, 스타벅스, 미스터 코코넛
B1층	돈돈돈키, 만만 재패니즈 우나기 레스토랑Man Man Japanese Unagi Restaurant(장어덮밥), 텐동 코하쿠Tendon Kohaku(텐동)

페어프라이스 파이니스트
FairPrice Finest

라이브 바와 펍으로 가득한 클락 키 중심에 자리 잡은 싱가포르의 대형 슈퍼마켓이다. 그러나 일반적인 슈퍼마켓 개념이 아닌 식사가 가능한 푸드 홀과 카테일 바, 여행자를 위한 기념품점까지 갖춘 복합 쇼핑 공간으로 꾸며져 있다. 이른 아침 식사부터 늦은 밤 와인과 함께하는 야식도 이곳에서 해결이 가능하며, 신선한 과일과 간식거리, 각종 디저트까지 모두 저렴한 가격에 살 수 있어 클락 키 근처에 묵는 여행자라면 자주 들르게 될 것이다. 클락 키 택시승강장과 가까워 나가는 길에 들러보기도 좋다.

🚶 MRT 클락 키Clarke Quay 역에서 도보 5분, 클락 키 내
📍 3 River Valley Rd, #01-04/05 Block B, Singapore 179019 ⏰ 08:00~23:00(금·토요일 ~24:00)
📞 +65-6228-8040 🏠 www.fairprice.com.sg/events/finest/fairprice-finest-clarke-quay

주요 매장

더 그로서 푸드 홀 The Grocer Food Hall
백화점 푸드 코트와 비슷한 콘셉트로 양식, 일식, 페라나칸 음식은 물론 중동 음식까지 골라 먹는 재미가 있다. 음식 가격도 $5~15 정도로 저렴하다. 또한 'You Pick We Cook' 코너는 우리나라 정육 식당처럼 마트에서 직접 고른 고기나 해산물을 가져가면 즉석에서 구워준다. 요리 비용은 300g 이하는 $12, 이후 100g당 $4를 추가하면 된다.

더 그로서 바 The Grocer Bar
푸드 홀 옆 바 테이블에서 수제 맥주와 와인, 싱가포르 전통 음식의 풍미를 더한 카테일을 주문할 수 있다. 슈퍼에서 원하는 와인을 구입한 후 콜키지 비용($8)만 추가 지불하면 바에 가져와서 마실 수도 있으며 푸드 홀에서 산 음식을 함께 먹을 수도 있으니 가성비로는 둘째가라면 서러울 터!

기념품점
로컬 브랜드와 현지 예술가의 상품을 주로 판매하며 소소한 생활용품과 카드 게임 등을 기념품으로 구매하기 좋다. 싱가포르를 대표하는 기념품인 카야잼, 타이거 밤, 싱가포르식 커피 믹스, 솔티드 에그 감자칩 등을 한자리에서 찾을 수 있다.

AREA ····④

쇼핑의 메카

오차드 로드 Orchard Road

영어로 '과수원 길'을 뜻하는 오차드 로드는 놀랍게도 과거에는 이름 그대로 육두구Nutmeg와 정향Clove 등 향신료를 재배하던 과수원이 있던 곳이었다. 이후 탕스 백화점을 시작으로 수많은 대형 쇼핑몰과 고급 호텔이 줄지어 들어서면서 지금은 동서를 가로질러 2km를 조금 넘는 이 거리가 싱가포르 패션과 쇼핑의 중심지로 거듭났다. 여행에서 빼놓을 수 없는 쇼핑의 즐거움을 위해 꼭 들러야 할 이곳은 1년 내내 여행자와 현지 쇼핑객으로 활기가 넘친다. 오차드 로드 서쪽에는 싱가포르인이 사랑하는 아름다운 열대 정원 싱가포르 보타닉 가든이 자리해 쇼핑에 큰 관심이 없더라도 푸른 자연 속에서 힐링하는 즐거움을 만끽할 수 있다.

오차드 로드
추천 코스

🕐 2~4시간 소요 예상
✅ 뎀시 힐 연계 여행 추천

MRT 오차드 역에서 출발해서 도비가트 역까지 이어지는 쇼핑몰을 순서대로 방문하면 되기 때문에 복잡한 코스는 아니다. 그러나 엄청난 규모의 쇼핑몰을 다 보려면 시간도 오래 걸리고 체력 소모도 상당하므로 가고 싶은 쇼핑몰과 쇼핑 목록을 정해 방문하는 것이 좋다. 오차드의 쇼핑몰은 대부분 지하로 연결되어 있으니 더위와 비를 피하고 싶다면 적극 활용해 보자. 오차드 로드는 길게 뻗은 도로 전체를 뜻하지만 일반적으로는 MRT 오차드 역과 연결된 아이온 오차드 쇼핑몰을 시작점으로 본다.

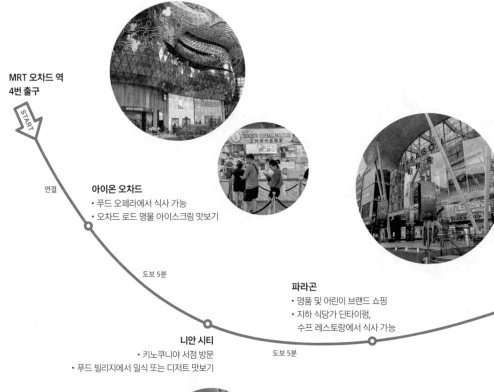

**MRT 오차드 역
4번 출구**

START

연결

아이온 오차드
• 푸드 오페라에서 식사 가능
• 오차드 로드 명물 아이스크림 맛보기

도보 5분

파라곤
• 명품 및 어린이 브랜드 쇼핑
• 지하 식당가 딘타이펑,
  수프 레스토랑에서 식사 가능

니안 시티
• 키노쿠니야 서점 방문
• 푸드 빌리지에서 일식 또는 디저트 맛보기

도보 5분

쇼핑을 즐기지 않는다면!

쇼핑에 큰 흥미가 없는 여행자라면 오전에 MRT 내피어 역으로 가 싱가포르 보타닉 가든을 가장 먼저 방문하자. 산책하며 힐링의 시간을 가진 뒤 택시를 타고 근처 뎀시 힐로 이동해 예쁜 카페에서 브런치를 먹는다. 그리고 오후 일정으로 버스를 타고 오차드 로드 중심으로 가 쇼핑몰을 돌아보는 코스를 추천한다.

313 앳 서머셋 & 오차드게이트웨이
· 10~20대를 위한 쇼핑몰
· 오차드 도서관에서 쉬어가기

도보 5분

디자인 오차드
· 로컬 디자인 브랜드 쇼핑
· 루프톱 정원에서 휴식

도보 5분

도보 5분

에메랄드 힐
· 페라나칸 숍하우스가 즐비한 골목길 감상
· 트렌디한 바에서 칵테일 즐기기

오차드 로드
상세 지도

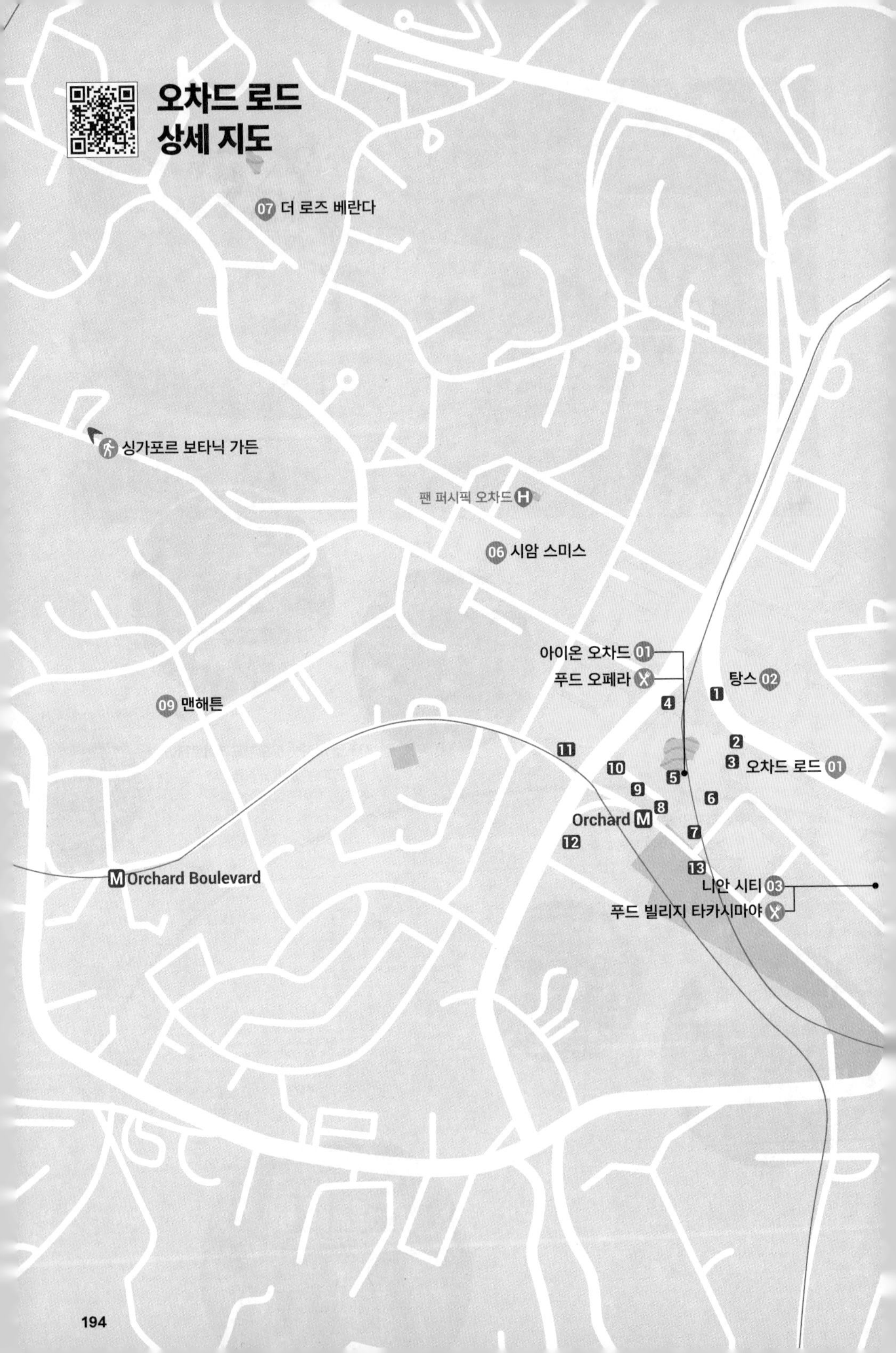

07 더 로즈 베란다

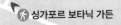 싱가포르 보타닉 가든

팬 퍼시픽 오차드 H

06 시암 스미스

아이온 오차드 01
푸드 오페라 X   탕스 02

4   1

09 맨해튼

11   2
10   3 오차드 로드 01
9   5
Orchard M   8   6
12   7

M Orchard Boulevard

13
니안 시티 03
푸드 빌리지 타카시마야 X

04 이스타나

04 파라곤
05 만다린 갤러리
03 에메랄드 힐
01 와일드 허니
02 채터박스
06 디자인 오차드
10 No.5 에메랄드 힐

플라자 싱가푸라
313 앳 서머셋 07
파이브 가이즈 04
푸드 리퍼블릭 X
팀호완 03
오차드 센트럴
B
D
08 헤이티
D
Somerset M
08 오차드게이트웨이
이스티나 입구
02 오차드 도서관
C
A
H 젠 싱가포르 오차드게이트웨이
E

05 다시지아 빅 프론 미
Dhoby Ghaut M
B

A

오차드 로드 Orchard Road

파리에 샹젤리제 거리가 있다면 싱가포르에는 오차드 로드가 있다. 길이는 2.2km에 불과하지만 오차드 로드를 따라 크고 작은 쇼핑몰이 가득 들어서 있다. 샤넬, 펜디, 프라다, 구찌 등 명품 브랜드부터 에이치앤엠, 자라 등 중저가 브랜드까지 모두 모여 있어 없는 브랜드를 찾기가 어려울 정도다. 주말이면 이 넓은 도로가 쇼핑객으로 넘쳐나는데 알고 보면 쇼핑몰을 따라 지하도가 쭉 연결되어 있어 더운 날씨에도 땀 한 방울 흘리지 않고 쾌적하게 오갈 수 있다. 한 손에는 쇼핑백, 한 손에는 아이스크림을 들고 오차드 로드를 거닐 때면 마치 영화 속 주인공이 된 듯한 기분이 든다. 모든 쇼핑몰을 방문하기는 어려우니 나의 쇼핑 스타일에 맞는 곳으로 찾아가자.

🚶 MRT 오차드Orchard 역에서 나와 서머셋 역 방향으로 이어지는 대로
📍 2 Orchard Turn, Singapore 238801

싱가포르의 명물인 아이스크림 트럭은 아이온 오차드, 타카시마야 백화점 앞 거리에서 찾을 수 있다. 원하는 맛을 고르면 아저씨(엉클)가 칼로 네모 반듯하게 잘라서 빵 또는 비스킷 사이에 끼워준다. 가격도 $1.5~2 정도로 아주 저렴하다.

취향에 맞는 추천 쇼핑몰

수많은 쇼핑몰이 있는 만큼 쇼핑 취향에 맞는 곳으로 찾아갈 수 있도록 쇼핑몰을 선정했다. 여행자라면 쇼핑몰마다 세금 환급 대상으로 지정된 상점에서 $100 이상 구매 시 GST(소비세)를 환급 받을 수 있으니 실물 여권을 반드시 챙기자.

무조건 다양한 브랜드를 보고 싶다면
▶ 아이온 오차드 P.204, 니안 시티 P.207

명품 위주의 럭셔리 쇼퍼라면
▶ 아이온 오차드 P.204, 니안 시티 P.207, 파라곤 P.208

조금 남다른 셀렉션을 원한다면
▶ 만다린 갤러리 P.209, 탕스 P.206, 디자인 오차드 P.209

10~20대 젊은 취향의 쇼퍼라면
▶ 오차드게이트웨이 P.211, 313 앳 서머셋 P.210

싱가포르의 크리스마스를 알리는
오차드 로드 라이트 업

1984년부터 시작된 오차드 로드 라이트업Orchard Road Christmas Light Up 행사는 매해 다른 주제로 오차드 거리 곳곳을 장식하고 크리스마스 분위기를 한껏 느끼게 해줄 다양한 이벤트를 진행한다. 니안 시티 등 주요 쇼핑몰 앞에는 크리스마스 빌리지가 열리고 어린이를 위한 회전목마나 관람차 같은 놀이 시설, 푸드 트럭이나 팝업 스토어 등이 설치되어 유럽의 크리스마스 마켓이 부럽지 않다. 크리스마스 이브에는 신나는 밴드 연주와 각종 공연이 이어지는 스트리트 파티가 열리기도 한다. 보통 11월 중순부터 12월 말까지 진행되며 매년 행사 내용이 조금씩 다르므로 방문 전 오차드 로드 홈페이지를 참고하자.

🏠 christmas.orchardroad.org

책과 디자인을 사랑하는 이들의 오아시스 ······ ②
오차드 도서관 Library@Orchard

화려한 쇼핑몰로 가득한 오차드 로드에 한적한 도서관이 있다. 싱가포르의 공공도서관 가운데 가장 트렌디한 곳으로 10만 권 이상의 디자인, 건축, 인테리어 관련 서적을 소장하며 책과 관련된 다양한 행사도 진행한다. 특히 물결 모양으로 이루어진 책장을 위에서 찍은 사진이 SNS 인생 사진으로 크게 인기를 끌면서 도서관을 찾는 방문객이 더욱 많아졌다. 3층에는 창가에 넓은 책상이 마련되어 있고, 한 층 위의 로프트에는 조용하게 책을 읽을 수 있는 소파가 구석구석 배치되어 있어 복잡한 오차드 로드에서 벗어나 잠시 쉬어가기에 더할 나위 없다. 싱가포르 디자이너와 건축 사무소의 포트폴리오를 비롯해 흥미로운 자료가 많으니 현지 디자인에 관심이 있다면 눈여겨보자.

🚶 MRT 서머셋Somerset 역 C출구에서 도보 2분, 오차드게이트웨이 3층 📍 277 Orchard Rd, #03-12 / #04-11 Orchardgateway, Singapore 238858
🕐 11:00~21:00(크리스마스·양력설·춘절 전날 ~17:00)
❌ 공휴일 🏠 nlb.gov.sg

아기자기한 페라나칸 숍하우스 앞에서 인생 사진을 ······ ③
에메랄드 힐 Emerald Hill

야트막한 언덕 위로 알록달록 귀여운 집들이 보인다. 과거 에메랄드 힐은 고급 향신료 중 하나였던 육두구를 재배하는 농장이 있던 지역이었는데, 1900년대 초 부유한 페라나칸인들이 대거 이주해오면서 유럽의 신고전주의 양식과 중국 및 말레이시아의 전통 양식이 합쳐진 독특하면서도 아름다운 페라나칸 숍하우스가 생겨났다. 지금도 여전히 주거용으로 사용되는 집이 있는가 하면 놀랍게도 트렌디한 바로 변신한 집도 있다. 저녁에는 현지인들이 가볍게 한잔하러 들르거나 관광객이 인생 사진을 찍으러 찾아 오기도 한다. 자그마한 동네라 오차드 로드에서 쇼핑을 하다 잠시 들러 쉬어가기 좋다.

🚶 MRT 서머셋Somerset 역 B출구에서 도보 5분 　📍 216 Orchard Rd, Singapore 238898

ⒸElisa.rolle

싱가포르 대통령궁이 바로 여기에 ······ ④
이스타나 The Istana

싱가포르는 의원내각제로 모든 정부 정책과 행정 업무를 총리와 각료들이 담당하되 국가 원수는 대통령이 맡는다. 대통령 관저 및 집무실은 오차드 로드 끝자락, MRT 도비가트 역 근처에 위치한 이스타나(궁을 뜻하는 말레이어)에 마련되어 있다. 쇼핑몰 사이로 총을 든 보초들이 경비를 서는 커다란 문이 보이면 이곳이 바로 이스타나 입구다. 안으로 들어가면 13만 평 규모의 부지에 대통령 관저 건물과 공원 등이 조성되어 있고 총리의 집무실도 이곳에 있다. 독립 기념일, 노동절, 음력설, 디파발리, 하리라야 푸아사 때에만 공간 일부를 일반에 개방해 내부 관람이 가능하다. 이스타나 입구에서 펼쳐지는 근위병 교대식은 많은 여행자가 보고 싶어 하는 이벤트 중 하나다. 첫 번째 일요일 오후 6시에 진행되며 방문 전 홈페이지를 미리 확인하자.

🚶 MRT 도비가트Dhoby Ghaut 역 C출구에서 도보 3분
📍 35 Orchard Rd, Singapore 238823 　🕐 근위병 교대식
첫 번째 일요일 18:00(6~8월 제외) ※상시 변동되므로 홈페이지
참고 　🏠 www.istana.gov.sg

전 세계 아침 메뉴가 한자리에 ········· ①

와일드 허니 Wild Honey

싱가포르 대표 브런치 레스토랑으로 아침
일찍부터 문을 열기 때문에 현지인의 오전
모임 장소로 인기가 높다. 메뉴판을 펼치
면 각국의 대표 아침 식사를 재해석한 요
리들로 꽉 차 있는데, 영국, 스페인, 노르
웨이, 멕시코, 튀르키예, 모로코, 일본 등 나
라도 참 다양해서 골라 먹는 재미가 있다. 시

그니처 메뉴인 튀니지안Tunisian은 매콤한 토마토
베이스 국물에 빵을 찍어 먹는 음식인 샥슈카로 얼큰한 음식을 좋아하는 우리
입맛에도 잘 맞는다. 참기름 드레싱과 김치를 곁들인 한국식 소고기 샐러드도
있다. 아침 메뉴지만 시간 제한 없이 하루 종일 주문이 가능
하다.

🚶 MRT 서머셋Somerset 역 B출구에서 도보 5분, 만다린
갤러리 3층 📍 333A Orchard Rd, #03-01/02 Mandarin
Gallery, Singapore 238897 🕐 09:00~21:30(금·토요일,
공휴일 전날 ~22:30) 💲 ⊕⊕ 튀니지안 $25, 영국 $29,
스페인 $28 📞 +65-6235-3900 🏠 www.wildhoney.
com.sg 📷 @wildhoneysg

파인 다이닝처럼 즐기는 치킨라이스 ········· ②

채터박스 Chatterbox

싱가포르 대표 음식인 치킨라이스를 고급스럽게 즐길 수 있다. 현지인 사이에
서도 싱가포르 최고의 치킨라이스집으로 항상 손꼽힐 정도로 유명하다. 만다
린 갤러리와 연결된 힐튼 호텔에 위치해 일반 음식점이나 호커센터보다 가격
은 몇 배 더 비싸지만 고급 레스토랑에 걸맞는 맛과 서비스를 보장한다. 애피
타이저와 디저트를 포함한 세트 메뉴로 즐길 수도 있다. 또 하나의 인기 메뉴
는 랍스터가 올라간 락사. 낯선 음식은 첫 만남이 중요한 만큼 현지 음식을 안
전하게 시도해보고 싶은 이들에게 추천한다.

🚶 MRT 서머셋Somerset 역 B출구에서 도보 7분,
힐튼 싱가포르 오차드 5층 📍 333 Orchard Rd,
#05-03 Hilton Singapore Orchard,
Singapore 238867 🕐 월~목요일 11:30~
16:30, 17:30~22:30, 금~일요일·공휴일 전날
11:30~16:30, 17:30~23:00 💲 ⊕⊕ 만다린
치킨라이스 $25, 랍스터 락사 $38
📞 +65-6831-6291 🏠 chatterbox.com.sg

착한 가격에 즐기는 미쉐린 1스타 딤섬 ······ ③

팀호완 Tim Ho Wan

'가장 저렴한 미쉐린 스타 레스토랑'이라는 별칭으로 유명한 팀호완. 홍콩에서 출발한 이 딤섬 체인은 안 먹어본 사람은 있어도 한 번만 먹어본 사람은 없을 만한 곳이다. 맛은 물론 비교적 저렴한 가격대까지 매력적인 요소가 많아 꾸준히 인기 있다. 추천 메뉴로는 새우가 통으로 들어간 딤섬 하가우Shrimp Dumplings, 바삭하게 구운 달콤한 빵 안에 차슈가 들어 있는 베이크드 바비큐 포크번Baked BBQ Pork Buns, 단짠 소스에 부드러운 식감이 일품인 새우 라이스롤Shimp Rice Rolls 등이 있으며, 디저트로는 향긋한 계화꽃 젤리Osmanthus Jelly를 추천한다.

🚶 MRT 도비가트Dhoby Ghaut 역 D출구와 연결, 플라자 싱가푸라 1층 📍 68 Orchard Rd, #01-29A/52 Plaza Singapura, Singapore 238839 🕐 11:00~22:00(주말 10:00~) 💲 ➕➕ 하가우(4개) $8, 새우 라이스롤(3개) $8, 베이크드 바베큐 포크번(3개) $8.5, 계화꽃 젤리(3개) $5.5 📞 +65-6251-2000 🏠 timhowan.com

싱가포르에서 즐기는 미국 3대 버거 ······ ④

파이브 가이즈 Five Guys

최근 한국에도 매장이 생겨 화제를 모았던 미국 3대 버거 중 하나. 지금은 아이온 오차드에도 지점이 있지만 플라자 싱가푸라 지점이 싱가포르 1호로 문을 열었다. 파이브 가이즈 햄버거의 특징은 손님이 원하는 대로 토핑과 소스 등을 골라 주문할 수 있고 주문 즉시 조리가 된다는 점이다. 무엇을 골라야 할지 모르겠다면 주요 토핑과 소스가 골고루 들어가는 '올더웨이All The Way'를 주문하자. 육즙이 풍부한 소고기 패티 2장에 아낌없이 토핑이 들어간 두 손 가득 잡히는 빵빵한 햄버거와 만나게 될 것이다. 100% 땅콩기름에 튀겨내는 감자튀김과 진한 밀크셰이크도 이곳의 대표 메뉴다.

🚶 MRT 도비가트Dhoby Ghaut 역 D출구와 연결, 플라자 싱가푸라 1층 📍 68 Orchard Rd, #01-32-35 Plaza Singapura, Singapore 238839 🕐 11:00~22:00 💲 햄버거 $16.5~, 리틀 햄버거 $14.5~, 감자튀김(S/M/L) $10/$12/$15, 밀크셰이크 $11.8 📞 +65-6976-4385 🏠 www.fiveguys.sg

감칠맛 폭발하는 새우국수 ········⑤
다시지아 빅 프론 미 Da Shi Jia Big Prawn Mee

동네 주민끼리 알음알음 다니던 새우국수 맛집이 가수 성시경의 유튜브 채널에 소개되면서 더욱 유명해졌다. 간판 속 '대식가'라는 이름만 봐도 어쩐지 포만감이 느껴진다. 주문 시 새우와 면 종류를 선택해 그에 따라 가격이 매겨지는데, 새우는 크기에 따라 1~4번까지 있다. 국물 맛은 깔끔하고 시원한데 입맛에 따라 조금 싱겁다는 평도 있다. 국물을 선호하지 않는다면 대표 메뉴인 새우 볶음국수를 주문해보자. 새우의 진한 감칠맛이 느껴진다. 보통 2번 크기 새우를 고를 경우 일인당 $20 안팎의 가격으로 먹을 수 있다. 캄퐁글람에 있는 또 다른 새우국수 맛집인 '블랑코 코트 프론 미'에 비하면 가격은 조금 비싸지만 깔끔한 분위기에 맛도 좋아서 나날이 인기몰이 중이다.

🚶 MRT 서머셋Somerset 역 D출구에서 도보 5분 📍 89 Killiney Rd, Singapore 239534 🕐 11:00~22:00 💲 ⊕ 새우국수(2번 크기, 국물) $18.3, 새우볶음국수 $19.40~ 📞 +65 -8908-6949 🏠 dashijiabigprawnmee. oddle.me/en_SG

태국 대사관 옆
태국 국수 전문점 ········⑥
시암 스미스 Siam Smith

같은 건물 내 위치한 프랑스식 브런치 카페 '메르시 마셀Merci Marcel'과 프랑스 크레이프 전문점 '프렌치 폴드 French Fold' 역시 현지인 사이에 유명한 맛집으로 식사를 하거나 간단히 디저트와 커피 한잔하기 좋다.

쇼핑몰과 호텔 등 고층 건물로 가득한 오차드 로드 사거리에서 눈에 띄는 저택은 바로 태국 대사관이다. 대사관 옆 빨레 르네상스Palais Renaissance 건물에는 맛집이 모여 있는데 그중 태국 국수 전문점인 시암 스미스는 아직 한국인 여행자에게는 덜 알려진 곳이지만 가성비도 좋고 맛도 좋아서 가볼 만하다. 대표 메뉴는 소고기국수Beef Noodle와 똠얌국수Tom Yum Soup. 소고기국수는 실키 누들, 에그 누들, 쌀국수 중 선택할 수 있고 고기 종류도 고를 수 있다. 뜨끈하고 진한 소고기국물이 우리 입맛에도 잘 맞는다. 태국의 대표 수프인 똠얌꿍에 국수를 말아 먹는 똠얌국수도 별미다. 솜땀, 파인애플볶음밥 등 일반적인 태국 음식도 있다.

🚶 MRT 오차드Orchard 역 11번 출구에서 도보 5분, 빨레 르네상스 1층 📍 390 Orchard Rd, #01-01 Palais Renaissance, Singapore 238871 🕐 11:30~22:00(주말 11:00~) 💲 ⊕ 소고기국수 $15.50~21.5, 똠얌국수 $14.50~21.5, 토핑에 따라 다름 📞 +65-6737-6992 🏠 www.minorfoodsingapore.com/brands/siam-smith

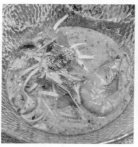

싱가포르 하이 티의 스테디셀러 ······ ⑦
더 로즈 베란다 The Rose Veranda

샹그릴라 호텔이 생긴 1991년부터 영국식 하이 티High Tea를 선보인 만큼 현지인 사이에서 '하이 티' 하면 많이들 추천하는 곳이다. 오차드 로드에서 조금 떨어져 있지만 주변에 푸른 열대 식물이 가득해 마치 리조트에 온 듯한 기분으로 차를 마실 수 있다. 하이 티는 식사와 디저트를 함께 즐길 수 있는데 막 구운 스콘, 샌드위치를 포함한 간식, 메인 코스 1개, 차 또는 커피가 제공되고, 여기에 무제한 디저트 바를 뷔페로 즐길 수 있다. 메인 코스는 소고기, 닭고기 등의 고기 요리가 포함되어 있어 한 끼 식사로 충분하다. 하이 티 가격의 거의 반값으로 디저트 바 뷔페와 음료만 이용하는 것도 가능하다.

🚶 MRT 오차드Orchard 역 3번 출구에서 택시로 5분, 샹그릴라 싱가포르 2층 📍 22 Orange Grove Rd, Singapore 258350 🕐 금~일요일 12:00~17:00 ※자주 변동되므로 홈페이지 참고 💲 ➕➕ 하이 티 $68, 디저트 바 $38 📞 +65-6213-4398 🏠 www.shangri-la.com/restaurants-bars/singapore/shangrila/rose-veranda

> 시원하게 수영장이 내려다보이는 창가 자리는 가장 인기가 많아 예약 필수다.

트렌디한 밀크티 전문점 ······ ⑧
헤이티 Heytea

싱가포르에서 최근 가장 핫한 음료 매장 중 하나로 특히 젊은 세대가 즐겨 찾는다. 아이온 오차드, 마리나 베이 샌즈, 비보시티 등 주요 관광지에도 지점이 있으며 명성에 걸맞게 대기는 필수다. 아시아 전통차에 과일, 치즈폼 등으로 변화를 주어 젊은 세대의 입맛을 사로잡았다. 크게 과일차와 밀크티 2가지 종류로 나뉘며 당도 조절도 가능하다. 과일차 중에서는 치즈폼이 올라간 포도, 망고, 딸기 맛이 가장 인기인데, 생과일의 과육과 치즈폼 단짠의 조화가 중독적이다. 또 하나의 대표 메뉴인 브라운 슈거 보보 밀크티Brown Sugar Bobo Milk Tea는 흑설탕의 단맛과 신선한 우유의 맛이 차와 잘 어우러진다.

🚶 MRT 서머셋Somerset 역 D출구에서 도보 5분, 오차드 센트럴 1층 📍 181 Orchard Rd, #01-26 Orchard Central, Singapore 238896 🕐 10:00~22:00(금·토요일 ~22:30) 💲 크리미 치즈 그레이프 $7.5, 치즈 스트로베리 붐 $6.9, 브라운 슈거 보보 밀크티 $5.9 📞 +65-6970-4851 🏠 www.heytea.com

맨해튼 Manhattan

바 마니아라면 익히 아는 아시아의 베스트 바, 맨해튼이다. '월드 50 베스트 레스토랑'을 주최하는 윌리엄 리드 비즈니스 미디어William Leed Business Media 그룹에서 2016년부터 특별히 아시아 지역의 수준 높은 바를 선정해 '아시아 50 베스트 바Asia's 50 Best Bars' 목록을 만들어 왔는데, 맨해튼은 바로 여기서 2017년과 2018년 2년 연속으로 당당히 1위를 차지했다. 2023년에는 21위에 머물렀지만 그 명성과 수준은 여전하다. 20세기 초 미국에 금주령이 내려지면서 찾아온 칵테일 황금기를 테마로 꾸몄는데, 묵직하고 웅장한 인테리어는 마치 뉴욕 맨해튼의 어느 바에 와 있는 듯한 착각을 불러 일으킨다. 칵테일 메뉴 역시 뉴욕에서 영감을 받은 인물이나 장소 등을 주제로 하는데 계속해서 새로운 메뉴를 내놓는 점이 놀랍다.

고급 호텔 바이므로 스마트 캐주얼 드레스 코드가 엄격하게 적용된다. 또한 18세 이상 성인만 입장 가능하니 유의할 것.

🚶 MRT 오차드 불레바드Orchard Boulevard 역 1번 출구에서 도보 3분, 콘래드 싱가포르 오차드 2층 📍 1 Cuscaden Rd, Level 2 Conrad Singapore Orchard, Singapore 249715 🕐 17:00~24:00(금·토요일 ~01:00) 💲 ⊕⊕ 칵테일 $28~, 안주류 $15~ 📞 +65-6725-3377 🏠 www.hilton.com/en/hotels/sinodci-conrad-singapore-orchard/dining/manhattan

No.5 에메랄드 힐
No.5 Emerald Hill

1991년부터 에메랄드 힐에서 영업하고 있는 터줏대감 칵테일 바. 오래된 숍하우스를 보수, 개조한 내부 천장에는 알록달록한 등이 가득하고 벽에는 세월이 느껴지는 흑백 사진과 화려하게 장식된 옛 소품들이 걸려 있어 과거 이곳에 모여 살았던 부유한 페라나칸인의 생활 모습을 짐작해볼 수 있다. 개성 있는 인테리어 덕분에 어디를 찍어도 작품 같은 사진을 남길 수 있으며, 유니크한 숍하우스 외관도 필수 촬영 장소다. 해피아워, 1+1 행사가 수시로 진행되니 홈페이지를 미리 확인해보자. 복잡한 오차드 로드에서 벗어나 간단히 한잔하고 싶다면 강력 추천한다.

🚶 MRT 서머셋Somerset 역 B출구에서 도보 5분, 에메랄드 힐 초입 왼쪽 📍 5 Emerald Hill Rd, Singapore 229289 🕐 12:00~02:00 💲 ⊕⊕ 칵테일 $20~30, 안주류 $15~ 📞 +65-6732-0818 🏠 emerald-hill.com

아이온 오차드 ION Orchard

싱가포르에서 '쇼핑=오차드 로드'라는 공식에 '오차드 로드=아이온 오차드'를 더해도 좋다. MRT 오차드 역과 연결되어 있어 가장 접근성이 좋은 것은 물론, B4층에서 지상 4층까지 이어지는 규모로 총 300개가 넘는 브랜드가 입점해 있다. 싱가포르에 입점한 어지간한 브랜드는 아이온 오차드에서 찾을 수 있다고 해도 과언이 아니다. 아시아에서 가장 큰 규모의 화장품 멀티숍 '세포라'부터 자라나 망고 같은 스파 브랜드, 디올, 프라다 같은 명품 브랜드, 마시모두띠, 코스 같은 중고가 브랜드까지 다양하게 입점해 있어 누구나 쇼핑을 즐길 수 있다.

🚶 MRT 오차드Orchard 역 E출구와 연결 📍 2 Orchard Turn, Singapore 238801
🕙 10:00~22:00 📞 +65-6238-8228 🌐 ionorchard.com 📷 @ion_orchard

---

🛍 **추천 매장** ·····································

- 4층에 있는 '아이온 아트 갤러리'가 오전 10시부터 오후 10시까지 무료 개방되니 예술 애호가라면 들러 보자.
- 매일 오후 12시부터 4시 사이에 55층 아이온 스카이 전망대를 무료로 이용할 수 있다. 당일 $50 이상 구매 영수증이 있으면 웰컴 드링크를 제공한다.

- **B2층 | 코튼 온 바디** Cotton on Body 좋은 면 소재를 사용해 캐주얼한 패션을 지향하는 호주 브랜드 코튼 온의 속옷 브랜드로 속옷과 파자마가 귀엽다. 수영복도 자주 세일하니 꼭 들러보자.
- **4층 | 점보 시푸드** Jumbo Seafood 싱가포르에서 놓치면 아쉬울 칠리크랩 맛집. 클락 키 매장까지 갈 시간이 없다면 이곳을 이용하자. 시티 뷰를 내려다보며 좀 더 차분한 분위기에서 식사할 수 있으며 클락 키 매장에 비해 서비스 수준도 훨씬 높다.

주요 매장

4층	아이온 아트 갤러리ION Art Gallery, 아이온 스카이ION SKY(입구), 레고 브릭 월드Lego Bricks World, 점보 시푸드(칠리크랩), 푸티엔(중식)
3층	디올, 롱샴, 휴고, 코스, 펜할리곤스, 바이올렛 운(페라나칸)
2층	루이 비통, 프라다, 로저드뷔, 쇼메, IWC 샤프하우젠, TWG 티
1층	디올, 루이 비통, 프라다, 구찌, 돌체앤가바나, 반클리프 아펠, 바샤 커피
B1층	마시모두띠, 룰루레몬, 빔바이롤라, 아르마니 익스체인지, 인 굿 컴퍼니In Good Company, 플레인 바닐라
B2층	유니클로, 자라, 망고, 코튼 온 바디, 세포라, 로비사Lovisa, 스미글Smiggle
B3층	유니클로, 자라, 찰스앤키스, 페드로, 브라운 뷔펠Braun Büffel, 파이브 가이즈
B4층	다이소, 가디언, 왓슨스, 푸드 오페라(푸드 코트), 뱅가완 솔로, 림치관, 헤이티

아이온 오차드의 대표 푸드 코트
푸드 오페라 Food Opera

공복에 쇼핑을 하면 체력은 물론이거니와 판단력도 떨어지기 쉬운 법. 그러니 본격적으로 오차드 로드 쇼핑을 시작하기 전에 푸드 코트부터 방문하자. 깔끔해서 언제나 여행자와 현지 쇼핑객으로 가득하다. 여행자가 많이 오는 곳인 만큼 맛집이 모여 있는데, 그중에서도 마음에 드는 요리를 골라 밥과 함께 먹는 인도네시아 맛집, 파당 파당 인도네시안 퀴진Padang Padang Indonesian Cuisine과 한국인 입맛에도 합격인 해산물볶음국수 호키앤 미 맛집, 타이홍 프라이드 프론 누들Thye Hong Fried Prawn Noodles이 인기다. 언제나 줄이 긴 어묵국수 맛집Li Xin Teochew Fishball Noodles도 들러볼 만하다.

🚶 B4층 ⏰ 10:00~21:00 💲 나시파당 $6~, 호키앤 미(S/M/L) $$7.8/$9.8/$11.5, 시그니처 어묵국수 $8.6 📞 +65-6509-9198 🏠 foodrepublic.com.sg/food-republic-outlets/food-opera-ion

오차드 로드 최초의 쇼핑몰 ······· ②

탕스 Tangs

오차드 로드 최초의 쇼핑몰로 중국계 이민자 출신인 비즈니스맨 탕C.K. Tang이 1958년에 현재의 자리에 세웠다. 현대식 건물이 대부분인 오차드 로드에서 높은 팔각정 모양의 타워와 기와 지붕이 눈에 띄는데 풍수를 고려해 중국의 자금성을 본떠 지었다고 한다. 싱가포르 브랜드가 많이 입점해 있어서 다른 쇼핑몰과 차별성이 있고, B1층의 '홈 & 리빙' 코너가 충실해 현지인이 애용한다. 메리어트 탕 플라자 호텔과 연결되어 접근성도 매우 좋다.

🚶 MRT 오차드Orchard 역 1번 출구와 연결 📍 320 Orchard Rd, Singapore 238865 🕐 월~토요일 10:30~21:30, 일요일 11:00~21:00 📞 +65-6737-5500 🏠 www.tangs.com

🛍 **추천 매장** ·········

2층에 있는 로컬 패션 브랜드 인 굿 컴퍼니In Good Company와 사브리나 고Sabrina Goh가 들러볼 만하며, B1층에는 난꽃을 도금해 만든 로컬 주얼리 브랜드 리시스Risis와 함께 엽서, 에코백, 파우치, 스카프, 액세서리 등 싱가포르 기념품 코너가 마련되어 있다.

주요 매장

5층	베스트 덴키Best Denki, 식당가
4층	키노쿠니야 서점, 스텔라 맥카트니 키즈, 타미힐피거 키즈, 수유실
3층	룰루레몬, 막스앤코MAX&Co., 테드 베이커Ted Baker, 폴Paul
2층	반클리프 아펠, 티파니앤코, TWG 티
1층	샤넬, 디올, 고야드, 셀린느, 루이 비통, 랄프 로렌
B1층	배스 앤 바디웍스, 세포라, 조 말론 런던, 비욘드 더 바인즈, 찰스앤키스, 바샤 커피
B2층	가디언, 왓슨스, 콜드 스토리지Cold Storage(슈퍼마켓), 푸드 빌리지 타카시마야(푸드 코트), 비첸향, 프로젝트 아사이Project Açaí(아사이볼), 탐포포Tampopo(일식)

전통과 역사를 간직한 쇼핑몰 ⋯⋯ ③

니안 시티 Ngee Ann City

1933년 처음 세워진 이래 오차드 로드 한복판에 당당히 자리 잡아 외관부터 여느 모던한 쇼핑몰과는 다른 웅장한 포스를 뽐는다. 총 7층 규모에 130개가 넘는 상점과 30개가 넘는 식음료 브랜드가 입점해 있다. 도시 안의 도시라는 콘셉트로 개발된 만큼 쇼핑몰 안에서 모든 것을 해결하기 좋다. 특히 일본계 백화점 브랜드 '타카시마야Takashimaya'가 입점해 있어 주재 일본인과 현지인 모두가 즐겨 찾는다. 한국 백화점과 비슷한 구조라 이용하기 편리하다. 4층에 위치한 키노쿠니야 서점Books Kinokuniya은 싱가포르에서 가장 규모가 큰 서점으로 책을 좋아하는 사람이라면 꼭 들러보자.

🚶 MRT 오차드Orchard 역 2번 출구에서 도보 5분 📍 391 Orchard Rd, Singapore 238873 🕐 10:00~21:30(음식점 ~23:00) 📞 +65-6506-0460 🏠 ngeeanncity.com.sg

🛍 **추천 매장**

- **B1층 | 배스 앤 바디웍스 Bath & Body Works** 다양한 향의 바디 용품과 향초 등을 저렴하게 판매한다. 바디 제품을 좋아하는 사람이라면 놓치지 말 것.
- **B1층 | 비욘드 더 바인즈 Beyond the Vines** 싱가포르 가방 브랜드로 다양한 색과 깃털처럼 가벼운 무게감이 특징이다. 깜찍한 디자인의 일명 만두백이 인기 아이템.

일본 음식과 디저트가 한데 모이다

푸드 빌리지 타카시마야
Food Village Takashimaya

일본계 백화점 타카시마야의 B2층 푸드 코트에 들어서면 마치 일본에 온 듯한 느낌이다. 일본식 붕어빵인 타이야키Taiyaki부터 도쿄 긴자에 본점을 둔 인기 제과점 로쿠메이칸Rokumeikan, 고베에서 온 바움쿠헨 맛집 유하임 바움쿠헨Juchheim Baumkuchen, 홋카이도 아이스크림 등 일본의 유명 디저트가 모두 모여 있다. 디저트 코너를 지나 안쪽으로 들어가면 작은 푸드 코트가 하나 더 있는데 이곳의 일식이 맛도 가격도 훌륭하다. 쫄깃한 면발이 일품인 우동 전문점 츠루코시Tsuru-koshi와 팥, 연어, 밤 등을 넣은 찰밥과 반찬 세트를 제공하는 요네하치Yonehachi 등은 현지인도 즐겨 찾는 인기 맛집이다.

🚶 B2층 🕐 10:00~21:30 💲 돈코츠 우동Tonkotsu Udon $9.5, 고등어 찰밥 세트Shio Saba Shokado Set $16.9
📞 +65-6506-0500 🏠 takashimaya.com.sg

> B2층의 이벤트 공간에서는 전자 제품, 화장품, 장난감 등의 대대적인 할인 행사가 자주 열려 운이 좋으면 득템을 할 수 있다.

원조 명품관 하면 바로 여기 ┄┄┄ ④

파라곤 Paragon

싱가포르의 하이패션을 대표하는 쇼핑몰로 1998년 문을 연 이래 꾸준히 '명품관' 이미지를 쌓아왔다. 통유리로 된 외관 및 모던함과 세련됨을 자랑하는 디자인으로 2017년에는 〈포브스〉가 선정한 '싱가포르의 베스트 쇼핑몰 5'에 뽑히기도 했다. 프라다, 미우미우, 지미추, 발렌시아가 등 웬만한 명품 브랜드는 파라곤에 집중적으로 모여 있고, 오차드 로드의 다른 쇼핑몰에 비해 조금은 느긋한 분위기가 느껴진다. 삼수이 진저 치킨으로 유명한 '수프 레스토랑 Soup Restaurant'이나 북경오리 맛집인 '임페리얼 트레져 슈퍼 페킹 덕Imperial Treasure Super Peking Duck'도 현지인에게 인기가 높다.

🚶 MRT 오차드Orchard 역 A출구에서 도보 5분 📍 290 Orchard Rd, Singapore 238859 🕐 10:00~22:00 📞 +65-6738-5535 🏠 www.paragon.com.sg

🛍 추천 매장

- **5~6층 | 키즈 브랜드** 시드Seed Heritage, 자카디Jacadi Paris, 토이저러스와 같은 키즈 브랜드와 아이들을 위한 놀이 시설이 두 층에 걸쳐 모여 있다.

- **4층 | 보컨셉 BoConcept** 덴마크 인테리어 브랜드로 북유럽 특유의 모던한 디자인을 선보인다. 한국에도 입점해 있지만 나라마다 상품이 다르니 인테리어에 관심 있는 사람이라면 방문해보기를 추천한다.

- **B1층 | 재니스 웡 Janice Wong** 싱가포르 파티시에가 선보이는 흥미로운 퓨전 초콜릿 전문점이다. 락사, 판단, 육포 등 현지 음식 맛이 나는 초콜릿 봉봉이 예쁘게 포장되어 선물로 구입하기 좋다.

주요 매장

층	매장
6층	토이저러스
5층	진저스냅스Gingersnaps, 자카디Jacadi, 임페리얼 트레져 슈퍼 페킹 덕(북경오리), 크리스털 제이드 골든 팰리스Crystal Jade Golden Palace(중식)
4층	보컨셉
3층	보스, 막스 앤 스펜서, PS 카페
2층	디젤, DKNY, 코치, 롱샴, APM 모나코 APM Monaco, 폴Paul
1층	구찌, 발렌시아가, 버버리, 프라다, 미우미우, 보테가 베네타, 토즈, 제냐
B1층	수프 레스토랑(현지식), 재니스 웡(초콜릿), 딘타이펑, 야쿤 카야 토스트

쇼핑도 큐레이션이 필요해 ⑤

만다린 갤러리 Mandarin Gallery

오차드 로드를 가득 메운 쇼핑몰 사이에서 조금은 색다른 분위기를 가진 곳으로 이름처럼 하나의 갤러리 같은 느낌이다. 뻔한 브랜드보다 개성 있는 디자이너 숍과 편집 숍 위주로 입점해 있다. 1~2층에 걸쳐 자리잡은 빅토리아 시크릿은 란제리, 바디용품, 뷰티 제품, 운동복 라인인 핑크Pink까지 모든 상품 라인이 갖춰져 있다. 2층에는 아페쎄, 오프닝 세리머니Opening Ceremony 등의 브랜드를 모아 소개하는 편집 숍 '매니페스토Menifesto'가 주목할 만하다. 3층의 브런치 카페 '와일드 허니Wild Honey'와 흔하지 않은 토핑 조합으로 유명한 피자집 '블루 라벨 피자 앤 와인Blue Label Pizza & Wine', 4층의 아기자기한 애프터눈 티 세트로 유명한 카페 '아티스티크Arteastiq'가 대표 인기 맛집이다.

🚶 MRT 서머셋Somerset 역 B출구에서 도보 5분
📍 333A Orchard Rd, Singapore 238897
🕐 11:00~22:00, 매장마다 조금씩 다름
📞 +65-6831-6363 🏠 mandaringallery.com.sg

싱가포르에서 가장 핫한 디자인이 한곳에 ⑥

디자인 오차드 Design Orchard

싱가포르의 중소기업을 지원하는 엔터프라이즈 싱가포르 Enterprise Singapore와 싱가포르 관광청이 힘을 모아 설립한 디자인 복합 시설이다. 1층에 60개가 넘는 싱가포르 브랜드의 상품을 전시, 판매하는 공간이 있고, 2층에서는 개별적으로 사무실을 마련하기 어려운 소규모 브랜드에 업무 공간을 제공하고 지원하는 인큐베이터 프로그램을 운영한다. 실력파 싱가포르 건축 사무소 오하WOHA에서 설계한 건물은 디자인에 관심 많은 사람이라면 굳이 찾지 않아도 멀리서부터 눈에 띌 터. 남들과 똑같은 기념품이 아닌 특별한 로컬 브랜드 상품을 구입하고 싶다면 지나치지 말자. 무려 싱가포르 정부가 영국 엘리자베스 여왕의 선물로 선택했다는 화려한 페라나칸 주얼리, 싱가포르 모티프를 담은 스카프와 모자, 싱가포르의 대표 지역의 향을 담은 향수 등이 독특하다.

🚶 MRT 서머셋Somerset 역 B출구에서 길 건너 바로 맞은편
📍 250 Orchard Rd, Singapore 238905 🕐 10:30~21:30
📞 +65-6513-1743 🏠 www.designorchard.sg

영 캐주얼에 맞춤화된 쇼핑몰 ······ ⑦

313 앳 서머셋 313@Somerset

밤이 되면 화려한 오차드 로드에서도 유독 반짝이는 건물이 있다. 바로 싱가포르 젊은 층의 대표 쇼핑몰인 '313 앳 서머셋'이 그 주인공. 3개 층을 차지하는 큰 자라 매장과 인기 브랜드 러브 보니토Love, Bonito, 포멜로Pomelo 등 저렴한 현지 브랜드부터 팬시점 타이포Typo와 스미글Smiggle, 스니커즈 편집 숍 리미티드 에디션Limited Edt 등 10~20대가 좋아하는 매장이 주로 입점해 있어 싱가포르의 트렌드를 파악하기에 좋다. 1층의 야외 테라스에는 이자카야, 캐주얼 레스토랑이 여러 군데가 있어 저녁이면 삼삼오오 모여 식사와 맥주 한잔을 즐기는 사람으로 북적인다. 또한 4층에는 인기 훠궈 전문점 하이디라오가, 5층에는 푸드 코트가 있어 쇼핑과 식사를 함께 즐기기 좋다. B3층에는 한국 슈퍼마켓인 고려 마트Koryo Mart가 있어 여행 중 급히 필요한 먹거리나 간식을 사기 좋다.

🚶 MRT 서머셋Somerset 역 B출구와 연결
📍 313 Orchard Rd, Singapore 238895
🕐 +65-6496-9313 📞 10:00~22:00(금·토요일 ~23:00)
🏠 www.313somerset.com.sg

주요 매장

층	매장
5층	푸드 리퍼블릭(푸드 코트)
4층	챌린저Challenger, 하이디라오 핫팟(훠궈)
3층	케이 볼링 클럽K Bowling Club, 리미티드 에디션
2층	러브 보니토, 페드로, 자라, 망고, 파슬
1층	타이포, 스미글, T2, 자라, %아라비카
B1층	포멜로, 자라
B2층	무지, 코튼 온 메가Cotton on Mega, 토스트 박스, 캔디 엠파이어Candy Empire
B3층	고려 마트, 올드 창키(간식)

210

현지인이 즐겨 찾는 푸드 코트
푸드 리퍼블릭 Food Republic 313@somerset

313 앳 서머셋에 위치해 주머니가 가벼운 학생이나 저렴하게 점심을 해결하는
근처 직장인에게 반가운 곳이다. 카운터석에서 주문 즉시 요리해주는 철판요리
집 '헤니유 테판야키Heniu Teppanyaki'와 고기, 생선, 채소, 두부 등 재료를 고른
후 매운 맛을 선택하면 되는 마라샹궈집 '피아오샹 마라Piao Xiang Mala'가 특히
인기다. 밀가루 반죽을 즉석에서 칼로 잘라 만들어주는 도삭면도 별미다.

🚶 5층 🕙 10:00~22:00 💲 테판야키 2인 세트 $58, 마라샹궈 $10~(1인 기준, 재료에 따
라 다름), 도삭면 $7.5 📞 +65-6509-6643 🏠 foodrepublic.com.sg/food-republic-
outlets/food-republic-313-somerset

하고 싶은 것 많은 젊은 세대를 위한 복합 공간 ⋯⋯ ⑧
오차드게이트웨이 Orchardgateway

도서관, 카페, 음식점, 리테일 숍이 한곳에 다 모여 있는 복합 공간. 3~4층에는
도심 속 문화 공간을 지향하는 오차드 도서관이 있어 쇼핑을 그리 즐기지 않더
라도 방문해볼 만하다. 젠 싱가포르 오차드게이트웨이 호텔과 연결되어 접근성
이 좋고, 1층에는 기념품으로 사기 좋은 솔티드 에그 감자칩 가게가 있다. 1층 중
앙 공간에서는 플리 마켓이 자주 열리고 MRT 서머셋 역 이용 시 자연스레 연결
되는 동선이라 지나가며 구경하기 좋다.

오차드게이트웨이와 바로 연결된 쇼핑몰
인 오차드 센트럴Orchard Central 지하에는
일본 최대 잡화 매장인 핸즈와 대형 할인
체인 돈돈돈키가 입점해 있다. 식료품, 화
장품, 생활용품 등 없는 게 없어 구경하다
보면 시간 가는 줄 모른다. 1층 유니클로
옆 에스컬레이터로 내려가면 바로 보인다.

🚶 MRT 서머셋Somerset 역 B·C·D 출구와
연결 📍 277 Orchard Rd, Singapore
238858 🕙 10:30~22:30
📞 +65-6513-4633
🏠 www.orchardgateway.sg

유네스코 세계문화유산,
싱가포르 보타닉 가든 Singapore Botanic Garden

160년 이상의 역사를 가진 싱가포르 보타닉 가든은 2015년 유네스코 세계문화유산으로 선정되며
전 세계에 그 가치를 인정받았다. 열대 식물원으로서 울창한 숲과 영국식 정원의 정취를 잘 간직할뿐 아니라
19세기 이래 동남아시아 식물 연구의 중심지로 지금까지도 그 역할을 이어간다. 특히 수천 종의
식물과 난초 교배종을 보유한 '국립 난초 정원'은 보타닉 가든의 가장 큰 볼거리 중 하나로
유명인의 이름을 붙인 난을 찾아 보는 재미도 쏠쏠하다. 아침 일찍 방문한다면 열대 자연의 싱그러움과
운동하는 현지인들의 넘치는 에너지를 느낄 수 있을 것이다. 보타닉 가든은 크게 탕린, 센트럴,
부킷티마 세 구역으로 나뉘는데 20만 평의 어마어마한 규모를 자랑하기에 계획 없이 돌아다니면
더위에 지치거나 길을 잃기 십상이다. 미리 지도를 확인하고 가려는 공간 가까이 있는 출입구를 이용하는게 좋다.
보타닉 가든에는 5개의 주요 입구가 있는데 여행자에게는 유명 볼거리가 모여있는 탕린 게이트Tanglin Gate나
타이어설 게이트Tyersall Gate를 이용할 것을 추천한다. MRT나 택시를 이용하면 쉽게 찾아갈 수 있다.

🚶 ① **탕린 게이트** MRT 내피어Napier역 1번 출구 ② **부킷티마 게이트** MRT 보타닉 가든Botanic Gardens 역 A출구
📍1 Cluny Rd, Singapore 259569 🕐 05:00~24:00 📞 +65-1800-471-7300 🏠 www.nparks.gov.sg/sbg

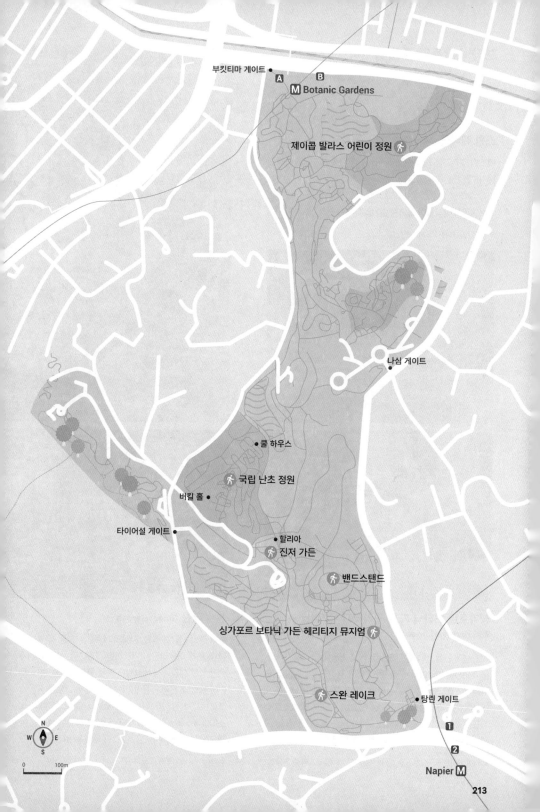

부킷티마 게이트 •

A **B**

Ⓜ Botanic Gardens

제이콥 발라스 어린이 정원 🚶

나심 게이트 •

쿨 하우스 •

🚶 국립 난초 정원

버킬 홀 •

타이어설 게이트 •

• 할리아
🚶 진저 가든

🚶 밴드스탠드

싱가포르 보타닉 가든 헤리티지 뮤지엄 🚶

🚶 스완 레이크   • 탕린 게이트

1

2

Napier Ⓜ

N
W ✥ E
S

0   100m

보타닉 가든의 주요 볼거리

스완 레이크 Swan Lake

백조의 호수라는 이름을 알려주듯 호수 한복판에 금방이라도 날아오를 듯한 청동 백조상이 전시되어 있다. 보타닉 가든에서 가장 오래된 호수로 우아하게 떠다니는 백조와 물고기 무리, 거북이까지 아이들이 좋아할 볼거리가 가득하다.

🏃 탕린 게이트에서 도보 4분

싱가포르 보타닉 가든 헤리티지 뮤지엄
SBG Heritage Museum

2013년에 문을 연 박물관으로 보타닉 가든의 역사와 주요 식물 이야기를 멀티미디어 전시물을 통해 재미있게 소개한다. 흥미롭게도 이 건물은 1925년부터 1949년까지 보타닉 가든의 관장이었던 에릭 홀텀의 연구실이었으며, 이곳에서 최초로 싱가포르의 난초 연구가 이루어졌다. 보타닉 가든이 왜 유네스코 세계문화유산이 되었는지 궁금하다면 꼭 들러보자.

🏃 탕린 게이트에서 도보 5분 🕘 09:00~18:00 ❌ 마지막 주 월요일

진저 가든 Ginger Garden

수백 종의 생강과 식물, 한낮의 더위를 식혀줄 시원한 폭포가 어우러진 아기자기한 정원이다. 식재료로만 알던 생강에서 색색깔의 예쁜 꽃이 핀다는 반전이 놀랍다. 진저 가든 안에는 말레이어로 '생강'을 뜻하는 음식점 '할리아Halia'가 있는데 칠리크랩 파스타Chilli Crab Spaghettini(⊕⊕ $26)와 향긋한 생강과 과일, 허브를 넣은 건강 주스가 대표 메뉴다.

🏃 타이어설 게이트에서 도보 1분

국립 난초 정원 National Orchid Garden

보타닉 가든의 하이라이트. 세계에서 가장 큰 난초 관람 시설이며 보타닉 가든 연구소의 난 배양 및 교배 연구로 탄생한 수천 종의 교배종을 전시한다. 난초 정원 안의 건물 '버킬 홀Burkhill Hall'은 100년 넘게 관장들의 관저로 사용되었다. 이 건물 뒷편의 VIP 난초 정원에서 싱가포르에 방문했던 유명인이나 정치인의 이름을 붙인 난들을 만날 수 있다. 다이애나 왕세자비, 오바마 전 미국 대통령, 한국의 반기문 전 UN 총장 등 익숙한 이름들을 찾아보는 재미가 있다. 고산 지대에 서식하는 약 1,000종의 희귀 난을 전시한 쿨 하우스Cool House는 실내 온도가 16~23도로 맞춰져 있어 더위를 식히며 난꽃을 감상할 수 있다.

🚶 타이어설 게이트에서 도보 5분 🕐 08:30~19:00, 1시간 전 입장 마감 💲 일반 $15, 학생·60세 이상 $3, 12세 미만 무료

밴드스탠드 Bandstand

보타닉 가든에서 가장 유명한 장소로 1930년대에 음악 공연을 위한 무대로 처음 지어졌다. 영국풍의 로맨틱한 외관 때문에 웨딩 촬영 장소로 인기가 있으며 많은 연인이 찾는 사진 명소다.

🚶 탕린 게이트에서 도보 6분

제이콥 발라스 어린이 정원
Jacob Ballas Children's Garden

어린이만을 위한 꿈의 정원으로 14세 이하 어린이만 무료로 입장할 수 있다. 12세 이하 어린이의 경우 보호자를 동반해야 하며, 성인은 아이를 동반한 경우에만 입장이 가능하다. 열대 우림 속 오두막과 트램펄린, 어린이 전용 집라인, 미로 찾기 등 아이들이 자연 속에 푹 빠져 모험을 즐길 수 있도록 다양한 놀이 시설을 갖추고 있다. 더위를 피해 이른 아침이나 해 질 무렵에 방문하는 것을 추천한다.

🚶 부킷티마 게이트에서 도보 6분
🕐 08:00~19:00, 30분 전 입장 마감 ❌ 월요일

녹음 속 여유로운 산책과 브런치

뎀시 힐 Dempsey Hill

1850년대부터 영국군의 캠프로 사용되었으나 현재는 옛 막사 건물 안에
세련된 음식점과 예쁜 카페가 들어서면서 분위기 좋은 데이트 장소와
브런치 장소로 사랑받게 되었다. 도심의 빌딩 숲을 벗어나 자연 속에서 여유를
즐길 수 있어 매력적이다. 브런치 장소로 워낙 인기가 많아 주말에
방문할 예정이라면 서둘러 예약하는 것이 좋다. 주말에는 현지인 및 외국인 가족들이
운동을 하거나 반려견 그루밍을 위해 뎀시 힐을 찾기도 한다. 또한 곳곳에는
한가로운 분위기에 어울리는 앤티크 가구점, 갤러리, 옷 가게, 식료품점 등이
들어서 있어 천천히 거닐며 둘러보기 좋다.

뎀시 힐 상세 지도

BUS CSC Dempsey Clubhse

Aft Min Of Foreign Affairs BUS

캔들넛 🍴   롱 비치 🍴
    📍 도버 스트리트 마켓   오픈 팜 커뮤니티 🍴

쿨리나 🍴   🍴 키즈21

민지앙 🍴
미스터 버킷 쇼콜라티에 🍴   🍴 PS 카페
메이웰 라이프스타일 📍

레드시 갤러리 🚶

    🍴 찹수이 카페

    🚶 아이스크림 박물관

N
W · E
S

0   100m

이동 방법

뎀시 힐을 처음 방문한다면 더운 날씨에 길을 헤맬 수 있으니 오차드 로드에서 택시를 이용하는 것을 가장 추천한다. 버스를 탄다면 MRT 오차드Orchard 역 13번 출구나 MRT 내피어Napier 역 2번 출구로 나와 7·77·106·123·174번 버스를 타고 CSC Dempsey Clubhse 정류장에서 내리면 된다. 다시 도심으로 돌아갈 때는 주요 도로로 나와 길을 건너 오차드 로드행 버스(7·77·106·123·174번 등)를 타면 된다.

추천 코스

브런치로 인기가 많은 곳인 만큼 오전 11시쯤 **PS 카페**에서 브런치를 먹는 것으로 하루를 시작하자. 조금 더 부지런을 떨 수 있다면 아침 일찍 근처 **보타닉 가든**을 둘러 보고 뎀시 힐로 건너와 식사를 즐기는 일정이 딱이다. 마음까지 탁 트이는 초록 가득한 카페에서 배를 든든하게 채웠다면 이제는 아기자기하고 유니크한 상점을 둘러볼 차례. 아시아의 앤티크 가구와 인테리어 소품 숍을 둘러보고, 꼼데가르송, 구찌 등 디자이너 브랜드의 유니크한 라인을 소개하는 **도버 스트리트 마켓**에 방문하자. 요리를 좋아하는 사람이라면 각종 치즈와 파스타, 소스 등을 판매하는 **쿨리나**를 추천한다. 싱가포르 수제 초콜릿을 맛볼 수 있는 **미스터 버킷 쇼콜라티에**도 흥미롭다.

무제한으로 즐기는 아이스크림

아이스크림 박물관
Museum of Ice Cream Singapore

어린이들이 꿈꾸는 최고의 박물관. 분홍빛 가득한 사랑스러운 박물관에 무제한 아이스크림이라니! 어린이뿐만 아니라 어른들도 홀딱 반할 만하다. 아이스크림 박물관 내 5군데의 디저트 역에서 하겐다즈 컵과 콘 아이스크림, 아이스크림 샌드위치 등 다양한 형태와 맛의 아이스크림을 무제한으로 제공한다. 12개의 전시관 곳곳은 어떻게 찍어도 예쁜 포토 존으로 가득하고 아이들을 위한 미끄럼틀, 에어바운스, 놀이 공간 등이 설치되어 있다. 특히 아이스크림 토핑 모형으로 가득찬 대형 볼풀장은 어른들도 동심으로 돌아가 마음껏 뛰놀고 싶어진다. 입장료가 다소 비싸지만 아이들의 만족도는 별 5개를 보장한다. 12세 미만 어린이는 보호자를 동반해야 한다.

🚶 버스 7·77·106·123·174번 Afr Min Of Foreign Affairs 정류장 하차 후 도보 10분 ※아이와 이동 시 택시 이용 추천
📍 100 Loewen Rd, Singapore 248837 💲 $47, 2세 이하 무료
🕐 10:00~21:00(월·수요일 ~18:00) ❌ 화요일 📞 +65-6513-1743 🏠 www.museumoficecream.com/singapore

뎀시힐의 대표 갤러리

레드시 갤러리 REDSEA Gallery

2001년 개관한 이래 예술 애호가의 꾸준한 관심을 받는 뎀시 힐의 대표 갤러리다. 세계적인 예술가들의 그림, 사진, 조각품, 비디오 설치 작품 등 다양한 장르의 현대미술 작품을 만날 수 있다. 우리에게는 조금 생소한 동남아시아 신진 작가들의 작품도 주목할 만하다. 큰 규모는 아니지만 정기 전시회, 예술인 초청 간담회 등 다양한 이벤트가 진행되며 작품 구매도 가능하다. 근처에 유명 음식점과 카페가 모여 있어 식사 전후로 가볍게 둘러보기에 좋다.

🚶 버스 7·77·106·123·174번 CSC Dempsey Clubhse 정류장 하차 후 도보 10분
📍 Block 9 Dempsey Rd, #01-10, Singapore 247697 🕐 10:00~21:00 📞 +65-6732-6711
🏠 www.redseagallery.com

뎀시 힐 브런치 카페의 대명사

PS 카페 PS.cafe Harding Road

뎀시 힐에서 가장 유명한 브런치 장소로 한국인 여행자 사이에서도 뎀시 힐 필수 코스로 꼽힌다. 패션 브랜드로 시작한 3명의 오너가 손님에게 제대로 티타임을 제공하고자 시작한 카페 서비스가 아예 메인 비즈니스가 된 흥미로운 이야기를 갖고 있다. 검정색과 흰색을 기본으로 하되 언제나 싱싱한 꽃으로 바꾸며 포인트를 준 인테리어가 시그니처 스타일. 현재는 싱가포르 곳곳에 지점이 있지만 가장 사랑받는 곳은 역시나 뎀시 힐 숲속에 위치해 보기만 해도 마음이 상쾌해지는 하딩 로드Harding Rd 지점이다. 싱가포르 최초로 선보인 트러플튀김PS. Truffle Shoestring Fries이 대표 메뉴이며, 클럽 샌드위치와 볼로네제 파스타도 맛있다. 락사, 미고랭 같은 아시안 메뉴도 인기다. 주말에 방문한다면 예약은 무조건 필수다.

🚶 버스 7·77·106·123·174번 CSC Dempsey Clubhse 정류장 하차 후 도보 6분 📍 28B Harding Rd, Singapore 249549
🕐 08:00~22:00(금·토요일, 공휴일 전날 ~22:30) 💲 ➕➕ 트러플튀김 $12~, 클럽 샌드위치 $28, PS 버거 $32, 볼로네제 스파게티 $27, 락사 $28
📞 +65-6708-9288 🏠 www.pscafe.com/pscafe-at-harding-road
📷 @pscafe

트렌드를 이끄는 팜투테이블 레스토랑
오픈 팜 커뮤니티 Open Farm Community

싱가포르의 F&B 트렌드를 선도하는 그룹인 스파 에스프릿Spa Esprit에서 운영하는 팜투테이블Farm-to-Table 콘셉트의 음식점이다. 대부분의 식재료를 수입에 의존하는 싱가포르에서 현지 식재료의 중요성을 알리고 친환경적인 식문화를 소개하는 데 힘쓴다. 아담한 규모지만 음식점 옆에 마련된 농장에서 직접 재배하는 채소와 허브를 사용한다. 자연 방사해 키운 닭의 달걀과 싱가포르 또는 근거리 국가에서 온 육류를 사용해 건강한 메뉴를 추구한다. 샐러드, 파스타 등 양식 요리가 대부분이며 콜리플라워, 오크라 등 채소 사이드 메뉴가 인기다.

🚶 MRT 내피어Napier 역 2번 출구에서 도보 7분
📍 130E Minden Rd, Singapore 248819 🕐 평일 12:00~15:30, 18:00~23:00, 주말 11:00~15:30, 18:00~23:00
💲 ⊕⊕ 브렉퍼스트 플레이트 $39, 파스타 & 메인 요리 $32~, 사이드 메뉴 $16~22 📞 +65-6471-0306
🏠 openfarmcommunity.com

믿고 가는 PS 그룹의 중식 레스토랑
찹수이 카페 Chopsuey Cafe Dempsey Hill

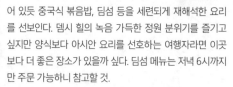

분위기면 분위기, 음식이면 음식 모두 여심을 제대로 공략하는, 소위 뭘 좀 아는 PS 카페에서 운영하는 퓨전 중식 레스토랑이다. 고기와 다진 채소를 볶아 밥과 함께 내는 중국 요리를 뜻하는 '촙수이'가 이름에 들어 있듯 중국식 볶음밥, 딤섬 등을 세련되게 재해석한 요리를 선보인다. 뎀시 힐의 녹음 가득한 정원 분위기를 즐기고 싶지만 양식보다 아시안 요리를 선호하는 여행자라면 이곳보다 더 좋은 장소가 있을까 싶다. 딤섬 메뉴는 저녁 6시까지만 주문 가능하니 참고할 것.

🚶 버스 7·77·106·123·174번 CSC Dempsey Clubhse 정류장 하차 후 도보 8분 📍 10 Dempsey Rd, #01-23, Singapore 247700
🕐 월~목요일 11:00~23:00, 금요일 11:00~23:30, 토요일 11:00~23:30, 일요일 11:00~23:00 💲 ⊕⊕ 딤섬 바스켓(6개/9개) $19/$26, 크리스피 덕 포켓 $17, 마파두부 $21~, 롱라이프 베지테리언 누들 $18~ 📞 +65-6708-9288 🏠 www.pscafe.com/chopsuey-cafe-at-dempsey-hill

미쉐린 1스타 페라나칸 맛집
캔들넛 Candlenut

세계 최초로 미쉐린 1스타를 받은 페라나칸 음식점. 싱가포르의 독특한 문화 중 하나인 페라나칸 음식의 전통적인 맛을 기본으로 현대적인 세련미가 추가되었다. 높은 층고와 천장에 매달린 독특한 디자인의 조명이 우아한 분위기를 더한다. 런치와 디너 아마카세Ah-ma-kase 코스에는 일본의 오마카세처럼 셰프가 고른 대표적인 테이스팅 메뉴가 포함된다. 'Ahma'는 말레이어로 할머니를 뜻하는데 할머니가 해주신 집밥 같은 한끼를 대접하고 싶은 셰프의 마음이 담겨 있다. 다양한 페라나칸 음식을 맛보는데 거리낌이 없다면 아마카세 코스를 먹어보자. 단품 메뉴로도 주문이 가능한데 와규 갈비를 사용한 렌당Wagyu Beef Rib Rendang, 이베리코 돼지고기를 사용한 바비부아 켈루악Babi Buah Keluak은 우리 입맛에도 잘 맞는 대표 페라나칸 음식이다.

🚶 버스 7·77·106·123·174번 CSC Dempsey Clubhse 정류장 하차 후 도보 5분
📍 Block 17A Dempsey Rd, Singapore 249676 🕐 12:00~15:00, 18:00~22:00
💲 ⊕⊕ 아마카세(런치/디너) $108/$138, 렌당 $48, 바비부아 켈루악 $42
📞 +65-6486-1051 🏠 www.comodempsey.sg/restaurant/candlenut

눈과 입이 행복해지는 북경오리 & 딤섬 맛집
민지앙 Min Jiang

싱가포르의 북경오리와 딤섬 맛집으로 오랫동안 명성을 지켜온 음식점. 오차드의 굿우드 파크 호텔Goodwood Park Hotel과 뎀시 힐에 2개 지점이 있다. 주말에는 예약이 필수이며, 북경오리는 예약 시 미리 주문하는 것이 좋다. 주문한 오리구이는 셰프가 손님 앞에서 직접 썰어주며 껍질은 먼저 전병에 싸서 먹고 살코기는 볶음, 쌈, 탕 중 원하는 방식을 선택하면 두 번째 요리로 서빙해준다. 점심에는 딤섬 맛집으로도 유명한데 정성 가득한 각양각색의 앙증맞은 모양의 딤섬들이 먹기 아까울 정도다. 음식점 벽면을 가득 채운 통창으로 초록색 정원이 시원하게 펼쳐져 소풍 나온 기분으로 즐길 수 있다.

🚶 버스 7·77·106·123·174번 CSC Dempsey Clubhse 정류장 하차 후 도보 12분 ※뎀시 힐 가장 안쪽에 있어 택시 이용 추천 📍 7A & 7B Dempsey Rd, Singapore 249684 🕐 11:30~14:30, 18:30~22:30
💲 ⊕⊕ 런치 딤섬 플래터(2개씩) $38, 딤섬류 $5.8~9.8, 북경오리(한마리) $128 📞 +65-6774-0122 🏠 www.goodwoodparkhotel.com/dining/min-jiang-dempsey

블랙페퍼크랩의 원조집
롱 비치 Long Beach

칠리크랩이 아이 입맛에 잘 맞는다면 후추와 버터로 고소하면서도 은은하게 매운맛을 낸 블랙페퍼크랩은 어른 입맛에 더 맞는다. 롱 비치는 블랙페퍼크랩의 원조집으로 싱가포르의 여러 지점 중 특히 뎀시 힐 지점이 한가롭고 쾌적하게 식사를 즐기기 좋다. 크랩 메뉴 외에 각종 신선한 해산물 요리 모두 수준 높은 맛을 보장한다.

🚶 버스 7·77·106·123·174번 CSC Dempsey Clubhse 정류장 하차 후 도보 5분 📍 25 Dempsey Rd, Singapore 249670 🕐 평일·공휴일 전날 11:00~15:00, 17:00~23:30, 주말·공휴일 11:00~23:30 💲 ⊕⊕ 머드크랩(100g) $11.80~, 새우 요리 $28~, 볶음밥 $18~ 📞 +65-6323-2222 🏠 longbeachseafood.com.sg

윌리 웡카의 초콜릿 공장이 떠오르는
미스터 버킷 쇼콜라티에 Mr. Bucket Chocolaterie

싱가포르 대표 수제 초콜릿 브랜드의 매장. 리테일 숍과 공장, 카페 등의 공간으로 나뉜다. 초콜릿을 만드는 과정을 직접 볼 수 있고, 본인이 원하는 재료를 넣어 판초콜릿을 제작할 수도 있다. 예쁘게 포장된 초콜릿 봉봉이나 초콜릿 바는 기념품으로도 안성맞춤. 씁쌀한 카카오콩이 달콤한 디저트로 변해가는 과정을 단계별로 시음할 수 있도록 구성한 빈투바 테이스팅 세트Bean-to-Bar Tasting Set가 대표 메뉴다.

🚶 버스 7·77·106·123·174번 CSC Dempsey Clubhse 정류장 하차 후 도보 5분 📍 13 Dempsey Rd, #01-03/04, Singapore 249674 🕐 월~목요일 11:00~19:00, 금·토요일(공휴일·공휴일 전날) 11:00~22:00, 일요일 11:00~19:00 💲 ⊕⊕ 초콜릿 봉봉(3개)&티 세트 $12, 빈투바 테이스팅 세트 $18 🏠 mrbucket.com.sg

고급 식재료가 한자리에
쿨리나 Culina at COMO Dempsey

식재료Grocery와 음식점Restaurant이 결합된 그로서란트Grocerant 매장으로 해외의 고급 와인과 식재료가 입점해 있다. 식재료나 와인을 구입해 가져가도 되고, 추가 비용을 지불하면 스테이크와 같은 완성된 요리로 음식점에서 먹는 것도 가능하다. 신선한 생굴, 캐비어, 다양한 치즈 컬렉션도 인기 상품이다. 요리에 관심이 많은 여행자라면 재미있게 둘러볼 만하다.

🚶 버스 7·77·106·123·174번 CSC Dempsey Clubhse 정류장 하차 후 도보 6분 📍 Block 15 Dempsey Rd, Singapore 249675 🕐 비스트로 11:00~23:00, 마켓 09:00~22:00 💲 스테이크 요리비 $18~28 콜키지(병) $18 📞 +65-6854-6169 🏠 culina.com.sg

앤티크 가구를 사랑하는 사람이라면
메이웰 라이프스타일 Maywell Lifestyles

티크 원목 가구를 중심으로 앤티크 가구, 예술 작품 등을 함께 판매하는 라이프스타일 숍이다. 태국, 인도네시아 등 주변 동남 아시아 국가에서 수입해온 상품과 직접 숍에서 주문 제작하는 가구를 구경할 수 있어 마치 작은 박물관을 둘러보는 것 같이 흥미롭다. 특히 싱가포르 주재 외국인들 가운데 이국적인 인테리어 소품을 찾는 이들에게 인기가 많다.

🚶 버스 7·77·106·123·174번 CSC Dempsey Clubhse 정류장 하차 후 도보 7분 📍 #01-06, 13 Dempsey Rd, Singapore 249674
📞 +65-6472-0208 🕐 11:00~19:00 🏠 maywell.com.sg

하이엔드 스트리트 패션을 만나는 곳
도버 스트리트 마켓 Dover Street Market

꼼데가르송의 디자이너 가와쿠보 레이川久保玲가 만든 멀티 브랜드 콘셉트의 매장이다. 2004년 런던을 시작으로, 뉴욕, 도쿄, 베이징에 이어 다섯 번째 지점이 싱가포르에 문을 열었다. 꼼데가르송을 중심으로 구찌, 사카이, 메종 마르지엘라, 스투시, 나이키 등 70여 개의 하이 패션 브랜드와 콜라보 제품을 만날 수 있으며 스트리트 감성이 짙은 것이 특징이다. 구간마다 다른 테마로 꾸며진 인테리어도 흥미롭다.

🚶 버스 7·77·106·123·174번 CSC Dempsey Clubhse 정류장 하차 후 도보 4분 📍 18 Dempsey Rd, Singapore 249677 🕐 11:00~20:00
📞 +65-3129-4323 🏠 singapore.doverstreetmarket.com

차별화된 명품 아동복 멀티숍
키즈21 Kids21

싱가포르의 럭셔리 라이프스타일 그룹 코모COMO가 론칭한 아동복 브랜드 멀티숍이다. 푸른 숲속에 위치한 매장 안에는 0세에서 16세 사이의 어린이를 위한 패션 및 라이프스타일 브랜드가 한자리에 모여 있다. 아크네 스튜디오, 발망, 지방시 등 명품 브랜드의 아동복 라인뿐만 아니라 아동용 가구, 장난감, 책 그리고 자체 향수 및 기초화장 라인인 KIND도 있다. PS 카페 근처에 위치해 어린이와 함께라면 들러볼 만하다.

🚶 버스 7·77·106·123·174번 CSC Dempsey Clubhse 정류장 하차 후 도보 6분 📍 16 Dempsey Rd, Singapore 249685 🕐 10:00~19:00
📞 +65-6304-1435 🏠 kids21.com

AREA ····⑤

과거와 현재가 공존하는

차이나타운 & CBD
Chinatown & Central Business District

싱가포르의 상징인 멀라이언 동상 뒤로 눈부신 스카이라인을 이루는 중심업무지구(CBD)의 금융가 빌딩들과 오랫동안 차이나타운을 지켜온 옛 사원, 나지막한 숍하우스가 이어진 좁은 골목길이 대조를 이루며 독특한 풍경을 만들어낸다. 래플스 경이 도시 계획을 세울 때 상업지구로 지정했던 중심업무지구는 200년이 지난 오늘날에도 싱가포르의 돈이 모두 모여 드는 금융 허브로 성장했다. 한편 중국인 거주지로 지정됐던 차이나타운에는 옛 모습이 그대로 남아 있어 중국계 이민자의 발자취와 문화를 경험할 수 있다. 최근에는 근사한 레스토랑과 힙한 바가들어서면서 미식의 나라 싱가포르의 새로운 중심지로 주목받고 있다. 밤이 찾아오면 낮에 왔던 그곳이 맞나 싶을 정도로 화려하게 변신하니두 가지 매력을 모두 경험해보자.

차이나타운 & CBD
추천 코스

🕐 6~10시간 소요 예상
⚓ 마리나 베이, 리버사이드 연계 여행 추천

차이나타운과 중심업무지구(CBD)는 꽤 방대한 지역이라 하루 동안 다 둘러보기는 현실적으로 어렵다. 아래 추천 코스를 기본으로 하되 꼭 가고 싶은 곳을 중심으로 계획을 세우는 것이 좋다. 주요 장소만 돌아본다면 3~4시간 정도면 충분하다. 차이나타운은 실내외 코스가 적절히 섞여 있어 어느 시간대에 가더라도 괜찮지만 저녁 8시 이후부터 골목길 상점가가 문을 닫는다. 맛집이 모여 있어 식도락 여행으로 일정을 짜도 좋다. 멀라이언 공원을 중심으로 한 중심업무지구는 선선해지는 늦은 오후쯤 방문해서 저녁도 먹고 야경까지 감상하는 것을 추천한다. 근처 바에서 칵테일 한잔까지 곁들인다면 금상첨화다.

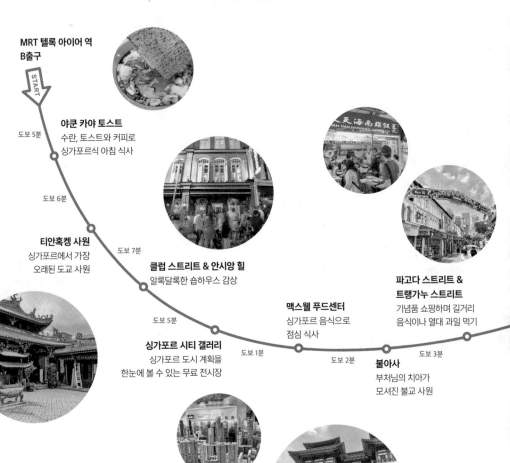

MRT 텔록 아이어 역 B출구

START

도보 5분

야쿤 카야 토스트
수란, 토스트와 커피로
싱가포르식 아침 식사

도보 6분

티안혹켕 사원
싱가포르에서 가장
오래된 도교 사원

도보 7분

클럽 스트리트 & 안시앙 힐
알록달록한 숍하우스 감상

파고다 스트리트 & 트랭가누 스트리트
기념품 쇼핑하며 길거리
음식이나 열대 과일 먹기

맥스웰 푸드센터
싱가포르 음식으로
점심 식사

도보 5분

싱가포르 시티 갤러리
싱가포르 도시 계획을
한눈에 볼 수 있는 무료 전시장

도보 1분

도보 2분

불아사
부처님의 치아가
모셔진 불교 사원

도보 3분

이동하면서
카베나 브리지 주변의
예술 작품도 감상하기

캐피타스프링 스카이가든
무료 전망대에서
마리나 베이 한눈에 보기

도보 10분

저녁 식사
• 팜 비치 시푸드 칠리크랩
• 집시 일식

도보 3분

도보 15분

도보 3분

스리 마리암만 사원
싱가포르에서 가장 오래된
힌두 사원으로
12:00~18:00 내부 관람 불가

멀라이언 공원
싱가포르의 상징 멀라이언
동상 앞에서 인증 사진

랜턴
루프톱 바에서
마리나 베이 뷰 감상

도보 3분

도보 10분

라우파삿
사테(꼬치구이)와 맥주로 하루 마무리

차이나타운 & CBD
상세 지도

파크로열 컬렉션 피커링 Ⓗ

01 차이나타운 포인트
11 빅터스 키친

푸라마 시티 센터 Ⓗ　Ⓜ Chinatown
Ⓓ　　　Ⓔ
Ⓒ　　　　　　　Ⓖ
Ⓧ 비첸향
Ⓕ
Ⓧ 림치관
시크 캡슐 오텔 Ⓗ　　　　　03 동북인가

Ⓐ
04 차이나타운 헤리티지 센터
미향원 12　　　03 파고다 스트리트
03 페라나칸 타일 갤러리
트랭가누 스트리트 03　　02 스리 마리암만 사원

이스트 인스퍼레이션스 02
커러 13　　　06 클럽 스트리트
06 안시앙 힐
불아사 01

입유총 40m 벽화
09 케옹사익 로드　　❶　　Maxwell Ⓜ
❷
Ⓜ Outram Park
16 포테이토 헤드 싱가포르
Ⓧ 동아 이팅 하우스 ❸　　　　01 맥스웰 푸드센터
09 티 챕터　　　　마이 어섬 카페 05
06 카페 우투　　04　　　05 싱가포르 시티 갤러리
징화샤오츠

Ⓗ 몬드리안 싱가포르 덕스턴

08 피나클 앳 덕스턴　　　Ⓗ 오아시아 호텔 다운타운
⌄
Ⓜ Tanjong Pagar

앤더슨 다리 🚶
에스플러네이드 다리
주빌리 다리 🚶
멀라이언 공원 12
카베나 다리 🚶
🅗 더 풀러턴 호텔 싱가포르

원 풀러턴
집시 07
팜 비치 시푸드 08

🅗
🅖
🅑
10 래플스 플레이스
11 캐피타스프링

더 랜딩 포인트 10
랜턴 14
더 풀러턴 베이 호텔 싱가포르 🅗

🅧 야쿤 카야 토스트
🅐
🅒
🅓

Raffles Place 🅜 🅔
🅙
🅗 아모이 호텔
🅑 🅕
🅜 Telok Ayer
🅒
🅐
🅘

07 티안혹켕 사원
02 라우파삿

15 레벨 33

🅜 Downtown

🅗 다오 바이 도르셋 AMTD 싱가포르

N
W E
S

0   100m

229

부처의 치아가 모셔진 차이나타운 대표 사원 ······ ①

불아사 Buddha Tooth Relic Temple 佛牙寺

'불아사'라는 이름 그대로 1980년 미얀마의 오래된 사원에서 우연히 발견된 부처의 성치를 모시기 위해 2007년 세워진 불교 사원이다. 사원은 당나라 건축 양식으로 지어졌으며 4층 높이의 웅장하고 화려한 외관을 자랑한다. 치아는 4층의 황금 사리탑 안에 보관되어 있으니 엘리베이터로 4층까지 올라간 후 한 층씩 계단으로 내려오며 관람하는 것을 추천한다. 사리탑은 3.5톤 무게로 무려 320kg의 순금이 사용되었다. 2~3층에는 불교 문화 박물관을 포함한 전시실이 있고, 지하에는 극장과 무료 식당이 있다. 1층 백룡보전에서 미륵불을 볼 수 있으며, 춘절이나 부처님 오신 날에는 화려한 등 장식과 불공을 드리는 신자들로 장관을 이룬다.

🚶 MRT 맥스웰Maxwell 역 1번 출구 앞 📍 288 South Bridge Rd, Singapore 058840 🕐 07:00~17:00 📞 +65-6220-0220
🏠 www.buddhatoothrelictemple.org.sg

> 짧은 하의나 민소매 상의를 입은 경우에는 입구에서 무료로 대여해주는 숄을 두르면 입장이 가능하다. 성치가 모셔진 4층에서는 모자와 신발을 벗고 입장해야 하며, 사진 촬영은 금지된다.

싱가포르에서 가장 오래된 힌두 사원 ······ ②

스리 마리암만 사원 Sri Mariamman Temple

1827년에 세워진 싱가포르에서 가장 오래된 힌두 사원으로, 질병으로부터 지켜주는 어머니 신 마리암만Mariamman을 모신다. 인도 남부의 건축 양식에 따라 사원 입구는 '고푸람Gopuram'이라 불리는 웅장한 탑으로 장식되고, 고푸람에는 색색깔로 화려하게 장식된 다양한 힌두 신이 정교하게 새겨져 있다. 사원 담장에는 힌두교인이 신성하게 여기는 소가 장식되어 있으며 사원 내부 천장을 장식하는 벽화 속 신들의 모습도 흥미롭다. 사원 양쪽의 두 골목길, 파고다 스트리트와 템플 스트리트의 이름은 이 사원 때문에 붙여졌다.

🚶 MRT 차이나타운Chinatown 역 A출구에서 도보 3분 📍 244 South Bridge Rd, Singapore 058793 🕐 06:00~12:00, 18:00~21:00
📞 +65-6223-4064 🏠 www.smt.org.sg

> • 사원 입장 시 신발은 입구에 벗어두고 짧은 하의나 민소매 상의를 입은 경우에는 입구에서 무료로 대여해주는 숄을 두른다.
> • '빛의 축제'라고도 불리는 힌두교 명절 디파발리(10~11월 중 개최) 일주일 전에는 티미티Theemithi 행사가 이곳에서 진행된다. 용기의 여신 드라우파디를 기리며 신앙심을 증명하는 의식으로 수천 명의 신자가 뜨거운 불 위를 걷는다.

우리가 아는 바로 그 차이나타운 골목길 ⸻③

파고다 스트리트 & 트랭가누 스트리트
Pagoda Street & Trengganu Street

붉은 중국식 등, 저렴한 기념품과 중국 음식점, 길거리 간식과 열대 과일까지 우리가 차이나타운 하면 떠오르는 모든 것이 다 모여 있다. MRT 차이나타운 역에서 나오자마자 끝도 없이 펼쳐지는 상점이 진풍경을 이루며, 하나둘 정신 없이 구경하다 보면 어느샌가 지도도 보지 않고 골목골목을 누비는 자신을 발견하게 된다. 싱가포르 여행을 추억할 수 있는 마그넷과 가방, 티셔츠, 모자, 귀여운 중국식 젓가락 세트, 12간지 인형, 즉석에서 이름을 새겨주는 도장, 찻잔, 부채 등 물건도 다양해서 선물용으로 부담없이 구매하기 좋다. 한국인 취향에 맞을 법한 여름 원피스나 라탄 가방을 파는 곳도 있으니 찬찬히 둘러보자. 어디선가 쿰쿰한 냄새가 난다면 그것은 바로 두리안! 즉석에서 두리안을 잘라 파는 곳도 있으니 그 맛이 궁금하다면 도전해보자.

🚶 MRT 차이나타운Chinatown 역 A출구와 연결   📍 48 Pagoda St, Singapore 059207

중국계 이민자의 파란만장한 싱가포르 정착 이야기 ⸻④

차이나타운 헤리티지 센터
Chinatown Heritage Centre

파고다 스트리트에 위치한 1950년대 숍하우스에서 살던 중국계 이민자의 삶을 엿볼 수 있는 박물관이다. 1층에는 예전 양복점이 그대로 재현되었고, 2층에는 더 나은 삶을 찾아 중국에서 싱가포르로 건너온 이민자의 파란만장한 정착 이야기부터 아편과 성매매 등 어두운 비즈니스가 오가던 비밀 조직에 대한 이야기까지 잘 소개되어 있어 흥미롭다. 3층과 나머지 공간에서는 본래 한 가족이 운영하는 가게이자 집인 숍하우스에 무려 100명까지도 세들어 살았던 이민자의 열악한 생활 공간을 들여다볼 수 있다. 글로벌 경제 대국인 싱가포르에도 이런 시절이 있었다는 사실에 놀라움과 공감을 자아낸다.

★ 재보수 공사로 휴관 중, 2025년 초 오픈 예정

🚶 MRT 차이나타운Chinatown 역 A출구에서 도보 1분
📍 48 Pagoda St, Singapore 059207
📞 +65-6224-3928

차이나타운 골목길 벽화 여행

차이나타운을 걷다보면 골목길을 알록달록하게 밝히는
벽화들을 만날 수 있다. 그중에서도 가장 눈에 띄는
벽화는 싱가포르 작가 입유총Yip Yew Chong의 작품이다.
그의 작품은 언제나 재미난 이야기로 가득한데 작가 특유의
포근하고 따뜻한 그림체와 사소한 것 하나하나 섬세하게 표현해
옛 장소에 생기를 불어 넣는다. 올드 시티, 캄퐁글람,
리틀 인디아, 티옹바루 등 싱가포르 전역에서 그의 작품을 발견할 수 있다.

🏠 yipyc.com/blog/category/chinatown

모스크 스트리트
MRT 차이나타운역
① Ⓐ
파고다 스트리트
템플 스트리트
스리 마리암만 사원
스미스 스트리트
④
②
③
⑤

① 중추절 Mid-Autumn Festival

중국 민족의 최대 명절 중 하나인 중추절 풍경을 담
아낸 작품.

🚶 미향원 앞 골목길

② 마이 차이나타운 홈 My Chinatown Home

작가가 어린 시절 실제 살았던 차이나타운의 집을
떠올리며 완성한 작품으로 1970년대 싱가포르 사람
들의 삶의 모습을 엿볼 수 있다.

📍 30 Smith St, Singapore 058944

③ 광둥식 오페라 Cantonese Opera

월극이라고도 불리는 과거 차이나타운에서 굉장한
인기를 끌었던 대표적인 거리 공연의 모습이다.

📍 252 South Bridge Rd, Singapore 058801

④ 차이나타운 마켓 Chinatown Market

지금은 사라져버린 과거 차이나타운의 재래시장을
완벽히 재현했다.

📍 25 Temple St, Singapore 058570

⑤ 차이나타운 속 명탐정 코난
Detective Conan in Chinatown

일본 만화 〈명탐정 코난〉의 주인공이 노점에서 두리
안을 맛보고 엄지 손가락을 치켜든 모습이 재미있다.

🚶 커러 바로 옆

싱가포르 시티 갤러리 Singapore City Gallery

싱가포르의 도시 계획을 담당하는 도시재개발청(URAUrban Redevelopment Authority)에서 운영하는 전시장으로 1960년대부터 현재까지 싱가포르가 어떻게 성장해왔으며, 앞으로의 중장기 도시 계획은 어떤지에 대해 흥미로운 시각 자료와 건축 모형으로 아이들도 알기 쉽게 소개했다. 전시장은 2층부터 시작되며, 싱가포르 여행 중 자연스레 궁금해지는 물, 전기, 교통, 쓰레기, 녹지 정책에 대해서도 자세히 배울 수 있어 학생 또는 기업 인프라 투어의 단골 코스기도 하다. 이곳의 하이라이트는 400분의 1로 축소한 싱가포르 시내 모형으로 싱가포르의 전체 모습을 한눈에 볼 수 있고, 실제 건물과 똑같은 건축 모형으로 되어 있어서 여행 중 보았던 랜드마크를 찾아볼 수도 있다. 무료이고 실내 전시장이라 더위 걱정 없이 관람이 가능하다.

🚶 MRT 맥스웰Maxwell 역 2번 출구에서 맥스웰 푸드센터를 통과해 도보 3분
📍 45 Maxwell Rd, The URA Centre, Singapore 069118 🕐 09:00~17:00 ❌ 일요일
📞 +65-6221-6666 🏠 www.ura.gov.sg/Corporate/Singapore-City-Gallery

현지인이 모이는 힙한 거리 ……⑥

클럽 스트리트 & 안시앙 힐
Club Street & Ann Siang Hill

과거 중국계 사업가들의 사교 클럽과 동향회 같은 회관이 많아 클럽 스트리트가 되었지만 정작 클럽은 없다. 분위기 좋은 음식점과 바가 모여 있어 직장인들이 퇴근 후 한잔 하러 들르는 곳으로 주말에는 더욱 활기가 넘친다. 클럽 스트리트와 연결되는 야트막한 언덕인 안시앙 힐에는 유독 화려한 숍하우스가 많은데 대부분 1900년대 초부터 제2차 세계대전 이전 싱가포르 최고의 전성기에 지어진 건물로 천천히 거닐며 감상하기 좋다.

🚶 MRT 맥스웰Maxwell 역 2번 출구에서 도보 3분
📍 1 Ann Siang Hill, Singapore 069784

중국 이민자들의 소망이 담긴 곳 ……⑦

티안혹켕 사원 Thian Hock Keng Temple 天福宮

싱가포르에서 가장 오래된 중국 사원 중 하나로 바다의 수호신 마조媽祖 여신을 모시는 도교 사원이다. 과거 싱가포르로 건너 온 중국 이민자들은 마조 여신에게 새로운 땅에서의 건강과 성공을 빌었다. 지금도 중국 해안가, 타이완, 홍콩 등지에는 마조 신앙이 강하다. 사원 뒤, 입유총 작가의 벽화 속에는 중국 이민자들이 싱가포르에 정착했던 눈물겨운 이야기가 담겨 있으니 놓치지 말자.

🚶 MRT 텔록 아이어Telok Ayer 역 A출구에서 도보 2분 📍 158 Telok Ayer St, Singapore 068613 🕐 07:30~17:00 📞 +65-6423-4616
🏠 www.thianhockkeng.com.sg

현지인의 아파트 꼭대기에 숨겨진 뷰 맛집 ……⑧

피나클 앳 덕스턴 Pinnacle@Duxton

싱가포르가 자랑하는 HBD 아파트로 7개 동이 마치 병풍처럼 2개의 스카이 브리지로 연결되어 차이나타운 어디서든 눈에 띈다. 꼭대기 층인 50층 스카이 브리지는 일반에 유료로 개방되는데(하루 150명, 동시 50명까지 입장 제한), 파노라마처럼 펼쳐진 풍경에 감탄이 절로 나온다. 특히 다른 전망대에서는 잘 보기 어려운 싱가포르의 항구, 항만 시설을 마음껏 감상할 수 있다.

🚶 MRT 맥스웰Maxwell 역 3번 출구에서 도보 10분
📍 Cantonment Rd, #1G, Singapore 085301 🕐 09:00~21:00
💲 $6 ※현금 또는 이지링크 카드로 결제 📞 +65-1800-225-5432
🏠 www.pinnacleduxton.com.sg

힙스터가 모이는 SNS 명소 ⑨
케옹사익 로드
Keong Saik Road

중국계 사업가 탄케옹사익Tan Keong Saik의 이름을 딴 거리로 한때 홍등가로도 유명했으나 워낙 오래된 맛집이 모여 있어 현지 미식가에게 사랑받는 곳이다. 1990년대 초 정부가 이 지역의 숍하우스를 문화유산지구로 보존하면서 상업적 이용도 가능하게 새단장했다. 지금은 '포테이토 헤드 싱가포르' 음식점과 루프톱 바가 있는 힙한 공간으로 탈바꿈한 '동아東亞' 건물을 중심으로 개성 있는 바와 고급 음식점이 즐비한 매력적인 지역이 되었다. 동아 건물을 배경으로 사진을 찍으면 특유의 분위기가 잘 살아난다. 오래된 숍하우스 너머로 피나클 앳 덕스톤을 비롯한 고층 건물이 과거와 현대의 조화를 잘 보여주며 매력을 더한다.

🚶 MRT 오트람 파크Outram Park 역
H출구에서 도보 3분
📍 73 Keong Saik Rd, Singapore 089167

> 케옹사익 로드 바로 옆, 부킷파소 로드Bukit Pasoh Rd는 싱가포르를 배경으로 한 영화 〈크레이지 리치 아시안〉에서 여주인공 레이첼이 친구와 대화를 나누는 장면에도 등장했을 정도로 예쁜 숍하우스를 자랑한다.

싱가포르의 부와 비즈니스의 중심 ⑩
래플스 플레이스 Raffles Place

싱가포르의 금융 및 비즈니스 중심지로 싱가포르에서 중심 업무지구라고 하면 이곳을 뜻한다. 뉴욕의 맨해튼이나 서울의 광화문처럼 고층 빌딩 숲을 이루며, 바삐 움직이는 직장인 속에 활기찬 에너지가 느껴진다. 건물 하나하나를 살펴보면 한 번쯤 들어본 다국적 기업과 은행이 보여 괜스레 반갑다. 약 200년 전 래플스 경이 상업지구로 지정했으며 과거에는 무역을 통해, 현재는 금융과 비즈니스를 통해 싱가포르의 돈은 다 이곳으로 모인다 해도 과언이 아니다. 싱가포르 강변의 보트 키와 이어져 멋진 스카이라인을 만들며, 래플스 플레이스 한가운데의 유명한 호커센터 라우파삿은 해가 지면 도로를 막고 숯불 향 가득한 사테 거리로 변신해 특별함을 더한다.

🚶 MRT 래플스 플레이스Raffles Place 역과 연결
📍 1 Raffles Place, Singapore 048616

> 래플스 플레이스에 고층 건물이 많지만 싱가포르에서 가장 높은 건물은 차이나타운 쪽에 위치한 구오코 타워Guoco Tower로 높이는 290m다.

캐피타스프링 CapitaSpring

캐피타스프링은 래플스 플레이스에서 가장 높은 UOB 플라자, 원 래플스 플레이스, 리퍼블릭 플라자와 함께 280m 높이를 자랑하는 건물로 2021년 완공되었다. 건물 중간에 휘어진 창살 사이로 보이는 푸른 정원 때문에 멀리서도 눈에 띈다. 창의적인 디자인으로 유명한 덴마크 출신 건축가 비야케 잉겔스Bjarke Ingels와 이탈리아의 혁신적인 디자인 사무소 카를로라티 아소치아티Carlo Ratti Associati가 공동 설계한 작품으로 도시와 자연의 공존 가능성을 증명해 보이듯 건물 내부에만 8만 개 이상의 식물이 있다. 상업 건물이지만 17~20층에 자리한 힐링 정원 '그린 오아시스'와 51층 루프톱에 자리한 '스카이 가든'을 무료로 개방한다. 단, 입장 시간과 인원수에 제한이 있어 사전 예약은 필수다. 스카이 가든에 오르면 비싼 전망대가 부럽지 않을 정도로 마리나 베이 뷰가 끝내준다. 차이나타운과 중앙업무지구, 올드 시티까지도 가까이 볼 수 있어 랜드마크를 찾아보는 재미도 쏠쏠하다.

🚶 MRT 래플스 플레이스Raffles Place 역 A출구에서 도보 3분
📍 88 Market St, Singapore 048948　🕐 08:30~10:30, 14:30~18:00
❌ 주말, 공휴일　🏠 www.capitaland.com/sites/capitaspring

그린 오아시스와 스카이 가든 올라가는 법

아래 사이트를 통해 원하는 날짜와 시간을 선택해 사전 예약해야 한다. 방문일 기준 2주 전부터 예약 창이 열리며 예약 후 받은 확인 메일을 1층 컨시어지에 보여주면 전용 엘리베이터를 이용해 입장할 수 있다.

🏠 www.sevenrooms.com/
experiences/1arden/1-arden-sky-garden-
urban-sky-walk-experience-9304739237

도시에 낭만을 더하는
길 위의 예술 작품

카베나 다리 • • 더 풀러턴 호텔
② 싱가포르
④
UOB 플라자 • ① • 메이뱅크 타워
③
G **H**
B
래플스 플레이스 • **M** Raffles Place
A **C**
캐피타스프링 • **D**
E
J ⑤ • 오션 파이낸셜 센터

① 새 Bird
페르난도 보테로 • 1990년

사람과 동물을 과장되게 표현하는
작가만의 독특한 스타일이 잘 나타나
있다. 새는 평온함과 삶의 기쁨을 상
징한다.

🚶 UOB 플라자 앞 강변

③ 뉴턴에 대한 오마주
Homage to Newton
살바도르 달리 • 1985년

과학자 아이작 뉴턴을 기린 조형
물로 뻥 뚫어져 있는 가슴과 머리
는 개방적인 사고를 상징한다.

🚶 UOB 플라자 광장 내부

④ 강변의 상인들
The River Merchants
아우티홍 • 2003년

과거 싱가포르 강변에서 무역을
하는 상인들의 일상을 잘 묘사한
작품이다.

🚶 카베나 다리 끝 메이뱅크 건물 앞

② 제1세대 First Generation
총파청 • 2000년

개구쟁이 아이들이 헤엄을 치러 물
속으로 뛰어드는 순간을 재미있게 담
아낸 작품이다. 1980년대 정화 사업
이후 싱가포르강 수영은 금지되어, 지
금은 야생 수달만 수영을 즐긴다.

🚶 카베나 다리 끝 더 풀러턴 호텔
싱가포르 앞

⑤ 싱가포르 영혼
Singapore Soul
하우메 플렌자 • 2011년

싱가포르의 4가지 공식 언어인 영
어, 중국어, 말레이어, 타밀어로
'평등, 정의, 행복, 번영'이라는 글
자를 사용해 만든 작품으로 다민
족의 화합을 상징한다.

🚶 오션 파이낸셜 센터 앞

멀라이언 공원 Merlion Park

싱가포르 공식 마스코트 멀라이언은 사자 머리와 물고기 몸통을 하고 있어, 한번
보면 절대 잊혀지지 않는 독특한 외형을 자랑한다. 물고기 또는 바다생물을 뜻하
는 접두사 'mer-'에 사자를 뜻하는 'lion'을 합성한 단어다. 물고기 몸통은 싱가포
르섬의 원래 이름인 '테마섹Temasek'의 어촌 마을을 상징하는 물고기를 나타내며,
사자 머리는 약 700년 전 세워진 '싱가푸라Singapura' 왕국을 뜻하는 사자의 도시에
서 유래되었다. 8.6m 높이로 언제나 입에서 힘차게 물을 내뿜는데, 싱가포르에 온
관광객이라면 누구나 이곳에서 인증 사진을 남긴다. 사진 잘 찍기로 소문난 한국인
답게 재미있고 센스 넘치는 포즈를 연구해가는 건 어떨까!

🚶 MRT 래플스 플레이스Raffles Place 역 B출구에서 도보 7분
📍 1 Fullerton Rd, Singapore 049213 📞 +65-6736-6622

원조 멀라이언 동상 뒤에 있는 2m 높
이의 귀여운 멀라이언도 놓치지 말자.
중국 도자기를 깨뜨린 조각을 모자이
크처럼 붙여서 완성한 이 멀라이언상
은 '새끼 멀라이언Merlion Cub'이라 부
른다.

맥스웰 푸드센터 Maxwell Food Centre

차이나타운 중심가에 위치하여 현지인뿐 아니라 여행자 사이에서도 최고의 인기를 누리는 호커센터. 현지 음식을 파는 상점 100여 개가 한자리에 모여 있는데다, 저렴한 가격으로 싱가포르인의 소울 푸드를 맛볼 수 있다는 것이 큰 장점이다. 시원한 열대 과일과 주문 즉시 만들어주는 사탕수수주스 가게도 있어 쉬어가기 좋다. 앞서 배운대로 휴지로 자리를 맡은 다음 음식을 주문해보자. 빈 자리 찾기가 어렵다면 합석도 자연스러운 곳이니 주저말고 다가가자.

🚶 ① MRT 맥스웰Maxwell 역 2번 출구 바로 앞
② 불아사 맞은 편 📍 1 Kadayanallur St, Singapore 069184
🕐 08:00~02:00, 매장마다 다름 📞 +65-6226-5632
🏠 maxwellfoodcentre.com

> • 카드를 받지 않는 곳이 대부분이므로 반드시 현금을 준비하자.
> • 점심에는 직장인들이 MRT를 타고 일부러 찾아 올 정도로 인기 있는 곳이라 점심시간은 살짝 피해 방문하는 것이 좋다.

🍴 추천 맛집

• **#01-10/11 | 티안티안 하이나니즈 치킨라이스** Tian Tian Hainanese Chicken Rice
2016년부터 현재까지 미쉐린 가이드 빕구르망에 선정된 치킨라이스(S $5, M $6, L $9) 맛집. 언제나 줄이 길지만, 회전율이 빨라 생각보다 대기 시간이 길지는 않다.

🕐 10:00~19:30 ❌ 월요일

• **#01-56 | 로작, 포피아 & 커클** Rojak, Popiah & Cockle 현지인이 사랑하는 로작($4~)과 포피아(1개 $1.8) 전문점. 포피아는 깔끔한 맛이 일품이고 로작은 밀가루 반죽 튀김인 요우티아오를 썰은 것에 채소와 과일을 넣고 달콤한 소스에 버무린 후 땅콩 가루를 듬뿍 올린 음식이다.

🕐 11:30~20:30 ❌ 수요일

• **#01-05 | 맥스웰 푸조 오이스터 케이크** Maxwell Fuzhou Oyster Cake 전통 방식의 수제 오이스터 케이크($2.5) 딱 하나만 판매한다. 반죽에 고기와 채소, 새우, 굴을 소로 넣고 둥글 납작한 모양으로 튀겨내는데 겉은 바삭, 속은 촉촉하며 굴 향이 진하다.

🕐 09:00~20:00 ❌ 일요일

• **#01-91 | 라오반 소야 빈커드** Lao Ban Soya Beancurd 중독성 강한 푸딩 맛집. 순두부 같은 탱글탱글한 식감의 시원하고 달콤한 두유 푸딩으로 오리지널($2)이 가장 맛있다.

🕐 11:00~15:00, 17:30~19:30

늦은 밤 즐기는 불맛 가득 사테와 시원한 맥주 한 잔 ⋯⋯ ②

라우파삿 Lau Pa Sat

라우파삿은 '오래된 시장'을 뜻하는데 과거 텔록 아이어 해안가에 싱가포르 최초의 시장으로 문을 열었다가 몇 차례의 간척 사업을 통해 지금의 자리로 옮겨왔다. 고층 빌딩 속 팔각형 모양의 지붕과 가운데 우뚝 선 시계탑이 옛 감성을 더한다. 맥스웰 푸드센터와 더불어 싱가포르에서 가장 인기 있는 호커센터로 낮에는 근처 직장인의 인기 점심 장소지만, 저녁 7시 해 질 무렵이 되면 낮 동안 차가 쌩쌩 달리던 분탓 스트리트Boon Tat St에 야외석이 펼쳐지고, 숯불 위 노릇노릇 익어가는 사테 냄새가 거리에 진동한다. 불맛 가득한 치킨, 양고기, 소고기, 새우 꼬치를 달달한 땅콩소스에 찍어 먹는 것이 별미. 남녀노소 누구나 좋아하는 맛으로 시원한 맥주 한 잔까지 곁들이면 여행의 피로가 말끔히 사라진다.

🚶 MRT 텔록 아이어Telok Ayer 역 A출구에서 도보 5분 📍 18 Raffles Quay, Singapore 048582 🕐 19:00~03:00(주말 15:00~), 호커센터는 24시간 영업 💲 세트 A(치킨 10개, 양고기/소고기 10개, 새우 6개) $28, 세트 B(치킨 15개, 양고기/소고기 15개, 새우 10개) $44 📞 +65-6220-2138 🏠 laupasat.sg

• 한국인 여행자에게 인기 있는 집은 7번과 8번 가게로 한국어로도 소통이 가능하다.
• 사테는 단품으로도 주문이 가능하나 여러 종류를 맛볼 수 있는 세트 메뉴도 괜찮다. 2인 기준 20~30꼬치 정도면 충분하므로 너무 많은 양을 한 번에 주문할 필요는 없다.
• 맥주는 타이거 맥주 유니폼을 입고 돌아다니는 직원에게 주문하면 된다.

아침 식사로 딱! 카야 토스트 맛집

토스트 세트
$6.3

야쿤 카야 토스트 Ya Kun Kaya Toast

싱가포르 전역과 아시아 각국에 매장이 있는 세계적인
체인이 되었지만 노포 느낌이 물씬 풍기는 차이나타운
본점(파 이스트 스퀘어)에서 먹으면 어쩐지 같은 토스
트라도 더 맛있을 것 같은 기분이 든다. 숯불에 구운 식빵
에 달콤한 카야잼과 차가운 버터 조각을 넣은 카야 토스트는
언제 먹어도 맛있다. 세트로 시키면 수란 2개가 함께 나오는데 수란에 간장과 백후추
를 살짝 뿌려 섞은 다음 달달한 토스트를 찍어 먹으면 단짠의
조화가 환상적이다. 세트에는 싱가포르식 코피(커피)나 테
(차)가 포함된다. 음료는 입맛에 맞게 변경 가능하며, 기
념품이나 선물용으로 구매 가능한 카야잼도 판매한다.

🚶 MRT 텔록 아이어Telok Ayer 역 B출구에서 도보 5분
📍 18 China St, #01-01, Singapore 049560 🕐 07:30~
15:30(주말 ~15:00) 💲 토스트 단품 $3, 선물용 카야 잼 $6.8~
📞 +65-6438-3638 🏠 www.yakun.com

동아 이팅 하우스 Tong Ah Eating House

진짜 맛있는 떡볶이집은 작은 동네 가게인 것처럼 이곳도 1939년부터 변함 없는
맛으로 사랑받는 카야 토스트 맛집이다. 본래 케옹사익 로드의 랜드마크인 '동
아東亞'라는 글자가 돋보이는 코너 건물에서 영업하다 2013년 현재 자리로 옮겨
왔다. 전통 카야 토스트 세트도 맛있지만 이곳에서는 주인 아저씨의 자랑인 얇
고 바삭한 크리스피 토스트Crispy Toast를 꼭 먹어보자. 불 앞에서 몇 번이고 반
복해서 구워낸 식감 덕에 현지 매체에도 여러 번 소개되었
다. 야쿤과는 달리 갈색 빵이 아닌 흰 빵을 사용하고
카야잼도 비교적 덜 달고 담백하다. 어느 쪽이 더 내
취향인지는 둘 다 먹어봐야 안다!

🚶 MRT 오트람 파크Outram Park 역 4번 출구에서 도보 6분
📍 35 Keong Saik Rd, Singapore 089142 🕐 07:00~
22:00(수요일 ~14:00) 💲 전통 카야 토스트 세트
$6.2, 토스트 단품 $2.6~ 📞 +65-6223-5083
🏠 www.facebook.com/TongAhEatingHouse

크리스피
토스트 세트
$6.8

현지인과 한국인의 입맛까지 사로잡은 꿔바로우 맛집 ┄┄┄ ③
동북인가 Dong Bei Ren Jia 东北人家

차이나타운에서 동방미식Oriental Chinese Restaurant과 함께 양대산맥을 이루는 동북인가는 현지인과 본토 중국인이 입을 모아 추천하는 맛집이다. 특히 돼지고기를 납작하게 튀겨 새콤달콤한 소스에 묻혀 먹는 중국식 찹쌀 탕수육 꿔바로우는 남녀노소 모두가 좋아하는 음식으로 인기가 많고, 풋고추를 사용한 고추잡채와 모양은 투박하지만 직접 빚은 손만두가 정말 맛있다. 쫄면처럼 새콤하게 채소와 비빈 중국당면무침은 느끼함을 잡아준다. 메뉴판에는 음식 사진과 번호가 있어 영어나 중국어가 서툴러도 쉽게 주문할 수 있고, 가격도 저렴해 여러 명이 마음껏 주문해도 1인당 $20~30을 넘지 않아 더욱 만족스럽다.

🚶 MRT 차이나타운Chinatown 역 G출구에서 도보 3분 📍 22 Upper Cross St, Singapore 058334 🕐 11:00~23:00 💲 ➕ 꿔바로우 $14, 고추잡채 $12, 만두(10개) $6, 중국당면무침 $8 📞 +65-6224-5258 🏠 www.facebook.com/Dongbeirenjia

진정한 만두 러버를 위한 곳 ┄┄┄ ④
징화샤오츠 Jing Hua Xiao Chi

딘타이펑이 싱가포르에 들어오기 전에 현지인 사이에서 최고의 만두집으로 꼽히던 유서 깊은 음식점이다. 메뉴는 만두와 국수, 볶음밥, 채소볶음 정도로 단촐하지만 맛은 절대 단순하지 않다. 특히 해물과 돼지고기가 섞인 만두소가 일품이다. 얇은 피에 만두소를 꼬마김밥처럼 말아서 바삭하게 구워낸 군만두와 만두를 피자처럼 넓적하게 구워 8등분으로 잘라 나오는 피자만두가 비주얼도 특별하고 맛도 최고다. 촉촉한 찐만두도 담백한 맛으로 계속 집어 먹게 된다. 국수류 중에서는 중국식 짜장면이 달콤하면서도 담백해 우리 입맛에 잘 맞는다. 평소 만두를 좋아하는 사람이라면 꼭 한번 들러보기를 추천한다.

🚶 MRT 맥스웰Maxwell 역 3번 출구에서 도보 2분 📍 21/23 Neil Rd, Singapore 088814 🕐 11:30~15:00, 17:30~21:30 💲 ➕ 군만두 & 찐만두(10개) $11, 피자만두 $13.2, 샤오롱바오(6개) $9.9, 짜장면 $6.4 ❌ 월요일 📞 +65-6221-3060 🏠 jinghua.sg

가수 성시경의 유튜브 '먹을텐데 싱가포르편'에도 이색 맛집으로 소개된 바 있다.

옛 중국식 한약방에서 힙한 브런치 카페로 ……⑤
마이 어섬 카페 My Awesome Café

과거 '중화의원中華醫院'이라는 이름의 진료소 건물을 리모델링
한 카페. 내부로 들어서면 화려한 등과 빈티지 가구로 꾸며져
있어 사진 찍기 좋다. 마이 어섬 샌드위치와 샐러드
가 인기 메뉴이며, 음료와 커피도 훌륭해 야외
석에서 쉬어 가기 좋다. 밤이 되면 와인 바가 되
는데 각종 플래터 메뉴가 아주 훌륭하다.

🚶 MRT 텔록 아이어Telok Ayer A출구에서 도보 5분 📍 202 Telok Ayer St,
Singapore 068639 🕐 월요일 11:00~22:00, 화~금요일 11:00~24:00, 토요일
10:30~23:30, 일요일 10:30~22:00 💲 ⊕⊕ 마이 어섬 샌드위치·샐러드 $18, 플래터
$31~ 📞 +65-8798-1783 🏠 www.myawesomecafe.com

싱가포르에서 처음 맛보는 아프리카 음식점 ……⑥
카페 우투 Kafe Utu

싱가포르 유일의 아프리카 음식점으로 독특한
콘셉트와 분위기로 오픈 직후부터 사랑받았다.
밥과 함께 먹는 커리류가 주를 이루는데 라이베
리아식 피넛 치킨 스튜와 우간다식 바나나 스튜 마
토케Matoke를 추천한다. 칵테일 중에서는 케냐산 진에 페퍼콘과 세이지로
향을 더한 진토닉이 특히 훌륭하며 커피와 초콜릿 베이스 음료도 흥미롭다.

🚶 MRT 오트람 파크Outram Park 역 4번 출구에서 도보 8분
📍 12 Jiak Chuan Rd, Singapore 089265 🕐 10:00~16:30, 18:00~21:30
❌ 월요일 💲 ⊕⊕ 피넛 치킨 스튜 $31, 마토케 $27, 칵테일 $25~ ❌ 월요일
📞 +65-6996-3937 🏠 www.kafeutu.com

호불호 없는 퓨전 일식에 마리나 베이 뷰를 더하다 ……⑦
집시 Jypsy One Fullerton

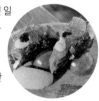

멋진 마리나 베이 뷰를 가진 편안한 분위기의 퓨전 일
식집이다. 맛있는 음식으로 현지인과 여행자 모두
에게 인기가 많다. 추천 메뉴는 바삭한 김부각에
상큼하게 시즈닝한 연어를 올린 살몬 타코, 속이
꽉찬 타이거 새우 & 크랩 교자, 장어구이가 올라간
볶음밥 등이 있다. 주말 저녁에는 예약이 필수다.

🚶 ① MRT 래플스 플레이스Raffles Place 역 B출구에서 도보 7분, 원 풀러턴 1층
② 멀라이언 공원에서 도보 3분 📍 1 Fullerton Rd, #01-02/03, Singapore 049213
🕐 월~목요일 11:30~23:00, 금요일 11:30~24:00, 토요일 10:00~24:00, 일요일
10:00~23:00 💲 ⊕⊕ 살몬 타코 $18, 타이거 새우 & 크랩 교자 $18, 장어 볶음밥
$26 📞 +65-6708-9288 🏠 www.jypsy.com

최고의 마리나 베이 뷰와
함께 하는 칠리크랩 ……⑧
팜 비치 시푸드 Palm Beach Seafood

마리나 베이 뷰를 바라보면서 즐기는 칠리크랩은 싱가포르에서 누릴 수 있는 최고의 호사다. 대한민국 대사관이나 기업에서 특별한 손님이 오실 때 모시는 곳으로 알음알음 소문이 났다. 가격대는 확실히 있지만 싱가포르의 대표 음식인 칠리크랩을 더욱 특별하게 즐기고 싶다면 추천한다. 특히 야외석에 앉아 매일 밤 8시 마리나 베이 샌즈 호텔 앞에서 펼쳐지는 스펙트라 쇼를 감상하며 식사를 즐기는 것이 이곳의 매력 포인트다. 다양한 해산물 메뉴가 있으나 매콤달콤한 칠리크랩에 중국식 튀김빵(만터우)이나 볶음밥을 곁들여 먹으면 든든하다. 4인부터 예약이 가능하나 요청 사항란에 2인(또는 3인)이 방문한다고 남겨놓으면 된다.

🚶 ① MRT 래플스 플레이스Raffles Place 역 B출구에서 도보 5분, 원 풀러턴 1층 ② 멀라이언 공원 바로 앞 📍 1 Fullerton Rd, #01-09, Singapore 049213 ⏱ 12:00~14:30, 17:30~22:30 💲 ⊕⊕ 칠리크랩(kg) $130, 골든 아몬드 프론(S/M/L) $25/$35/$45, 시푸드 프라이드 라이스(S/M/L) $20/$28/$36, 튀김빵(8개) $4 📞 +65-6336-8118 🏠 www.palmbeachseafood.com

엘리자베스 여왕도 사랑한 중국식 전통 찻집 ……⑨
티 챕터 Tea Chapter

싱가포르에 제대로 된 중국식 차 문화를 남기고자 13인이 뭉쳐 1989년에 문을 연 티 하우스로 현재까지 한자리에서 성업 중이다. 1층에서 다양한 차와 다기를 전시하는데 살짝 둘러보기만 해도 마음이 차분해진다. 2층과 3층에는 차를 즐길 수 있는 다실이 각기 다른 분위기로 마련되어 있다(한국식도 있음). 가장 인기 있는 곳은 엘리자베스 2세 여왕이 직접 방문해 차를 즐긴 '여왕의 방Queen's Room'으로 별도 이용료 $10가 추가된다. 여왕이 마셨던 '어용황금계Imperial Golden Cassia'는 우롱차의 일종으로 황금색 차 빛깔에 꽃향기가 가득하고 끝맛이 부드러운 것이 특징. 차를 주문하면 티 마스터가 직접 차를 내려주며 찻잔 잡는 법, 향을 음미하며 차를 마시는 법을 세세하게 안내해준다.

🚶 MRT 맥스웰Maxwell 역 3번 출구에서 도보 2분 📍 9 Neil Rd, Singapore 088808 ⏱ 11:00~21:00(금·토요일 ~22:30) 💲 ⊕⊕ 차 $18~, 어용황금계 $28, 좌석에 따라 $5 또는 $10 추가 📞 +65-6226-1175 🏠 teachapter.com

· 평일에는 홈페이지를 통해 예약이 가능하며, 주말과 공휴일에는 예약 없이 워크인으로 운영된다.
· 함께 곁들일 다과로는 찻잎으로 색깔을 입힌 달걀 티 에그Tea Egg($2), 챕터 세븐 쿠키Chapter 7 Cookies($6)를 추천한다.

마리나 베이를 바라보며 즐기는 호화로운 애프터눈 티 ······ ⑩

더 랜딩 포인트 The Landing Point

싱가포르 호텔 중 가장 아름다운 로비로 손꼽히는 '더 풀러턴 베이 호텔 싱가포르' 1층 로비에 위치한다. 마리나 베이 샌즈가 정면으로 보이는 최고의 뷰와 입구에 들어서는 순간 감탄이 절로 나오는 우아한 분위기를 자랑한다. 애프터눈 티 또한 수준급인데 예쁜 쟁반에 담겨 나오는 세이보리 6종과 스위트 6종으로 구성된 샌드위치, 초콜릿, 마카롱, 케이크 등은 먹기 아까울 정도로 예쁜 비주얼을 자랑한다. 음료는 TWG 티와 바샤 커피 중 2잔을 골라 마실 수 있다. 예약 시 채식 메뉴 선택이 가능하고 유제품이나 견과류 없이도 주문이 가능하다. 마리나 베이 샌즈를 배경으로 애프터눈 티를 즐길 수 있는 최고의 장소이며 라이브 피아노 연주가 경쾌한 분위기를 더해준다.

🚶 MRT 래플스 플레이스Raffles Place 역 J출구에서 도보 5분, 더 풀러턴 베이 호텔 싱가포르 1층 📍 80 Collyer Quay, Singapore 049326 🕐 10:00~22:00, 애프터눈 티 15:30~17:30 💲 ⊕⊕ 애프터눈 티 일반 $68, 6~11세 $34 📞 +65-3129-8557 🏠 www.fullertonhotels.com/fullerton-bay-hotel-singapore/dining/restaurants-and-bars/the-landing-point

현지인이 사랑하는 딤섬 맛집 ······ ⑪
빅터스 키친 Victor's Kitchen

다른 딤섬집에 비해 가성비도 좋고 혼자 또는 소규모 인원으로 딤섬을 즐길 수 있다. 딤섬 종류도 다 맛있지만 다른 곳에서는 찾기 어려운 당근케이크Steam Carrot Cake with XO Sauce를 꼭 먹어볼 것. 당근이 아닌 부드러운 무떡에 매콤한 특제 소스를 곁들여 먹는데 속도 편하고 맛도 끝내준다. 쉬림프롤Crispy Golden Shrimp Rolls과 아침으로 먹기 좋은 죽Porridge 종류도 맛있다. 현금 결제만 가능하다.

🚶 MRT 차이나타운Chinatown 역 E출구와 연결, 차이나타운 포인트 B1층
📍 133 New Bridge Rd, #B1-33, Singapore 059413 🕐 10:30~21:00
💲 샤오마이(4개) $5.8, 하가우(3개) $6.2, 당근케이크 $5.3, 쉬림프롤 $5.5
📞 +65-6444-3579 🏠 www.victors-kitchen.com

가성비 끝판왕 망고빙수집 ······ ⑫
미향원 Mei Heong Yuen Dessert 味香园甜品

오랫동안 한자리를 지켜온 디저트 맛집으로 한국인 여행자에게도 사랑받는다. 총 21가지 빙수 중 망고 빙수가 최고 인기고, 싱가포르에서만 먹을 수 있는 첸돌 빙수도 별미다. 현지인은 중국식 디저트도 즐겨 먹는데 망고 포멜로 사고는 톡톡 터지는 포멜로와 쫀득한 사고 젤리의 식감이 어우러져 맛있다. 따끈한 생강차에 검은깨와 땅콩이 들어간 경단을 띄운 탕원은 어르신에게 인기가 많다.

🚶 MRT 차이나타운Chinatown 역 A출구에서 도보 3분 📍 63-67 Temple St, Singapore 058611 🕐 12:00~22:00 💲 빙수류 $7~8, 망고 포멜로 사고 $7, 탕원 $4 ❌ 월요일 📞 +65-6221-1156
🏠 www.meiheongyuendessert.com.sg

40년 역사를 자랑하는 싱가포르 최고의 파인애플 타르트 ······ ⑬
커러 Kele

1983년 자그마한 과자점으로 시작해 최상의 재료를 사용한다는 철칙하에 지금은 싱가포르 최고의 파인애플 타르트 브랜드로 성장했다. 버터 향 가득한 꽃 모양 쿠키 위에 신선한 파인애플잼을 올린 전통 스타일의 파인애플 타르트는 너무 달지 않으면서도 입에서 살살 녹는 맛이 일품이다. 쿠키 속에 파인애플잼을 넣어 한 입 크기로 만든 파인애플 볼도 있다. 기념품이나 선물용으로 딱이다.

🚶 ① MRT 맥스웰Maxwell 역 1번 출구에서 도보 2분 ② 불아사에서 도보 1분 📍 2 Smith St, Singapore 058917 🕐 10:00~19:00
💲 파인애플 타르트·볼 3개 $10.8, 6개 $16.8, 12개 $26.8, 30개 $33.8
📞 +65-6908-1511 🏠 www.kelepineappletarts.com.sg

싱가포르식 육포
박과 맛집,
비첸향 vs 림치관

싱가포르식 육포인 박과는 싱가포르에서 꼭 먹어봐야 할 간식 중 하나다.
다양한 박과 브랜드가 있지만 차이나타운에 나란히 위치하면서도
가장 맛이 좋기로 소문난, 그래서 때때로 마니아 사이에서
라이벌처럼 논쟁이 벌어지는 비첸향과 림치관 두 곳을 집중 소개한다.

Since 1933

슬라이스 포크
300g $22.2
500g $37

비첸향 Bee Cheng Hiang 美珍香

싱가포르 박과의 대표 브랜드로 싱가포르에만 50개 이상의 지점이 있고 한국을 포함한 11개국에 진출했을 정도로 세계적인 브랜드로 성장해왔다. 인공 방부제, 착색료, 고기 연화제, 인공 색소 및 향료, MSG 없이 100% 천연 재료를 사용한다. 대표 메뉴는 슬라이스 포크로 달콤 짭짤하면서도 씹는 식감이 좋아서 간식이나 맥주 안주로 좋다. 다진 고기Minced Pork로 만든 박과는 부드러워서 치아에 부담이 없고, 칠리 포크는 생각보다 꽤 매콤하다. 휴대하기 간편하고 1개씩 꺼내 먹기 좋게 개별 진공 포장된 미니 박과도 있다.

🚶 MRT 차이나타운Chinatown 역 A출구에서 도보 4분
📍 189 New Bridge Rd, Singapore 059422 🕐 09:00~22:00
📞 +65-6223-7059 🏠 www.beechenghiang.com.sg

시그니처
슬라이스 포크

300g $20.4
500g $34

Since 1938

림치관 Lim Chee Guan 林志源

차이나타운에서 시작해 80년 이상의 역사를 지닌 박과 브랜드. 현지인이 더 즐겨 찾는 브랜드로 매년 춘절 기간에는 며칠 전부터 가게 밖으로 긴 줄이 늘어서 눈길을 끈다. 시그니처 슬라이스 포크와 BBQ 칠리 포크는 다른 곳에 비해 비교적 덜 달고 부드러우며 은은한 숯불 향이 풍미를 더한다. 돼지고기 외에 닭고기, 소고기 박과도 있다. 게다가 재미있게도 새우와 생선으로 만든 박과도 있어 고기를 즐기지 않는 사람도 시도해보기 좋다. 차이나타운 외에도 아이온 오차드 쇼핑몰과 주얼 창이에 매장이 있다.

🚶 MRT 차이나타운Chinatown 역 A출구에서 도보 3분
📍 203 New Bridge Rd, Singapore 059429 🕐 09:00~22:00
📞 +65-6933-7230 🏠 www.limcheeguan.sg

LANTERN

명실공히 싱가포르
베스트 루프톱 바 ……⑭
랜턴 Lantern

현지인, 여행자 모두에게 인기가 많은 곳이라 방문 전 예약하는 것이 좋다. 예약 시에는 방문자 1인당 $30의 보증금을 지불해야 한다.

더 풀러턴 베이 호텔 싱가포르 옥상에 위치해 마리나 베이 샌즈를 배경으로 한 탁 트인 뷰를 자랑하는 싱가포르 최고의 루프톱 바다. 싱가포르에서 단 한 곳의 바를 간다면 바로 이곳을 추천한다. 엘리베이터 문이 열리자마자 펼쳐지는 시원한 호텔 수영장과 마리나 베이 풍경에 감탄사가 절로 나온다. 마리나 베이에서 매일 밤 열리는 스펙트라 쇼 시간에 맞춰 간다면 금상첨화. 드레스 코드는 세미 캐주얼로 플립플랍은 입장할 수 없다. 최대한 화려하게 갖춰 입고 싱가포르의 밤을 즐겨보자.

🚶 MRT 래플스 플레이스Raffles Place 역 C출구에서 CIMB 플라자를 통과해 도보 10분 📍 80 Collyer Quay, Singapore 049326 🕐 15:00~01:00(금·토요일 ~02:00) 💲 ⊕ ⊕ 칵테일 $26~32, 치킨 윙 $24~, 피자 $36~ 📞 +65-3129-8229 🏠 www.fullertonhotels.com/fullerton-bay-hotel-singapore/dining/restaurants-and-bars/lantern

마리나 베이 뷰와 함께 즐기는 싱가포르 수제 맥주 ······ ⑮
레벨 33 LeVeL 33

이름 그대로 마리나 베이 파이낸셜 센터(MBFC) 타워 1
건물의 33층에 위치한 루프톱 바. 세계에서 가장 높은 곳
에 있는 맥주 양조장으로도 유명한데 매장에서 직접 만
드는 수제 맥주는 그 맛도 수준급이다. 내부에 들어서면
거대한 맥주 탱크가 있는 멋진 바와 다이닝 룸이 있으며,
야외 테라스로 나가면 가슴이 뻥 뚫리는 마리나 베이 전
망을 실컷 감상할 수 있다. 어떤 맥주를 골라야 할지 모르
겠다면 맥주 5가지를 100ml씩 맛볼 수 있는 비어 테이스
팅 패들Beer Tasting Paddle을 시켜보자. 오후 2시 30분 이
후 주문 가능한 시그니처 시푸드 플래터가 인기가 많고,
식사용 양식 요리도 맛이 좋은 편이다. 야외석은 반드시
예약해야 하고 1인당 최소 금액 $100가 있다.

🚶 MRT 다운타운Downtown 역 C출구에서 도보 2분, MBFC 타워
1 33층 📍 8 Marina Blvd, #33-01 MBFC Tower 1,
Singapoore 018981 🕐 12:00~23:00 💲 ➕➕ 수제 맥주
(300ml/500ml) $16.9/$19.9(~20:00 $11.9/$16.9), 비어 테이스
팅 패들 $26.9, 시그니처 시푸드 플래터 $48, 메인 요리 $40~
📞 +65-6834-3133 🏠 www.level33.com.sg

도심 속 오아시스, 여유가 느껴지는 루프톱 바 ······ ⑯
포테이토 헤드 싱가포르 Potato Head Singapore

1939년에 지은 아르데코 양식의 숍하우스이자 케옹사익 로드의 랜드마크인 '동
아' 건물 꼭대기에는 힙한 감성이 가득한 루프톱 바가 숨어 있다. 여행지에서 비
치 클럽을 좀 다녀봤다면 이름이 낯익을 지도. 발리와 홍콩에서 큰 인기를 얻은
'포테이토 헤드'가 그 느긋하고 여유로운 분위기를 싱가포르에 그대로 들여왔다.
루프톱 바라고 하니 어쩐지 차려입어야 할 것 같지만 이곳에서는 캐주얼한 하와
이안 셔츠와 트로피컬 원피스가 더 어울린다. 멀리 중심업무지구의 스카이라인
과 차이나타운 골목 숍하우스의 주황색 지붕을 내려다보는 뷰가 싱가포르만의
특별한 야경을 선사해준다.

🚶 MRT 오트람 파크Outram Park 역 4번
출구에서 도보 6분 📍 36 Keong Saik Rd,
Singapore 089143 🕐 12:00~24:00
(루프톱 바 17:00~) 💲 ➕➕ 칵테일 $23~,
안주류 $15~ 📞 +65-9327-1939
🏠 singapore.potatohead.co

차이나타운 포인트 Chinatown Point

현지인과 여행자 모두에게 사랑받는 쇼핑몰로 MRT 차이나타운 역과 연결되어 편리하다. 한국인 여행자가 즐겨 찾는 송파바쿠테와 미향원 분점도 이곳에 있는데 본점에 비해 대기도 짧고 쇼핑몰 내부에서 시원하게 기다릴 수 있다. 지하에는 페어프라이스 슈퍼마켓과 다이소, 드러그스토어인 왓슨스, 가디언스가 있어서 기념품이나 여행 중 급히 필요한 물건을 사기도 좋다. 현지인만 아는 맛집도 많은데 1층의 통팁 란조우 소고기 국수Tongue Tip Lanzhou Beef Noodles(#01-43)는 무를 많이 넣고 끓인 갈비탕 맛이라 호불호가 없다. 중국 본토 스타일로 즐기려면 절인 채소와 칠리소스를 추가하면 된다. B1층 프라타 왈라Prata Wala(#B1-44/45)에서는 인도 음식 로티 프라타Roti Prata를 맛볼 수 있다. 즉석에서 구워주는 바삭하고 촉촉한 프라타 빵에 커리소스를 곁들여 먹으면 별미다. 현지인이 사랑하는 딤섬 맛집, 빅터스 키친도 이곳에 있다.

🚶 MRT 차이나타운Chinatown 역 E출구와 연결 📍 133 New Bride Rd, Singapore 059413 🕐 10:00~22:00 📞 +65-6702-0114
🏠 chinatownpoint.com.sg

아시아의 골동품이 모여 있는 앤티크 숍 ······ ②

이스트 인스퍼레이션스 East Inspirations

중국을 비롯한 아시아의 골동품을 전시, 판매하는 곳으로 신기한 구경거리가 한
가득이다. 19세기 중국 귀족이 사용했던 아편 담뱃대, 티베트에서 가져온 명상용
싱잉볼, 불상, 예쁜 찻잔 세트와 귀여운 도자기, 소뿔로 만든 머리빗과 액세서리,
알록달록 파스텔색의 화려한 패턴이 특징인 페라나칸 스타일 식기 및 수저 세트
등 정말 다양한 물건을 만날 수 있다. 값비싼 골동품도 있지만 가볍게 기념품으로
사기 좋은 저렴한 제품도 많으니 구석구석 둘러보고 나만의 보물을 찾아보자.

🚶 ① MRT 맥스웰Maxwell 역 1번 출구에서
도보 2분 ② 불아사에서 도보 1분
📍 256 South Bridge Rd, Singapore 058805
🕐 10:30~18:00 💲 도자기 찻잔 $5~,
페라나칸 수저 $6, 소뿔 액세서리 $28
📞 +65-6323-5365
🏠 www.east-inspirations.com

싱가포르만의 독특한
타일 기념품을 찾아서 ······ ③

페라나칸 타일 갤러리
Peranakan Tiles Gallery

싱가포르 숍하우스를 장식하는데 사용했던 페라나칸
식 알록달록한 타일을 전시 및 판매한다. 주인장 빅터
림Victor Lim은 1970~80년대 점차 사라지던 숍하우스
에서 타일을 수집해 총 3만 장 이상의 앤티크 타일을
소장하고 있으며, 일부 판매도 한다. 1900년대 초 싱
가포르의 숍하우스를 장식했던 타일은 유럽과 일본에
서 질 좋은 재료와 독특한 디자인으로 만들어져 하나
의 작품으로 봐도 무방하다. 이곳에서는 앤티크 타일
뿐 아니라 페라나칸 타일을 모티프로 한 마그넷, 컵 받
침 등도 판매해 기념품으로 사기 좋다.

🚶 MRT 차이나타운Chinatown 역 A출구에서 도보 3분
📍 36 Temple St, Singapore 059196 🕐 12:00~18:00
💲 마그넷 $6, 컵 받침 $8, 앤티크 타일 $28~960
📞 +65-6684-8600 🏠 asterbykyra.sg

REAL PLUS ···· ②

시간이 천천히 흐르는 곳

티옹바루 Tiong Bahru

티옹Tiong은 호키엔 방언으로 '묘지'를 뜻하며 바루Bahru는 말레이어로 '새롭다'는 뜻이다.
이름의 뜻 그대로 티옹바루는 과거에 묘지로 쓰였으며, 차이나타운의 옛 묘지와
대비해 새로운 공동묘지라 불렸다. 오랫동안 지저분하고 열악한 동네라는 이미지가 있던 곳에
카페와 음식점이 하나 둘 생기더니 지금은 싱가포르에서 가장 쿨하고 힙한 동네가
되었다. 엄청난 볼거리를 기대하고 간다면 그저 평범한 동네로 느껴질 지 모르지만,
티옹바루의 매력은 천천히 걷고 오래 머물 수록 그 향기를 음미할 수 있다.

티옹바루
상세 지도

M Tiong Bahru

🚶 티옹바루 마켓

M Havelock

예니드로즈
앤 프렌츠

티옹바루 베이커리 🍴

시장 그리고 점쟁이

🚶 티옹바루 옛 주택가와 벽화들

아트블루
스튜디오

캣 소크라테스

🍴 마이크로 베이커리 키친

• 집

🍴 플레인 바닐라

N
W E
S

0   50m

이동 방법

MRT 티옹바루Tiong Bahru 역 B출구에서 티옹바루 로드Tiong Bahru Rd를 따라 이동하거나 MRT 해브록Havelock 2번 출구에서 자이온 로드Zion Rd를 따라 이동하면 티옹바루에 도달한다. 티옹바루 베이커리 앞 대로의 버스 정류장 'Blk 55'에서는 5·16·33·63·75·123·175·195·970번 버스가 정차한다.

추천 코스

조금 부지런을 떨 수 있다면 이른 아침에만 오픈하는 **티옹바루 마켓**에서 하루를 시작해보자. 우리나라의 재래시장과 같은 곳으로 이른 아침부터 장을 보러 나온 현지인들로 활기가 넘친다. 시장 구경을 마친 다음에는 **2층 호커센터**로 올라가 현지인과 어울려 든든한 아침을 먹는다. 아침으로 카야 토스트만 먹는 줄 알았겠지만 생각보다 다양한 메뉴에 놀랄 것이다. 배를 채운 후에는 발길 닿는대로 골목골목을 걸으며 **오래된 주택가**를 구경하고, 살짝 더워지기 시작하면 **티옹바루 베이커리**에서 갓 내린 신선한 커피 한잔과 크루아상을 음미하며 휴식 시간을 갖자. 귀여운 고양이 주인이 기다리는 **캣 소크라테스**에 들러 싱가포르 디자이너의 개성 넘치는 소품을 구경한 뒤에는 골목 구석구석 따스한 벽화와 내 마음에 쏙 드는 작은 가게를 발견하는 기쁨도 꼭 누려보자.

골목길 따라 여유로운 산책길
티옹바루 옛 주택가와 벽화들

티옹바루의 매력 중 하나는 옛 주택가와 새로 지어진 고층 아파트가 혼재되어 과거와 현재가 묘하게 어우러진 점이다. 티옹바루 곳곳에는 영국 식민지 시대에 지은 싱가포르 최초의 공공주택이 남아 있고, 이후 싱가포르 정부에서 지은 HDB 아파트도 곳곳에 있다. 1990년대 이후 MRT역과 쇼핑몰이 생기면서 새로운 HDB 아파트와 콘도미니엄이 들어섰고 티옹바루에도 젊은 인구가 유입되었다. 옛 주택가 골목길에는 감성 가득한 벽화를 만날 수 있는데 바로 차이나타운에서도 보았던 입유총 작가의 작품들이다.

🏃 ① MRT 해브록Havelock 역 2번 출구에서 도보 10분
② MRT 티옹바루Tiong Bahru 역 A출구에서 도보 12분

주요 벽화 체크!

집 Home
티옹바루 옛 주택가의 집 안 모습이 궁금하다면 이 벽화를 감상하자. 70년대 싱가포르 집안 풍경을 세세하게 묘사했는데 실제로 작가의 집에는 1977년에 처음으로 소파와 전화기가 생겼다고!

📍 74 Tiong Poh Rd, Singapore 160074

시장 그리고 점쟁이 Pasar and the Fortune Teller
티옹바루 마켓의 옛 시장 풍경을 생기있게 잘 표현했다. 거리에서 점을 봐주는 점쟁이의 모습도 낯설지 않게 느껴진다.

📍 73 Eng Watt St, Singapore 160073

티옹바루 마켓
Tiong Bahru Market

티옹바루의 중심에는 티옹바루 마켓이 있다. 우리의 재래시장과 같은 곳으로 1층에는 생선, 고기, 채소, 과일 등 싱싱한 식재료를 파는 가게가 이른 아침부터 문을 열고 손님을 맞이한다. 시장 코너에는 작지만 알찬 꽃시장도 있어서 살림 좀 한다 하는 주부들에게 사랑받는 장소이기도 하다. 2층에는 싱가포르 사람들이 인정하는 맛집으로 꽉 채워진 호커센터가 있다. 아침 일찍 장을 보고 2층으로 올라가 맛있는 한끼를 사 먹는 현지인으로 언제나 북적거린다.

🚶 ① MRT 해브록Havelock 역 2번 출구에서 도보 3분 ② MRT 티옹바루Tiong Bahru 역 A 출구에서 도보 9분 📍 30 Seng Poh Rd, Singapore 168898 🕐 06:30~13:00, 매장마다 다름, 호커센터 늦은 오후까지 영업

2층 호커센터에서는 어디로 갈까?

2층 호커센터에서 무엇을 먹을지 고민된다면 줄이 가장 긴 집을 찾아보자. 그래도 확신이 서지 않는다면 미쉐린 빕 그루망에 빛나는 해물볶음국수, 호키엔 미 Hong Heng Fried Sotong Prawn Mee, 70년 전통의 싱가포르식 커리 라이스Loo's Hainanese Curry Rice, 소고기가 듬뿍 올라간 뜨끈한 국수Joo Chiat Beef King, 싱가포르 사람들이 카야 토스트만큼 즐겨찾는 아침 메뉴인 무떡Jian Bo Shui Kueh 등이 믿고 먹을 수 있는 메뉴다.

255

티옹바루 베이커리 Tiong Bahru Bakery

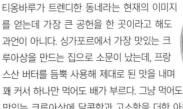

티옹바루가 트렌디한 동네라는 현재의 이미지를 얻는데 가장 큰 공헌을 한 곳이라고 해도 과언이 아니다. 싱가포르에서 가장 맛있는 크루아상을 만드는 집으로 소문이 났는데, 프랑스산 버터를 듬뿍 사용해 제대로 된 맛을 내며 꽤 커서 하나만 먹어도 배가 부른다. 그냥 먹어도 맛있는 크루아상에 달콤함과 고소함을 더한 아몬드 크루아상도 인기 메뉴. 또다른 시그니처 메뉴는 프랑스 브르타뉴 지방의 페이스트리인 퀸아망으로 겉은 달달하고 바삭하면서도 속은 촉촉해서 커피를 절로 부른다. 지금은 싱가포르 곳곳에 지점이 많이 생겼지만 여전히 본점으로서의 인기를 누린다. 이른 시간에 방문하여 갓 구운 페이스트리와 커피를 맛보는 기쁨을 누려보자.

🚶 ① MRT 해브록Havelock 역 2번 출구에서 도보 8분
② MRT 티옹바루Tiong Bahru 역 A출구에서 도보 12분
📍 56 Eng Hoon St, #01-70, Singapore 160056
🕐 07:00~20:00 💲 ➕➕ 크루아상 $4.2, 아몬드 크루아상 $5.8, 퀸아망 $5.8 📞 +65-6220-3430
🏠 www.tiongbahrubakery.com

감성 가득한 카페에서 만나는 귀여운 컵케이크
플레인 바닐라 Plain Vanila

맛있는 케이크를 이웃과 나누고픈 열정으로 작은 테이크
아웃 전문점으로 시작했던 플레인 바닐라가 지금은 싱가
포르 곳곳에 6개의 지점을 운영하는 인기 베이커리 브랜
드가 되었다. 엄마와 할머니가 그랬던 것처럼 인공 방부제
없이 좋은 재료를 엄선하여 소량만 수작업으로 생산하는
것을 원칙으로 한다. 티옹바루 지점은 특유의 따뜻하고
아늑한 인테리어와 가장 다양한 메뉴로 꾸준한 사랑을
받는다. 매장에 들어서면 예쁘게 장식된 귀여운 컵케이크
가 눈길을 끄는데, 비주얼과 맛 모두를 보장하는 레드벨
벳, 얼그레이 라벤더, 시나몬 브라운 슈가 3종류가 가장
인기다. 컵케이크 외에도 에그 베네딕트 같은 브런치 메뉴
와 파스타, 샐러드 등도 있어 식사를 하며 여유를 부리기
도 좋다. 단, 카드 결제만 가능하니 유의하자.

🚶 MRT 티옹바루Tiong Bahru 역 A출구에서 도보 10분
📍 1D Yong Siak St, Singapore 168641 🕐 07:30~19:00
💲 ⊕⊕ 컵케이크 $4.5, 에그 베네딕트 $22, 커피 $4~8
📞 +65-8363-7614 🏠 www.plainvanilla.com.sg

새로운 사워도우 빵 강자로 떠오르는
마이크로 베이커리 키친 MICRO Bakery Kitchen

싱가포르 빵순이들을 한순간에 주목하게 만든 새로운 사워도우 빵 전문점으
로 보타닉 가든과 카통 지점에 이어 세 번째로 티옹바루에 문을 열었다. 대량 생산
이 아닌 '마이크로' 공정으로 적은 양의 빵을 매일 구워내며, 질 좋은 통밀가루로
만든 반죽은 16시간의 발효를 거쳐 겉은 단단하고 속은 촉촉한 사워도우 빵으
로 탄생한다. 맛있는 사워도우 빵에 부드러운 리코타 치즈와 토마토를 올린 토
마토 타르틴Tomato Tartine과 빵과 함께 소시지, 스크램블드에그, 버섯 등을 곁들
여 아침의 빈 속을 든든하게 채울 수 있는 베이커스 브렉퍼스트Baker's Breakfast
가 인기 메뉴. 달콤한 파운드케이크와 페이스트리류도 맛이 훌륭하다.

🚶 ① MRT 티옹바루Tiong Bahru 역 A출구에서
도보 10분 ② MRT 해브록Havelock 역 2번
출구에서 도보 10분 📍 78 Yong Siak St,
#01-12, Singapore 163078 🕐 08:00~
16:00 ❌ 월·화요일 💲 ⊕ 토마토 타르틴
$17, 베이커스 브렉퍼스트 $28, 파운드 케이크
(조각) $6~ 📞 +65-9088-9873
🏠 www.microbakerykitchen.com

선물하기 좋은 싱가포르 디자이너 굿즈
캣 소크라테스 Cat Socrates

싱가포르에서 귀여운 잡화점은 한국에 비해 찾기 어려울 정도로 귀한 것이 현실이다. 그래서 더욱 소중하게 느껴지는 곳이 바로 캣 소크라테스다. 문을 열고 들어서면 아늑한 분위기 속에 귀엽고 아기자기한 책, 홈 데코 용품, 가방과 액세서리, 빈티지 물건으로 가득하다. 특히 싱가포르를 테마로 한 그림이 그려진 카드, 에코백, 접시 등이 눈길을 끌며, 싱글리시로 가득한 노트나 어쩐지 지독한 냄새가 날 것 같은 두리안 무늬 양말 같은 위트 넘치는 제품도 보인다. 너무 뻔한 선물이나 기념품이 아닌 현지 디자이너가 만든 굿즈가 궁금하다면 방문해보자. 운이 좋다면 상점의 마스코트 고양이를 만날 수도 있는데, 고양이를 사랑하는 주인장답게 고양이가 그려진 캐릭터 상품이나 고양이용품도 판매한다.

🚶 ① MRT 티옹바루Tiong Bahru 역 A출구에서 도보 10분 ② 아트블루 스튜디오 건너편 📍 78 Yong Siak St, #01-14, Singapore 163078 🕐 화~목요일 10:00~19:00, 금·토요일 10:00~20::00, 일·월요일 10:00~18:00 💲 가방 $9.9~50, 쿠션 커버 $29, 접시 $7.9~ 📞 +65-6333-0870 🏠 cat-socrates.myshopify.com

카통 & 주치앗 지역에도 지점이 있으니 둘 중 원하는 지역을 골라 방문해도 좋다. 이곳에도 역시 또 다른 마스코트 고양이가 상주하고 있으니 잘 찾아볼 것.

싱가포르 일러스트 작가가 운영하는 소품 숍

예니드로즈 앤 프렌즈 Yenidraws & Friends

주인장 예니가 직접 그린 그림과 그림을 새긴 아기자기한 소품을 파는 가게. 그녀의 그림은 대부분 싱가포르를 테마로 하는데, 싱가포르를 대표하는 알록달록한 숍하우스와 다문화의 특징을 잘 보여주는 음식, 싱가포르에서 흔히 볼 수 있는 열대 동식물을 특유의 감성과 색감으로 따스하게 그려낸다. 본래 평범한 직장인이던 그녀가 코로나19 동안 독학으로 그림을 그리기 시작하면서 자신의 진짜 열정을 찾아 일러스트 작가가 되었다는 이야기가 흥미롭다. 그녀의 숍하우스 그림은 싱가포르에 거주하는 외국인 사이에서 선물용으로 특히 인기가 많으며 엽서, 노트, 티타올, 접시, 가방, 파우치 등도 구매할 수 있다.

🚶 MRT 해브록Havelock 역 2번 출구에서 도보 6분 📍 55 Tiong Bahru Rd, #01-53 Block 55, Singapore 160055 🕐 화·수요일 09:00~17:00, 목~토요일 10:00~17:00 ❌ 일·월요일 💲 일러스트화(A3 사이즈) $15.9~, 가방 $25, 티타올 $18.9 🏠 www.yenidraws.com
📷 @yenidraws

개성 강한 베트남 현대미술을 만날 수 있는

아트블루 스튜디오 ArtBlue Studio

우리에게는 조금 낯선 베트남 현대미술을 가까이서 만날 수 있는 갤러리다. 베트남인 아내와 프랑스인 남편이 함께 운영하며 베트남 현대예술가들의 재능을 널리 알리기 위해 2003년 문을 열었다. 베트남에서 주목 받는 신인 작가와 유명 작가의 작품을 큐레이팅하며 수집가 사이에서 싱가포르의 대표적인 베트남 현대미술 전문 갤러리로 통한다. 시원한 통유리창을 통해 보이는 개성 강한 작품이 지나는 사람들의 눈길을 사로잡는다. 해외 배송도 가능하므로 마음에 와닿는 작품이 있다면 놓치지 말자.

🚶 MRT 티옹바루Tiong Bahru 역 A출구에서 도보 10분 📍 23 Yong Siak St, Singapore 168652 🕐 수·목요일 10:00~18:00, 금요일 10:00~19:00, 토·일요일 09:00~19:00 ❌ 월·화요일 📞 +65-9752-5458 🏠 www.artbluestudio.com

AREA ···· ⑥

싱가포르에서 가장 이국적인 곳

부기스 & 캄퐁글람 Bugis & Kampong Glam

멀리서도 눈에 띄는 황금색 돔 지붕의 술탄 모스크와 늘씬한 야자수가 어우러져 최고로 이국적인 풍경을 자아낸다. 싱가포르에서 가장 오랜 역사를 지닌 지역 중 하나로 약 200년 전 래플스 경이 싱가포르에 무역 항구를 세우기 위해 조약을 맺었던 술탄 후세인과 그를 따르는 말레이 민족, 그리고 종교가 같은 아랍 민족을 위한 거주지로 지정하며 그 역사 가 시작되었다. 지금도 이곳은 싱가포르의 말레이 및 이슬람 문화의 중 심지로 그들의 문화를 가까이서 경험할 수 있다. 모스크 안에서는 신자 들이 경건히 기도를 올리는 가운데, 바로 옆 골목에는 라이브 밴드의 흥 겨운 연주와 형형색색의 벽화가 활기찬 에너지를 내뿜고, 골목 구석구 석에는 개성 넘치는 상점과 숨은 맛집이 가득해 언제나 현지 힙스터와 여행자로 붐빈다.

부기스 & 캄퐁글람
추천 코스

🕐 3~4시간 소요 예상
⌄ 올드 시티, 리틀 인디아 연계 여행 추천

지역 자체는 그리 넓지 않아 주요 스폿만 도는 데 3~4시간이면 충분하다. 방문 시간은 오전이나 오후 크게 상관 없지만 이왕이면 술탄 모스크 내부 입장이 가능한 시간에 맞추어 방문하기를 추천한다. 동선이 길지는 않지만 실내 코스도 없고 그늘이 많지 않아 더위를 피하기 어렵기 때문에 중간중간 시원한 상점에 들러 구경도 하고 카페에 들러 수분도 보충하며 여유 있게 다니자. 올드 시티, 리틀 인디아와 가까워 근처 지역과 연계해서 일정을 짜도 좋다.

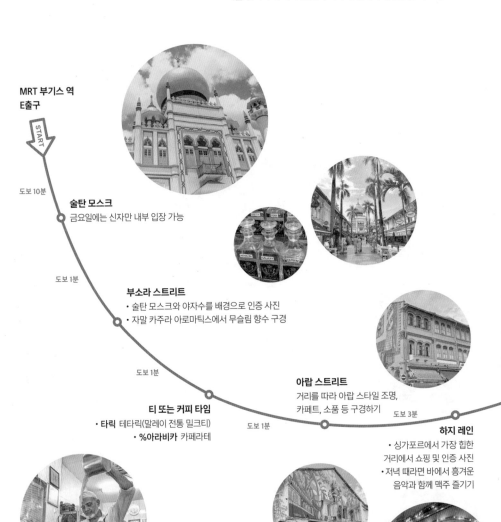

MRT 부기스 역
E출구

START

도보 10분

술탄 모스크
금요일에는 신자만 내부 입장 가능

도보 1분

부소라 스트리트
• 술탄 모스크와 야자수를 배경으로 인증 사진
• 자말 카주라 아로마틱스에서 무슬림 향수 구경

도보 1분

티 또는 커피 타임
• 타릭 테타릭(말레이 전통 밀크티)
• %아라비카 카페라테

도보 1분

아랍 스트리트
거리를 따라 아랍 스타일 조명,
카페트, 소품 등 구경하기

도보 3분

하지 레인
• 싱가포르에서 가장 힙한
  거리에서 쇼핑 및 인증 사진
• 저녁 때라면 바에서 흥겨운
  음악과 함께 맥주 즐기기

점심 식사 후
부기스에서 쇼핑을 하거나
다른 지역으로 이동 가능

바에서의 시간
· **아틀라스** 애프터눈 티 또는 칵테일
· **미스터 스토크** 캄퐁글람과 마리나 베이를
  바라보며 맥주

도보 10분

부기스 정션
MRT 부기스 역과 바로 연결된
젊은 세대가 즐겨 찾는 쇼핑몰

도보 10분

점심 또는 저녁 식사
· **잠잠** 무르타박
· **블랑코 코트 프론 미** 새우국수
· **더 코코넛 클럽** 나시르막

도보 5분

도보 3분

부기스 스트리트
기념품 쇼핑 또는 열대 과일 맛보기

부기스 & 캄퐁글람
상세 지도

Ⓐ

Ⓑ

Ⓜ Bugis

01 부기스 스트리트

Ⓒ

03 부기스 플러스

02 부기스 정선

Ⓓ

Ⓗ 인터컨티넨탈 싱가포르

N
W E
S

0   100m

야추 디저트 **10**

02 말레이 헤리티지 센터

아랍 스트리트
04
01 잠잠
01 술탄 모스크
02 루마 마칸 미낭

07 타릭
10 와다 북스
07 휘게

토코 알주니드 04
09 딜립 텍스타일
05 자말 카주라 아로마틱스

06 유토피아 어패럴
04 알라투르카
08 빈티지 위켄드
03 부소라 스트리트
09 %아라비카
05 하지 레인
H 더 포드 부티크 캡슐 호텔

11 블루 재즈 카페
05 더 코코넛 클럽

03 블랑코 코트 프론 미
12 아틀라스
피에드라 네그라 06

08 미스터 스토크
H 안다즈 싱가포르

싱가포르 대표 이슬람 사원 ⋯⋯⋯ ①
술탄 모스크 Sultan Mosque

황금색 돔 지붕이 돋보이는 술탄 모스크는 명실공히 부기스 & 캄퐁글람 지역을 대표하는 랜드마크다. 이 모스크의 역사는 래플스 경이 싱가포르에 건너 온 1819년으로 거슬러 올라간다. 당시 래플스 경은 무역 항구 설립을 위해 함께 조약을 맺었던 싱가포르의 술탄 후세인에게 부기스 & 캄퐁글람 지역의 땅을 내어주었고, 술탄 후세인은 이곳에 자신의 궁전과 모스크를 세웠다. 최초의 모스크는 말레이 전통 가옥 양식의 목조 건물이었으나 약 100년이 지나 허물어버렸고, 같은 자리에 아일랜드 출신의 건축가 데니스 샌트리Denis Santry가 황금빛 돔과 첨탑이 돋보이는 지금의 모습으로 다시 지었다. 술탄 모스크는 싱가포르 이슬람 커뮤니티의 중심지로, 한 달간의 금식 기간인 라마단과 그 종료를 기념하는 하리 라야 푸아사 기간에는 해가 진 후 함께 음식을 나눠 먹는 행사가 열린다.

사원 1층 내부는 관람 시간이라면 누구나 입장할 수 있지만, 종교 시설인 만큼 정숙하고 경건한 태도를 갖추자. 입장 시 신발은 입구에 벗어두고, 민소매 상의나 짧은 하의를 입은 경우에는 입구에서 무료로 대여해주는 가운을 입고 입장 가능하다.

🚶 MRT 부기스Bugis 역 E출구에서 도보 10분
📍 3 Muscat St, Singapore 198833
🕐 토~목요일 10:00~12:00, 14:00~16:00
※금요일은 신자만 입장 가능
📞 +65-6293-4405 🏠 sultanmosque.sg

말레이 헤리티지 센터 Malay Heritage Centre

싱가포르에 건너 온 말레이 민족의 역사와 문화를 전시한 박물관으로, 본래 이 건물이 말레이 술탄과 왕족이 살았던 왕궁이었다는 점에서 더욱 흥미롭다. 래 플스 경과 함께 조약을 맺은 술탄 후세인은 모스크 바로 옆에 자신의 궁전을 세 웠는데, 현재의 건물은 그의 아들인 술탄 알리가 1840년에 다시 지은 것으로 당

🚶 ① MRT 부기스Bugis 역 E출구에서 도보 7분 ② 술탄 모스크에서 도보 2분 ♥ 85 Sultan Gate, Singapore 198501 📞 +65-6391-0450 🏠 www.malayheritage.gov.sg/en

시 유럽과 싱가포르에서 인기 있던 팔라디오 양식을 따랐다. 그러나 그 쓰임에 있어서는 말레이 전통을 따랐으며 외벽의 노란색은 말레이 문화권에서 왕족을 상징하는 색이다. 말레이 헤리티지 센터 정원에서는 캄퐁글람 이름의 유래가 된 글람 나무를 찾아볼 수 있다.

★ 2025년 말까지 보수 공사로 내부 관람이 불가하며, 추후 재오픈 공지 및 관람 안내는 홈페이지를 참고

부소라 스트리트 Busorrah Street

술탄 모스크 앞의 차 없는 거리로 황금빛 모스크 양쪽으로 야자수가 우거져 싱가포르에서 가장 이국적인 풍경을 선사한다. 햇빛을 피할 곳이 없는 것이 유일한 단점이지만 더위도 잊을 만큼 예쁜 배경 덕분에 언제나 사진을 찍는 여행자로 붐빈다. 거리 양쪽으로 늘어선 숍하우스에는 이국적인 상점이 가득해 마치 중동의 어느 도시에 있는 듯한 기분이다. 실제로 부소라 스트리트는 이라크의 '바스라'라는 도시 이름에서 유래됐으며 근처에서 바그다드 스트리트, 무스캇 스트리트 등 중동의 도시 이름을 딴 거리를 쉽게 볼 수 있다. 전통 디저트를 파는 카페와 작은 빵집, 푸른빛 타일로 장식된 중동 음식점, 말레이식 의상과 스카프 가게, 전통 향수 가게, 서점 등 볼거리와 먹거리도 가득하다.

🚶 ① MRT 부기스Bugis 역 E출구에서 도보 10분 ② 술탄 모스크 바로 앞 ♥ Bussorah St, Singapore 199485

아랍 상인들의 발자취가 느껴지는
전통 상점가 ······ ④

아랍 스트리트 Arab Street

과거 부기스 & 캄퐁글람 지역에 정
착한 아랍인의 영향으로 아랍
스트리트라는 이름이 붙었다.
동화 속 알라딘이 타고 다녔을
법한 멋진 페르시안 양탄자와 말
레이 왕족이 입을 것 같은 화려한 옷
감, 중동 스타일의 화려한 조명과 소품으로 가득한 유서
깊은 상점가다. 자세히 살펴보면 말레이 전통 의상인 긴
사롱 치마와 커바야(블라우스), 무슬림 여인을 위한 의상
을 취급하는 상점이 많아서 현지인도 쇼핑을 하러 자주
찾는다. 최근에는 '응커피'라는 별명으로 더 유명한 %아
라비카 카페와 업사이클링 가방 브랜드 프라이탁의 공식
딜러인 스티치스Stitches 같은 힙한 가게도 조금씩 생겨나
는 중이다.

🚶 MRT 부기스Bugis 역 E출구에서 도보 8분
📍 Arab St, Singapore 199775

싱가포르 젊은이들이 사랑하는
가장 힙한 거리 ······ ⑤

하지 레인 Haji Lane

개성 가득한 상점과 카페, 바가 모여 있어 싱가포르 젊은이들의 감성을 느낄 수
있는 거리다. '하지'라는 이름에서 알 수 있듯이 과거 주변 나라에서 메카 성지
순례를 떠나기 위해 싱가포르 항구로 모인 무슬림 순례자들이 묵었던 여인숙이
있던 곳이다. 지금은 골목 구석구석 재미난 벽화가 많아지면서 거리 곳곳 사진
을 찍는 여행자와 쇼핑객으로 가득한 가장 힙한 거리가 되었다. 가게 하나하나
를 들여다보면 10~20대가 좋아할 만한 독특한 아이템이 많고, 트렌드를 빠르
게 반영해 최근 한국에서 들어온 인생네컷 가게도 볼 수 있다. 밤이 되면 여기저
기서 신나는 음악 공연이 펼쳐지며 낮과는 다른 색다른 분위기로 밤을 즐길 수
있다.

🚶 MRT 부기스Bugis 역 E출구에서 도보 5분   📍 Haji Ln, Singapore 189204

한국인 입맛도 사로잡은 100년 넘은 무르타박 전문점 ⋯⋯⋯ ①

잠잠 Zam Zam

무르타박은 생소한 이름과는 달리 한번 맛보면 또 생각나는 한국인 입맛에 딱 맞는 무슬림 음식이다. 잠잠은 현지인도 알아주는 무르타박 맛집으로 1908년 문을 열어 무려 100년 넘게 이 자리를 지켜왔다. 1층 창가에서는 무르타박을 만드는 모습을 직접 볼 수 있는데 찰진 반죽을 얇게 펼쳐 고기, 달걀, 채소 등을 푸짐하게 넣고 척척 접어 뜨거운 철판에 지글지글 구워주는 능숙한 솜씨에 어느새 입안에 침이 고인다. 안에 들어가는 고기는 선택이 가능한데, 닭고기는 매콤해서 어른 입맛에 딱이고, 소고기는 맵지 않아 어린이도 먹을 수 있다. 함께 나오는 매콤한 커리 소스에 찍어 먹으면 색다른 맛으로 즐길 수 있다. 음료는 매콤함을 달래주는 달달한 말레이식 밀크티, 테타릭Teh Tarik을 강력 추천한다.

🚶 ① MRT 부기스Bugis 역 E출구에서 도보 7분 ② 술탄 모스크 바로 뒤 📍 697-699 North Bridge Rd, Singapore 198675 🕐 07:00~23:00 💲 무르타박(S) $7~8, 미고랭·나시고랭 $7~, 테타릭 및 음료 $2~ 📞 +65-6298-6320 🏠 zamzam.sg

- • 2층에 넓고 시원한 좌석이 있으며, 카드 결제도 가능하지만 현금을 준비하는 것이 좋다.
- • 무르타박은 크기 선택이 가능한데, 양이 많은 편이므로 간식으로 먹거나 다른 메뉴와 함께 먹는다면 2인 기준 스몰 사이즈로도 충분하다.

269

제대로 된 말레이 음식이 이곳에! ······ ②

루마 마칸 미낭 Rumah Makan Minang

현지인이 가장 즐겨 찾는 캄퐁글람 맛집으로 인도네시아 전통 음식인 나시파당Nasi Padang 전문점이다. '나시'는 밥이라는 뜻이고, '파당'은 수마트라섬의 파당 지역을 일컫는데, 밥과 여러 가지 반찬을 함께 먹는 이 지역 음식이다. 밥과 함께 3~4가지 반찬을 고르면 $10 정도로 배불리 먹을 수 있어 인기가 많다. 얼핏 봐도 반찬이 30가지가 넘어 선택이 어렵다는 것이 유일한 단점. 대표 메뉴는 한국의 갈비찜과 비슷한 비프 렌당으로, 다른 집과는 달리 매콤해서 느끼함이 없다. 부드러운 가지 요리와 동남아시아에서 꼭 먹어줘야 하는 깡콩(공심채), 두꺼운 달걀말이와 먹물 소스가 매력적인 오징어볶음도 우리 입맛에 딱이다. 1층에는 야외석뿐이지만 에어컨이 있는 2층에는 넓고 깔끔한 좌석이 마련되어 있다.

🚶 ① MRT 부기스Bugis 역 E출구에서 도보 7분 ② 술탄 모스크 정문을 등지고 왼쪽으로 도보 1분 📍 18 & 18A Kandahar St, Singapore 198884 🕐 08:00~21:00 💲 나시파당 $10~, 음료 $1.5~ 📞 +65-6977-7064 🏠 www.minang.sg

여행자의 속을 달래주는 진한 새우 국물 ······ ③

블랑코 코트 프론 미 Blanco Court Prawn Mee

현지인이 즐겨 찾는 동네 맛집에서 한국 여행자의 성지가 된 캄퐁글람의 대표 맛집으로 뜨끈하고 진한 국물이 여행으로 지친 속을 달래준다. 대표 메뉴는 새우, 돼지갈비, 꼬리고기 3가지가 올라간 스리 인 원 누들3 in 1 Noodle(1번)과 점보 새우국수Jumbo Prawn Noodle(2번)로 양도 푸짐하고 비주얼도 최고다. 취향에 따라 토핑은 새우나 돼지갈비 중 하나만 골라도 되고, 크기도 선택이 가능하다. 면도 하얀 쌀국수와 노란 밀면이 섞여 나오는 것이 기본인데 원한다면 한 가지 면으로도 주문할 수 있다. 현금 결제만 가능한 점이 아쉽지만 일찍 문을 열기 때문에 아침 식사하기도 좋다. 점심시간에는 항상 대기 줄이 생긴다.

🚶 MRT 부기스Bugis 역 E출구에서 도보 6분 📍 243 Beach Rd, #01-01, Singapore 189754 🕐 07:30~16:00 💲 스리 인 원 누들·점보 새우국수 $12.8, 새우국수(S/M/L) $7/$9.8/$12.8 ❌ 화요일 📞 +65-6396-8464

한국인 입맛에도 꼭 맞는 중동 음식점 ⋯⋯ ④
알라투르카 Alaturka

맛도 좋은데다 깔끔한 분위기와 친절한 서비스로 입소문이 난 중동 음식점이다. 추천 메뉴는 메제 타바기Meze Tabagi로 풍선처럼 부푼 빵에 병아리콩으로 만든 후무스Hummus, 가지로 만든 바바가누쉬Babaganoush를 포함한 6가지 딥 소스가 함께 나온다. 클래식 케밥Karisik Kebab은 2인 이상이 나눠 먹는 양으로, 닭고기, 소고기, 양고기를 모두 맛볼 수 있다.

🚶 ① MRT 부기스Bugis 역 E출구에서 도보 8분 ② 술탄 모스크에서 도보 3분 📍 15 Bussorah St, Singapore 199436 🕐 11:30~22:30 💲⊕⊕ 메제 타바기(S/L) $26/$36, 클래식 케밥 $59 📞 +65-9434-6026 🏠 www.alaturka.com.sg

젊은 감각이 돋보이는 코코넛 테마 레스토랑 ⋯⋯ ⑤
더 코코넛 클럽 The Coconut Club

말레이 요리의 필수 재료인 코코넛을 테마로 하는 고급스럽고 깔끔한 말레이 음식점이다. 대표 음식은 나시르막Nasi Lemak으로 코코넛밀크를 사용해 밥을 짓는데, 밥만 먹어도 맛있다. 여기에 닭튀김 요리 아얌고렝Ayam Goreng, 비프 렌당, 말레이식 어묵 오타Otah 중에 골라 곁들여 먹을 수 있다.

🚶 MRT 부기스Bugis 역 E출구에서 도보 8분 📍 269 Beach Rd, Singapore 199546 🕐 평일 11:30~14:30, 18:00~22:00, 주말 11:00~22:00 💲⊕⊕ 나시르막(아얌고렝/비프 렌당/오타) $15/$18/$24 ❌ 월요일 📞 +65-8725-3315 🏠 www.thecoconutclub.sg

하지 레인을 대표하는 컬러풀한 벽화 맛집 ⋯⋯ ⑥
피에드라 네그라 Piedra Negra

멕시코 느낌이 물씬 나는 벽화와 쨍한 색감의 테이블이 어우러져 언제나 인증 사진을 찍는 사람으로 가득한 하지 레인의 벽화 맛집이다. 메뉴는 간단한 나초부터 든든한 부리토와 타코 등 아주 다양한데, 다른 멕시코 음식점에 비해 가격도 합리적인 편이다. 오후 3시부터 8시까지는 해피아워 할인도 있어 해 질 무렵 야외석에 앉아 칵테일과 신나는 음악을 즐기기 딱이다.

🚶 MRT 부기스Bugis 역 E출구에서 도보 6분 📍 241 Beach Rd, Singapore 189753 🕐 12:00~24:00 💲⊕ 나초 $13.9, 부리토 $14.9, 타코 $12.9~14.9, 칵테일 $16 📞 +65-9199-0610 🏠 www.blujazcafe.net/menus/piedra-negra/

캄퐁글람에서 꼭 먹어야 하는 테타릭 전문점 ┈┈ ⑦
타릭 Tarik

술탄 모스크 바로 앞에 위치한 말레이식 밀크티 테타릭 전문점. 테Teh는 차, 타릭Tarik은 말레이어로 '당기다'라는 의미로, 테타릭을 만들때 한 손에 차가 든 컵, 다른 손에 빈 컵을 들고 번갈아가며 붓는 과정을 반복하는데 이 모습이 꼭 차를 끌어당기는 것 같다 하여 이런 이름이 붙었다. 이 과정을 통해 홍차와 연유가 잘 섞여 거품 가득 풍미가 생긴다. 이 찻집이 인기 있는 진짜 이유는 입유총 작가의 최대 벽화가 있기 때문이다. 캄퐁글람의 옛 모습이 고스란히 담긴 벽화 속에는 테타릭을 만드는 모습, 사테를 굽는 모습, 바틱 옷감을 넣어 둔 거리 풍경들이 눈길을 사로잡는다. 달콤한 테타릭을 즐기며 사진도 꼭 남겨보자.

🏃 ① MRT 부기스Bugis 역 E출구에서 도보 6분 ② 술탄 모스크 정문을 등지고 오른쪽으로 도보 1분 📍 92 Arab St, #01-02, Singapore 199788 🕐 08:00~22:00 💲 테타릭 $2.5, 아이스 테타릭 $3.5, 카야 버터번 $2, 커리 퍼프 $1 📞 +65-9295-1955 🏠 teaattarik.com

이국적인 전경과 마리나 베이를 한눈에 ┈┈ ⑧
미스터 스토크 Mr Stork

파크뷰 스퀘어 옆 육각형 프레임으로 마치 벌집을 연상시키는 건물 듀오Duo에는 하얏트의 콘셉트 호텔인 안다즈 싱가포르가 위치하며, 39층에서 360도 전망을 자랑하는 루프톱 바를 만날 수 있다. 해 지기 전에 방문하면 이국적인 부기스 & 캄퐁글람 지역을 한눈에 내려다 볼 수 있고, 어둠이 내리면 화려한 마리나 베이 야경까지 우리의 눈을 즐겁게 해준다. 세련되면서도 캐주얼한 분위기로 칵테일이나 와인 한잔하기 좋으며, 친구 또는 연인끼리 캠핑하는 것처럼 즐길 수 있는 텐트 형태의 좌석도 인기다. 매일 오후 5~7시에는 샴페인 1+1 프로모션도 있으니 참고하자.

🏃 MRT 부기스Bugis 역 E출구로 나와 도보 1분, 안다즈 싱가포르 39층 📍 5 Fraser St, Level 39, Singapore 189354 🕐 17:00~24:00 💲 ⊕⊕ 칵테일 $27, 와인(잔) $16~18, 안주류 $20~ 📞 +65-9008-7707 🏠 www.hyatt.com/andaz/sinaz-andaz-singapore/dining/mr-stork

그윽한 커피 향이 솔솔 ⑨
%아라비카 %Arabica

일본 교토에서 온 커피 전문점. 퍼센트 모양 로고
가 꼭 우리말 '응' 같아서 '응 커피'로도 불린다. 하
와이 농장에서 들여온 최상급 원두만을 사용한다. 커피 자체도
맛있지만 풍부한 우유 맛이 일품인 카페라테가 가장 유명하다.
은은한 단맛의 교토 라테와 단맛이 좀 더 가미된 스패니시 라
테도 인기 메뉴다. 좌석이 많지 않은 점이 살짝 아쉽다.

🚶 ① MRT 부기스Bugis 역 E출구에서 도보 7분 ② 술탄 모스크에서
도보 3분 📍 56 Arab St, Singapore 199753 🕐 08:00~18:00
(금·토요일 ~20:00) 💲 ⊕ 카페라테 $7.4~, 교토 라테 $8.2~, 스패니시
라테 $8.2~ 📞 +65-9680-5288 🏠 www.arabica.coffee

할머니 집처럼 푸근한 디저트집 ⑩
아추 디저트 Ah Chew Desserts

오래된 원목 가구들이 마치 옛날 할머니 댁에
놀러간 듯한 느낌의 가게로 무려 50가지가 넘
는 중국식 디저트를 선보인다. 추천 메뉴는 시원
하고 달콤한 망고 사고. 듬뿍 들어간 생망고에 사고 젤리가 식
감을 더한다. 따끈한 팥죽Red Bean Paste과 흑미 찹쌀죽Black
Glutinous Rice도 별미다.

🚶 MRT 부기스Bugis 역 D출구에서 도보 5분 📍 1 Liang Seah St,
#01-10/11, Singapore 189032 🕐 월~목요일 12:30~24:00, 금·토요
일 13:30~01:00, 일요일 13:30~24:00 💲 ⊕ 망고 사고 $4.6, 레드 빈
페이스트 $3.3, 흑미 찹쌀죽 $3.3, 라이스 볼(3개) 추가 $1.5 ❌ 화요일
📞 +65-6339-8198 🏠 www.ahchewdesserts.com

흥겨운 라이브 음악과 함께하는 싱가포르의 밤 ⑪
블루 재즈 카페 Blu Jaz Café

하지 레인의 힙한 감성을 대표하는 라이브 바로 벽에 그려진 그
라피티가 인상적이다. 가게 안 무대에서는 흥겨운 재즈 공연이
펼쳐지고 야외석에서는 유쾌한 분위기 속에 맥주를 즐기는 현
지인과 여행자를 볼 수 있다. 대부분 무료 공연이지만 종종 유료
공연도 있으니 홈페이지를 참고하자. 음식은 이탈리안과 인도
요리가 있고 맛은 평범하지만 가격이 괜찮아 만족스럽다.

🚶 MRT 부기스Bugis 역 E출구에서 도보 3분 📍 11 Bali Ln, Singapore
189848 🕐 11:30~01:30(금·토요일 ~02:00) 💲 ⊕ 슬라이스 피자
$9~, 파스타 $16.9~, 버거 $17.9, 칵테일 $15~ 📞 +65-9710-6156
🏠 blujazlive.net

영화 속 주인공이 된 듯한 럭셔리 바 ⋯⋯ ⑫

아틀라스 Atlas

영화 〈배트맨〉의 고담 시티 건물 같아서 '배트맨 빌딩'이란 별명을 가진 파크뷰 스퀘어Parkview Square는 웅장하고 화려한 아르데코 양식으로 눈길이 절로 가는 곳이다. 1층 로비에 들어서면 유럽의 어느 박물관을 보는 듯한 고풍스러운 인테리어와 천장 벽화, 어마어마한 진 컬렉션이 압도적이다. 3층 높이의 거대한 진 타워에는 100년 이상 된 빈티지 진이 보관되어 있어 주문을 받으면 바텐더가 사다리를 타고 올라가 꺼내온다. 아름다운 이 공간에서 멋지게 차려 입고 칵테일 한 잔을 즐기고 있노라면 마치 영화 〈위대한 개츠비〉 속 파티장에 온 듯한 기분이 든다. 어떤 칵테일을 고를지 어렵다면 아틀라스의 시그니처 진토닉과 마티니를 맛보자. 메인 코스로는 스테이크 프리츠가 인기이고 작은 안주류를 시켜 나눠 먹어도 괜찮다.

🚶 MRT 부기스Bugis 역 E출구에서 도보 1분, 파크뷰 스퀘어 1층 📍 600 North Bridge Rd, Parkview Square, Singapore 188778 🕐 12:00~24:00(금·토요일 ~02:00)
💲 ⊕⊕ 진토닉 $19, 마티니 $25, 스테이크 프리츠 $48, 안주류 $18~ ❌ 월·일요일
📞 +65-6396-4466 🏠 www.atlasbar.sg

- 3시부터 애프터눈 티(⊕⊕ 1인 $65)가 진행된다.
- 오후 5시 이후에는 드레스 코드가 있다. 스마트 캐주얼로 남자는 긴 바지에 앞이 막힌 신발을 갖춰 신고, 여자는 칵테일 파티 분위기에 맞춰 화려하게 입어보자.
- 몇 차례나 아시아 베스트 바에 선정된 만큼 인기 있는 곳이므로, 저녁 시간이나 주말에는 방문 전 미리 예약할 것을 추천한다.
- 낮에 방문한다면 파크뷰 스퀘어 정원과 로비에서 살바도르 달리를 비롯한 유명 예술가들의 조형 작품을 감상할 수 있다.

여행자가 원하는 건 다 있는
활기 넘치는 시장 ······ ①

부기스 스트리트 Bugis Street

여행지에서 하나쯤 사고 싶은 '아이 러브 싱가포르'
티셔츠와 가방, 멀라이언 마그넷과 키링, 막 입어도
괜찮은 원피스와 코끼리 바지, 지인들 선물로 사가
기 좋은 부엉이 커피, 초콜릿, 길거리 음식과 열대
과일까지 여행자가 원하는 것이 다 모여 있는 곳이
바로 부기스 스트리트다. 동남아시아에서 흔히 볼
수 있는 야시장이 떠오르는데, 가격이 저렴한 대신
품질은 크게 기대하지 않는 편이 좋다. 최근에는 시
장 뒷골목 숍하우스에 알록달록한 벽화와 나선형
계단을 배경으로 사진 찍기 좋은 '아트 레인Art Ln'
이 형성되어 새로운 핫 플레이스로 급부상 중이다.

🏃 MRT 부기스Bugis 역 C출구와 연결된 부기스 정션
건너편 📍 261 Victoria St, Singapore 189876
🕙 10:00~22:00 🏠 www.capitaland.com/sg/malls/
bugis-street

부기스를 대표하는 젊고 깔끔한 쇼핑몰 ······ ②
부기스 정션 Bugis Junction

MRT 부기스 역, 인터컨티넨탈 싱가포르 호텔과도 연결된 부기스 정션은 옛 상점가를 쇼핑몰로 재개발해 시원한 쇼핑몰 안에서 옛 숍하우스 거리를 돌아보는 재미가 있다. B1층, 지상 3층으로 이루어진 쇼핑몰은 젊은 층에게 어필하는 브랜드가 주를 이룬다. 나이키, 컨버스, 반스 등 스포츠 브랜드와 로컬 신발 브랜드 찰스앤키스, 페드로도 이곳에 다 있다. 1층의 호주 액세서리 브랜드 로비사Lovisa도 저렴하고 트렌디한 주얼리로 인기가 많다. 1층 광장을 중심으로 맥도날드, 스타벅스, 토스트 박스가 있고 3층에는 푸드 코트, B1층에는 써브웨이, 야쿤 카야 토스트, 요시노야, CS 프레시 슈퍼마켓 등이 있어 간단히 식사를 해결하기도 좋다.

🚶 MRT 부기스Bugis 역 C출구와 연결 📍 200 Victoria St, Singapore 188021 🕐 10:00~22:00 📞 +65-6557-6557
🏠 www.capitaland.com/sg/malls/bugisjunction

부기스에 즐거움을 더하다 ······ ③
부기스 플러스 Bugis+

부기스 정션, 부기스 스트리트와 연결 통로로 이어지는 또 하나의 쇼핑몰. 싱가포르의 실력파 건축사무소 오하WOHA가 디자인하여 더욱 유명한데, 건물을 감싼 크리스털 모양의 메시 덕분에 밤이 되면 조명을 받아 더욱 아름답게 빛난다. 1층의 자라에서 젊은 층을 대상으로 나온 동생 브랜드 버쉬카, 2층의 화장품 멀티숍 세포라가 대표 매장이며, 한국에 이어 싱가포르에서도 인기몰이 중인 양구 오푸 마라탕YGF Malatang과 차가운 얼음 위에 팥과 쫀득한 떡, 각종 토핑을 올려 먹는 타이완식 디저트집 블랙볼BlackBall도 들러볼 만하다.

🚶 MRT 부기스Bugis 역 C출구 이용, 부기스 정션을 통해 건너편 이동 📍 201 Victoria St, Singapore 188067 🕐 10:00~22:00
📞 +65-6634-6810 🏠 www.bugisplus.com.sg/en

싱가포르에서 최고로 손꼽히는 바틱 전문점 ······ ④
토코 알주니드 Toko Aljunied

1940년에 문을 연 싱가포르 최고의 바틱Batik 전문점이다. 바틱Batik이란 뜨거운 밀랍으로 천에 모티프를 그린 다음 색을 입히면 밀랍이 있던 자리는 색이 물들지 않는 원리를 이용한 전통 염색 기법으로 세밀한 패턴이 특징이다. 바틱천을 허리에 둘러 긴 사롱 치마로 입고, 상의로 화려한 자수가 인상적인 페라나칸 스타일 블라우스, 논야 커바야를 입어주면 완성이다. 높은 품질과 디자인으로 페라나칸 이야기를 다룬 TV 드라마 〈리틀 논야〉와 연극 〈에메랄드 힐의 에밀리Emily of Emerald Hill〉에 의상을 제공했으며, 오랜 역사를 자랑하는 만큼 리콴유 초대 총리의 어머니도 단골 손님이었다고 한다. 의상뿐 아니라 바틱을 이용한 스카프와 손수건, 가방, 지갑, 휴지 케이스, 쿠션 커버, 부채, 머리끈 등 소품도 있어 기념품으로 사가기 괜찮다.

🚶 MRT 부기스Bugis 역 E출구에서 도보 3분 ♥ 91 Arab St, Singapore 199787 🕐 월~토요일 10:30~18:00, 일요일 11:30~17:00
💲 바틱 사롱 치마 $25~, 논야 커바야 $100~, 스카프 $20~, 부채 $5~
📞 +65-6294-6897 🏠 www.facebook.com/TokoAljunied

이국적인 향으로 가득한 특별한 향수 가게 ······ ⑤
자말 카주라 아로마틱스 Jamal Kazura Aromatics

1933년 문을 연 유서 깊은 향수집으로 캄퐁글람 지역에만 3개의 지점이 있다. 이곳에서는 알콜이 함유된 일반 향수를 사용할 수 없는 무슬림을 위해 오일 베이스의 향수를 판매한다. 알콜은 할랄이 아니기 때문에 무슬림이 소비할 수 없다. 이곳에는 무려 100가지 이상의 향이 있는데, '영 러브Young love, 프린세스Princess, 핸섬Handsome, 마초Macho' 등 재미난 이름이 많아 호기심을 자아낸다. 종류가 많으므로 충분히 시향해보고 선택하는 것이 좋고, 가격은 크기에 따라 정해진다. 결정이 어렵다면 중동 스타일의 화려한 유리 공병만 구입해가도 특별한 기념품이 될 것이다.

할랄 Halal
아랍어로 '허용된 것'이라는 뜻으로 이슬람 율법 하에 무슬림이 먹고 쓸 수 있도록 허용된 제품들을 총칭한다. 대표적인 비 할랄 음식으로는 돼지고기와 알콜이 있으며, 다른 육류의 경우에도 특별한 도축 방식에 따라 피를 완전히 제거해야 할랄이 된다. 싱가포르에서는 할랄 인증 마크가 붙은 음식점을 심심치 않게 발견할 수 있는데, 우리에게 익숙한 맥도날드와 버거킹도 할랄이고, 마트나 편의점에서 흔히 볼 수 있는 한국의 불닭볶음면에도 할랄 표시가 되어 있다.

🚶 ① MRT 부기스Bugis 역 E출구에서 도보 6분
② 술탄 모스크 바로 옆 ♥ 21 Bussorah St, Singapore 199445 🕐 09:30~18:00
💲 향수(6mg/12mg/26mg/60mg) $12/$20/$35/$60, 유리 공병 $10~
📞 +65-6293-3320
🏠 www.facebook.com/JKASingapore

바틱의 현대적인 재해석 ······ ⑥
유토피아 어패럴
Utopia Apparels

전통적인 바틱 천을 현대적인 디자인으로 재해석한 의류를 판매하는 로컬 디자인 부티크다. 파스텔톤 색상에 바틱에 사용되는 화려한 무늬로 꾸며진 가게 모습이 하지 레인의 개성 강한 상점 사이에서도 눈에 띈다. 말레이 전통 직물인 바틱으로 만든 중국식 드레스 치파오가 대표 제품으로 컬러풀한 색감과 디자인으로 인기가 많다. 치마나 바지도 멋스러운데 같은 디자인이더라도 사용된 바틱 패턴이 다 달라서 기성복이 아닌 독특한 제품을 찾는 이들에게 안성맞춤이다. 비즈나 옥으로 만든 주얼리와 소품도 있으니 구경해보자.

🚶 MRT 부기스Bugis 역 E출구에서 도보 5분
📍 47 Haji Ln, Singapore 189240
🕐 11:00~20:00(금~일요일 ~21:00)
💲 드레스 $138~, 상의 및 하의 $90~,
주얼리 $25~ 📞 +65-6297-6681
🏠 www.utopiaapparels.com

하지 레인에서 가장 예쁜 감성 잡화점 ······ ⑦
휘게 Hygge

'휘게'는 덴마크어로 일상 속 편안한 행복을 뜻한다. 그 이름처럼 이곳은 북유럽 감성의 아기자기한 소품을 취급하는 잡화점이다. 식기류, 도서, 문구 등 인테리어 소품과 알록달록 귀여운 팔찌와 귀걸이, 싱가포르 감성을 담은 기념품까지 갖춰 하지 레인에서 가장 예쁘고 인기 있는 상점이라 해도 과언이 아니다. 이곳에서 직접 만드는 에코백과 주얼리가 인기 아이템이며, 숍하우스와 싱가포르 음식을 주제로 한 접시와 파우치, 멀라이언 키링도 귀엽다.

🚶 MRT 부기스Bugis 역 E출구에서 도보 5분 📍 672 North Bridge Rd, Singapore 188803 🕐 11:30~18:30(월·화요일 ~17:00) 💲 에코백 $25~, 팔찌 $18~, 멀라이언 키링 $12.9 ❌ 일요일 📞 +65-8163-1893 📷 @shophygge.sg

알록달록 눈길을 사로잡는 로컬 빈티지 숍 ······ ⑧
빈티지 위켄드 Vintagewknd

2015년 이래 지금까지 무려 5만 킬로그램의 버려진 옷을 10만 벌 이상의 옷으로 재탄생시킨 빈티지 숍이다. 레트로 감성의 블라우스와 재킷도 찾을 수 있고, 유니크한 디자인으로 업사이클링한 바지와 가방도 보인다. 옷마다 가격과 사이즈 정보가 붙어 있으며, 같은 옷은 절대 없으니 마음에 드는 것을 발견했다면 꼭 사수하자. 하지 레인에 슈퍼웨이스티드SUPERWASTED(위치 16 Haji Ln)라는 두 번째 매장도 있다.

🚶 MRT 부기스Bugis 역 E출구에서 도보 5분
📍 41 Haji Ln, Singapore 189234 🕐 12:00~21:00
📞 +65-8952-6851 🏠 vintagewknd.com

핸드 프린트가 돋보이는 패브릭 가게 ······ ⑨
딜립 텍스타일 Dilip Textiles

싱가포르에 거주하는 유럽인과 일본인이 사랑하는 단골집으로 인도에서 들여온 질 좋은 순면에 귀여운 모티프가 인쇄된 식탁보, 테이블 매트, 손수건, 쿠션 커버, 로브 등을 판매한다. 무더운 싱가포르 날씨에 청량감을 주는 색감이라 인테리어용으로 인기가 많다. 귀여운 꽃무늬 손수건은 반다나로도 쓸 수 있는 크기라 선물용으로 좋다. 가격도 저렴해 아랍 스트리트를 지난다면 꼭 한번 들러보자.

🚶 MRT 부기스Bugis 역 E출구에서 도보 5분 📍 74 Arab St,
Singapore 199771 🕐 11:00~18:00 💲 손수건 $5, 테이블 매트(6개)
$57, 식탁보(사이즈에 따라) $26~ ❌ 일요일 📞 +65-6293-3633

시끌벅적한 거리에서 벗어나 망중한 ······ ⑩
와다 북스 Wardah Books

언제나 여행자로 시끌벅적한 부소라 스트리트에 숨은 책방이다. 입구는 작지만 내부가 꽤 넓어서 비밀스러운 세계로 들어가는 기분이다. 1층에는 이슬람 관련 전문서가 대부분이지만, 어린이책과 아랍어 교재도 있어 흥미롭다. 기왕 서점에 들렀다면 2층에도 올라가보자. 싱가포르의 역사, 문화, 인물 관련 책자와 문학 작품을 볼 수 있어 무더운 날씨를 피해 들러볼 만하다.

🚶 ① MRT 부기스Bugis 역 E출구에서 도보 8분 ② 술탄 모스크에서
도보 1분 📍 58 Bussorah St, Singapore 199474
🕐 10:00~20:00(주말 09:00~) 💲 $10~200 다양한 가격대
📞 +65-6297-1232 🏠 wardahbooks.com

싱가포르에서 맛보는 인도 여행

리틀 인디아 Little India

거리 곳곳에는 코끝을 자극하는 커리 향이 풍기고, 신께 바치는 꽃 목걸이를 파는 상점의 진한 재스민 향기와 색색깔의 꽃은 여행자의 발길을 멈추게 한다. 인도 전통 의상을 입은 여인들이 거리를 걷는 모습을 바라보노라면 순간 이곳이 싱가포르인지 잊게 만든다. 약 200년 전 래플스 경이 지금의 차이나타운 근처를 인도인을 위한 거주지로 지정했으나, 시간이 지나 인도인들은 소를 기르기 좋은 넓은 목초지와 강이 흐르던 지금의 리틀 인디아로 이주하여 새로운 인도인 커뮤니티를 형성했다. 리틀 인디아에 간다면 제대로 된 인도 음식을 맛보고, 이국적인 헤나 문신도 남겨보자. 인도풍 의상과 스카프를 두르고 현지인과 어우러져 힌두 사원에도 방문해본다면 리틀 인디아를 제대로 경험하게 될 것이다.

리틀 인디아
추천 코스

🕐 3~5시간 소요 예상
✅ 부기스 & 캄퐁글람 연계 여행 추천

리틀 인디아에 방문하려면 아침 일찍 서둘러 오전 시간에 갈 것을 추천한다. 날씨도 덜 더울 뿐 아니라 리틀 인디아를 대표하는 힌두 사원과 재래시장 역시 오전에 가야 생동감이 넘친다. 주요 스폿만 돌아보는데는 3시간 정도면 충분하며, 인도 음식 맛보기와 무스타파 센터 쇼핑까지 포함한다면 5시간 정도를 예상하는 것이 좋다. 시간 여유가 없다면 오전에는 리틀 인디아를, 오후에는 부기스 & 캄퐁글람 지역을 보는 일정도 괜찮다. 체력이 된다면 도보로도 이동 가능하나 MRT 로초 역에서 한 정거장, 버스로는 두세 정거장이면 도착한다. 시간 여유가 있다면 무스타파 쇼핑과 맛집이 모여 있는 잘란 베사 거리를 묶어 따로 방문해도 괜찮다. 다만 늦은 밤에 혼자서 외진 골목길을 걷는 것은 피하자.

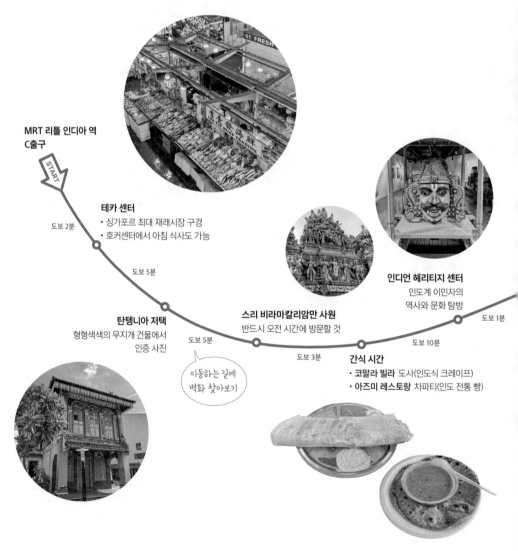

MRT 리틀 인디아 역
C출구

START

도보 2분

테카 센터
• 싱가포르 최대 재래시장 구경
• 호커센터에서 아침 식사도 가능

도보 5분

탄텡니아 저택
형형색색의 무지개 건물에서
인증 사진

도보 5분

이동하는 길에
벽화 찾아보기

스리 비라마칼리암만 사원
반드시 오전 시간에 방문할 것

도보 3분

간식 시간
• 코말라 빌라 도사(인도식 크레이프)
• 아즈미 레스토랑 차파티(인도 전통 빵)

도보 10분

인디언 헤리티지 센터
인도계 이민자의
역사와 문화 탐방

도보 1분

점심 식사 전후로
'부기스 & 캄퐁글람'
지역으로 이동 가능

점심 식사
· 바나나 리프 아폴로, 무투스 커리 피시 헤드 커리
· 머스터드 깔끔한 인도 요리

시티 스퀘어 몰
MRT 패러 파크 역과 연결

도보 5분

무스타파 센터
기념품 대량 구매의 기회

도보 10분

도보 10분

도보 3분

리틀 인디아 아케이드
헤나 체험 & 쇼핑 즐기기

페탕 로드 숍하우스
예쁜 숍하우스에서 인증 사진

도보 3분

체셍홧 하드웨어
콜드브루 커피와
페이스트리 먹으며 휴식

D

M Little India
B

E   02 머스터드   ⊗ 바나나 리프 아폴로

무투스 커리 ⊗

C

테카 센터   03 탄텡니아 저택
01

02 스리 비라마칼리암만 사원

A

● 세랑군 로드   03 코말라 빌라   04 아즈미 레스토랑

리틀 인디아 아케이드
03   01 인디언 헤리티지 센터
● 캠벨 레인

M Rochor

A   B

B
M Jalan Besar
A

섬 딤섬 05

07 미스 두리안

숭아이 로드 락사 06

W N S E

0   100m

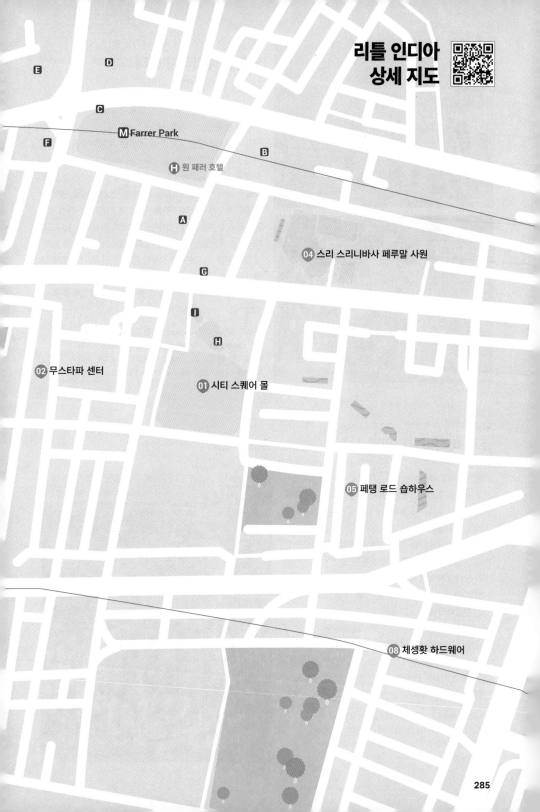

리틀 인디아
상세 지도

E

D

C

F

M Farrer Park

B

H 원 패러 호텔

A

04 스리 스리니바사 페루말 사원

G

I

H

02 무스타파 센터

01 시티 스퀘어 몰

05 페탱 로드 숍하우스

08 체셍홧 하드웨어

인도계 이민자의 이야기가 담긴 박물관 ······ ①

인디언 헤리티지 센터
Indian Heritage Centre

싱가포르에 건너온 인도 이민자의 역사와 문화를 소개해 놓은 작은 박물관으로 리틀 인디아의 랜드마크다. 건물의 한쪽 면이 전부 유리창인 독특한 이 건물은 뉴질랜드 출신 건축가 로버트 그레그 샌드Robert Greg Shand가 인도의 전통 계단식 우물 바올리Baoli에서 착안해 디자인했다. 화려한 유리 파사드가 낮에는 거울처럼 리틀 인디아의 풍경을 담고, 밤에는 조명이 켜지면서 등처럼 주변을 환하게 밝혀준다. 총 5개의 갤러리로 구성된 상설 전시관은 4층에서 시작해서 3층으로 내려오는 순서로 관람한다. 인도와 동남아시아의 교류 역사 및 인도 문화, 싱가포르에 정착한 인도 커뮤니티가 어떻게 성장했고 어떤 공헌을 했는지 섬세한 공예품과 재미난 이야기가 담긴 유물, 시청각 자료 등을 통해 누구나 즐겁게 배울 수 있다.

🚶 MRT 리틀 인디아Little India 역 E출구에서 도보 5분
📍 5 Campbell Ln, Singapore 209924 🕐 10:00~18:00
❌ 월요일 💲 일반 $8, 학생·60세 이상 $5, 6세 미만 무료
📞 +65-6291-1601 🏠 www.indianheritage.org.sg

인도 이민자를 지켜주는 칼리 여신이 계신 곳 ······ ②

스리 비라마칼리암만 사원 Sri Veeramakaliamman Temple

리틀 인디아를 대표하는 힌두 사원으로 싱가포르에서 가장 처음으로 칼리Kali 여신을 모셨다. 칼리 여신은 힌두교의 브라흐마, 비슈누와 함께 3대 신으로 꼽히는 시바의 부인이다. 신자들은 칼리 여신이 무지와 악을 물리치고 세상의 질서를 유지하며 그녀를 믿는 자들을 보호한다고 믿는다. 그래서 초창기 인도 이민자들은 낯선 싱가포르 땅에서 살아남기 위해 칼리 여신에게 의지했고 일찍부터 이 사원을 세웠다. 사원 입구의 높은 탑, 고푸람Gopuram 위에는 정교하게 조각된 여러 힌두 신을 볼 수 있는데 이는 남인도의 대표적인 사원 건축 양식을 보여준다. 사원 내부 관람 시 신발은 사원 입구에 벗어두고, 짧은 하의를 입은 경우 입구에 비치된 치마를 덧입거나 스카프를 둘러야 한다. 종교 사원인 만큼 신자들에게 방해되지 않도록 경건한 태도로 관람하자.

🚶 MRT 리틀 인디아Little India 역 E출구에서 도보 6분
📍 141 Serangoon Rd, Singapore 218042
🕐 05:30~12:00, 17:00~21:00 📞 +65-6295-4538
🏠 www.srivkt.org

탄텡니아 저택 Former House of Tan Teng Niah

알록달록한 무지개 빛으로 리틀 인디아 필수 코스가 된 이곳은 놀랍게 도 1900년에 중국인 사업가 탄텡니아의 저택이었다. 그는 당시 이곳에 서 사탕수수로 사탕을 만드는 공장과 고무 훈연 공장을 운영했다. 이 저 택이 어떻게 알록달록한 색깔을 갖게 되었는지는 미스테리로 남아 있지 만, 현재까지 리틀 인디아에 남은 유일한 중국식 저택으로 당시의 건축 양식을 엿볼 수 있는 문화유산이기도 하다. 1980년대부터 상업적 용도 로 복원되었으며, 그 가치를 인정 받아 싱가포르 건축협회(SIASingapore Institute of Architects)에서 상을 받기도 했다. 현재 실내 입장은 불가능하 지만 화려한 색감 덕분에 리틀 인디아를 찾는 수많은 여행자의 인증 사 진 성지로 사랑받는다. 근처 골목길에는 리틀 인디아의 옛 모습을 보여주 는 현지 작가들의 벽화도 있으니 찾아보자.

🚶 MRT 리틀 인디아Little India 역 E출구에서 도보 3분 📍 37 Kerbau Rd, Singapore 219168

우주의 질서를 유지하는 비슈누 신을 만나다 ⋯⋯ ④

스리 스리니바사 페루말 사원 Sri Srinivasa Perumal Temple

1855년에 지어진 싱가포르에서 가장 오래된 힌두 사원 중 하나로, 힌두교의 3대 신 중 하나인 비슈누 신을 모신다. 비슈누 신은 우주의 질서를 유지, 보존하는 역할을 하는데 필요에 따라 화신(아바타)의 형태로 세상에 나타나 악을 물리치고 인류를 구원한다. 일반적으로 4개의 팔에 각각 차크람(원반 모양의 무기), 곤봉, 소라고둥, 연꽃을 들고 있는 모습으로 묘사되며, 인간 몸에 독수리 머리와 날개를 가진 가루다Garuda를 타고 다니는 것이 특징이다. 고푸람과 사원 내부에서 만나볼 수 있다.

🚶 MRT 패러 파크Farrer Park 역 G출구에서 도보 5분
📍 397 Serangoon Rd, Singapore 218123 🕐 05:30~12:00,
17:30~21:00 📞 +65-6298-5771 🏠 sspt.org.sg

이 사원이 매년 1월 중순~2월 중순에 열리는 힌두교 축제 타이푸삼 **P.029** 행렬의 시작점이다. 신자들은 당일 새벽부터 이곳에서 포트 캐닝 공원 근처의 스리 탄다유타파니 사원Sri Thendayutahpani Temple까지 4km를 걸어 행진한다. 일부 신자는 화려하게 장식된 카바디(강철 또는 나무로 된 틀)를 어깨에 짊어지고 참여한다. 카바디는 타밀어로 '매 걸음마다 희생'이라는 의미로 그 무게는 40kg에 달하며 몸을 관통하는 대못이 박힌 것도 있어 놀라움을 자아낸다.

저절로 발길이 멈춰지는 예쁜 집 ⋯⋯ ⑤

페탕 로드 숍하우스

Petain Road Shophouses

아직 여행자에게 덜 알려진 페탕 로드에는 1930년대 초에 지은 18개의 예쁜 숍하우스가 모여 있다. 제1차 세계대전 당시 프랑스 영웅이던 앙리 페탱Henri Philippe Petain의 이름을 따서 1928년에 도로 이름을 붙였는데, 제2차 세계대전 중 프랑스가 독일에 점령당한 후 나치 독일과 협력하여 새 총리가 된 부끄러운 그의 과거로 한때 도로 이름을 바꿔야 한다는 탄원이 제기되기도 했다. 화려한 유럽식 창문과 기둥에는 중국식 모티프인 봉황과 학도 보이고 화려한 꽃 장식도 눈에 띄어 사진 찍기 참 좋다. 외벽을 장식하는 파스텔색의 꽃무늬 타일은 유럽과 일본에서 들여왔다고 한다. 현재는 상업지 혹은 거주지로 사용 중이므로 관람 시 거주민의 사생활을 존중하자.

🚶 MRT 패러 파크Farrer Park 역 I출구에서 시티 스퀘어 몰을 통과해 도보 5분 📍 10~44 Petain Rd, Singapore 208087

싱가포르 최대 재래시장 속 호커센터 ······· ①

테카 센터 Tekka Centre

MRT 리틀 인디아 역에서 나오자마자 보이는 푸른색 건물은 언제나 현지인과 여행자로 붐빈다. 1층에는 싱가포르 최대의 재래시장과 호커센터가 있고, 2층에는 화려한 사리를 포함한 인도 전통 의상을 파는 의류 상가와 옷 수선집이 빼곡하게 들어서 있다. 1층 호커센터에서 저렴한 가격으로 배불리 식사를 할 수 있는데 특히 인도 음식을 파는 곳이 많다. 가게가 너무 많아 고르기 어렵다면 아래의 추천 맛집 몇 곳을 참고해 계획해보자. 식사를 마친 후에는 시장을 한 바퀴 둘러보며 부지런히 장보는 사람들을 구경하고 과일 가게를 찾아 디저트로 열대 과일을 맛보아도 좋다.

🏃 MRT 리틀 인디아Little India 역 C출구 바로 앞 📍 665 Buffalo Rd, Singapore 210665 🕐 06:30~17:00, 매장마다 다름 💲 식사류 $3~, 음료 $1~, 치킨 비리야니 세트 $7, 첸돌 $2~, 프라타 $1.5~

🍴 추천 맛집

- #01-229 | 알라우딘 비리야니 Allauddin's Briyani 최고의 나시비리야니Nasi Briyani(쌀과 향신료에 재운 고기나 생선 등을 함께 쪄낸 요리)집으로 유명

- #01-247 | 아라만 카페 & 로열 프라타 Ar-Rahman Café & Royal Prata 인도식 납작한 페이스트리 프라타와 극강의 단맛을 자랑하는 첸돌 추천

- #01-254 | 테마섹 인디언 로작 Temasek Indian Rojak 각종 튀김에 채소와 과일을 넣고 달콤한 소스를 뿌린 로작 맛집으로 싱가포르에만 있는 독특한 음식

- 호커센터와 재래시장은 카드를 받지 않는 곳이 대부분이니 현금을 준비하자.
- 2층 의류 상가로 올라가면 1층의 재래시장을 한눈에 내려다 볼 수 있는 장소가 있으니 소화도 시킬 겸 올라가보자.
- 인도 전통 의상은 $20 정도면 살 수 있는 저렴한 종류도 있으니 기념으로 구매해도 좋다.

깔끔한 분위기의 정갈한 인도 요리 ⋯⋯ ②
머스터드 Mustard

싱가포르 최초로 인도 동부의
벵골과 북부의 펀자브 지역
요리를 제대로 선보인다. 깔
끔한 내부와 친절한 서비스
로 현지인뿐만 아니라 주재원 사이에서도 인
기가 많다. 추천 메뉴는 실제 코코넛 안에 새
우가 들어간 코코넛 커리가 담겨 나오는 칭그
라 마차 말라이 커리Chingri Maacher Malai Curry다. 부드러운 맛
으로 아이와 어른 누구나 좋아한다. 고소한 생선튀김을 홈메
이드 머스터드소스에 찍어 먹는 마차 커틀릿Maacher Cutlet with
Kashundi, 버터 치킨Murgh Makhani도 실망시키지 않는다. 커리와
함께 먹는 난보다 얇아 손수건을 닮았다는 루말리 로티Roomali
Roti도 다른 곳에서는 보기 어려워 추천한다.

🚶 MRT 리틀 인디아Little India 역 E출구에서 도보 2분
📍 32 Race Course Rd, Singapore 218552 🕚 11:30~15:00,
18:00~22:45 ✖ 화요일 💲 ⊕⊕ 마차 커틀릿 $13.9, 칭그라 마차
말라이 커리 $22.9, 커리류 $20~, 빵류 $4~ 📞 +65-6297-8422
🏠 www.mustardsingapore.com

인도 모헨드라 총리도 다녀간 채식 식당 ⋯⋯ ③
코말라 빌라 Komala Vilas

1949년에 문을 연 100% 채식 음식점으로 점심시간에는 늘 줄을 서
서 먹는 인기 맛집이다. 2015년 리센룽 총리 부처가 싱가포르를 방
문한 인도의 모헨드라 총리 부처와 같이 방문해서 더욱 유명해졌다.
저렴하고 소박하지만 그만큼 맛에는 자신 있다는 얘기일 터. 인도
남부 음식 전문점으로 쌀을 이용한 요리가 많다. 현지인은 밥에
여러 반찬과 커리가 함께 나오는 백반Rice Meal을 즐겨 먹지만, 우
리 입맛에는 쌀가루와 콩가루를 섞은 반죽을 크레이프처럼 얇
고 바삭하게 구운 도사Dosai가 가장 맛있다. 감자로 속을 채운
마살라 도사Masala Dosai가 식사로 든든하고, 콘 도사Cone Dosa
는 엄청난 크기를 자랑한다. 도넛 모양으로 튀겨낸 바다이
Vadai도 맛있다. 달콤하고 향긋한 마살라 티를 곁들이면 최고
의 조합이 된다.

🚶 MRT 리틀 인디아Little India역 E출구에서 도보 5분
📍 76-78 Serangoon Rd, Singapore 217981
🕚 07:00~22:30 💲 ⊕ 백반 $12.5, 마살라 도사
$5.8, 콘 도사 $8.2, 바다이 $2, 마살라 티 $2.3
📞 +65-6293-6980
🏠 www.komalavilas.com.sg

피시 헤드 커리를 맛보고 싶다면 이곳!

리틀 인디아의 터줏대감
무투스 커리 Muthu's Curry

1969년부터 영업한 인도 남부와 북부의 음식을 모두 하는 집. 메뉴가 굉장히 많지만, 싱가포르에서만 먹을 수 있는 특별한 음식인 피시 헤드 커리 맛집으로 통한다. 엄청난 크기의 생선 머리가 그대로 들어가 처음에는 조금 거부감이 들지만, 부드러운 생선 살과 이 집의 비법 레시피로 만든 칼칼한 커리소스를 함께 떠먹다 보면 금세 맛있게 즐기게 된다. 커리는 걸쭉하지 않고 생선 수프나 매운탕에 가까운 느낌으로, 국물을 쏙 빨아들인 오크라와 파인애플을 건져 먹는 것도 별미다. 쌀밥을 시키면 밥과 2가지 반찬, 인도식 바삭한 빵인 파파덤이 무한대로 제공된다. 양이 꽤 많으니 여럿이 방문해서 나눠 먹는 것을 추천한다. 달콤하고 부드러운 인도의 요거트 음료 라씨Lassi를 곁들이면 매운 맛이 중화되어 좋다.

🚶 MRT 리틀 인디아Little India 역 E출구에서 도보 5분
📍 138 Race Course Rd, #01-01, Singapore 218591
🕐 10:30~22:30 💲 ➕➕ 커리류 $20~, 쌀밥 세트 $4.5~,
라씨 $7~ 📞 +65-6392-1722 🏠 www.muthuscurry.com

피시 헤드 커리 $36

바나나잎 위에 서빙되는 특별한 인도 음식점
바나나 리프 아폴로 The Banana Leaf Apolo

1974년에 문을 연 이 식당은 인류 최초로 달 착륙에 성공한 아폴로 11호처럼 사업이 번창하길 바라는 당찬 포부로 시작되었고, 그 바람대로 현재는 리틀 인디아에서 가장 많은 이들이 찾는 맛집으로 자리매김했다. 남인도 전통 방식에 따라 바나나잎이 개인 접시로 나오는데, 따끈한 밥과 커리를 올려 먹으면 맛과 향이 업그레이드되고, 위생적이면서 친환경적이라 더욱 특별하다. 이 집의 대표 음식 역시 피시 헤드 커리지만 그 외에도 다양한 인도 음식이 있다. 추천 메뉴는 아폴로 치킨 마살라Apolo Chicken Masala로 커리처럼 소스가 많지는 않지만 우리 입맛에 딱 맞는 칼칼한 맛이 특징이다. 애피타이저로는 튀김 만두 같은 사모사Samosa 가 채소만 들어가 담백한 맛으로 인기다. 불맛 나는 탄두리치킨도 실패 없는 메뉴다.

🚶 MRT 리틀 인디아Little India 역 E출구에서 도보 3분 📍 54 Race Course Rd, Singapore 218564 🕐 10:30~22:30 💲 ➕➕ 사모사 $8.3, 아폴로 치킨 마살라 $7.8, 커리류 $15~ 📞 +65-6293-8682 🏠 www.thebananaleafapolo.com

피시 헤드 커리 $28.8~38.4

차파티 하나로 승부하는 로컬 맛집 ······ ④

아즈미 레스토랑 Azmi Restaurant

즉석에서 바로바로 구워내는 따끈한 얇은 통
밀빵 차파티로 유명하다. 주의 깊게 보지 않
으면 그냥 지나치기 쉬운 소박한 가게지만
입소문을 듣고 찾아오는 미식가로 붐빈다.
철판 위에 기름 없이 구워내 담백한 맛을 자
랑하는 차파티는 다양한 종류의 커리, 밑반찬과
함께 먹으면 더욱 맛있다. 치킨 커리와 양고기 커리가
맛있고, 렌틸콩 커리Dahl와 오크라Lady Fingers도 맛있다. 호커센터처럼 에어컨
없이 야외석만 있는 점이 살짝 아쉽지만 현지인들이 가는 정말 착한 가격의 맛집
을 찾는다면 주저없이 꼭 도전해보자.

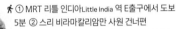

🚶 ① MRT 리틀 인디아Little India 역 E출구에서 도보
5분 ② 스리 비라마칼리암만 사원 건너편
📍 168 Serangoon Rd, Singapore 218051
🕐 08:15~22:45 💲 차파티 $1.2, 치킨
커리 $4, 양고기 커리(키마) $4, 음료 $1~
📞 +65-9428-0203

맛있는 딤섬으로 입소문난 곳 ······ ⑤

섬 딤섬 Sum Dim Sum

잘란 베사 거리의 떠오르는 딤섬 맛집으로 주말이면 늘 많은 사람으로 붐빈
다. MRT 잘란 베사 역과 가깝고, 무스타파 센터 쇼핑 후 들르기도 좋다. 매장
도 깔끔하고 샤오마이, 하가우, 샤오롱바오 등 딤섬 종류도 많아서 행복한 고민
에 빠진다. 이곳의 시그니처 메뉴는 파란색 만두피의 하가우Tiffany Blue XL Prawn
Dumpling다. 음식에 사용되는 파란색은 동남아시아에서 식용으로 흔히 사용되
는 나비완두콩 꽃Butterfly Pea Flower을 우려내 만든다. 또한 향기로운 판단잎을
넣어 초록색을 띠는 포크번도 특별하다. 카드 결제도 가능하며 밤 늦게까지 영업
하니 야식 먹으러 가기도 괜찮다.

🚶 ① MRT 잘란 베사Jalan Besah 역 B출구에서
도보 3분 ② 무스타파 센터에서 도보 4분
📍 161 Jalan Besar, Singapore 208876
🕐 월~목요일 11:30~15:00, 17:00~24:00,
금~일요일 10:30~01:00 💲 ⊕⊕ 딤섬류
(기본 3개) $5.4~7.3, 티파니 블루 하가우 $7.3,
판단 포크번 $7.2 📞 +65-8818-9161
🏠 sumdimsum.oddle.me/en_SG

4인 이상이거나 주말 방문 시에는 대기 줄이
기니 구글 맵스를 통해 예약하는 것이 좋다.

숭아이 로드 락사 Sungei Road Laksa

현지인들이 오래 전부터 즐겨 찾아온 숨은 맛집으로 메뉴는 락사 딱 하나뿐이지만 점심시간에는 20분 이상 줄을 서야 할 정도로 유명하다. 락사는 싱가포르의 대표 음식 중 하나로 생선 육수에 코코넛밀크와 칠리 페이스트를 넣어 끓여내 매콤하고 구수한 국물이 일품이다. 어묵과 숙주, 꼬막이 토핑으로 올라가고 위에 뿌려진 초록색 가루는 락사잎Laksa Leaf이다. 국수는 짧게 잘라 나와 숟가락으로 퍼먹을 수 있는 것이 특징이다. 현지인들이 거주하는 HDB 아파트 1층 호커센터 안에 위치해 에어컨이 없는 것이 아쉽지만, 카통 & 주치앗 지역까지 가지 않고도 단돈 $4로 정통 락사를 즐길 수 있어 락사 맛이 궁금한 이들에게 강력 추천한다.

🚶 MRT 잘란 베사Jalan Besah 역 B출구에서 도보 6분 📍 27 Jalan Berseh, #01-100, Singapore 200027 🕐 09:30~16:00 ❌ 수요일 💲 락사 $4

미스 두리안 Ms Durian

싱가포르인의 두리안 사랑은 우리의 김치 사랑 못지 않지만, 두리안은 지독한 냄새로 호불호가 아주 강하게 갈린다. 과일 그대로 먹을 수 있다면 가장 좋겠지만 제철 때가 아니어서 맛있는 두리안을 찾기 어렵다면 이곳으로 가보자. 이곳에서 파는 모든 디저트에는 두리안이 들어간다. 두리안 케이크, 마카롱, 아이스크림, 슈크림 퍼프에 심지어 두리안 커피까지 도전 정신을 자극하는 메뉴로 가득하다. 메뉴판에는 두리안 맛의 강도가 함께 표시되니 초심자라면 낮은 숫자부터 도전해보자. 두리안 푸딩Durian Coconut Milk Pudding은 호불호 없이 먹을 수 있는 수준이고, 마니아에게는 두리안 케이크The Original MSW Durian Cake와 두리안 티라미수Durian Tiramisu, 두리안 슈크림MSW Custard Craquelin이 인기다.

🚶 MRT 잘란 베사Jalan Besah 역 A출구에서 도보 3분 📍 11 Kelantan Rd, Singapore 208064 🕐 09:00~22:00(금·토요일 ~23:00) ❌ 화요일 💲 ➕ 두리안 푸딩 $6.8, 두리안 케이크 $12.8, 티라미수 $18.5, 두리안 슈크림 $3.5, 두리안 커피 $15 📞 +65-6962-0057 🏠 www.msdurian.com 📷 @msdurianpastry

오래된 철물점이 힙스터 카페로! ······ ⑧

체셍홧 하드웨어 Chye Seng Huat Hardware

잘란 베사 거리에서 한 블록 들어가 소박한 옛 철물점 거리를 걷다 보면 이곳에 과연 카페가 있을까 하는 의문이 생긴다. 이때 크림색 외관에 아기자기한 벽화가 눈에 띄는 건물로 들어가면 놀랍게도 넓은 마당이 딸린 세상 젊고 힙한 분위기의 카페가 등장한다. 투박한 외관과는 달리 아늑한 카페 중앙에는 가장 인기 있는 둥근 바 카운터가 있다. 주문 즉시 바리스타가 직접 내려주는 드립 커피가 향기롭고 에스프레소, 콜드브루도 인기다. 커피도 맛있지만 함께 곁들이면 좋은 빵과 디저트 종류도 다양해서 당 충전하기 좋고, 오후 4시까지 서빙되는 브런치 메뉴와 메인 요리도 있어서 식사를 즐기기도 괜찮다. 커피는 매장 뒷편에 위치한 로스터리에서 직접 로스팅해서 그 맛과 향이 더욱 특별한데, 원두도 구매 가능하니 참고하자.

🚶 MRT 패러 파크Farrer Park I출구에서 도보 6분
📍 150 Tyrwhitt Rd, Singaporre 207563 🕐 08:30~22:00
💲 ⊕⊕ 롱블랙 $5, 드립 커피·콜드브루 $8~, 크루아상류 $5~, 시그니처 바나나 브레드 $5.5, 파파스 브렉퍼스트 $26, 프렌치 토스트 $18 📞 +65-6299-4321 🏠 www.cshhcoffee.com
📷 @cshhcoffee

시티 스퀘어 몰 City Square Mall

무스타파 센터에서 도보 5분 거리에 위치하고, MRT 패러 파크 역과 직접 연결되어 접근성이 좋고 깔끔한 쇼핑몰이다. 동네 주민들이 애용하는 생활 밀착형 몰인 만큼 알찬 구성이 매력적이다. B1층의 페어프라이스 슈퍼마켓과 B2층 일본 종합 할인몰 돈돈돈키에서는 간단한 먹거리나 기념품을 쇼핑하기 좋다. 2층에 있는 프랑스 스포츠 종합몰 데카트론Decathlon은 기본적인 달리기, 수영, 요가부터 캠핑, 자전거, 승마까지 다양한 스포츠 상품을 저렴한 가격으로 구매할 수 있어 현지인에게도 큰 인기를 끈다. 또한 우리가 아는 딘타이펑, 맥도날드, 스타벅스, 써브웨이, 야쿤 카야 토스트, 토스트 박스 등 유명 체인이 다 모여 있어 입맛에 맞을까 고민할 필요 없이 골라 먹기도 좋다. 4층에는 싱가포르 베스트 라자냐 맛집으로 손꼽히는 슈퍼 다리오 라자냐 카페Super Dario Lasagne Café가 있으니, 라자냐를 좋아하는 사람이라면 꼭 한번 들러 맛보기를 추천한다.

🏃 MRT 패러 파크Farrer Park 역 I출구에서 지하로 바로 연결 📍 180 Kitchener Rd, Singapore 208539 🕐 10:00~22:00 📞 +65-6595-6595 🏠 www.citysquaremall.com.sg

무스타파 센터 Mustafa Centre

싱가포르에서 '없는 것 빼고 다 있다'고 소문난 실속파 쇼핑몰이다. 엄청난 규모에 가격도 저렴해서 현지인, 여행자 할 것 없이 언제나 쇼핑객으로 붐빈다. 한국의 대형 마트처럼 식료품, 전자제품, 의류, 보석, 생활용품, 문구, 도서 등 모든 종류를 아우르며 여행자가 즐겨 찾는 다양한 기념품은 2층에 별도로 마련되어 있다. '아이 러브 싱가포르' 문구가 들어간 티셔츠, 멀라이언 키링과 마그넷은 물론이고 한국인 여행자 사이에서 인기 있는 초콜릿과 멀라이언 쿠키, 과자류, 부엉이 커피, 시판 칠리크랩 소스와 락사 소스 등도 이곳에 다 있다. 1층에서는 타이거 밤, 달리 치약, 히말라야 크림과 립밤, 향수와 바디로션 등을 찾을 수 있다. 과거에는 24시간 내내 쇼핑이 가능하기로 유명했지만, 아쉽게도 현재는 새벽 2시까지만 영업한다.

🚶 MRT 패러 파크Farrer Park 역 G출구에서 도보 6분
📍 145 Syed Alwi Rd, Singapore 207704 🕐 09:30~02:00
📞 +65-6295-5855 🏠 www.mustafa.com.sg

- 입장 시 부피가 큰 가방이나 배낭은 가방을 열지 못하도록 지퍼를 케이블 타이로 묶어주기 때문에 작은 가방을 가져가는 것이 좋다.
- 쇼핑몰 규모가 크므로 원하는 제품 사진을 미리 찍어서 직원의 도움을 받으면 헤매지 않고 빠르게 쇼핑할 수 있다.
- 여행자가 즐겨 찾는 2층 기념품 코너는 무스타파 센터 2번 출입구로 입장하여 좌회전하면 나오는 에스컬레이터를 타면 바로 찾을 수 있다.
- 결제는 현금과 카드 모두 가능하며, GST 환급이 가능하므로 $100 이상 구매한 경우 B2층 GST 환급 카운터에서 여권과 영수증을 보여주고 신청한다.
- 구경하다보면 시간이 훌쩍 지나니 일정을 여유 있게 잡고 가는 것을 추천하며, 기념품 몇 개 정도만 구매할 생각이라면 과감히 패스하는 것도 좋다.

층별 주요 품목

4층	도서, 문구, 홈데코, 가구, 자동차용품
3층	여성 의류, 주방용품, 침구, 욕실 및 생활용품
2층	싱가포르 기념품, 슈퍼마켓, 여행용 캐리어
1층	화장품, 의약품, 건강식품, 전자제품, 시계, 향수, 환전소, CD, DVD
B1층	속옷, 신발, 의류(사리 등 인도 전통 의상 포함), 아기용품
B2층	세금 환급(택스 리펀드) 카운터, 스포츠용품, 장난감, 카메라, 전자제품, 우체국

🛍 쇼핑 추천 아이템

- **싱가포르 티셔츠** 싱가포르를 대표하는 로고가 들어간 티셔츠는 $10~20 정도면 살 수 있어 막 입기도 좋다. 아이용 티셔츠는 디자인이 특히 귀여운데 멀라이언 프린트가 가장 인기다.

- **초콜릿** 한국인 여행자 사이에서 인기 있는 해피 히포뿐만 아니라 킷캣, 리터스포트, 캐드버리 데어리 등 전 세계 초콜릿 브랜드가 있으며, 종종 묶음 세일을 하는 경우도 있으니 잘 살펴보자.

- **칠리크랩 & 락사 소스** 싱가포르에서 맛있게 먹은 칠리크랩과 락사를 집에서도 만들어 먹을 수 있는 요긴한 아이템이다. 무스타파 센터에서 가장 저렴하게 구매 가능하며 선물로도 괜찮다.

- **바디로션** 빅토리아 시크릿을 비롯해 향이 좋은 바디로션을 저렴하게 판매한다. 터키 브랜드 이욥 사브리 툰저 비건 로션도 인기 제품 중 하나다.

- **치약** 동남아시아 여행 아이템으로 유명한 달리 치약이 종류별로 있으며, 역시 무스타파 센터가 가장 저렴하다.

- **베이킹 재료** 2층 슈퍼마켓의 베이킹 코너는 베이킹을 즐기는 현지인도 즐겨 찾는다. 한국에서는 직구로만 구매 가능한 미국 브랜드 밥스 레드밀Bob's Red Mill의 유기농 통밀가루와 오트밀, 브레드 믹스 등을 저렴하게 구매할 수 있다.

이국적인 인도풍 아이템부터
헤나 체험까지 한번에 ······③

리틀 인디아 아케이드 Little India Arcade

리틀 인디아를 제대로 즐기려면 꼭 들러야 하는 작지만 알찬 쇼핑 콤플렉스로 오색찬란한 인도풍 옷과 가방, 반짝이는 뱅글과 찰랑거리는 귀걸이, 이마에 붙이는 빈디 스티커까지 다 있어서 여행자의 성지가 되었다. 가게를 하나씩 들여다보면 인도 느낌이 물씬 나는 인테리어 소품과 명상에 도움이 될 것 같은 향, 한국에서는 만나기 어려운 힌두교 신상도 보인다. 그중 장애물을 없애주고 시험 합격과 사업 성공에 도움을 준다는 코끼리 얼굴의 가네샤 신이 최고 인기다. 리틀 인디아 여행은 문화 체험까지 해줘야 완성! 아케이드 내부에는 헤나 체험을 할 수 있는 가게도 있다. 인도 여인들이 몸을 장식하는데 쓰는 헤나는 아티스트의 빠른 손놀림으로 금세 완성되는데, 보통 30분 이상 말리면 되고, 일주일 이상 지속된다. 디자인과 사이즈에 따라 비용은 $5~20선. 또한 현지인이 사랑하는 모굴 스위트 숍Moghul Sweet Shop에서는 우리의 밤양갱은 저리 가라 할 정도로 달디달고 달디단 인도식 디저트 굴랍 자문, 라두, 젤라비 등을 맛볼 수 있다. 건너편 테카 센터에서 바라보면 1920년대의 숍하우스 여러 개를 합쳐 만든 거라 외관도 알록달록 예쁘니 꼭 확인해보자.

🚶 MRT 리틀 인디아Little India 역 E출구에서 도보 5분
📍 48 Serangoon Rd, Singapore 217959 🕐 09:00~22:00
📞 +65-6295-5998 🏠 littleindiaarcade.com.sg

대부분의 상품에는 가격이 적혀 있지 않고 가격을 물어보면 일단은 높게 부르는 경향이 있으니, 정말 구매를 원한다면 가격 흥정을 시도해보는 것이 좋다.

리틀 인디아가 특별해지는 빛의 축제, 디파발리

힌두교의 최대 축제 중 하나인 디파발리 기간이
되면 리틀 인디아는 더욱 특별해진다!
디파발리는 '빛의 축제Festival of Lights'라고도
불리는데 선이 악을 물리친 것을 기념하는 축제다.
힌두교 가정에서는 집을 깨끗이 청소한 후
램프로 집안을 환하게 밝혀 장식하는데,
이는 집안이 깨끗하고 환할수록 락슈미 신이
먼저 찾아와 축복을 내려준다고 믿기 때문이다.
또한 가족, 친지들과 맛있는 음식을 나눠 먹고
선물을 교환하며 락슈미 신에게 기도를 올린다.
락슈미 신은 우주의 질서와 인류를 보호하는
비슈누 신의 배우자로 다산과 풍요의 신이다.

디파발리는 언제?

디파발리는 힌두력을 사용하므
로 정확한 날짜는 매년 달라지지만
보통 10월 중순에서 11월 중순 사이에 찾아온다. 그리고
이러한 축제 분위기는 디파발리 전후로 약 한 달간 계속
되므로, 이 시기에 여행 일정이 겹친다면 반드시 리틀 인
디아를 방문해보자. 참고로 디파발리 일주일 전에는 싱
가포르에서 가장 오래 된 힌두 사원인 차이나타운의 스
리 마리암만 사원에서 신자들이 불 위를 걸으며 신앙심을
증명하는 '티미티' 행사가 펼쳐진다.

축제 때 화려해지는 리틀 인디아

디파발리 기간 중 리틀 인디아 아케이드 앞 캠벨 레인
Campbell Ln에는 수십 개의 좌판이 설치되어 장터가 열린
다. 축제를 맞이하기 위한 전통 옷, 간식, 집안을 장식하는
소품과 반짝반짝 빛나는 램프, 조명 장식으로 가득해진
다. 명절 맞이 쇼핑을 하러 나온 사람들과 이를 구경하는
사람들로 발 디딜 틈이 없다.
리틀 인디아를 가로지르는 세랑군 로드Serangoon Rd에는
마치 크리스마스를 방불케 하는 거리 조명 장식이 설치되
어 밤 늦게까지 거리를 환하게 밝힌다. 거리 곳곳에는 거
대한 코끼리와 공작새 모양의 조형물이 설치되는데, 힌
두교 전통에 따르면 코끼리는 존엄과 부를, 공작새는 승
리, 사랑, 지혜를 상징한다고 한다. 또한 가게 앞이나 골목
에는 '랑골리Rangoli'라고 불리는 형형색색의 장식을 발견
할 수 있다. 랑골리는 인도의 전통 예술로 다양한 색을 입
힌 쌀가루나 모래, 꽃잎 등을 바닥에 뿌려 다채로운 전통
문양을 만들어낸다. 화려한 색감에 한 번 놀라고 작품을
만드는데 쏟는 시간과 정성에 두 번 놀란다.

진정한 도심 속 휴양지

센토사섬 & 하버프런트
Sentosa Island & Harbourfront

싱가포르 본섬 남쪽에 위치한 작은 휴양지 센토사섬은 말레이어로 '평화와 고요함'을 뜻한다. 그러나 과거에는 '죽음 뒤에 있는 섬'이라 불릴 정도로 해적이 들끓었으며, 영국 식민지 및 제2차 세계대전 중에는 군사 시설로 사용되었다. 그러나 독립 이후 싱가포르 정부가 본격적으로 관광 단지로 개발했고 오늘날 싱가포르 여행에서 빠질 수 없는 필수 코스가 되었다. 대표 테마파크인 유니버설 스튜디오를 비롯해 세계 최대 규모의 아쿠아리움, 어드벤처 코브 워터파크, 루지와 메가집 등 신나는 놀거리가 가득하다. 여유 있는 일정이라면 멋진 리조트와 호텔에서 하루 이틀 정도 호캉스를 계획해도 좋다. 섬을 한눈에 내려다볼 수 있는 케이블카, 여유를 즐길 수 있는 해변과 산책로도 마련되어 있어 남녀노소 모두가 즐거운 시간을 보낼 수 있다.

센토사섬
& 하버프런트
추천 코스

⏱ 4~6시간 소요 예상
⌄ 센토사 내 호텔 호캉스와 연계 여행 추천

센토사섬은 다양한 어트랙션과 볼거리로 가득해 개인 취향에 따라 골라가는 재미가 있다. 인기 어트랙션이자 최소 반나절 이상이 소요되는 유니버설 스튜디오나 어드벤처 코브 워터파크의 방문 여부를 먼저 결정한 후 나머지 일정을 계획하는 것을 추천한다. 한국 여행자가 즐겨 찾는 루지와 메가 어드벤처 중 하나를 골라 체험해보고, 싱가포르 3대 해변으로 유명한 해변가에 들러 에메랄드빛 바다를 만끽하며 힐링의 시간을 가져보자. 센토사의 야경 명소인 윙스 오브 타임 쇼와 센소리스케이프에서의 산책을 즐기며 하루를 마무리하면 딱이다.

MRT 하버프런트 역
C·E 출구

START

연결

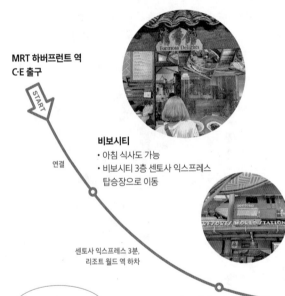

비보시티
• 아침 식사도 가능
• 비보시티 3층 센토사 익스프레스 탑승장으로 이동

센토사 익스프레스 3분,
리조트 월드 역 하차

어드벤처 코브
워터파크로 대체 가능

유니버설 스튜디오 싱가포르
• 일반적으로 4~6시간 소요
• 점심은 유니버설 스튜디오 안에서 해결

스카이라인 루지
카트를 타고 질주하는
센토사 최고 인기 어트랙션

센토사 익스프레스 5분,
비치 역 하차

메가 어드벤처나
우천 시에는
S.E.A. 아쿠아리움으로
대체 가능

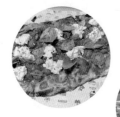

트라피자
센토사 해변의 피자 맛집에서
저녁식사

비치 셔틀 5분,
비치 역 하차 또는 도보 10분

도보 10분

윙스 오브 타임
센토사 바닷가에서 펼쳐지는 야간 명물 쇼
매일 19:40, 20:40 시작

도보 1분

유니버설이나 워터파크를 가지 않는다면!

테마파크나 워터파크에 관심 없다면 센토사 해변과 액티비티를
즐겨보자. 케이블카를 타고 센토사로 들어가 스카이라인 루지를
즐기고, 다시 케이블카로 이동해 실로소 비치를 감상한다. 실로
소 비치에서 포트 실로소 스카이워크의 파노라마 뷰 감상과 인
증 사진 촬영을 마친 뒤에는 트라피자에서 점심 식사를 해결하면
딱이다. 식사 후에는 메가 어드벤처에서 집라인을 즐기고 비치
셔틀을 이용해 팔라완 비치로 이동한다. 해변에서 여유롭게 해
수욕을 하며 시간을 보낸 뒤 FOC 바이 더 비치에서 저녁 식사로
스페인 타파스를 맛보자. 이후 비치 역으로 돌아와 윙스 오브 타
임과 센소리스케이프를 감상하면 멋진 하루가 완성된다.

센소리스케이프
화려한 미디어 아트를 즐기는 센토사의 새로운 야경 명소로
매일 저녁 19:50~21:40 이매지나이트 진행

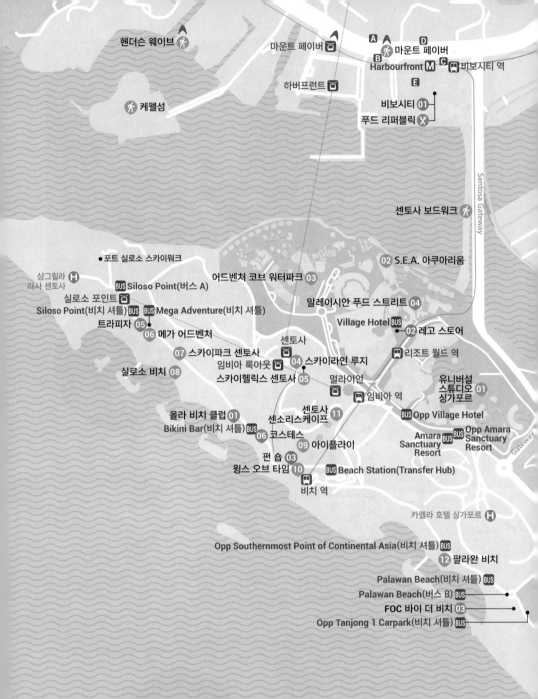

헨더슨 웨이브

마운트 페이버

마운트 페이버 🅐 🅓 마운트 페이버

하버프런트

Harbourfront Ⓜ Ⓒ 비보시티 역
🅑
🅔

케펠섬

비보시티 01
푸드 리퍼블릭

Sentosa Gateway

센토사 보드워크

포트 실로소 스카이워크

02 S.E.A. 아쿠아리움

샹그릴라 Ⓗ
라사 센토사

어드벤처 코브 워터파크 03

BUS Siloso Point(버스 A)

말레이시안 푸드 스트리트 04

실로소 포인트
Siloso Point(비치 셔틀) BUS BUS Mega Adventure(비치 셔틀)
트라피자

Village Hotel BUS

02 레고 스토어

05 06 메가 어드벤처

센토사

리조트 월드 역

07 스카이파크 센토사
임비아 룩아웃
스카이헬릭스 센토사

04 스카이라인 루지

유니버설
스튜디오
싱가포르 01

실로소 비치 08

05

멀라이언

임비아 역

올라 비치 클럽 01
Bikini Bar(비치 셔틀) BUS

센토사
센소리스케이프 11

BUS Opp Village Hotel

06 코스테스

Amara BUS Opp Amara
Sanctuary Sanctuary
Resort Resort

09 아이플라이

펀 숍 03
윙스 오브 타임 10

BUS Beach Station(Transfer Hub)

Gateway

비치 역

카펠라 호텔 싱가포르 Ⓗ

Opp Southernmost Point of Continental Asia(비치 셔틀) BUS

12 팔라완 비치

Palawan Beach(비치 셔틀) BUS

Palawan Beach(버스 B) BUS

FOC 바이 더 비치 03

Opp Tanjong 1 Carpark(비치 셔틀) BUS

N
W E
S

0   100m

Cove Ave

● 키사이드 아일

⑭ 센토사 코브

Allanbrooke Rd

W Hotel/Quayside Isle(버스 B) BUS

● W 호텔

Ⓗ 소피텔 싱가포르 센토사
리조트 & 스파

BUS Tanjong Beach(비치 셔틀)

● ⓿❷ 탄종 비치 클럽

⑬ 탄종 비치

센토사섬을 오가는 교통수단

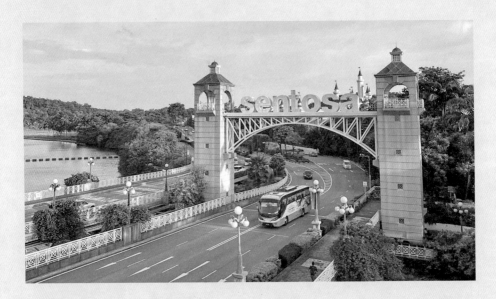

🚶 본섬에서 센토사섬으로 가는 방법

① 센토사 익스프레스
Sentosa Express

모노레일인 센토사 익스프레스는 여행자가 가장 많이 이용하는 방법이다. MRT 하버프런트 역 C·E출구와 연결되는 비보시티 쇼핑몰 3층에 탑승장이 있다. 탑승장 입구의 티켓 발권기에서 센토사섬 입장권에 해당하는 센토사 패스를 구매하거나 교통카드인 이지링크 카드 또는 트래블월렛이나 트래블로그 같은 컨택리스 기능이 있는 카드를 찍고 들어가면 된다. 역은 총 네 군데로 역마다 어트랙션 안내 방송이 나온다.

🕐 07:00~24:00, 3~5분 간격 운행 💲 $4
🏠 www.sentosa.com.sg/en/things-to-do/attractions/sentosa-express

비보시티 역
VivoCity Station

• MRT 하버프런트 역

리조트 월드 역
Resort World Station

• 유니버설 스튜디오 싱가포르
• S.E.A. 아쿠아리움
• 어드벤처 코브 워터파크

임비아 역
Imbiah Station

• 케이블카(멀라이언)
• 스카이헬릭스 센토사
• 스카이라인 루지

비치 역
Beach Station

• 센토사 버스
• 비치 셔틀
• 스카이라인 루지
• 윙스 오브 타임

② 센토사 케이블카 Sentosa Cable Car

푸른 바다와 센토사섬을 한눈에 내려다볼 수 있어서 여행자에게 인기가 많다. 다른 교통수단에 비해 가격은 비싸지만 특별한 추억을 만들고 싶다면 추천한다. 케이블카 위에서 코스 요리를 즐기는 옵션도 있으니 참고하자. MRT 하버프런트 역 B출구로 나와 연결 통로를 통해 하버프런트 타워 2로 이동하면 매표소는 1층에, 탑승장은 15층에 있다. 케이블카를 좀 더 오래 풀코스로 즐기려면 마운트 페이버에서 탑승하는 방법도 있다. 마운트 페이버 탑승장까지는 택시를 이용하면 좋고, 평소 등산을 즐기는 여행자라면 MRT 하버프런트 역 D출구로 나와 약 15분간 산을 오르는 방법도 있으니 참고하자. 케이블카 탑승권은 싱가포르 본섬과 센토사섬을 연결하는 마운트 페이버 라인, 섬 안을 이동하는 센토사 라인, 두 노선 모두 이용할수 있는 스카이 패스 3종류가 있으며 모두 당일 왕복표다.

🕐 08:45~22:00, 30분 전 탑승 마감 💲 스카이 패스 일반 $35, 4~12세 $25, 마운트 페이버 라인 일반 $33, 4~12세 $22, 센토사 라인 일반 $17, 4~12세 $12, 3세 이하 무료
🏠 www.sentosa.com.sg/en/things-to-do/attractions/singapore-cable-car

마운트 페이버 라인 Mount Faber Line — 마운트 페이버 Mount Faber — 하버프런트 Harbourfront — 센토사 Sentosa

도보 5분

센토사 라인 Sentosa Line — 멀라이언 Merlion — 임비아 룩아웃 Imbiah Lookout — 실로소 포인트 Siloso Point

③ 센토사 보드워크 Sentosa Boardwalk

비보시티에서 센토사섬까지 연결되는 670m 길이의 다리를 통해 걸어갈 수 있다. 무료입장이며 중간에 차양막이 있어 한낮에도 아주 뜨겁지 않게 건너갈 수 있어 좋다. 유니버설 스튜디오까지는 15분이면 갈 수 있으며, 해 질 녘 다리 위에서 보는 바다 전망은 아는 사람만 아는 진풍경이다.

④ 시내버스 123번

본섬에서 센토사섬까지 운행하는 유일한 시내버스. 추가 요금이 없이 일반 시내버스 요금만 내면 센토사섬까지 입장할 수 있다. 보타닉 가든, 오차드 로드, 클락 키, 티옹바루를 거쳐 리조트 월드 센토사를 지나 비치 역Beach Station Bus Terminal까지 운행되는데, 특히 센토사섬에서 나갈 때 택시 잡기도 어렵고 센토사 익스프레스 대기 줄도 너무 긴 경우 비치 역에서 123번 버스를 타는 것을 강력 추천한다.

💲 카드 $1.09~2.37, 현금 $1.9~3

⑤ 택시 Taxi

인원이 여럿이거나 짐이 많은 경우, 또는 주말이라 사람이 많은 센토사 익스프레스를 피하고 싶은 이들에게 추천하는 방법. 택시비에 센토사섬 입장비 $2~6가 추가되지만 센토사섬 내 호텔 숙박객이라면 예약 확인증을 보여주면 입장비가 면제된다.

🚶 센토사섬 내 이동 수단

센토사섬이 작다고는 해도 걸어서 다 둘러보기에는 규모가 크고 더운 날씨로 체력 소모가 많다. 무료로 운행되는 센토사 버스와 비치 셔틀 등을 활용해 둘러보는 것을 추천한다. 구글 맵스를 이용하면 경로 검색 시 센토사섬 내 이동 수단도 함께 보여준다. 예전과 달리 정류장 찾느라 헤매지 않고 편리하게 이용이 가능하다.

🏠 www.sentosa.com.sg/en/getting-around

① 센토사 익스프레스
Sentosa Express

싱가포르 본섬에서 센토사섬으로 들어올 때는 유료로 이용해야 하지만, 센토사섬 내에서만 이용하거나 다시 비보시티로 나갈 때는 무료로 이용할 수 있다.

🕐 07:00~24:00, 3~5분 간격 운행

② 센토사 버스
Sentosa Bus

· **버스 A** 비치 역에서 출발해 실로소 비치가 있는 실로소 포인트를 지나 유니버설 스튜디오가 있는 리조트 월드 센토사를 지나는 노선. 센토사섬 내 주요 호텔에서 정차해서 투숙객에게도 유용하다.

🕐 07:00~24:10, 15분 간격 운행

· **버스 B** 비치 역에서 출발해 센토사 코브와 골프 클럽을 지나 팔라완 비치를 지나는 노선. 택시를 제외하고 센토사 코브까지 편하게 갈 수 있는 유일한 방법이다.

🕐 07:00~24:10, 15분 간격 운행 ※22:00 이후에는 W Hotel/Quayside Isle 정류장에 정차하지 않음

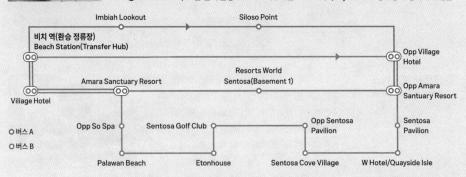

③ 비치 셔틀
Beach Shuttle

미니 버스와 오픈식 트램 2가지 차종으로 운행되며, 센토사섬의 3대 해변인 실로소, 팔라완, 탄종 비치를 오가므로 해변 방문 시 아주 유용한 노선이다.

🕐 09:00~22:00(토요일 ~23:30), 15~25분 간격 운행

유니버설 스튜디오 싱가포르 Universal Studio Singapore

유니버설에서 제작한 유명 할리우드 영화를 테마로 한 세계적인 테마파크다. 아시아에서는 일본 오사카에 이어 2010년 싱가포르에 두 번째로 입성했으며, 동남아시아에서는 최초이자 유일한 유니버설 스튜디오다. 호수를 중심으로 총 7개의 테마존으로 나뉘며, 규모가 그리 크지는 않지만 테마별로 신나는 어트랙션, 기념품점, 거리 공연, 음식점 등이 알차게 구성되어 지루할 틈이 없다. 어릴 적 동심의 세계로 돌아가 영화 속 주인공이 된 듯한 기분을 만끽해보자.

🚶 센토사 익스프레스 리조트 월드Resort World 역에서 도보 2분 📍 8 Sentosa Gateway, Singapore 098269 🕐 10:00~19:00(성수기 ~20:00) 💲 원데이 패스 일반 $83, 4~12세 $62, 3세 이하 무료, **유니버설 익스프레스 패스** $50~120(방문 날짜에 따라 가격 변동) 🏠 www.rwsentosa.com/en/attractions/ universal-studios-singapore

유니버설 스튜디오를 현명하게 즐기는 노하우

· **사람이 많을수록 빛을 발하는 유니버설 익스프레스** 오래 기다리지 않고 빠르게 어트랙션을 탈 수 있는 '유니버설 익스프레스Universal Express' 패스는 주말이나 성수기에 시간을 절약할 수 있어 가치가 있다. 익스프레스 패스를 구매하지 못했다면 '싱글라이더'를 활용해보자. 놀이기구에 빈 자리가 1개 남았을 때 우선 탑승할 수 있는 제도로 별도의 줄이 있어서 비교적 덜 기다린다. 혼자거나 꼭 일행과 함께 타지 않아도 된다면 강력 추천!

· **온라인 할인 티켓 사이트 적극 활용** 유니버설 스튜디오 입장권은 클룩, 마이리얼트립 등 여행 상품 판매 사이트에서 할인가로 구매할 수 있으니 참고하자.

· **공식 앱 다운은 필수** 유니버설 스튜디오 공식 앱에서 나의 현재 위치와 전체 지도를 볼 수 있다. 실시간 어트랙션 대기 시간과 쇼 시간도 체크할 수 있어 활용도가 높으니 미리 다운받자.

· **지구본 인증 사진은 무료** 유니버설 스튜디오를 상징하는 지구본은 입구 밖에 있어서 입장권을 구매하지 않더라도 사진을 남길 수 있다.

· **한번 입장하면 재입장은 불가능** 재입장이 불가능하므로 식사도 유니버설 스튜디오 안에서 해결해야 한다. 짧게 머무를 예정이라면 아예 이른 점심을 먹은 후 입장하는 방법도 있다.

미리 보는
유니버설 스튜디오 싱가포르

뉴욕 New York

마치 뉴욕의 골목을 그대로 옮겨놓은 듯해 사진을 찍으며 둘러보기 좋다. 비보이가 신나는 음악에 맞춰 에너지 넘치는 춤을 추는 '리듬 트럭Rhythm Truck' 공연이 펼쳐진다.

> **주요 어트랙션**

- **세서미 스트리트 스파게티 우주 추격전**
Sesame Street Spaghetti Space Chase
〈세서미 스트리트〉의 귀여운 주인공과 함께 작은 탈것을 타고 우주를 비행하며 악당을 물리치는 어린이용 어트랙션.
- **라이트, 카메라, 액션!** Light, Camera, Action!
특수 효과로 가득한 재난 영화에 직접 출연하는 듯한 체험을 할 수 있다.

할리우드 Hollywood

입장과 동시에 바로 보이는 구역으로 70년대 미국 할리우드 거리를 재현해 놓았다. 멋진 클래식 카, 야자수와 어우러진 건축물, 화려한 네온사인을 배경으로한 포토 존이 많다. 금요일 저녁 8시에는 불꽃놀이가 펼쳐진다.

SF 도시 Sci-Fi City

SF 영화에 나오는 미래 도시를 콘셉트로 한 공간으로 엄청난 속도와 무시무시한 굉음을 내는 인기 롤러코스터 두 대가 있어 항상 비명 소리가 끊이지 않는다.

> **주요 어트랙션**

- **트랜스포머 더 라이드** Transforrmers The Ride 영화 〈트랜스포머〉 주인공과 함께 악당을 물리치는 이야기의 롤러코스터로 3D 안경을 착용하여 짜릿함과 현실감을 더한다. ※신장 102cm 미만 탑승 불가
- **배틀스타 갤럭티카** Battlestar Galactica 유니버설 스튜디오에서 가장 무섭다고 소문난 어트랙션. 휴먼(빨간색 트랙)과 사이클론(회색 트랙) 중 선택할 수 있는데 발이 공중에 붕 떠 있는 사이클론이 좀 더 스릴 넘친다. ※신장 125cm 미만 탑승 불가

고대 이집트 Ancient Egypt

신전을 지키는 거대한
조각상 덕분에 위엄이
느껴지는 이곳은 고대
이집트에 온 것 같은
착각을 불러 일으킨다.

주요 어트랙션

- **미라의 복수 Revenge of the Mummy** 인기 어트랙션으로
거대한 피라미드를 지나 어두운 동굴 속을 질주하는 실내
롤러코스터. ※신장 121cm 미만 탑승 불가
- **트레저 헌터 Treasure Hunters** 고대 이집트 속 보물을 찾
아 떠나는 어트랙션. 직접 지프 자동차를 운전하는 것이
나름의 재미다. ※신장 121cm 미만 보호자 동반 필수

잃어버린 세계 The Lost World

영화 〈쥬라기 공원〉을 테마로 해 여기저기서 공룡을 만날
수 있다. 대표 인기 쇼인 '워터월드'가 진행되는 곳이다.

주요 어트랙션

- **워터월드 Waterworld** 블록버스터 영화 〈워터월드〉를 직
접 눈앞에서 보는 것 같은 수준 높은 워터쇼. 비행기가 날
아들고 폭탄이 쏟아지는 화려한 액션과 스릴을 온몸으로
경험할 수 있다. 앞좌석일수록 물을 많이 맞게 되므로 자
리를 잘 선택해서 앉자.
- **쥬라기 공원 래피드 어드벤처 Jurassic Park Rapids Adventure**
동그란 6인용 보트를 타고 거친 물살을 헤치며 공룡의 습
격을 피해 탈출하는 어트랙션. 생각보다 물이 많이 튀므
로 미리 우비를 챙겨가거나 입구에서 일회용 우비를 구입
하는 것이 좋다. 마지막 반전도 있으니 기대해도 좋다.
※신장 107cm 미만 탑승 불가

겁나 먼 왕국 Far Far Away

애니메이션 영화 〈슈렉〉의 배경인 '겁나 먼 왕국'을
테마로 하며 아기자기하고 귀여운 분위기라 어린이
들이 좋아한다. 중간중간 포토 존이 마련되어 있다.

주요 어트랙션

- **슈렉 4D 어드벤처 Shrek 4D Adventure** 〈슈렉〉의
주인공과 함께 모험을 떠나는 4D 영화 관람 시간.
온 가족이 시원하게 즐길 수 있어 인기 만점이다.
- **동키 라이브 Donkey LIVE** 슈렉의 당나귀 친구 동
키의 노래와 만담을 즐길 수 있는 라이브쇼.
- **마법에 걸린 항공사 Enchanted Airways** 어린이용
롤러코스터로 피노키오, 아기 돼지 삼형제 등 친숙
한 동화 속 주인공을 만날 수 있다. ※신장 92cm
미만 탑승 불가

미니언 랜드 Minion Land

＊2025년 오픈 예정

애니메이션 영화 〈슈퍼배
드〉의 장난꾸러기 미니언
즈의 매력에 푹 빠져볼 수
있다. 미니언즈 테마 음식
점과 기념품점도 마련되어 있어 슈퍼배드 팬이라면
어느새 텅 빈 지갑을 조심해야 할 지도.

주요 어트랙션

- **슈퍼배드 미니언 메이헴 Despicable Me Minion
Mayhem** 영화 속 '그루'의 집에 들어가 실제 미니언
으로 변신해 모험을 떠나는 3D 라이드 어트랙션.
- **버기 부기 Buggie Boogie** 유니버설 스튜디오 싱가
포르에서 세계 최초로 공개되는 어트랙션. 미니언
댄스 파티를 즐길 수 있는 회전목마다.

놀라움이 가득, 세계 최대 규모의 수족관 ⑨

S.E.A. 아쿠아리움 S.E.A. Aquarium

세계에서 가장 큰 수족관 중 하나로, 40곳 이상의 서식지를 대표하는 1,000종, 10만 마리의 해양 생물이 모여 사는 신비한 바닷속 세계가 펼쳐진다. 입구에 들어서자마자 거대 바다 터널을 지나는데 수많은 물고기가 머리 위로 헤엄치는 모습에 황홀해진다. 이곳의 하이라이트는 '오픈 오션 해비탯Open Ocean Habitat'이라 불리는 너비 36m, 높이 8.3m의 초대형 수족관으로 보자마자 모두의 감탄을 자아낸다. 각양각색의 상어와 마치 하늘을 나는 것처럼 유영하는 가오리를 바라보면 마음이 평온해진다. 달걀프라이를 닮은 해파리, 산호초 사이에서 숨바꼭질하는 니모와 열대어 친구들, 어두운 동굴 속에서 머리만 빼꼼 내민 곰치도 만날 수 있다. 전문 다이버들이 펼치는 수중쇼와 작은 해양 생물을 만져볼 수 있는 체험 코너도 마련되어 있으니 더위 걱정 없이 즐겨보자.

＊기존 수족관의 3배 규모인 싱가포르 오셔나리움Singapore Oceanarium이 2025년 초 새롭게 오픈 예정

🚶 센토사 익스프레스 리조트 월드Resort World 역에서 도보 5분
📍 8 Sentosa Gateway, Singapore 098269 🕙 10:00~17:00
※시즌에 따라 다르므로 방문 전 홈페이지 확인 필수 ❌ 화·수요일 💲 일반 $44, 4~12세 $33 🏠 www.rwsentosa.com/en/attractions/sea-aquarium

312

어드벤처 코브 워터파크 Adventure Cove Waterpark

가족 중심형 워터파크로 센토사섬에서 유니버설 스튜디오와 더불어 아이들에게 가장 사랑받는 어트랙션이다. 튜브를 타고 둥둥 흐르는 물살을 따라 워터파크를 한 바퀴 돌아볼 수 있는 '어드벤처 리버Adventure River'는 어린아이도 이용할 수 있어 좋고, 정신 없이 몰아치는 파도를 즐길 수 있는 '블루워터 베이Bluewater Bay'에는 선베드가 마련되어 있어 휴식을 취하며 태닝을 할 수도 있다. 이곳의 하이라이트는 열대어와 함께 스노클링을 즐길 수 있는 '레인보우 리프Rainbow Reef'다. 스노클링 체험 및 장비 대여는 입장료에 모두 포함되니 놓치지 말고 꼭 경험해보자. 어른들에게 가장 인기 있는 어트랙션은 엄청난 속도로 떨어지는 워터 슬라이드 '립타이드 로켓Riptide Rocket'인데 신장 122cm 이상이어야 탑승이 가능하다. 돌고래, 가오리와 함께 수영할 수 있는 유료 체험 프로그램도 있다. 한국의 워터파크에 비해 규모는 크지 않지만 가격 대비 알차게 놀 수 있고 대기 줄도 길지 않아 아이들과 함께하는 여행이라면 추천한다.

- 샤워 시설은 무료지만 수건은 대여할 수 없으니 미리 챙겨가자.
- 수영복과 방수팩 등을 챙기지 못했다면 워터파크 내 상점이나 비보시티 쇼핑몰에서 구매하면 된다.
- 물품 보관함은 유료(대형 $20, 소형 $10)로 운영된다.
- 단독 카바나는 유료(반일 $128, 전일 $186)로 대여 가능하며, 수건 2개와 식음료 바우처($35)가 제공된다.

🚶 ① 센토사 익스프레스 리조트 월드Resort World 역에서 도보 11분 ② S.E.A. 아쿠아리움 뒤쪽으로 도보 2분 📍 8 Sentosa Gateway, Singpoare 098269 🕐 10:00~17:00 💲 일반 $40, 4~12세 $32, 3세 이하 무료 🏠 www.rwsentosa.com/en/attractions/adventure-cove-waterpark

스카이라인 루지 Skyline Luge

센토사 최고의 인기를 자랑하는 스카이라인 루지는 뉴질랜드에서 발명된 고카트Go-Cart를 타고 약 600m의 트랙을 신나게 질주하는 어트랙션이다. 지금은 한국에도 들어와 있지만 한국인 여행자 사이에서는 여전히 '센토사 하면 루지'로 통한다. 탑승에 앞서 간단한 교육을 받는데, 핸들과 브레이크로 손쉽게 조작이 가능해서 어른이나 아이 모두 신나게 즐길 수 있다. 속도가 은근히 빨라 스릴이 넘치는데, 한번 경험해보면 '한 번으로는 절대 부족Once is never enough'이라는 말이 십분 이해될 것이다. 출발지로 올라갈 때는 스카이라이드Skyride라는 리프트를 타고 이동하는데 발 아래로 펼쳐지는 센토사의 풍경이 환상적이다. 6세 이상, 신장 110cm 이상 시 탑승 가능하며 신장 85cm 이상이라면 보호자와 동승(더블링)하여 탑승 가능하다.

🚶 센토사 익스프레스 비치Beach 역 또는 임비아Imbiah 역에서 도보 5분 📍 실로소 비치 탑승장 45 Siloso Beach Walk, Singapore 099003, 임비아 룩아웃 탑승장 1 Imbiah Rd, Singapore 099692 🕐 월~목요일 11:00~19:30, 금요일 11:00~21:00, 토요일 10:00~21:00, 일요일 10:00~19:30 💲 기본(2회/3회/4회/5회권) $30/$33/$36/$40, 나이트 루지(금~토요일 19:00~21:00, 3회권) 일반 $36, 어린이 더블링(횟수 상관없음) $12 📞 +65-6274-0472 🏠 sentosa.skylineluge.com

- 탑승장은 임비아 룩아웃(출발지), 실로소 비치(종착지) 두 군데가 있는데 실로소 비치 탑승장에서 이용 시 스카이라이드를 타고 올라간 후 이용하면 된다.
- 한낮에는 더위 때문에 쉽게 지칠 수 있으니 늦은 오후나 야간에 이용하는 것도 좋은 방법이다.
- 오전 11시부터 오후 2시 사이는 오프피크 타임으로 할인가가 적용된다.

스카이헬릭스 센토사 Skyhelix Sentosa

싱가포르에서 가장 높은 야외 파노라마 전망대로 센토사섬과 주변 섬의 경치를 360도로 감상할 수 있다. 나선형 타워 중앙의 둥근 테이블 좌석에 앉아 입장권에 포함된 음료(또는 기념품 중 선택)를 마시는 동안 좌석이 부드럽게 회전하며 천천히 올라가 무섭지 않다. 꼭대기에 오르면 마치 하늘 위 카페에 있는 듯한 기분이다. 해가 진 후에는 더욱 특별하게 야경을 감상할 수 있다. 신장 105cm 이상, 보호자 동반 시 탑승 가능하다.

🚶 ① 센토사 익스프레스 임비아Imbiah 역에서 도보 5분 ② 케이블카 센토사Sentosa 탑승장 바로 앞 📍 41 Imbiah Rd, Singapore 099707 🕐 10:00~21:30, 30분 전 입장 마감 💲 일반 $20, 4~12세 $17 ※홈페이지 구매 시 10% 할인 📞 65-6361-0088 🏠 www.mountfaberleisure.com/attraction/skyhelix-sentosa

센토사의 하늘을 가로지르는
짜릿한 도전 ⑥
메가 어드벤처
Mega Adventure

아드레날린이 솟구치는 체험이 모여 있는 곳이다. 최고 인기는 메가집MegaZip으로 450m 길이의 집라인을 타고 시속 60km로 활강하며 센토사의 하늘을 가로지른다. 높이 때문에 무서워 보이지만 막상 타면 또 타고 싶을 정도로 스릴이 넘친다. 특히 내려가면서 보이는 섬의 풍경이 절경이다. 그밖에도 정글 숲에서 나무 사이로 로프를 타고 36개의 장애물을 건너는 메가클라임MegaClimb, 15m 높이에서 자유낙하하는 메가점프MegaJump, 어린이도 체험 가능한 최대 8m까지 뛰어오르는 트램펄린 메가바운스MegaBounce 등 자신의 한계를 시험해 볼 수 있는 액티비티가 우리를 기다린다. 모든 체험은 전문 요원의 교육에 따라 안전하게 진행되며 소지품을 맡기고 참여해야 한다. 휴대폰으로 사진을 찍고 싶다면 목걸이가 있는 파우치를 대여할 수 있다.

🚶 비치 셔틀 Mega Adventure 하차 📍 10A Siloso Beach Walk, Singapore 099008 ⏰ 11:00~18:00(금~일요일 ~18:30) 💲 메가집 $66, 메가클라임+메가점프 $66, 메가바운스 $20, 집+클라임+점프 패키지 $99, 집+클라임+점프+바운스 패키지 $109 🏠 www.sg.megaadventure.com

각 액티비티의 탑승 조건

액티비티마다 탑승 조건이 있으니 표 구매 전 꼭 확인하자.
- **메가집** 신장 90cm 이상, 체중 30~140kg
- **메가클라임** 신장 120cm 이상, 체중 120kg 이하, 양말과 운동화 착용
- **메가점프** 체중 30~120kg
- **메가바운스** 체중 10~90kg, 양말 착용

진정한 도전은 번지점프지 ⑦
스카이파크 센토사 Skypark Sentosa by AJ Hackett

실로소 비치를 배경으로 47m 상공에서 떨어지는 싱가포르 유일의 번지점프다. 2인이 함께 뛸 수 있는 탠덤 번지점프도 가능하다. 자이언트 스윙은 최대 3인까지 함께할 수 있는데 시속 120km으로 날아올라 푸른 바다를 두 눈 가득 담는다. 번지점프대까지만 올라가보는 스카이브리지 체험도 있다. 모든 체험에 나이 제한은 없지만 번지점프와 자이언트 스윙은 신장 120cm 이상이어야 하고, 체중은 번지점프 45~150kg, 자이언트 스윙 60~150kg이어야 참여 가능하다.

🚶 ① 센토사 익스프레스 비치Beach 역에서 도보 10분 ② 비치 셔틀 Skypark Sentosa by AJ Hackett 하차 📍 30 Siloso Beach Walk, Singapore 099011 ⏰ 11:30~19:30 💲 번지점프 $169, 탠덤 번지점프 $349, 자이언트 스윙 $69, 스카이브리지 $15 📞 +65-6911-3070 🏠 www.skyparksentosa.com

센토사 비치하면 가장 유명한 ······ ⑧
실로소 비치 Siloso Beach

해변가에 알록달록한 색깔로 'SILOSO' 글자 조형물이 설치되어 많은 이들이 인증 사진을 찍는다. 케이블카 탑승장과 가깝고 메가 어드벤처와도 가까워 센토사섬 3대 해변 중 가장 유명하다. 해변가에서 여유롭게 산책해도 좋고 해 질 녘 노을을 감상해도 좋다. 실로소 비치와 맞닿아 있는 리조트 샹그릴라 라사 센토사 뒷편으로는 영국 식민지 시대 항구를 지키던 해안 요새인 '포트 실로소Fort Siloso'가 있다. 총과 포대를 비롯해 제2차 세계대전 당시의 전투 장면이 생생하게 묘사되어 있으며, 군사 박물관에는 영국군이 일본에 항복하는 장면과 일제 강점기 생활 모습이 잘 담겨 있다. 요새를 다 돌아보는데는 1시간 이상이 걸리지만 시간이 없다면 입구에서 엘리베이터를 타고 요새로 들어가는 스카이워크만 걸어도 좋다. 11층 높이의 트리톱 산책로로 실로소 비치와 센토사섬, 하버프런트까지 탁 트인 360도 파노라마 뷰를 즐길 수 있다.

🚶 비치 셔틀 Siloso Point 하차 📍 8 Siloso Beach Walk, Singapore 099004 🕐 포트 실로소 10:00~18:00, 스카이워크 09:00~22:00 🏠 www.sentosa.com.sg/en/things-to-do/attractions/siloso-beach

저 하늘 위로 날아 올라 ······ ⑨
아이플라이 iFly

세계 최초의 실내 스카이다이빙 어트랙션으로 약 5m 너비의 5층 높이 터널 안에서 특허 기술로 생성한 강력한 기류를 통해 실제 스카이다이빙을 하는 것 같은 극강의 짜릿함을 경험한다. 체험 전 필수 안전 교육과 전문 강사의 친절한 지도를 받으며 필요한 장비와 복장, 특수 고글도 제공된다. 체험 후에는 비행 수료증도 받을 수 있다. 7세 이상, 체중 120kg 미만이면 누구나 체험 가능하다.

🚶 센토사 익스프레스 비치Beach 역에서 도보 1분 📍 43 Siloso Beach Walk, #01-01, Singapore 099010 🕐 09:00~22:00(수요일 11:00~) 💲 1회권 $109~, 2회권 $139~ 📞 +65-6571-0000 🏠 www.iflysingapore.com

뜨거운 센토사의 밤을 화려하게 장식하다 ······ ⑩

윙스 오브 타임 Wings of Time

싱가포르의 눈부신 야경을 즐길 수 있는 센토사의 명물 쇼다. 거대한 분수가 하늘 위로 뿜어지며 대형 워터 스크린을 만들고, 그 위로 형형색색의 아름다운 조명과 레이저가 센토사의 밤하늘을 장식한다. 선사 시대의 새 '샤바즈'가 친구 레이첼, 펠릭스와 함께 영국 산업 혁명, 실크 로드, 피라미드, 수중 세계, 사바나를 거쳐 시간 여행을 떠나는 이야기로 20분간의 상영 시간 내내 잠시도 지루할 틈 없이 처음부터 마지막의 불꽃놀이까지 우리의 눈과 귀를 사로잡는다. 아이들이 특히나 즐거워하지만 어른도 충분히 즐길 수 있는 쇼로 센토사의 밤을 마무리하기에 좋은 코스다.

🚶 센토사 익스프레스 비치Beach 역에서 도보 2분 📍 60 Siloso Beach Walk, Singapore 098997 🕐 19:40, 20:40 💲 일반석 $19, 프리미엄석 $24, 4세 미만 무료 📞 +65-6361-0088 🏠 www.mountfaberleisure.com/attraction/wings-of-time

---

낮에는 예쁜 산책로, 밤에는 새로운 야경 명소 ······ ⑪

센토사 센소리스케이프 Sentosa Sensoryscape

2024년 문을 연 350m 길이의 산책로로 임비아 역과 실로소 비치를 연결한다. 총 6개의 구역으로 구성되며 우리의 오감과 상상력을 자극하는 감각적인 경험을 선사한다. 포근한 느낌의 3개의 거대한 바구니 모양의 구조물은 지나가는 사람을 자연스레 푸른 정원으로 이끈다. 해가 지면 마치 마법에 걸린 듯 또다른 매력을 선보이는데 매일 저녁 7시 50분부터 약 2시간 동안 진행되는 '이매지나이트 ImagiNite'는 반짝이는 조명과 환상적인 디지털 아트로 우리를 황홀하게 만든다. 무료 앱 ImagiNite를 다운받으면 증강 현실 기술로 우리의 상상이 현실이 되는 즐거움을 느낄 수 있으며 하이퍼줌 카메라를 이용한 스냅숏도 남길 수 있다. 새로운 야경 명소로 주목받는 이곳에서 센토사의 밤을 보다 특별하게 즐겨보자.

🚶 센토사 익스프레스 임비아Imbiah 역 또는 비치Beach 역 바로 앞 📍 3 Siloso Road, Singapore 098977 🕐 24시간, 이매지나이트 19:50~21:40 🏠 www.sentosa.com.sg/en/things-to-do/attractions/sensoryscape

그림 같은 흔들다리를 건너 아시아 최남단 포인트로 ⑫
팔라완 비치 Palawan Beach

실로소 비치가 여행자로 북적이는 곳이라면 팔라완 비치는 주로 현지인이 연인이나 가족과 오붓한 시간을 보내기 위해 찾는 곳이다. 해변가 수심도 깊지 않아 아이들도 안심하고 해수욕을 즐길 수 있다. 바다를 가로질러 놓인 흔들다리를 건너면 '아시아 최남단 포인트Southernmost Point of Continental Asia'라 불리는 전망대로 갈 수 있다. 전망대에 올라 싱가포르 해협에 떠 있는 선박과 수평선을 바라보면 가슴이 웅장해진다. 위에서 내려다보는 흔들다리와 에메랄드빛 팔라완 비치는 비현실적으로 아름답다.

🚶 비치 셔틀 Opp Southernmost Point of Continental Asia 하차 📍 Palawan Beach, Singapore 🕐 전망대 09:00~19:00 🏠 www.sentosa.com.sg/en/things-to-do/attractions/palawan-beach

센토사에서 가장 예쁜 바닷가 ⑬
탄종 비치 Tanjong Beach

관광지에서 가장 멀리 떨어져 있어 한적함을 자랑하는 해변이다. 북적거리는 센토사 안에서도 여유로움을 만끽할 수 있다. 야자수 그늘 밑에서 책을 읽거나 소풍을 즐기는 사람, 반려견과 산책을 하거나 조용히 해수욕을 즐기는 사람들로 언제나 평화롭다. 해변가에는 센토사의 숨겨진 핫 플레이스 탄종 비치 클럽 **P.321** 이 자리해 흥겨운 분위기를 즐길 수도 있다.

🚶 비치 셔틀 Tanjong Beach 하차
📍 Tanjong Beach, Singapore
🏠 www.sentosa.com.sg/en/things-to-do/attractions/tanjong-beach

럭셔리 리조트 단지에서 즐기는 여유 ······ ⑭

센토사 코브 Sentosa Cove

센토사 동쪽 끝에 조성된 고급 리조트 및 주거 지역이다. 푸른 바다 위 멋진 요트들이 정박해 있고 부둣가를 따라 카페와 음식점이 자리해 바라만 보아도 여유로움이 느껴진다. 럭셔리 리조트 호텔인 W 호텔에서는 호캉스를 즐기기 좋고, 요트 멤버십 클럽인 원 15 마리나 클럽ONE°15 Marina Club에서는 요트를 대여해 선상 파티를 즐길 수도 있다. F&B 복합 단지인 키사이드 아일Quayside Isle에는 예쁜 카페와 맛있는 음식점이 모여 있어 아름다운 경치를 만끽하며 식사나 음료를 즐길 수 있다. 아침 일찍 센토사 일정을 시작하기 전에 들르거나, 해 질 무렵 들러 시원한 바닷바람과 노을을 즐기며 하루를 마무리하는 것도 괜찮은 방법이다.

🚶 버스 B W Hotel/Quayside Isle 하차   📍 31 Ocean Way, Singapore 098375
🏠 www.sentosacove.com

맛집을 찾아가고 싶다면!

키사이드 아일에서 어디로 갈지 고민된다면 싱가포르 강가르 강변 로버슨키에서도 봤던 커피 전문점 '커먼 맨 커피 로스터스'는 어떨까. 오전 7시 30분에 오픈하며 맛 좋은 커피와 브런치를 즐길 수 있다. 식사로는 싱싱한 해산물 요리로 유명한 '그린우드 피시 마켓 Greenwood Fish Market'과 포크립으로 특히 유명한 중식 전문점 '블루 로터스Blue Lotus'가 센토사 코브 맛집으로 손꼽힌다.

319

센토사 바다에서 즐기는 수상 스포츠 ······ ①

올라 비치 클럽 Ola Beach Club

센토사섬 내 수상 스포츠는 모두 올라 비치 클럽을 통해 신청한 후 즐길 수 있다. 바나나보트, 카약, 제트 블레이드, 스탠드업 패들보드 등 센토사 바다를 제대로 경험할 수 있는 다양한 액티비티가 마련되어 있으며, 해변가에서 선베드나 카바나에 앉아 쉬면서 하와이 스타일 음식과 칵테일도 즐길 수 있다. 단, 주말 및 공휴일 방문 시 성인 1인당 최소 $50 이상(잔디밭 테이블당 $400, 카바나 테이블당 $600)의 메뉴를 주문해야 한다. 비치 클럽 손님이라면 수영장과 샤워 시설도 무료로 이용 가능하다. 수상 스포츠에 도전해보고 싶다면 사전에 홈페이지를 통해 미리 예약하는 것을 추천한다.

🚶 ① 센토사 익스프레스 비치Beach 역에서 도보 5분 ② 비치 셔틀 Bikini Bar 하차
📍 46 Siloso Beach Walk, Singapore 099005 🕐 일~목요일 10:00~21:00, 금~토요일 09:00~22:00 💲 ⊕⊕ 포케볼 $25, 파스타 $18~, 베이컨 치즈버거 $28, 칵테일 $19~
📞 +65-8028-3228 🏠 olabeachclub.com

수상 스포츠 프로그램

제트 블레이드
발밑에서 뿜어져 나오는 강력한 물줄기로 9m 높이까지 날아 오를 수 있다.
🕐 45분 소요 💲 1인 $198

바나나보트
최소 2인에서 5인까지 탑승 가능하며 바나나 모양 보트를 타고 빠른 속도로 달리며 스릴을 느낄 수 있다.
🕐 15분 소요 💲 1인 $25

도넛보트
2인이 탑승 가능하며 도넛 모양 보트에 매달려 더 빠른 속도감과 스릴을 경험할 수 있다.
🕐 15분 소요 💲 1인 $25

카약
카약을 타고 직접 노를 저으며 실로소 비치를 돌아본다.
💲 시간당 $25(1인승), $30(2인승)

스탠드업 패들보드
보드 위에 올라서서 노를 저으며 실로소 비치를 돌아본다.
💲 1인 시간당 $35

힙한 감성 가득한 센토사의 숨겨진 휴양지 ⋯⋯ ②

탄종 비치 클럽 Tanjong Beach Club

현지인들이 어디서 노는지 궁금하다면 좀 더 센토사 안쪽으로 들어가 호젓한 탄종 비치로 떠나보자. 탄종 비치 클럽은 젊고 힙한 감성이 가득한 곳으로, 주말이면 바닷가에서 브런치를 즐기는 현지인과 힙한 음악을 들으며 수영장에서 여유롭게 맥주를 즐기는 젊은이로 가득하다. 모래사장에서 비치발리볼 을 하는 사람들, 선베드에 누워 느긋하게 태닝을 하는 사람들을 보고 있노라면 휴양지 기분이 물씬 느껴진다. 평일에는 한적하게 즐길 수 있고, 분위기가 가장 좋을 때는 주말 오후 4시 이후로 DJ가 직 접 흥을 돋우며 신나는 음악을 틀어주는 파티 타임이 해 질 때까지 펼쳐진다.

★ 임시 휴업 중, 2025년 1분기에 오픈 예정

🏃 비치 셔틀 Tanjong Beach 하차 📍 120 Tanjong Beach Walk, Singapore 098942
🕐 10:00~20:00(금~일요일 ~21:00) 💲 ⊕⊕ 브런치 $16~30, 트러플 프라이 $19,
피시앤칩스 & 탄종 버거 $32, 와인(잔) $19~, 맥주 $15~ 📞 +65-9750-5323
🏠 www.tanjongbeachclub.com

• 샤워실과 탈의실이 있으니 수영복을 준비하자. 작열하는 태양 아래 모자, 선글라스, 선크림은 필수!
• 주말 방문 예정이라면 예약하는 것 이 좋다. 테이블 좌석 외 비치/풀사이 드 데이베드나 풀 라운지 좌석 이용 시에는 최소 $100 이상(평일 기준)을 주문해야 한다.

팔라완 비치에서 즐기는
스페인 타파스와 칵테일 ......③

FOC 바이 더 비치 FOC by the Beach

푸른 바다를 바라보며 제대로 된 식사를 즐기고 싶다면 팔라완
비치 근처의 FOC 바이 더 비치로 가보자. 스페인 북동부 카탈
루냐의 활기 넘치는 해변에서 영감을 받은 비치 레스토랑으로
이미 싱가포르에서 맛집으로 소문난 FOC 그룹에서 새롭게 브
랜딩했다. 뜨거운 여름날과 잘 어울리는 과일 향 가득한 상그리
아와 고급스러우면서도 맛있는 스페인 타파스를 즐길 수 있다.
추천 메뉴로는 와인과 잘 어울리는 하몽 이베리코 햄, 아르헨티
나산 새우를 사용한 감바스 알 아히요, 바삭하고 부드러운 크
로켓, 한국인 입맛에도 딱 맞는 쌀 요리 파에야가 있다. 최소 주
문 금액이 없는 카바나를 포함한 야외석과 수영장도 있어 여유
로운 시간을 보내기 좋다.

🚶 비치 셔틀 Opp Tanjong 1 Carpark 하차 📍 110 Tanjong Beach
Walk, Singapore 098943 ⏰ 월요일 12:00~20:00, 수·목·일요일
11:30~22:30, 금·토요일 11:30~23:00 💲 ⊕⊕ 상그리아(컵/저그)
$18/$85, 하몽 이베리코 햄 $32, 감바스 알 아히요 $32, 크로켓 $15,
빠에야 $40~ ❌ 화요일 📞 +65-6100-1102
🏠 focbythebeach.com

현지 음식으로 간단히 식사를
해결하고 싶다면 ......④

말레이시안
푸드 스트리트
Malaysian Food Street

말레이시아의 어느 골목을 재현한 것 같은 테마파크식 실내 푸드 코트로 다양
한 현지 음식을 판매한다. 락사, 나시르막, 바쿠테, 차퀘이티아오, 호키엔 미, 카
야 토스트 등 대표적인 싱가포르 음식은 다 있다. 일반 푸드 코트나 호커센터보
다는 비싸지만 센토사섬 안에서 저렴하게 식사를 해결할 수 있고, 유니버설 스
튜디오와 S.E.A. 아쿠아리움 입구 근처에 위치해 여행자가 즐겨 찾는다. 먼저 어
떤 음식이 괜찮은지 한 바퀴 돌아보고 입구의 키오스크를 이용해 주문하면 된
다. 카드 결제가 필수다.

🚶 유니버설 스튜디오 싱가포르 입구 앞 📍 8 Sentosa Gate Waterfront, Singapore
098269 ⏰ 08:30~20:00 💲 식사류 $9~, 음료 $4~ 📞 +65-8798-9530
🏠 www.rwsentosa.com/en/restaurants/all-restaurants/malaysian-food-street

화덕에서 금방 구워낸 따끈한 피자 ······ ⑤
트라피자 Trapizza

샹그릴라 라사 센토사 리조트에서 운영하는 정통 이탈리아 피자 전문점. 실로소 비치에 자리한 리조트에서도 가깝고 메가 어드벤처의 집라인 도착 지점 바로 옆에 위치해 가족 단위 손님과 연인들에게 인기가 많다. 화덕에서 금방 구워내서 얇고 바삭한 피자 맛도 수준급인 데다 물가 비싼 센토사임을 감안하면 가격도 괜찮은 편이다. 피자는 종류가 15가지 이상인데 가족 단위거나 4인 이상이라면 16인치 대형 피자($48)나 패밀리 버거 세트($46)를 시키면 나눠 먹기 좋다. 알리오 올리오와 봉골레, 라자냐 같은 파스타도 평이 좋다. 주말 저녁에 방문할 계획이라면 미리 예약하는 것을 추천한다.

🏃 비치 셔틀 Mega Adventure 하차 📍 10 Siloso Beach Walk, Singapore 098995 🕐 월~목요일 12:00~21:00, 금~일요일 11:00~22:00 💲➕ 피자 $23~, 파스타 $20~, 버거 $28, 생맥주(파인트) $18~ 📞 +65-6376-2662
🏠 www.shangri-la.com/singapore/rasasentosaresort/dining/restaurants/trapizza

푸른 바다를 닮은 노을 맛집 ······ ⑥
코스테스 Coatstes

지중해 분위기의 흰색과 파란색 인테리어가 눈에 띄는 비치 레스토랑으로 한국인 여행자 사이에서도 잘 알려진 곳이다. 인기 어트랙션인 스카이라인 루지, 윙스 오브 타임과도 가까워 찾아가기 좋다. 해변에는 선베드도 마련되어 있으니 비치 타임을 즐기고 싶다면 추천한다. 음식은 파스타, 버거, 피시앤칩스, 치킨 윙 등 무난한 양식 메뉴로 구성되고, 오후 3시까지만 서빙되는 아침 메뉴도 있다. 한낮에는 무더운 날씨로 야외석에 오래 앉아있기에는 다소 무리지만 노을이 질 때쯤 바다를 바라보며 즐기는 맥주 한잔은 잊지 못할 추억이 될 것이다.

🏃 ① 센토사 익스프레스 비치Beach 역에서 도보 2분 ② 스카이라인 루지 바로 앞
📍 50 Siloso Beach Walk, #01-06, Singapore 099000 🕐 09:00~21:30 (금·토요일 ~22:30) 💲➕ 비치 브렉퍼스트 $12~26, 파스타 $22~, 버거 $22~, 피자 $25~, 칵테일 $16~ 📞 +65-6631-8938
🏠 www.coastes.com

비보시티 Vivocity

쇼핑과 식도락을 사랑하는 싱가포르 사람들의 만능 복합 쇼핑몰.
B2층부터 지상 3층까지 건물에 4만 평 이상의 규모로 싱가포르 최
대의 쇼핑몰이기도 하다. 하버프런트(항구)에 위치한 점에 착안해
파도가 치는 모습에서 영감을 받은 외부 디자인은 건축계의 노벨
상이라 불리는 프리츠커상 수상자인 일본의 이토 토요伊東豊雄가
맡았다. 3층에는 센토사 익스프레스 출발역이 있고, 케이블카 하
버프런트 탑승장으로도 연결되어 센토사섬으로 들어가는 여행자
의 필수 관문이 된다. B2층의 현지 슈퍼마켓 페어프라이스에는 간
식거리를 사서 센토사의 해변으로 소풍을 떠나려는 사람들로 언
제나 붐빈다. 1~2층에는 탕스 백화점과 중저가 브랜드가 모여 있
어 부담없이 쇼핑하기 좋고, 수영복이나 간단한 비치웨어를 챙기지
않았다면 1층의 선 파라다이스Sun Paradise에서 구매할 수 있다. 맛
집도 모여 있어서 물가가 비싼 센토사섬으로 건너가기 전 식사를
해결하기도 좋다.

🏃 MRT 하버프런트Harbourfront 역 C·E출구와 연결
📍 1 Harbourfront Walk, Singapore 098585 🕐 10:00~22:00
📞 +65-6377-6870 🏠 www.vivocity.com.sg

	주요 매장	주요 음식점
3층	도서관library@harbourfront, 스카이 파크	푸드 리퍼블릭(푸드 코트), 하이디라오 핫팟(훠궈), 댄싱 크랩 Dancing Crab(칠리크랩)
2층	탕스, 찰스앤키스, 페드로, 컨버스, 뉴발란스, 반스, 가디언, 코튼 온, 무지, 타이포, 다이소, 토이저러스	본가(한식), 몬스터 커리(일식 카레), 푸티엔(중식), 수프 레스토랑(중식), 러누 누들바LeNu Chef Wai's Noodle Bar(중식), 파라다이스 다이너스티Paradise Dynasty(중식)
1층	탕스, 코치, 자라, 나이키, 에이치앤엠, 빔바이롤라, 데시구알, 유니클로, 크록스, 빅토리아 시크릿, 이솝, 배스 앤 바디웍스, 선 파라다이스, 세포라	쉐이크쉑, 브로자이트(독일식), 크리스탈 제이드 파빌리온 Crystal Jade Pavilion(중식), 팀홀튼, 오풀리 초콜릿Awfully Chocolate
B1층	아디다스, 필라, 러쉬, 미니소	
B2층	페어프라이스, 왓슨스	야쿤 카야 토스트, 맥도날드

- 쇼핑몰이 워낙 규모가 크고 오픈 플로어 구조라 길을 한 번 잘못 들면 많이 돌아가야 한다. 체력을 아끼려면 방문하고 싶은 매장을 처음부터 잘 확인하고 이동하자.
- 3층과 연결된 스카이 파크Sky Park에는 아이들이 뛰놀 수 있는 널찍한 공간과 작은 물놀이 시설이 마련되어 있다. 노을이 질 때쯤 센토사섬 쪽을 바라보는 전망이 아름답다.

푸드 리퍼블릭 Food Republic

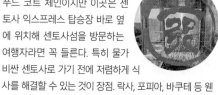

싱가포르 주요 쇼핑몰 어디에나 있는 푸드 코트 체인이지만 이곳은 센토사 익스프레스 탑승장 바로 옆에 위치해 센토사섬을 방문하는 여행자라면 꼭 들른다. 특히 물가 비싼 센토사로 가기 전에 저렴하게 식사를 해결할 수 있는 것이 장점. 락사, 포피아, 바쿠테 등 웬만한 현지 음식은 다 맛볼 수 있는데, 그중에서도 눈앞에서 회전 그릴로 구워내는 치킨 윙 맛집 '후앗후앗 BBQ 치킨 윙스'Huat Huat BBQ Chicken Wings'와 커다란 웍에서 불맛을 입혀 볶아내는 차퀘이티아오 전문점 '타이홍Thye Hong'이 인기 맛집이다. 밀가루 반죽을 칼로 즉석에서 잘라 만들어 주는 도삭면과 뜨끈한 국물의 새우국수도 한국인 입맛에 잘 맞는 메뉴다.

🚶 3층 🕐 10:00~22:00 💲 전 메뉴 $4~20
📞 +65-6276-0521 🏠 foodrepublic.com.sg

레고로 만든 멀라이언 보러 가자 ······ ②

레고 스토어 Lego Certified Store RWS

유니버설 스튜디오 앞에 위치한 레고 인증 매장으로, 평소 레고를 좋아하는 팬이라면 눈이 휘둥그래질만한 천국이다. 입구부터 레고로 만든 간판과 문이 눈길을 사로잡는데, 레고에 큰 흥미가 없더라도 매장에 전시된 레고로 만든 싱가포르 랜드마크는 절로 감탄을 자아낸다. 특히 멀라이언 동상과 센토사섬 전체를 레고로 만든 모형은 한참을 바라보아도 지루하지가 않다. 큰 매장 안에는 다양한 레고 제품이 구비되어 있으며, 직접 나만의 레고 캐릭터를 만들어 구입할 수도 있다. 어린이들이 레고를 갖고 놀 수 있는 코너도 있어서 온 가족이 함께 둘러보기 좋다.

🏃 유니버설 스튜디오 싱가포르 입구에서 도보 1분
📍 8 Sentosa Gateway, #01-72/74 The Bull Ring, Singapore 098138 🕐 10:00~20:00(금·토요일 ~21:00)
📞 +65-6970-7290 🏠 www.bricksworld.com

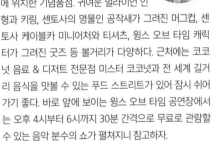

재미난 센토사 기념품은 모두 이곳에 ······ ③

펀 숍 FUN Shop

센토사 익스프레스 비치 역 앞 '센트럴 비치 바자Central Beach Bazaar' 광장에 위치한 기념품점. 귀여운 멀라이언 인형과 키링, 센토사의 명물인 공작새가 그려진 머그컵, 센토사 케이블카 미니어처와 티셔츠, 윙스 오브 타임 캐릭터가 그려진 굿즈 등 볼거리가 다양하다. 근처에는 코코넛 음료 & 디저트 전문점 미스터 코코넛과 전 세계 길거리 음식을 맛볼 수 있는 푸드 스트리트가 있어 잠시 쉬어가기 좋다. 바로 앞에 보이는 윙스 오브 타임 공연장에서는 오후 4시부터 6시까지 30분 간격으로 무료로 관람할 수 있는 음악 분수의 쇼가 펼쳐지니 참고하자.

🏃 ① 센토사 익스프레스 비치Beach 역에서 도보 2분 ② 윙스 오브 타임 앞 📍 60 Siloso Beach Walk, Singapore 098997
🕐 10:30~21:00 🏠 www.mountfaberleisure.com/gift-shops

> 센토사 공식 기념품점인 펀 숍은 센소리스케이프 근처에 한군데가 더 있으며, 케이블카 탑승장에도 기념품점이 있다.

센토사섬을 바라보는 풍경 맛집

센토사 안에도 즐길거리가 가득하지만 센토사 밖에서 바라보는 센토사섬의 풍경도 생각 외로 아름다워 눈을 떼기 어렵다. 아름다운 센토사를 실컷 감상할 수 있는 숨겨진 풍경 맛집 세 곳을 소개한다.

마운트 페이버 Mount Faber

센토사 주변에서 가장 높은 마운트 페이버에 오르면 센토사를 포함한 주변 섬들을 탁 트인 파노라마 뷰로 즐길 수 있다. 택시를 이용하거나 MRT 하버프런트 역에서 약 15분간 산을 오르면 정상에 도달한다. 이곳에는 반갑게도 멀라이언 동상을 만날 수 있고, 무료 망원경을 이용하면 센토사의 모습을 더 자세히 감상할 수 있다. 케이블카 탑승장도 위치해 쉼 없이 센토사를 오가는 케이블카를 바라보는 재미도 있다. 폴란드에서 기증한 행복의 종과 무지개 색깔 계단은 인기 있는 포토 존이다.

헨더슨 웨이브 Henderson Waves

싱가포르에서 가장 높은 보행자 다리인 헨더슨 웨이브는 36m 높이를 자랑한다. 마운트 페이버와 텔록 블랑가 힐 공원을 연결하는데, 274m에 이르는 곡선을 통해 일렁이는 파도의 모습을 재현한 다리의 디자인이 감각적이다. 현지인들은 주말 운동 장소로 즐겨 찾지만 해 질 무렵인 오후 7시부터 다음 날 오전 7시까지 다리 위에 조명이 켜지면 로맨틱한 분위기로 변신한다. 다리 위에 서면 저 멀리 평화로운 센토사가 보이고, 반대편으로는 빌딩 숲을 이룬 싱가포르 시내와 항구의 풍경을 담을 수 있다.

케펠섬 Keppel Island

싱가포르 본섬과 센토사섬 사이에 위치한 개인 소유의 작은 섬으로, 본섬과는 다리로 연결된다. 비보시티와는 도보 15분 거리에 있어 뜨거운 한낮이 아니라면 가볍게 산책하듯 들러볼 만하다. 섬에 들어서면 푸른 바다 위 나란히 정박된 새하얀 요트들이 장관을 이룬다. 부둣가에는 음식점과 카페 몇 곳이 있는데 올드 시티에서도 만났던 프리베도 보여 반갑다. 현지인에게는 숨겨진 브런치 장소로 인기가 많은데 바다 건너 보이는 센토사와 케이블카가 오가는 풍경은 떠나기 싫을 정도로 아름답다.

전통 숍하우스와 맛집이 가득한

카통 & 주치앗 Katong & Joo Chiat

동부 해안가에 위치한 카통 & 주치앗은 싱가포르에서 살기 좋은 동네로 손꼽힌다.
동네 전체가 고층 빌딩이 적고 낮은 주택이 많아 특유의 여유로운 분위기가 느껴진다.
카통은 바다거북을 뜻하며, 주치앗은 1900년대 '카통의 왕'이라 불릴 정도로
이곳에 많은 땅을 소유했던 비즈니스맨 추주치앗Chew Joo Chiat의 이름에서 따왔다.
이곳은 본래 바다를 끼고 있는 교외 지역으로 주로 부유한 페라나칸인이나
은퇴자가 이주해 살았는데, 간척 사업 이후 새로운 아파트 단지와
해변 공원이 조성되면서 인기 거주지가 되었다. 이제는 오래된 숍하우스와
골목 곳곳의 유서 깊은 맛집 덕분에 여행자의 발길 또한 끊이지 않는다.

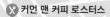 커먼 맨 커피 로스터스

 카통 & 주치앗
상세 지도

크레인 리빙
어 빈티지 테일 🚶 페라나칸 하우스

BUS Opp Maranatha Hall

328 카통 락사 🍴

투 맨 베이글 하우스 🍴   🍴 산타 그랜드 호텔
이스트 코스트

킴추쿠에창 🍴   🍴 오풀리 초콜릿 베이커리 앤 카페

328 카통 락사 🍴   🍵 i12 카통   5

버즈 오브 파라다이스 🍴   🔯 루마 베베   4

6

3 M Marine Parade

그랜드 머큐어 싱가포르 록시 H 2

N
W ✦ E
S

0 100m

1

롤랜드 레스토랑 🍴   ● Underpass   이스트 코스트 공원 🚶   점보 시푸드 🍴 ›

이스트 코스트 라군 푸드 빌리지 🍴 ›

이동 방법

MRT 마린 퍼레이드Marine Parade 역 3번 출구로 나가면 카통 & 주치앗 지역의 메인 도로인 주치앗 로드Joo Chiat Rd로 연결되고, 반대 방향으로 걸어가면 이스트 코스트 파크와 연결된 지하로Underpass가 나온다. 걸어서 다 돌아보기에는 방대한 지역이므로 원하는 장소를 미리 골라 방문하거나 버스나 자전거를 활용하면 효율적이다.

추천 코스

알록달록한 파스텔톤 색감과 화려한 장식이 옛 모습 그대로 잘 보존된 **페라나칸 숍하우스**를 감상하며 인증 사진을 남기자. 그리고는 주치앗 로드를 따라 걸으며 **벽화도 감**상하고 재미난 잡화점, 반짝이는 비즈 장식이 돋보이는 **페라나칸 기념품점**에도 방문하며 쇼핑을 즐긴다. 싱가포르의 대표 락사 맛집인 **328 카통 락사**에서는 현지인의 소울 푸드를 맛보자. 얼큰하면서도 고소한 국물이 자꾸 생각날지도 모른다. 디저트로

는 열대 정원의 맛을 담은 젤라토나 베이글에 커피 한잔은 어떨까. 구석구석 감성 가득한 카페들이 많아 한낮의 더위를 식혀가기 좋다. 오후에는 **이스트 코스트 공원**에서 해변을 따라 자전거를 타거나 가벼운 산책을 즐겨보자. 아름다운 바다와 노을을 감상하며 싱가포르 사람들의 일상 속으로 들어가는 재미도 놓칠 수 없다.

이스트 코스트 공원

East Coast Park

카통 & 주치앗 지역이 주거지로 사랑받는 이유 중 하나가 바로 이스트 코스트 파크다. 해변을 따라 산책과 조깅을 즐기는 사람들로 언제나 에너지가 넘치며, 주말이면 나들이를 나온 가족과 비치발리볼이나 해수욕을 하는 사람도 곳곳에 보인다. 이스트 코스트 파크는 싱가포르의 동부 해안가 약 15km를 따라 형성된 해안 공원으로 규모가 꽤 크다. 스타벅스가 있는 파크랜드 그린(C구역)부터 이스트 코스트 라군 푸드 빌리지(E구역)까지 약 4km의 산책로 구간이 해변도 가장 예쁘고 먹거리나 놀거리도 많이 모여 있다. 자전거를 타면 가장 재미있게 즐길 수 있는데 체력이 된다면 마리나 베이까지 가는 것도 도전해보자. 여행을 통해 현지인의 생활에 좀 더 가까이 다가가려는 이들에게 추천하고 싶은 곳이다.

🚶 MRT 마린 퍼레이드Marine Parade 역 3번 출구에서 도보 10분 📍 920 ECP, Singapore 449875 🏠 beta.nparks.gov.sg/visit/parks/park-detail/east-coast-park

싱가포르 최고의 인생 사진 스폿은 바로 이곳

페라나칸 하우스 Peranakan Houses

알록달록한 파스텔 색감의 페라나칸 숍하우스가 나란히 늘어선 거리로 카통 & 주치앗 지역의 대표적인 명소가 되었다. 실제로 사람들이 거주하는 주택이라 밖에서만 구경할 수 있지만 그것만으로 충분히 방문할 가치가 있다. 자세히 보면 대문과 창문에 디테일한 조각 장식과 벽을 장식하는 형형색색의 타일이 화려함을 더한다. 현지인이나 여행자할 것 없이 인생 사진을 찍는 명소로 유명한데, 햇빛이 쨍한 맑은 날 사진을 남기면 더욱 예쁘다. 다만 차들이 빠르게 지나는 도로 앞이라 안전에 주의해야 하고 주택가인 만큼 기본 매너를 잘 지키도록 하자.

🚶 ① MRT 마린 퍼레이드Marine Parade 역 3번 출구에서 도보 15분 ② MRT 다코타Dakota 역 A출구에서 버스 16·33번 승차, Opp Maranatha Hall 정류장 하차 후 도보 3분
📍 287 Joo Chiat Rd, Singapore 427540

고든 램지도 한 수 배우고 간 락사
328 카통 락사
328 Katong Laksa

싱가포르 락사 마니아 사이에서는 이미 정평이 난 락사 맛집이다. 스타 셰프 고든 램지가 다녀가 더욱 유명해졌으며, 미쉐린 가이드 빕 구르망에도 이름을 올렸다. 일반 락사와는 달리 면이 잘게 잘려 나오기 때문에 숟가락으로 퍼 먹는 것이 특별하다. 한 숟가락 가득 입속에 넣을 때마다 부드러운 면과 꼬막, 새우, 어묵, 숙주가 함께 씹히고 코코넛밀크가 어우러진 국물이 얼큰하면서도 구수해서 자꾸 생각나는 맛이다. 카통 & 주치앗 지역에 지점이 두 곳이나 있을 정도로 인기가 많으니 이곳에 왔다면 꼭 한 번 락사에 도전해보자. 현금 결제만 가능하다.

🚶 MRT 마린 퍼레이드Marine Parade 역 3번 출구로 나와 도보 8분 📍 ① 51 E Coast Rd, Singapore 428770 ② 216 E Coast Rd, Singapore 428914 🕐 09:30~21:30 💲 락사 S $7, L /$9 🏠 328katonglaksa.sg

페라나칸식 덤플링과 디저트, 기념품까지 한번에
킴추쿠에창 Kim Choo Kueh Chang

1945년부터 이 지역에서 '박창Bak Chang'이라는 라이스 덤플링을 팔기 시작하여 페라나칸 전통 음식의 명맥을 지켜온 가게다. 박창은 우리나라의 찰밥과 비슷한데 판단잎을 피라미드 모양으로 접은 다음 불린 찹쌀과 달걀, 돼지고기, 새우 등 속을 다양하게 채워 끈으로 묶은 후 뜨거운 물에 쪄낸다. 시간과 노력이 많이 드는 만큼 전통 방식으로 만드는 곳이 최근에는 많지 않지만 이곳만큼은 3대째 가업을 이어 더욱 특별하다. 우리나라의 떡과 비슷한 달콤하고 알록달록한 페라나칸 전통 디저트 쿠에도 있으니 꼭 맛보자. 함께 운영하는 바로 옆 가게에서는 페라나칸 기념품을 사기 좋다.

🚶 MRT 마린 퍼레이드Marine Parade 역 3번 출구에서 도보 7분 📍 111 E Coast Rd, #109, Singapore 428801 🕐 09:00~21:00 💲 박창 $4.5~, 쿠에 $3.5~, 페라나칸 수저 $5~ 📞 +65-6741-2125 🏠 www.kimchoo.com

해변을 바라보며 즐기는 칠리크랩
점보 시푸드 Jumbo Seafood

해변가에 앉아 시원한 바닷 바람을 맞으며 즐기는 칠리크랩은 어쩐지 레스토랑에서 먹는 것보다 더 맛있게 느껴진다. 창이 공항과 가까운 곳에 위치해 출국 전 마지막으로 들러 식사를 하는 출장객이 즐겨 찾는다. 저녁에만 영업하니 방문 예정이라면 가급적 예약하는 것이 좋다. 인기가 많아 예약이 어려운 리버사이드 지점에 비하면 쉽게 예약이 가능하다.

🏃 MRT 시글랩Siglap 역 1번 출구에서 도보 10분
📍 Block 1206 ECP, #01-07/08, Singapore 449883
🕐 평일 11:30~15:00, 16:30~23:00, 주말 11:00~23:00
💲 ⊕⊕ 칠리크랩·머드크랩(100g) $10.80~, 시리얼 새우 $26~52, 슈프림 해산물볶음밥 $22~44
📞 +65-6442-3435 🏠 www.jumboseafood.com.sg

우리가 칠리크랩 원조집!
롤랜드 레스토랑 Roland Restaurant

주인장 롤랜드 림Roland Lim이 운영하는 해산물 전문점으로 싱가포르의 대표 음식인 칠리크랩의 원조집으로 알려져 있다. 어린 시절 그의 아버지가 게를 잡아오면 늘 찜통에 쪄 먹었는데, 어느날 어머니가 칠리와 토마토를 넣고 볶아낸 게 요리를 만들었고, 그것이 히트를 치면서 식당까지 열게 되었다고 한다. 2019년 넷플릭스 다큐멘터리 〈길 위의 셰프들〉에 소개된 바 있으며 지금도 현지인 사이에 소문난 맛집으로 통한다. MRT 마린 퍼레이드 역에서 이스트 코스트 파크로 나가는 지하로 근처에 있어서 찾아가기도 쉽고 가격도 착해서 방문해볼 만하다.

🏃 MRT 마린 퍼레이드Marine Parade 역 3번 출구에서 도보 5분
📍 89 Marine Parade Central, #06-750, Singapore 440089
🕐 11:30~14:30, 18:00~22:00
💲 ⊕⊕ 칠리크랩(2마리) $88, 아몬드 시리얼 새우(S/M/L) $22/$32/$44, 롤랜드 특선 볶음밥(S/M/L) $16/$24/$32
📞 +65-6440-8205 🏠 rolandrestaurant.com.sg

이스트 코스트 라군 푸드 빌리지 East Coast Lagoon Food Village

이스트 코스트의 뷰를 만끽하면서 맛있는 현지 음식을 즐길 수 있는 숨은 명소. 카통 & 주치앗 지역 중심지에서는 조금 떨어져 있지만 기왕 이스트 코스트 파크까지 왔다면 해안가를 따라 걷거나 자전거를 이용해 들러보자. 근처만 가도 맛있는 냄새가 코를 찌르는데 가격도 저렴해서 푸짐하게 시켜도 지갑 걱정이 없다. 현지 주민들이 슬리퍼 차림으로 밤마실을 나와 야식과 맥주 한잔을 즐기는 모습을 보면 어쩐지 마음이 푸근해진다. 추천 메뉴는 46번 볶음국수인 차퀘이티아오, 14번 치킨 윙, 40번 포피아, 43번 매운 가오리찜이다.

🚶 MRT 시글랩Siglap 역 1번 출구에서 도보 10분 📍 1220 ECP, Singapore 468960 🕐 월~목요일 16:00~22:30, 금~일요일 11:00~22:30, 매장마다 다름 💲 차퀘이티아오 $4~, 치킨 윙(개당) $1.4, 포피아 $2.4, 가오리찜 $18

투 맨 베이글 하우스 Two Men Bagel House

힙합을 좋아하던 두 청년이 2014년에 개업한 베이글 카페. 공교롭게 둘다 람Lam 씨라 형제로 생각하지만 알고보면 오래된 친구 사이다. 싱가포르에 정말 맛있는 베이글집을 열고 싶다는 열정으로 시작했는데, 실제로 몇 년 지나지 않아 싱가포르 최고의 베이글 맛집으로 손꼽히며 현재 4개 매장을 운영 중이다. 카통 & 주치앗 지점은 특별히 젊고 힙한 분위기로 늘 활기가 넘친다. 고소하고 쫄깃한 베이글 맛이 일품인데 참깨와 치즈 할라피뇨 베이글이 특히 맛있고, 샌드위치로는 햄, 딸기잼이 들어간 위 재밍We Jammin과 베이컨, 달걀, 매콤 케첩이 들어간 벡업Beck Up을 추천한다. 커피 맛도 좋은데 우유가 첨가된 화이트 커피를 추천한다. 매장에 따라 스페셜 메뉴도 있으니 주문 전 확인하자.

🚶 MRT 마린 퍼레이드Marine Parade 역 3번 출구로 나와 도보 7분 📍 465 Joo Chiat Road, Singapore 427677 🕐 08:00~15:30 💲 베이글 $4, 베이글 샌드위치 $13~18, 화이트 커피 $5.5 📞 +65-6241-3061 🏠 www.twomenbagels.com

싱가포르에서 초콜릿 케이크 하면 바로 여기
오풀리 초콜릿 베이커리 앤 카페 Awfully Chocolate Bakery & Cafe

매일 먹어도 질리지 않을 초콜릿 케이크를 만들겠다
는 일념 하나로 시작한 초콜릿 전문점의 본점이다.
'올 초콜릿 케이크All Chocolate Cake' 단일 메뉴로
시작했는데, 촉촉한 시트와 너무 달지 않으면서도
진한 초콜릿의 조화가 끝내준다. 현재는 다양한 초콜
릿 디저트를 선보이며, 초콜릿 바와 쿠키는 선물용으로 좋다.

🚶 MRT 마린 퍼레이드Marine Parade 역 3번 출구에서 도보 7분 📍 131 E
Coast Rd, Singapore 428816 🕐 11:00~22:00 💲⊕⊕ 올 초콜릿 케이
크(판/조각) $45/$8 ,초콜릿 바 $11.8~, 핫초콜릿 $8, 커피 $3.8~7
📞 +65-6345-2190 🏠 www.acbakerycafe.com

카통 & 주치앗의 힙스터 카페로 우뚝 서다
커먼 맨 커피 로스터스 Common Man Coffee Roasters

유명 브런치 카페로 주치앗 로드에서도 눈에 띄는 예쁜 코너 숍하
우스에 위치해 오픈하자마자 이 지역의 핫 플레이스로 등극했다.
테라스에 앉아 맛있는 커피와 함께 에그 베네딕트, 프렌치 토스트
등 브런치를 즐겨도 좋고 달콤한 케이크와 함께 쉬어가도 좋다. 건
물 꼭대기를 장식하는 두 마리의 용도 꼭 살펴보자.

🚶 ① MRT 마린 퍼레이드Marine Parade 역 3번 출구에서 도보 20분
② 페라나칸 하우스에서 도보 5분 📍 185 Joo Chiat Rd, Singapore
427456 🕐 07:30~22:00(월요일 ~17:00) 💲⊕⊕ 에그 베네딕트 $28,
프렌치 토스트 $23, 에스프레소 커피 $6~ 📞 +65-6877-4863
🏠 commonmancoffeeroasters.com

트로피컬 자연의 맛을 담은 싱가포르 젤라토 맛집
버즈 오브 파라다이스 Birds of Paradise

캘리포니아에서 우연히 맛본 아이스크림에서 진정한 행복을 느낀
주인장이 오랜 연구 끝에 싱가포르에 문을 연 젤라토 부티크 숍이
다. 과일, 꽃, 허브, 향신료와 같은 천연 식물성 재료를 사용해 맛을
내는 것으로 유명하다. 인기 메뉴로는 딸기 바질, 하얀 국화, 바닐
라 무화과, 리치 라즈베리, 시 솔트 호지차가 있다. 매장에서 직접
구워주는 타임 향 가득한 와플콘이 일품이니 꼭 먹어보자.

🚶 MRT 마린 퍼레이드Marine Parade 역 3번 출구에서 도보 7분
📍 63 E Coast Rd, #01-05, Singapore 428776 🕐 12:00~22:00
📞 +65-9678-6092 💲 컵(싱글/더블) $5.5/$9, 콘(싱글/더블)
$6.8/$10.3 🏠 birdsofparadise.sg

무더운 골목길 속 시원한 오아시스 쇼핑몰
i12 카통 i12 Katong

이 지역의 대표 쇼핑몰로 최근 리모델링 후 재오픈해 깔끔하고, MRT 마린 퍼레이드 역과 가까워 접근성도 뛰어나다. 규모는 작지만 PS 카페, 팀호완, 잇푸도 라멘, 와인 커넥션, 프리베 등 시내 유명 맛집의 분점이 다 모여 있어 편리하다. 싱가포르에서 입기 좋은 트로피컬 패턴의 원피스나 소품 숍, 파리지앵 스타일의 프랑스 브랜드를 모아 놓은 편집 숍 '끌레망스 바이 뤼 마담Clémence by Rue Madame'도 들러볼 만하다. 무엇보다 시원한 실내 공간이라 카통 & 주치앗 지역의 골목길 탐방 후 들러 더위를 식히기 좋다.

🚶 MRT 마린 퍼레이드Marine Parade 역 3번
출구에서 도보 5분 📍 112 E Coast Rd,
Singapore 428802 🕐 10:00~22:00
📞 +65-6306-3272 🏠 112katong.com.sg

예쁜 페라나칸 숍하우스 속 부티크 숍
루마 베베 Rumah Bebe

1928년에 지어진 2층짜리 숍하우스를 개조해 만든 페라나칸 부티크 숍으로 화려한 비즈로 수놓은 신발, 가방, 사롱, 커바야 등을 판매한다. 주인장 베베는 1995년 싱가포르에서 페라나칸 전통 신발인 '카솟 마넥Kasut Manek'을 찾기가 어렵다는 사실을 몸소 깨닫고 직접 만들기로 결심했다. 손가락으로 잡기도 어려울 정도로 작은 비즈를 하나씩 꿰어 수놓은 화려한 신발은 그 정성과 예술성에 감탄이 절로 나온다. 1층은 페라나칸 음식과 디저트를 맛볼 수 있는 카페로 운영되며, 2층에서는 비즈 자수 수업을 진행하는데 직접 비즈를 꿰어 신발까지 완성할 수 있어 현지인 사이에서 인기가 많다.

🚶 MRT 마린 퍼레이드Marine Parade 역 3번 출구에서 도보 7분
📍 113 E Coast Rd, Singapore 428803 🕐 11:00~17:00
❌ 월~수요일 📞 +65-6247-8781 🏠 www.rumahbebe.com

크레인 리빙 Crane Living

페라나칸 숍하우스와 멀지 않은 곳에 위치해 그냥 지나칠 수 없는 아기자기한 가게. 주방용품, 침구, 인테리어 소품, 액세서리 등 작지만 구경할 것으로 가득하다. 주로 싱가포르 브랜드 제품 위주로 판매하는데 다른 곳에서 보기 힘든 알록달록한 색깔의 가방과 액세서리, 식탁을 밝혀주는 독특한 디자인의 그릇, 귀여운 일러스트가 그려진 노트 등이 눈길을 끈다. 특히 수채화로 싱가포르의 헤리티지 건물들을 주로 그리는 작가 잉Ying의 그림이 돋보이는데 작은 엽서나 가방으로도 구매가 가능하니 참고하자.

🚶 ① MRT 마린 퍼레이드Marine Parade 역 3번 출구에서 도보 17분 ② 페라나칸 하우스에서 도보 3분 📍 280 Joo Chiat Rd, Singapore 427534 🕐 월~목요일 11:00~18:00, 금~일요일 10:00~19:00 💲 접시 $10~, 에코백 $20~, 액세서리 $20~ 🏠 www.crane-living.com

어 빈티지 테일 A Vintage Tale

화려한 외관과 간판이 눈길을 끄는 이곳은 싱가포르에서 몇 안되는 빈티지 숍 중 하나로 패션을 사랑하는 여성들에게 꾸준히 인기 있다. 디올, 샤넬, 구찌, 베르사체와 같은 상징적인 디자이너의 아카이브 작품과 함께 1950~90년대 의류와 액세서리 컬렉션을 보유한다. 가게 내부는 다채로운 색깔의 벽지와 빈티지 가구로 꾸며져 마치 거대한 보물 상자 속으로 들어가는 듯한 기분이 든다. 주인장의 감각이 돋보이는 인테리어와 옷 등을 구경하다 보면 시간 가는 줄 모른다. 가게 안쪽에는 할인 제품도 있고 빈티지 제품인 만큼 환불은 불가능하니 구매 전 상태를 꼼꼼히 확인하는 것은 필수다.

🚶 ① MRT 마린 퍼레이드Marine Parade 역 3번 출구에서 도보 16분 ② 페라나칸 하우스에서 도보 1분 📍 277 Joo Chiat Rd, #01-01, Singapore 4275310 🕐 화~목요일 11:30~18:30, 금·토요일 11:30~19:30, 일요일 09:00~18:00 ❌ 월요일 💲 의류 및 액세서리 $50~ 📞 +65-9187-0410 🏠 www.avintagetale.com

싱가포르에서 즐기는 자연 탐험 여행

만다이 야생동물 공원
Mandai Wildlife Reserve

싱가포르의 화려하고 바쁜 도심의 매력을 충분히 즐겼다면 이제는 싱가포르의 자연을
만끽할 차례. 도심에서 차로 불과 30분 거리에 위치한 싱가포르 만다이 야생동물 공원은
싱가포르 동물원, 리버 원더스, 나이트 사파리, 버드 파라다이스의 4개의 공원으로
구성되며 다섯 번째 공원인 '레인 포레스트 와일드Rainforest Wild'도 개장을 기다리고 있다.
각각의 공원은 그 주제에 맞는 동물들과 어트랙션을 운영하며 무엇보다 흔히 알던
동물원과는 달리 울타리 없이 자연 친화적인 환경에서 행복하게 지내는 동물을 만날 수
있다는 점이 특별하다. 엄청난 규모를 자랑하므로 가고 싶은 동물원 한두 곳을 정해
여유로운 일정으로 방문하기를 추천한다. 더위에 대한 대비도 잊지 말자.

나에게 딱 맞는
동물원으로 찾아가자!

동물원으로 어떻게 갈까?

만다이 야생동물 공원은 도심에서 멀리 떨어져 있지는 않아 여러 방법으로 갈 수 있다. 크게 4가지 방법으로 나뉘니 자신에게 맞는 방법으로 이동하자.

🏠 www.mandai.com/en/singapore-zoo/plan-your-visit/getting-here

① 만다이 카팁 셔틀 Mandai Khatib Shuttle

MRT 카팁Khatib 역에서 만다이 야생동물 공원까지 직행하는 셔틀버스 서비스로 공원까지 약 20분이 소요된다. 카팁 역에서만 탑승 가능하지만 요금이 저렴하고 운행 간격도 짧아 가장 편하게 이용할 수 있다. 만다이 야생동물 공원에서 탑승해 카팁 역으로 돌아갈 때는 무료로 이용할 수 있다. 요금은 현금 결제가 불가능하다.

🚶 MRT 카팁Khatib 역 A출구로 나와 Passenger Pick-up Point 정류장에서 탑승
🕐 08:30~24:00, 15분 간격 운행 💲 일반 $3, 7세 미만 무료

② 만다이 시티 익스프레스 Mandai City Express

도심 지역 호텔을 포함한 주요 승차 장소에서 탑승할 수 있다. 만다이 야생동물 공원 직행 버스로 날짜와 시간이 맞는다면 가장 편리하다. 하루 3번, 목~일요일에만 운영한다. 출발지 호텔 확인 및 탑승권 예매는 만다이 야생동물 공원 홈페이지에서 가능하다.

🕐 목~일요일 하루 3대 운행 💲 편도 $8, 왕복 $16, 3세 미만 무료

③ MRT+버스

가장 저렴한 방법이지만 약 1시간이 소요되고 환승이 번거롭기 때문에 일행 중 어린 아이나 노약자가 있다면 추천하지 않는다. MRT를 타고 이동한 후 시내버스에 승차해 싱가포르 동물원, 리버 원더스, 나이트 사파리는 Singapore Zoo/Night Safari 정류장에서, 버드 파라다이스는 After Mandai Road 정류장에서 하차하면 된다.

· MRT 초추캉Choa Chu Kang 역에서 927번 시내버스 이용
· MRT 앙모키오Ang Mo Kio 역에서 138번 시내버스 이용
· MRT 스프링리프Springleaf 역에서 138번 시내버스 이용

④ 택시

3인 이상이거나 일정이 빡빡한 경우 이용하기 좋은 가장 편리한 방법으로 도심에서 20~25분가량 소요된다. 오후 4시 이후 만다이 야생동물 공원에서 출발하는 택시는 할증료 $3가 부과되니 참고하자.

동물원 한눈에 보기

4개 동물원의 매력이 각각 다른 만큼 각 동물원의 특징과 하이라이트 등을 꼼꼼하게 비교했다. 자신의 취향에 딱 맞는 동물원으로 골라 더욱 신나게 즐겨보자. 여러 동물원을 방문할 예정이라면 할인된 가격으로 여러 동물원을 1회씩 입장할 수 있는 통합권도 있다. 다른 프로모션과 함께 진행되기도 하니 미리 홈페이지를 확인하자. 소개한 2개 통합권 모두 트램 탑승권이 포함되며 통합권은 첫 사용일로부터 7일간 유효하다.

4곳 통합권 파크호퍼 플러스 ParkHopper Plus
$ 일반 $110, 3~12세 $80 ※아마존 리버 퀘스트, 동물원 회전목마 아동 탑승권 포함

2곳 통합권 2-파크 입장권 2-Park Admission
$ 나이트 사파리 포함 일반 $90, 3~12세 $60, **나이트 사파리 제외 2개 공원** 일반 $80, 3~12세 $50

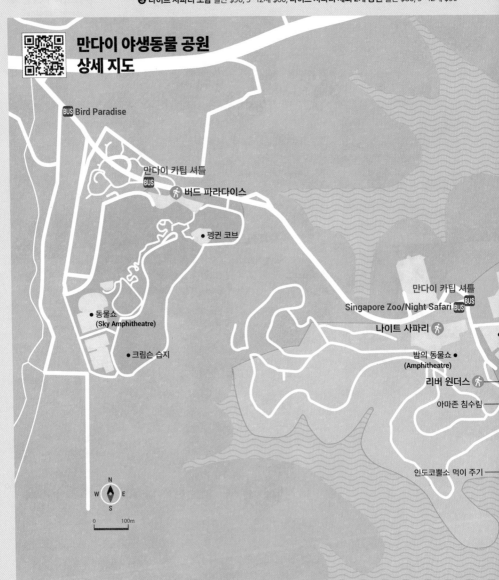

만다이 야생동물 공원
상세 지도

BUS Bird Paradise

만다이 카팁 셔틀
BUS
버드 파라다이스

펭귄 코브

동물쇼
(Sky Amphitheatre)

크림슨 습지

만다이 카팁 셔틀
Singapore Zoo/Night Safari BUS
나이트 사파리

밤의 동물쇼
(Amphitheatre)

리버 원더스

아마존 침수림

인도코뿔소 먹이 주기

0   100m

	싱가포르 동물원	리버 원더스	나이트 사파리	버드 파라다이스
추천 대상	아이와 함께라면 최적의 옵션	• 더위에 약한 사람 • 수중 생태계에 관심이 많은 사람	싱가포르만의 특별한 경험을 원하는 사람	새를 좋아하는 아이와 어른
하이라이트	• 동물 먹이 주기 • 3가지 동물쇼 • 야생에서 즐기는 아침 식사	• 아마존 리버 퀘스트(신장 106cm 이상 탑승 가능) • 자이언트 판다 포레스트 • 아마존 침수림	• 어둠 속 트램 라이드 • 밤의 동물쇼	• 크림슨 습지 • 새 먹이 주기 • 프레데터즈 온 윙즈 쇼
놀이시설 & 체험	• 먹이 주기 체험 $8 • 키즈 월드 　(물놀이, 회전목마 $4)	• 아마존 리버 퀘스트 $5	인도코뿔소 먹이 주기 체험 $12	먹이 주기 체험 $8
식사	아멩 레스토랑(푸드 코트 형태의 다양한 현지 음식과 디저트)	• 스타벅스 • 마마 판다 키친	울루울루 사파리 레스토랑(인도식, 현지식, 패스트푸드 등)	• 버드 베이커리 • 크림슨 레스토랑 • 푸드센터(현지 음식 등)
위치	공원 동부에 모두 인접해 있어 도보 이동 가능			공원 서부
운영시간	08:30~18:00, 1시간 전 입장 마감	10:00~19:00, 1시간 전 입장 마감	19:15~24:00, 45분 전 입장 마감	09:00~18:00, 1시간 전 입장 마감
입장료	일반 $49, 3~12세 $34 ※트램 포함	일반 $43, 3~12세 $31	일반 $56, 3~12세 $39 ※트램 포함	일반 $49, 3~12세 $34 ※트램 포함

— 🚶 싱가포르 동물원

• 야생에서 즐기는 아침 식사
　(아멩 레스토랑)

• 파빌리온 캐피털
　자이언트 판다 포레스트　　　　키즈월드 •

• 프래자일 포레스트

• 아마존 리버 퀘스트

• 원스 어폰 어 리버(보트 플라자)

놓쳐서는 안 될 공원 이용 꿀팁

• 휴대폰으로 '만다이 와일드라이프 리저브Mandai Wildlife Reserve' 앱을 다운받으면 전체 동물원의 지도뿐 아니라 각종 동물쇼와 이벤트 일정 등을 확인할 수 있다. 먹이 주기 체험 등도 사전 예약이 가능하다.

• 공원 동부의 싱가포르 동물원, 리버 원더스, 나이트 사파리에서 공원 서부의 버드 파라다이스까지는 도보로 15분가량이 소요된다. 만다이 무료 셔틀버스와 138·927번 버스가 각 장소를 연결한다.

동물들이 행복한 꿈의 동물원

싱가포르 동물원 Singapore Zoo

세계 최초로 설립된 '오픈 콘셉트' 동물원 중 하나로 야생 서식지와 유사한 자연 환경에 300종 이상 4,200여 마리의 동물이 산다. 철조망이나 울타리가 없기 때문에 동물들이 바로 옆으로 지나가기도 하고, 아주 가까운 거리에서 관찰할 수도 있다. 무엇보다 자연 속에서 자유롭게 사는 행복한 동물들을 볼 수 있어 보는 사람도 함께 행복해진다. 어린이들이 가장 좋아하는 체험 활동인 동물 먹이 주기와 3가지 동물쇼 등 다양한 프로그램이 운영된다. 어린이를 동반한 여행자라면 꼭 방문하기를 강력 추천한다. 더위에 지치지 않도록 트램과 물놀이장을 적절히 이용한 여유로운 관람을 계획해보자.

🚶 버스 Singapore Zoo/Night Safari 정류장 바로 앞 📍80 Mandai Lake Rd, Singapore 729826 🕐 08:30~18:00, 1시간 전 입장 마감 💲 일반 $49, 3~12세 $34 ※트램 포함 📞 +65-6269-3411 🏠 mandai.com/en/singapore-zoo

- 대부분 실외 코스라 한낮에 이동하는 경우 더위에 금세 지칠 수 있으니 모두 다 보려고 무리하기 보다는 꼭 보고 싶은 동물쇼를 중심으로 일정을 짜서 적절히 휴식을 갖자. 트램을 무제한 이용할 수 있으므로 적극 활용할 것.
- 깔끔한 푸드 코트 형식의 '아멩 레스토랑Ah Meng Restaurant'에서는 나시르막, 락사, 커리 등 현지 음식을 판매한다. 가격도 크게 비싸지 않고 맛도 나쁘지 않아 간단히 점심 식사를 하기에 괜찮다. 추천 메뉴는 큼지막한 치킨과 밥이 함께 나오는 나시르막이다.

하이라이트

● 먹이 주기

아이들이 가장 좋아하는 체험 활동으로 인원 수가 제한되어 있기 때문에 예약은 필수다.

동물	장소	시간	비용
코끼리	Elephants Of Asia	09:30, 11:45, 16:30	
기린	Wild Africa	10:45, 13:50, 15:45	회당 $8
흰코뿔소	Wild Africa	13:15	※홈페이지 또는
코끼리 거북이	Reptile Kingdom	13:15	앱에서 예약
얼룩말	Wild Africa	10:15, 14:15	

● 동물쇼

재능 넘치는 동물들의 신나는 쇼 타임. '야생속으로'가 가장 인기 공연이며 '동물 친구들'은 미취학 아동에게 보다 적합하다.

공연	스플래시 사파리 Splash Safari	동물 친구들 Animal Friends	야생속으로 Into The Wild
내용	캘리포니아바다사자가 물속에서 각종 묘기를 펼친다. 시원한 물세례를 원한다면 앞좌석에 앉자.	개, 고양이와 같은 친숙한 동물들이 귀여운 재주를 선보인다. 쇼가 끝나면 동물들을 직접 만져볼 수 있다.	알락꼬리여우원숭이, 돼지코오소리, 공작새 등과 같은 동물 연기자들이 환경 보호의 소중함을 일깨워 주는 동물쇼.
장소	Shaw Foundation Amphitheatre	Animal Buddies Theatre, KidzWorld	Shaw Foundation Amphitheatre
시간	10:30·17:00, 15~20분 소요	11:00·14:00, 10분 소요	12:00·14:30, 15~20분 소요

● 야생에서 즐기는 아침 식사 Breakfast in the Wild

오랜 기간 사랑받은 싱가포르 동물원의 대표 프로그램. 자연 속 야생동물들과 함께 아멩 레스토랑에서 조식 뷔페를 즐길 수 있다. 총 90분의 식사 시간 중 약 45분간 야생동물들이 모습을 드러낸다. 오랑우탄, 도마뱀, 부엉이 등 다양한 동물과 함께 기념사진을 남기고 운이 좋다면 이구아나를 직접 만져볼 기회를 얻을 수도 있다. 인기가 많은 프로그램이니 최소 3일 전에는 홈페이지를 통해 예약하자.

⏱ 09:00~10:30 💲 일반 $47, 6~12세 $37

● 키즈월드 KidsWorld

아이들의 더위를 씻어줄 시원한 물놀이 시설Wet Play Area, 회전목마Wild Animal Carousel, 모험을 즐기는 어린이를 위한 로프 코스Houbii Rope Course까지 아이들을 위한 어트랙션만 한 곳에 모았다. 물놀이 시설 이용을 위해 수영복을 준비하는 것이 좋으며 모기 기피제로 벌레에 대비하자. 어트랙션은 신장 120cm 미만만 탑승 가능하다.

💲 회전목마 $4, 로프 코스 $25, 미니 로프 코스 $20

● 프래자일 포레스트 Fragile Forest

싱가포르 동물원에서 경험할 수 있는 가장 특별한 체험관 중 하나. 열대 우림을 재현한 관람 시설로 야생동물을 바로 코앞에서 볼 수 있다. 나무늘보, 사키원숭이, 쥐사슴, 말레이날여우박쥐, 다람쥐 등 귀여운 야생동물과 눈을 맞추며 산책할 수 있다. 관람 시설 내부가 시원한 편이라 더위에 지쳤을 때 여유 있게 둘러보기 좋다. 4번 트램 정류장에서 하차한다.

판다와 매너티가 있는 강 테마의 동물원

리버 원더스 River Wonders

아시아 최초로 '강'을 테마로 삼은 동물원으로 2013년 개장했다. 400여 종에
달하는 식물과 260여 종에 달하는 수중 및 육지 동물이 사는데 수족관뿐만
아니라 열린 공간에서 가까이 관람할 수 있는 구역이 많다. 세계 7대 강을 테마
로 구역이 나뉘는데 인간의 활동이 강과 환경에 미치는 영향도 자세히 소개해
교육적이다. 관람 동선이 길지 않고 쉽게 짜여져 있어서 부담 없이 관람할 수
있다. 동물원에 비해 실내 공간이 많고 곳곳에 그늘막이 설치되어 더위에 약한
사람도 비교적 편안하게 즐길 수 있다.

🚶 버스 Singapore Zoo/Night Safari 정류장 바로 앞 　📍 80 Mandai Lake Rd,
Singapore 729826 　🕐 10:00~19:00, 1시간 전 입장 마감 　💲 일반 $43, 3~12세 $31
📞 +65-6269-3411 　🏠 mandai.com/en/river-wonders

2군데 이상의 동물원을 관람하는 경우, 싱
가포르 동물원이나 버드 파라다이스를 오전
에, 리버 원더스를 오후에 방문하는 일정으
로 계획하면 체력 소모를 줄일 수 있다. 리버
원더스에 트램은 없지만 웨건이나 전동 스쿠
터를 유료로 대여할 수 있으니 참고하자.

● 아마존 리버 퀘스트 Amazon River Quest

사파리 투어와 비슷하지만 육지가 아닌 물에서 보트를 타고 다니며 아마존강의 야생동물을 볼 수 있는 어트랙션이다. 실제 서식지와 비슷한 환경에서 동물들이 살아가는데, 제법 가까이에서 동물들을 볼 수 있으며 실제 아마존강을 따라 여행하는 것 같은 착각마저 든다. 구간별로 코끼리와 돼지를 반쯤 섞어 놓은 듯한 외모의 귀여운 맥(테이퍼Tapir)과 큰개미핥기, 재규어 등을 볼 수 있으며 10분 정도 소요된다. 홈페이지나 앱을 통해 탑승권을 미리 구매할 수 있으며 신장 106cm 이상만 탑승 가능하다.

🕐 11:00~18:00 💲 $5

● 파빌리온 캐피털 자이언트 판다 포레스트
Pavilion Capital Giant Panda Forest

동남아시아 최대 규모의 판다 전시관으로 약 450평의 관람 시설을 자랑한다. 판다의 자연 서식지와 최대한 가깝게 조성되어 적절한 습도와 시원한 온도를 유지하고 천장을 통해 충분한 햇빛이 들어오도록 설계되었다. 운이 좋으면 중국에서 온 카이카이Kai Kai와 지아지아Jia Jia 판다 부부가 쉬지 않고 대나무를 먹는 모습을 볼 수 있다. 대나무 숲의 깜찍한 이웃 레서판다도 잊지 말자.

● 아마존 침수림 Amazon Flooded Forest

리버 원더스 광고 사진에 항상 등장하는 세계 최대 규모의 민물 수족관이 있는 대표 관람 시설이다. 아마존강에 서식하는 매너티, 수달과 같은 귀여운 동물들과 몸길이 3~5m, 몸무게 200kg에 달하는 세계에서 가장 큰 민물고기 피라루쿠도 만날 수 있다. 이 밖에도 소형 수족관에 사는 작은 강변 생물도 가까이 관찰할 수 있도록 꾸며져 있다.

● 원스 어폰 어 리버 Once Upon a River

매일 3회 보트 플라자Boat Plaza에서 펼쳐지는 동물쇼. 펠리컨, 비단뱀, 카피바라 등 강에서 서식하는 다양한 동물이 등장하는 공연으로 소소한 재미와 교육적인 메시지를 담는다. 공연이 끝나면 동물들을 가까운 거리에서 볼 수 있고 기념사진 촬영 시간도 주어진다. 해당 공연 2시간 전부터 홈페이지 또는 앱을 통해 자리를 예약할 수 있다.

🕐 11:30·14:30·16:30, 25분 소요

밤에만 문을 여는 이색 동물원
나이트 사파리 Night Safari

세계 최초로 밤에만 열리는 동물원으로 가장 특별한 경험을 할 수 있다. 멸종 위기에 놓인 야생동물 보존에 힘쓰는 장소로 말레이호랑이, 아시아코끼리, 고기잡이살쾡이, 표범 등 100종 이상 900여 개체를 보호한다. 나이트 사파리는 동물의 특성에 따라 피싱캣 트레일Fishing Cat Trail, 레오파드 트레일Leopard Trail, 이스트 롯지 트레일East lodge Trail, 태즈메이니안 데빌 트레일Tasmanian Devil Trail의 4개의 워킹 트레일로 구성된다. 트램을 타고 나이트 사파리 전체를 먼저 관람하는 것이 일반적이며, 워킹 트레일을 따라 걸어서도 관람할 수 있다. 한밤의 정글 숲에서 들려오는 야생동물들의 울음소리와 어둑어둑한 조명이 신비로운 분위기를 연출한다. 모험심 많은 여행자라면 어두운 밤 정글을 탐험하는 기분을 만끽할 수 있는 워킹 트레일을 따라 꼭 걸어보자.

🚶 버스 Singapore Zoo/Night Safari 정류장 바로 앞 📍 80 Mandai Lake Rd, Singapore 729826 🕐 09:15~24:00, 45분 전 입장 마감 💲 일반 $56, 3~12세 $39 ※트램 포함 📞 +65-6269-3411 🏠 mandai.com/en/night-safari

- 호랑이, 코끼리 등 인기 동물은 트램 기준으로 오른쪽에 있어, 트램을 탈 때 오른쪽에 앉는 것을 추천한다. 또한 야행성 동물들이라 실명 위험이 있어 사진 촬영 시 플래시 사용이 엄격하게 금지된다. 동물들의 모습을 보다 선명하게 보고 싶다면 완전히 어두워지기 전 첫 트램에 탑승하는 것이 좋으며, 사진보다는 영상 촬영을 추천한다.
- 나이트 사파리 입구 야외 공연장에서 매일 저녁 8시와 9시에 트와일라이트 퍼포먼스 Twilight Performance라는 불쇼가 펼쳐진다. 짧지만 흥미로운 볼거리로 입장권 없이 공원 밖에서 즐길 수 있다. 쇼 내용과 시간은 달라질 수 있으니 홈페이지를 확인하자.

하이라이트

● 어둠 속 트램 라이드 Safari Tram Adventure

모든 구역을 걸어서 볼 수도 있지만 체력적으로 부담이 되고 어둠 속을 걸어서 관람하는 게 쉽지 않다. 트램을 타면 가장 편하게 관람할 수 있으며 동물원 한 바퀴를 도는 데 약 40분이 소요되고 무제한 탑승이 가능하다. 첫 트램을 타고 한 바퀴 돌아보고 난 후 동물쇼를 보거나 워킹 트레일을 따라 걸으며 가까이서 동물들을 만나보는 것이 가장 좋은 방법이다.

🕐 19:00~23:20

● 인도코뿔소 먹이 주기 Indian Rhino Feeding

인도코뿔소에게 직접 먹이를 주는 체험. 운이 좋다면 코뿔소를 직접 만지거나 기념사진을 찍는 기회도 얻을 수 있다. 체험이 진행되는 이스트 롯지 트레일까지 이동해야 하는데 공원 입구에서 도보로 15분 정도 소요되며, 홈페이지 또는 앱에서 예약해야 한다. 신장 120cm만 이상 이용 가능하다.

🕐 19:30~21:00 💲 회당 $12

● 밤의 동물쇼 Creatures of Night Show

매일 밤 나이트 사파리 입구에 위치한 원형 야외극장 Amphitheatre에서 펼쳐지는 동물쇼. 사막여우, 너구리, 수달과 같은 동물이 각종 묘기를 선보인다. 하루 3회 진행되며 쇼 시작 2시간 전부터 홈페이지나 앱을 통해 자리를 예약할 수 있다. 영아 또는 유아도 자리를 예약해야 하며 인기 있는 쇼이므로 시작 시간보다 조금 일찍 도착하는 것을 추천한다.

🕐 19:30, 20:30, 21:30

● 레오파드 트레일 Leopard Trail

나이트 사파리에서만 경험할 수 있는 특별한 전시관으로 밤이면 활발해지는 야행성 동물들을 바로 코앞에서 볼 수 있다. 플라잉 폭스Flying Fox 관에서는 대표적인 야행성 동물인 박쥐가 머리 위로 날아가는 경험을 하게 될지도 모른다. 과일을 먹는 안전한 박쥐로 밤에 과일을 찾기 위해 시력이 좋은 큰 눈을 갖고 있다. '사향고양이 워크스루Civet Walkthrough' 관에서는 정글 숲을 거닐며 사향고양이뿐 아니라 나무타기산미치광이와 회색손올빼미원숭이도 만날 수 있다.

아시아 최대 규모인 새들의 천국

버드 파라다이스 Bird Paradise

싱가포르의 대표 새 공원으로 사랑을 받았던 '주롱 새 공원'이 문을 닫고 2023년 '버드 파라다이스'로 새롭게 태어났다. 싱가포르 북부의 만다이 야생동물 공원 안으로 확장 이전한 버드 파라다이스는 아시아 최대 규모의 조류 공원으로 무려 400여 종, 3,500마리가 넘는 새가 좋은 환경에서 서식한다. 그중 약 24%는 멸종 위기에 처한 종이며 만다이 그룹은 이러한 멸종 위기 종의 보호와 번식을 위해 다양한 노력을 지속하고 있다. 남미의 습지, 아프리카 열대 우림, 동남아시아의 논 등 세계 각지의 서식지를 재현한 총 8개의 실외 조류관을 거닐며 자유롭게 살아가는 각양각색의 새들과 특별한 시간을 만들어보자.

달걀을 테마로 꾸며진 작은 물놀이 시설인 에그 스플래쉬Egg Splash는 시원한 분수와 슬라이드를 갖추고 있어 더위를 식히기에 제격이다. 아이들과 함께라면 수영복을 꼭 준비하자.

🚶 버스 After Mandai Road 정류장 바로 앞　📍 20 Mandai Lake Rd, Singapore 729825
🕐 09:00~18:00, 1시간 전 입장 마감　💲 일반 $49, 3~12세 $34 ※셔틀버스 포함
📞 +65-6269-3411　🏠 mandai.com/en/bird-paradise

● 크림슨 습지 Crimson Wetlands

버드 파라다이스의 8개 조류관 중 가장 인기 있는 곳으로 대형 폭포와 선명한 붉은색을 뽐내는 홍학(플라밍고)들이 어우러져 한 폭의 그림을 만든다. 새들이 자유롭게 비행할 수 있도록 기둥 없이 설계된 탁 트인 전망이 특히 인상적이다. 분홍빛 홍학뿐만 아니라 총천연색의 앵무새들이 가득해 눈이 즐겁다.

● 먹이 주기

아이들이 좋아하는 체험 활동으로 새들을 가까이에서 볼 수 있는 기회다. 인원수가 제한되어 있어 예약은 필수다.

동물	장소	시간	비용
찌르레기, 관머리부채머리새	Nyungwe Forest Heart of Africa	09:30, 14:00	회당 $8, 홈페이지 또는 만다이 앱에서 예약
도요새, 펠리컨	Kuok Group Wings of Asia	10:00, 16:30	
앵무새	Lory Loft	11:00, 15:30	
화식조	Mysterious Papua	13:00	

● 동물쇼

무료 공연으로 선착순으로 입장이 가능하니 쇼 시간보다 서둘러 공연 장소에 도착하는 것이 좋다. 윙즈 오브 더 월드 공연이 끝난 후에는 홍학 무리 등 다양한 새들과 기념 촬영을 할 수 있으니 놓치지 말자.

공연	프레데터즈 온 윙즈 Predators on Wings	윙즈 오브 더 월드 Wings of the World
내용	독수리, 매, 올빼미와 같은 먹이 사슬 최상위 포식자 맹금류들이 펼치는 공연. 무시무시한 맹금류를 바로 눈앞에서 볼 수 있어 특별하다.	다양한 새들이 주인공인 쇼로, 특히 말하는 앵무새가 인기 만점이다. 관객들이 직접 참여하는 시간도 있으니 손을 들어 특별한 추억을 만들어보자.
장소	Sky Amphitheatre	Sky Amphitheatre
시간	10:30·14:30, 20분 소요	12:30·17:00, 20분 소요

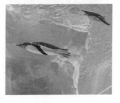

● 펭귄 코브 Penguing Cove

사랑스러운 펭귄 가족을 만날 수 있다. 지상에서는 비록 뒤뚱뒤뚱 느리지만 물속에서는 가장 빠른 조류인 펭귄이 사는 곳이다. 바닷물과 실내 온도는 언제나 8도 이하로 유지되며, 조류관 자체도 시원해 관람객에게도 숨은 인기 장소다.

PART 4

실전에 강한
여행 준비

차근차근 여행 준비하기

01
여권 만들기

여권 유효기간 확인하기

싱가포르는 여권의 유효기간이 6개월 미만일 경우 입국을 허가하지 않으니 주의하자.

여권 접수 기관

서울에서는 외교부를 비롯해 대부분의 구청에서 만들 수 있으며, 광역시를 포함한 지방에서는 도청이나 시청의 여권과에서 만들 수 있다. 외교부 여권안내 홈페이지(www.passport.go.kr)에서 발급 기관 검색을 비롯해 자세한 내용을 확인할 수 있다.

여권 접수 준비물

여권은 타인이나 여행사의 발급 대행이 불가능하다. 본인이 직접 신분증을 가져가 신청해야 한다. 단, 18세 미만 미성년자는 대리 신청이 가능한데 이때 부모 신분증과 가족관계증명서를 지참해야 접수할 수 있다.

- **여권발급신청서** 발급 기관 비치
- **여권 사진 1매** 6개월 이내 촬영, 가로 3.5×세로 4.5cm
- **신분증** 주민등록증 또는 운전면허증
- **여권 발급 수수료**

구분	유효기간	수수료(26면/58면)	대상
복수여권	10년	47,000원/50,000원	만 18세 이상
	5년	39,000원/42,000원	만 8세 이상~18세 미만
		30,000원/33,000원	만 8세 미만
단수여권	1년 이내	15,000원	1회만 사용 가능
기타	재발급	25,000원	잔여 기간 재발급

싱가포르는 무비자!

한국인은 싱가포르에서 90일 동안 무비자로 체류할 수 있다. 3개월이 아닌 90일이니 주의하자.

02
여행 유형과 시기 정하기

자유여행 vs 패키지여행

싱가포르는 워낙 치안이 좋고 대중교통이 잘 발달되어 있어 자유여행을 하기 가장 쉬운 나라 중 하나다. 특히 여성 혼자 여행하거나 아이를 동반한 경우에도 자유여행을 하기에 부담이 없다. 특가로 나오는 에어텔(항공권과 호텔 패키지)을 이용하는 것도 괜찮지만, 취향에 맞는 숙소와 코스를 선택해 나만의 여행을 설계할 수 있는 자유여행을 추천한다.

출발 시기 정하기

- **날씨를 고려하자** 1년 내내 30~32도로 일정한 열대 기후지만, 11월에서 1월 사이는 우기로 국지성 호우가 자주 내린다. 천둥번개를 동반한 많은 양의 비가 짧은 시간 퍼붓다가도 언제 그랬냐는 듯 쨍쨍하게 해가 나기 때문에 여행에 크게 제약을 받지는 않는다. 비가 오고 나면 조금 선선해지기 때문에 5월에서 8월 사이의 무더운 날씨가 부담스럽다면 우기에 여행하는 것도 나쁘지 않다.

- **공휴일을 고려하자** 싱가포르는 1년 내내 여행자로 붐비는 곳이지만 우리나라의 음력설에 해당하는 춘절은 싱가포르 최대의 명절이다. 당일은 물론 연휴 기간 동안 영업을 하지 않는 곳이 꽤 있으니 해당 기간에 여행을 계획한다면 주의하자. 만약 관심 있는 축제가 있어 그 기간에 방문할 예정이라면 축제 기간에는 숙박비가 오르는 편이니 미리미리 예약하는 것이 좋다.

★싱가포르 축제와 공휴일 정보는 P.029 참고

여행 기간 정하기

싱가포르는 규모가 작고 볼거리가 시내 중심지에 모여 있기 때문에 3박 4일 정도면 충분히 돌아볼 수 있다. 휴가를 내기 어려운 직장인이라면 2박 3일로도 부지런히 움직여 알짜 코스는 클리어할 수 있는 것이 장점. 그러나 비행시간이 6시간 이상으로 긴 편이라 시간 여유가 있는 여행자라면 4박 이상의 일정으로 계획해도 좋다.

03
항공권 예약하기

한국에서 싱가포르로 이동

한국 인천국제공항에서 싱가포르 창이국제공항Singapore Changi International Airport까지는 비행기로 약 6시간 20분 정도 소요된다. 우리나라에서는 인천, 김해, 제주 3개 공항에서 직항편 및 경유편을 운영한다. 직항편 중 티웨이항공, 스쿠트항공이 저렴한 편으로 인기가 많다.

- **인천 출발** 대한항공, 아시아나항공, 티웨이항공, 싱가포르항공, 캐나다항공, 델타항공, 스쿠트항공 등이 직항편을 운영한다. 베트남항공, 타이항공, 캐세이퍼시픽항공 등은 경유편을 운영한다.
- **김해 출발** 싱가포르항공, 제주항공이 싱가포르로 가는 직항편을 운영한다. 대한항공, 아시아나항공, 베트남항공, 중국동방항공 등이 경유편을 운영한다.
- **제주 출발** 스쿠트항공이 직항편을 운영한다. 아시아나항공, 캐세이퍼시픽항공 등이 경유편을 운영한다.

항공권 구입

인천에서 싱가포르로의 항공 운임은 보통 왕복 40만~70만 원 정도이며, 경유편은 왕복 30만~40만 원 후반이다. 한눈에 여러 항공사의 시간과 운임을 비교하려면 항공권 가격 비교 사이트가 가장 편리하다. 다만, 항공사 자체 프로모션을 하는 경우 평소보다 저렴한 가격에 항공권을 구매할 수 있으니 각 항공사의 홈페이지나 앱에 들어가 잘 살펴보자. 프로모션 항공권의 경우 항공비 자체는 저렴해 보일 수 있으나 유류비나 위탁 수하물 비용이 추가되면 일반 항공권과 비슷한 경우도 있다. 추가 비용을 고려한 전체 가격으로 꼼꼼하게 비교해 선택하자.

04
숙소 예약하기

싱가포르에는 인피니티 풀로 유명한 마리나 베이 샌즈를 비롯해 럭셔리한 시설과 야경을 만끽할 수 있는 호텔, 디자인 감각이 남다른 부티크 호텔, 센토사에 위치한 휴양지 분위기의 리조트, 저렴하면서도 센스 있는 호스텔에 이르기까지 다양한 숙소가 있다.

★싱가포르 테마별 추천 숙소는 P.367 참고

05
여행 일정
& 예산 짜기

싱가포르는 작은 도시국가인데다 대중교통도 편리해서 그날의 일정이 틀어져도 얼마든지 다른 일정으로 대체하기 편하다. 또한 한 나라 안에서 중국, 말레이시아, 인도 등 다양한 문화를 경험할 수 있고 맛집, 쇼핑, 체험과 같이 즐길거리도 많다. 음식 종류도 저렴한 호커센터부터 고급 파인 다이닝, 루프톱 바까지 폭이 넓으며 경비의 큰 비중을 차지하는 숙소도 저렴한 호스텔부터 럭셔리 호텔, 리조트까지 다양하다. 개인의 여행 취향과 목적에 따라 여행 경비가 많이 들기도, 적게 들기도 하는 여행지인 점을 감안해 꼭 가보고 싶은 지역과 장소를 선정한 후 주변 지역을 돌아보도록 일정과 예산을 짜보자.

06
환전 & 여행용
카드 만들기

현금은 최소한으로

싱가포르는 현금 없는 사회를 만들기 위해 각종 신용카드와 QR코드(앱) 결제를 적극 장려한다. 호커센터나 길거리 상점을 제외하고는 거의 모든 결제가 카드로 가능하기 때문에 그 점을 고려해 최소한의 현금만 지참하는 것을 추천한다.

환전 수수료가 없는 여행용 카드 발급

현지 ATM을 이용해 언제든 현지 통화를 인출할 수 있는 여행용 카드를 발급 받으면 환전 수수료 없이(또는 낮은 수수료로) 온라인으로 환전하고 남은 외화도 바로 원화로 재환전할 수 있어 편리하다. 가장 많이 이용하는 '트래블월렛' 카드는 앱을 통해 간단히 신청할 수 있으며 실물 카드를 받는데 보통 5~10일 정도가 소요되니 만일에 대비해 2주 전에는 신청하는 것이 좋다. 트래블로그, 쏠트래블, 위시트래블 등 은행마다 다양한 여행용 카드를 제공하니 참고하자. 컨택리스 기능이 있는 해외 사용 가능 체크카드와 신용카드는 현지에서 교통카드로도 이용이 가능하다.

07
여행자 보험
가입하기

보험 가입, 어떻게 할까?

가장 저렴한 방법은 특정 금액 이상 환전 시 은행에서 제공하는 무료 여행자 보험에 가입하는 것이다. 보험사 홈페이지나 앱, 보험설계사를 통해 직접 가입할 수도 있다. 캐리어 분실이나 현지 도난 등의 사건 사고를 대비해 가입하는 것이니 보험 약관 내용에 우려하는 상황이 포함되어 있는지 잘 확인하자. 공항의 보험사 지점에서 가입하는 것은 미리 가입하는 것보다 비싸니 최후의 수단으로 생각하자.

중요한 것은 증빙 서류

보험을 들었다면 보험 증서나 비상 연락처를 잘 챙겨두자. 도난을 당하면 현지 경찰서에서 도난 신고서를, 사고로 다치면 현지 병원에서 진단서나 증명서, 치료비 영수증을 받아야 한다. 증빙 서류가 있어야 한국으로 돌아와 보상을 받을 수 있다.

08

현지 사용 데이터
정하기

이제 인터넷 없는 해외여행은 상상할 수 없는 시대가 되었다. 편하고 저렴하게 이용할 수 있는 각각의 데이터 옵션을 참고해 선택하자.

로밍 ⤵ 한국 휴대폰 번호로 전화를 받아야 하는 경우

본인이 이용하는 통신사에서 별도의 저렴한 로밍 상품에 가입해 이용하거나 굳이 별도로 가입하지 않아도 자동으로 로밍이 된다. 편리함이 최대의 장점으로 여행 기간이 7일 정도 거나 여행 중에도 한국 휴대폰 번호로 전화를 받아야 하는 경우 괜찮은 옵션이다.

포켓 와이파이 ⤵ 여러 명이 함께 또는 여러 기기를 이용하는 경우

한국 휴대폰 번호 그대로 사용할 수 있다. 클룩, 도시락 등 각종 사이트에서 대여할 수 있으며 온라인으로 예약하고 출국 공항에서 수령한 다음 귀국 후 반납하는 방식이라 대부분 출국 2~3일 전에 예약해야 한다. 여행 중에는 기기 분실이나 충전량에 신경 써야 한다.

유심 ⤵ 가장 저렴한 해외 데이터 이용 방법

사용 가능 데이터 대비 가격도 가장 저렴하다. 여행 전 미리 구매해 집이나 공항에서 수령할 수 있으며, 기존에 사용하던 유심칩을 분실하지 않도록 잘 보관해야 한다. 유심칩 교체 시 현지 휴대폰 번호가 부여되므로 음식점 예약 등 현지 장소에 전화할 일이 있을 때 요긴하게 사용할 수 있다. 싱가포르에 도착해 창이 공항에 있는 편의점 치어스Cheers나 시내의 세븐일레븐 편의점 등에서 쉽게 구매할 수 있다. 여행자용 선불 심카드Prepaid SIM Card라고 말하면 종류와 가격을 안내해준다. 현지 편의점에서 심카드를 구매할 때는 여권이 필요하니 꼭 챙기자.

이심 ⤵ 가장 편리한 해외 데이터 이용 방법

저렴한 가격으로 한국 휴대폰 번호도 이용할 수 있다. 유심칩 교체 없이 이심 구매처에서 제공한 QR코드를 이용해 설정한다. 사용 가능한 휴대폰 기종이 제한적이지만 스마트폰 사용에 능숙하다면 간편하게 이용할 수 있어 최근 가장 인기 있는 방법이다.

09

필수 애플리케이션
다운받기

스마트한 싱가포르 여행을 도와줄 필수 앱을 한국에서 미리 다운받아 두면 편리하다. 특히 그랩과 같은 차량 공유 서비스 앱은 요금 결제를 위한 카드 등록까지 해두면 현지에서 훨씬 쉽게 이용할 수 있다.

★ 싱가포르 여행 필수 애플리케이션은 P.360 참고

10

전자 입국신고서
SG Arrival Card
작성하기

전자 입국신고서는 싱가포르 입국 시 필수로 작성해야 한다. 입국 3일 전부터 작성 가능하며 싱가포르 이민국 홈페이지나 앱을 이용하면 된다. 종이로 작성하는 입국신고서처럼 이름, 여권 정보, 여행 목적 등의 정보를 입력한다. 가족을 포함해 여러 명이 함께 입국하는 경우 일행은 대표자 한명이 함께 신고해도 된다. 제출이 완료되면 싱가포르 정부가 발송하는 이메일이 잘 도착했는지 확인한다.

싱가포르 이민국
· 홈페이지 : eservices.ica.gov.sg/sgarrivalcard
· 모바일 앱 : MyICA Mobile

완벽하게 짐 싸기

기본 준비물 여권, 경비, 휴대폰, 여권 사본, 예약 출력물 등

여권, 경비, 휴대폰은 꼭 챙겨야 한다. 요즘에는 휴대폰을 통해 항공권 모바일 체크인을 하기도 하고, 숙소는 앱을 통해 예약 확인이 가능하다. 하지만 만일의 상황을 대비해 해당 페이지를 캡처해 저장하거나 예약 출력물, 여권 사본 등을 함께 지참하는 편이 좋다. 싱가포르 입국 시 귀국 항공권을 예약했다는 증빙 서류가 있으면 수월하게 통과할 수 있다.

의류 & 신발 여름옷, 속옷, 수영복, 물놀이용품

무조건 시원한 소재의 여름옷과 신발을 챙기자. 야외 활동이 많이 예정되어 있다면 땀이 금방 마르는 기능성 운동복을 챙기면 유용하다. 이외에 속옷과 양말, 그리고 수영장이나 워터파크를 이용할 예정이라면 수영복과 물놀이용품까지 꼼꼼하게 챙긴다.

- **긴소매 옷과 긴바지** 실외는 덥지만 실내는 에어컨이 센 편이다. 추위를 잘 탄다면 가볍게 걸칠 만한 카디건이나 스카프를 챙기면 좋다. 또한 파인 다이닝이나 일부 바를 방문하는 경우 드레스 코드가 있으니 긴바지와 발가락이 보이지 않는 신발을 준비하자.

- **운동화** 샌들이나 슬리퍼만 신어도 시내 여행에는 문제가 없지만 동물원이나 유니버설 스튜디오 싱가포르처럼 많이 걸어야 하는 곳에서는 운동화가 필수다.

더위 예방용 소품

- **모자, 양산, 선글라스** 적도 부근의 햇살은 정말 강력하다. 더위에 약하거나 피부가 민감한 사람이라면 모자와 양산, 선글라스 등을 꼭 준비하자. 밀짚모자는 센토사섬이나 부기스의 쇼핑 거리 등에서도 구입할 수 있다.

- **부채, 휴대용 선풍기** 접어서 갖고 다닐 수 있는 부채나 작고 귀여운 휴대용 선풍기가 있다면 챙겨 가자. 유용하게 사용될 아이템이다.

화장품 & 기본 세면도구

웬만한 화장품 브랜드는 싱가포르에서도 다 구입할 수 있지만 가격은 한국과 비슷하거나 오히려 비싼 편이니 본인의 것을 챙겨가자. 선크림은 필수!

- **선크림** 햇빛이 뜨거운 싱가포르에서 야외 활동 시 선크림은 필수다. 수시로 꼼꼼히 발라 피부를 보호하자.

- **알로에젤** 피부가 민감한 사람들은 싱가포르의 햇살이 자극적일 수 있다. 피부의 열기를 식혀주므로 비상용으로 추천한다.

전자기기 충전기, 셀카봉, 이어폰, 카메라, 삼각대

- **보조 배터리** 보조 배터리는 화물로 부칠 수 없으니 꼭 기내용 가방에 넣자.

- **어댑터** 싱가포르의 전기 코드는 우리나라와 다르므로 G타입 플러그를 지원하는 어댑터(3구 형태)가 필요하다. 보통 호텔에 USB 포트가 준비되어 있고 대여도 가능하지만 만일에 대비해 한두 개 여분을 준비하자.

비상약

평소 복용하는 약이나 아이를 위한 비상약은 챙겨가도록 하자. 처방전이 필요없는 간단한 약은 현지 왓슨스 또는 가디언 등에서 구입할 수 있다.

- **모기 퇴치제** 모기에 잘 물리는 사람들은 동물원이나 공원 등의 야외 활동 시 대비하면 좋다. 모기에 물렸을 때 바르는 모기약도 챙기자.

싱가포르 입국 시 면세 범위와 반입 금지 물품을 확인하자!

싱가포르 주류 면세 혜택

18세 이상 성인의 경우 아래에 해당하는 주류 2L까지는 면세 대상이다. 단 말레이시아에서 입국한 경우에는 면세가 되지 않는다.

구분	증류주 Spirits	와인	맥주
A	1L	1L	
B	1L		1L
C		1L	1L
D		2L	
E			2L

담배

원칙적으로 모든 담배는 반입 시 관세를 납부해야 한다. 세관 신고 없이 담배 반입 적발 시 1갑당 $200의 벌금이 부과된다. 전자 담배는 반입 및 소지가 금지된다.

껌

껌의 반입 및 판매는 금지되며 적발 시 최대 $20,000 벌금 또는 2년 이하 징역, 또는 둘 다로 처벌받을 수 있으니 유의하자.

✈ 싱가포르 출입국 절차

✈ 한국 인천국제공항에서 출국

① 공항 출국 터미널 확인하기

인천국제공항은 제1여객터미널과 제2여객터미널로 나뉜다. 제1여객터미널은 아시아나항공과 저비용 항공사, 기타 외국 항공사가 이용하고, 제2여객터미널은 대한항공, 진에어 등의 항공사가 이용한다. 공항으로 가기 전에 자신이 탈 비행기가 출발하는 여객터미널을 꼭 확인하자. 셔틀 트레인을 타고 터미널 간 이동이 가능하나 15~20분 정도 소요된다. 또한 출국 심사 대기 시간을 고려해 최소 출발 시각 2시간 전에는 공항에 도착하는 것이 좋다. 성수기나 주말, 연휴가 겹친다면 3시간 전에 도착하는 것이 안전하다.

② 탑승 수속하기

인천국제공항의 출국층은 3층이다. 항공사 카운터로 가서 탑승 수속을 하자. 공항 내 모니터에 비행기의 편명과 수속 카운터의 번호가 나와 있다. 보통 비행기 출발 시각 2~3시간 전부터 카운터를 연다. 카운터에 여권을 제시하고 수하물을 건네면 비행기 탑승권과 수하물 보관증을 준다. 서울역 도심공항터미널에서 공항철도 직통 열차 이용자에 한해 미리 탑승 수속도 가능하다.

빠르게 탑승 수속하기

① 셀프 체크인 & 셀프 백드롭 최근에는 셀프 체크인 기계를 도입해 무인 시스템으로 탑승 수속을 하는 경우가 많다. 셀프 체크인 기계의 안내에 따라 여권을 스캔하고 탑승권을 발급받는다. 수하물을 무인 시스템으로 처리 하는 경우도 많아졌다. 셀프 백드롭(자동 수하물 등록) 후 분실에 대비해 수하물 확인증을 잘 보관하자. 셀프 백드롭을 통해 짐을 부치면 허용치에서 0.5kg만 넘어도 추가 비용을 내야 한다.

② 패스트 트랙 어린이나 노약자를 동반한다면 패스트 트랙을 이용해 출국할 수 있다. 항공사 카운터에서 체크인할 때 패스트 트랙을 이용하고 싶다고 이야기하면 교통 약자 확인증을 발급해 준다. 장애인, 만 7세 미만 유·소아와 보호자, 만 70세 이상 고령자, 산모 수첩을 가진 임신부와 동반한 3인까지 함께 이용할 수 있다.

③ 보안 검색 & 출국 심사 통과하기

발권을 끝내고 짐을 부치면 홀가분하게 남은 볼일을 마치자. 포켓 와이파이나 유심칩을 수령하거나 로밍을 신청하고, 여행자 보험에 가입한 뒤에 탑승권과 여권을 챙겨 출국장으로 나선다. 기내 반입 물품을 검사하고 출국 심사를 받은 후 면세점과 탑승구로 이동한다.

보안 검색대에 걸리지 않게 통과하기

• 액체류 화장품이나 의약품 등은 100ml 이하의 용기에 담은 후 투명한 지퍼백에 넣어 총 1L까지 반입 가능하다. 검색대에 자주 걸리는 물품은 치약! 일반적인 치약의 용량은 100ml가 넘으니 확인하고 챙기자.

• 연필이나 펜을 가득 담은 필통이 있으면 뾰족한 물품이나 칼을 골라내는 검색에 대부분 걸린다. 필기구는 한두 자루만 넣어가자. 노트북이나 태블릿PC는 공항의 플라스틱 바구니에 따로 담아서 검색대를 통과해야 하니 검색 전에 미리 빼놓자.

• 휴대폰, 보조 배터리, 카메라 배터리 등 배터리 종류는 수하물로 부칠 수 없다. 무조건 기내로 가져가야 한다. 소형 휴대용 라이터는 1인당 1개로 제한한다.

④ **탑승 게이트에서 비행기 타기**

면세품 쇼핑이나 면세품 인도를 마치고 탑승 게이트를 찾아가자. 저비용 항공사를 이용하면 셔틀 트레인을 타고 탑승동으로 이동하는 경우가 많으니 부지런히 움직이자. 탑승동에도 면세점과 푸드 코트, 카페가 있다. 출발 시각 15~20분 전에 탑승이 마감되니 그 전에 탑승구 앞에 도착하자.

✈ 싱가포르 창이국제공항 입국

① **입국 심사받기**

비행기에서 내린 후 'Arrival'이라는 표지판을 따라 이동하면 입국 심사장Immigarion에 도착한다. 미리 전자 입국신고서SG Arrival Card를 작성했다면 여권 스캔 후 신속하게 자동 입국 심사대를 통과하면 된다.

② **수하물 찾기 & 유심칩 구매하기**

입국 심사를 마치고 나오면 짐을 찾는 컨베이어 벨트가 보인다. 본인이 탑승한 항공편을 모니터에서 확인하여 벨트 번호를 확인한 다음 짐을 찾자. 짐을 찾은 뒤에는 필요 시 현지 유심칩을 구입한다. 환전소나 치어스 편의점 등에서 쉽게 구매가 가능하다.

- 입국장을 빠져나가기 직전에도 입국 면세점을 이용할 수 있다. 현지 편의점보다 훨씬 저렴하게 맥주를 구입할 수 있어 들러볼 만하다.
- 트래블월렛 등의 카드로 현금을 인출할 수 있는 ATM은 입국장을 벗어나면 쉽게 찾을 수 있다. 트레블월렛의 경우 현지 은행인 UOB, Maybank, HSBC, ICBC의 ATM을 이용하면 인출 수수료가 없다. 시내에서는 구글 맵스로 ATM 위치를 검색할 수 있다.

③ **시내로 이동하기**

창이 공항에서 시내로 이동하는 방법은 MRT, 택시, 셔틀버스 등 다양하다.

★ 자세한 이동 방법은 P.110 참고

✈ 싱가포르 창이국제공항 출국

① **공항 출국 터미널 확인하기**

창이 공항은 총 4개의 터미널이 있는데 본인이 이용하는 항공사가 어느 터미널을 이용하는지 미리 확인해야 한다. 공항으로 가는 택시를 탈 때도 해당 터미널을 목적지로 알려줘야 하며 최소 2시간~2시간 30분 전에는 공항에 도착하도록 하자.

② **GST 환급 신청하기**

구매한 물건을 수하물로 부치려면 수하물을 체크인 하기 전에 GST 환급을 신청해야 한다. 세관에서 환급 절차를 진행하기 전에 구매 물품을 검사할 수도 있기 때문이다. eTRS 무인 환급 신청기를 이용하면 편리하며, 현금으로 환급받기를 원할 때는 출국 심사를 받은 후 'GST Cash Refund' 카운터를 이용하면 된다.

★ 자세한 GST 환급 방법은 P.101 참고

③ **탑승 수속 &
   출국 심사 통과하기**

창이 공항의 가장 큰 장점 중 하나는 빠른 탑승 수속이다. 셀프 체크인 기계와 셀프 백드롭(자동 수하물 위탁) 서비스를 이용하면 항공사 카운터에 줄을 서지 않고 신속하게 체크인 할 수 있다. 잘 모르겠다면 주변의 직원에게 언제든 도움을 요청하자. 출국 심사 또한 입국 때 등록한 지문 정보를 이용해 자동으로 진행되기 때문에 기계의 안내에 따라 출국 게이트를 통과하면 된다.

두 손 가볍게 주얼 창이 둘러보기

출국 당일 주얼 창이를 둘러볼 예정이라면 얼리 체크인Early Check-in이나 짐 보관 서비스Baggage Storage를 통해 무거운 짐을 끌고 다니는 수고를 덜 수 있다. 얼리 체크인은 각 항공사마다 가능 여부가 다르니 항공사별로 확인해야 하며 가장 많이 이용하는 싱가포르항공, 스쿠트항공 등의 경우 주얼 창이 1층에서 출국 18시간 전부터 얼리 체크인이 가능하다. 얼리 체크인이 안 되는 항공사라면 주얼 창이 1층이나 각 터미널에서 제공하는 짐 보관 서비스를 이용하면 된다.

ⓢ 일반 체크인 수하물 보관료(24시간) $16 ⌂ 얼리 체크인 www.changiairport.com/en/airport-guide/departing/early-checkin-online.html

④ **면세점 쇼핑하기**

바쁜 일정으로 싱가포르에서 쇼핑을 못 해 아쉬웠다면 아직 기회가 남아 있다. 싱가포르 대표 기념품 브랜드인 바샤 커피, TWG 티, 뱅가완 솔로를 포함한 다양한 매장이 면세점에 입점해 있어 면세 가격으로 쇼핑이 가능하다. 특히 초콜릿, 마카롱과 같은 간식류는 더운 날씨에 보관하기도 쉽지 않아 면세점에서 사는게 더

편리하다. 다만 비행기 탑승 시간이 늦은 밤이나 새벽인 경우 매장이 문을 닫을 수 있으니 해당 터미널의 매장 영업시간을 미리 확인하는게 좋다.

🚶 바샤 커피·TWG 티 1~4터미널, 뱅가완 솔로 1·2·4터미널

⑤ **공항 부대시설
   즐기기**

창이 공항은 면세점 외에도 다양한 부대시설을 갖추고 있는데 특히 모든 터미널에 어린이를 위한 놀이터가 잘 꾸며져 있다. 탑승 시간까지 여유가 있고 아이들을 동반한 가족 여행자라면 3터미널에 들러보길 추천한다. 3터미널에는 4층 높이의 대형 미끄럼틀The Slide@T3, 실내 암벽 등반 시설Climb@T3, 나비 정원Butterfly Gareden 등 어린이를 위한 놀거리가 가득하다. 이밖에도 각 터미널에는 샤워실, 수면실, 라운지 등의 편의시설이 잘 갖추어져 있다.

⑥ **보안 검색 및
   탑승하기**

창이 공항의 1~3터미널은 우리나라의 공항과는 달리 수하물 검색 절차가 출국장 내 탑승 게이트 앞에서 이루어진다. 면세점 쇼핑으로 여유를 부리다 늦게 게이트에 도착하면 수하물 보안 검색으로 인해 탑승 시간을 맞추기 어려울 수 있으니 주의하자.

싱가포르 여행 필수 애플리케이션

스카이스캐너

인터파크투어

호텔스컴바인

비지트 싱가포르

트리플

네이버 카페 '싱가폴사랑'

클룩

마이리얼트립

구글 맵스

마이트랜스포트.SG

유니버설 스튜디오 싱가포르

만다이 와일드 라이프 리저브

네이버 파파고

구글 번역

촙

항공권 & 숙소 예약
항공권, 숙소 가격 비교와 예약 가능
· 스카이스캐너
· 인터파크투어
· 호텔스컴바인

싱가포르 여행 정보 검색
싱가포르 전역 여행 정보 & 실시간
리뷰가 가득
· 비지트 싱가포르
· 트리플
· 네이버 카페 '싱가폴사랑'

투어 & 패스 예약
싱가포르 여행에 필요한 각종 패스와
티켓을 할인 판매
· 클룩
· 마이리얼트립

길 & 교통편 찾기
길 찾기와 교통편 검색의 최고 강자
· 구글 맵스
· 마이트랜스포트.SG

테마파크 이용
티켓 발권부터 쇼 일정 및 어트랙션
별 예상 대기 시간까지 한눈에 파악
· 유니버설 스튜디오 싱가포르
· 만다이 와일드라이프 리저브

외국어 번역
대화 기능과 사진, 텍스트 번역 능력
까지 탑재한 번역기
· 네이버 파파고
· 구글 번역

맛집 예약
싱가포르에서 꼭 가봐야 할 인기
맛집 예약도 손쉽게 가능
· 구글 맵스
· 촙

항공권 & 숙소 예약

싱가포르는 전 세계 여행자가 사랑하는 여행지인 만큼 항공편도 많고 호텔에 있어서도 선택의 폭이 넓다. 그러나 원하는 날짜에 좋은 가격으로 잡으려면 사전 예약은 필수! 항공권과 호텔 예약 서비스를 제공하는 스카이스캐너, 인터파크투어, 호텔스컴바인 앱을 활용해 준비해보자.

스카이스캐너   인터파크투어   호텔스컴바인

· **스카이스캐너** www.skyscanner.co.kr 경로와 출발일을 지정해 검색하면 여러 항공사의 운임과 시간대를 한눈에 확인할 수 있다. '어디든지 검색' 기능을 이용하면 때때로 말도 안 되는 가격으로 항공권을 득템할 수 있으니 시간 활용이 자유로운 여행자라면 주목하자.

· **인터파크투어** tour.interpark.com 검색 방법은 스카이스캐너와 비슷하다. 그러나 인터파크는 결제 완료까지 시간 여유가 있는 항공권이 따로 있어 항공권 우선 확보가 가능하다는 장점이 있다.

· **호텔스컴바인** hotelscombined.co.kr 숙박을 원하는 날짜, 객실 수, 투숙객 수를 지정해 검색하면 여러 사이트에 등록된 호텔 숙박비를 한 번에 보여줘서 비교 선택이 가능하다.

에어비앤비는 안 돼요!

다른 나라에서 에어비앤비를 이용해 개인이 운영하는 숙소에 머물며 현지인의 생활을 가까이서 경험했던 좋은 추억이 있다면 싱가포르에서는 깨끗이 잊자. 싱가포르에서 에어비앤비와 같은 숙박 공유 플랫폼 이용은 불법이다.

싱가포르 여행 정보 검색

비지트 싱가포르   트리플

네이버 카페
'싱가폴사랑'

· **비지트 싱가포르** www.visitsingapore.com/ko_kr 싱가포르 관광청(STB)에서 운영하며 어느 사이트보다도 정확한 여행 정보와 현지 이벤트 소식, 지역별 인기 관광지 및 음식점 정보를 제공한다. 앱에서는 영어만 지원이 가능하나 홈페이지에서는 한글로 언어 설정이 가능해서 유용하다.

· **트리플** triple.guide 여행지 기본 정보 뿐 아니라 사용자 위치에 기반해 근처의 추천 관광지와 맛집을 알려주는 앱이다. 실제 이용자들의 후기도 바로 확인할 수 있어 편리하다. 특히 마음에 드는 곳을 찾아 저장하면서 바로 여행 일정을 짤 수 있는 기능이 매우 유용한데, 여러 장소를 저장한 후에 거리순 정렬을 하면 동선이 가까운 순으로 알아서 정리해준다. 이렇게 짠 여행 일정을 일행과 공유할 수도 있다.

· **네이버 카페 '싱가폴사랑'** cafe.naver.com/singaporelove 2004년에 개설된 싱가포르 대표 여행 카페로 38만 명 이상의 회원을 보유한다. 회원들을 위한 혜택과 여행자들이 직접 경험한 생생한 여행 정보가 가득하며 실시간 질문 및 답변도 활발히 이루어진다.

현지 투어 & 패스 예약

클룩   마이리얼트립

- **클룩** www.klook.com/ko 싱가포르뿐만 아니라 전 세계에서 즐길 수 있는 여행 상품 판매 플랫폼으로, 보유 프로그램 및 어트랙션 수가 많고 할인 이벤트도 많아서 알뜰 여행자에게 인기가 많다. 당일 구매 후 바로 이용이 가능하고, 이메일을 통해 받은 바우처를 현지에서 보여주면 바로 입장이 가능해서 편리하다. 단, 어트랙션에 따라 현지에서 실물 티켓으로 교환 후 입장해야 하는 곳도 있으니 주의하자.

- **마이리얼트립** www.myrealtrip.com 현지 가이드와 여행자를 연결해주는 서비스를 메인으로 하는 플랫폼으로, 여행사의 정형화된 프로그램 대신 싱가포르 국립 박물관 도슨트 투어, 올드 시티 건축 투어, 야경 투어, 싱가포르 대학교 투어, 스냅 촬영 서비스 등 개성 있는 투어가 많아 차별성이 있다. 현재는 클룩처럼 여행 상품도 판매한다.

- **비비시스터즈 워킹투어** bbsisterstours.com 싱가포르 최초의 한국어 워킹 투어 프로그램으로 역사 및 문화 전문 가이드가 골목 구석구석 소개한다. 올드 시티, 싱가포르 국립 박물관, 차이나타운, 캄퐁글람, 리틀 인디아 투어가 꾸준한 인기를 얻고 있다.

길 & 교통편 찾기

구글 맵스   마이트랜스포트.SG

- **구글 맵스** Google Maps 자유여행의 든든한 동반자인 구글 맵스는 싱가포르 여행에서도 필수다. 기본 지도 서비스는 물론 원하는 장소를 찾아가는 경로 탐색 기능이 있어서 대중교통, 택시, 도보 등 교통수단별 이동 경로와 소요 시간을 알려준다. 각 장소에 대한 리뷰 뿐 아니라 스트리트 뷰, 위성 사진도 구글 맵스 하나면 모두 확인 가능하다.

- **마이트랜스포트.SG** MyTransport.SG 싱가포르 육상교통청이 운영하는 대중교통 앱으로 버스나 MRT 이용 시 매우 유용하다. 앱을 실행하면 가장 가까운 버스 정류장과 버스 도착 시간, 주변 MRT역을 보여준다. 도착하는 버스가 1층 버스인지 2층 버스인지도 확인할 수 있다. 또한 MRT/LRT 지도에서 각 역을 터치하면 열차 시간표, 출구 정보, 혼잡도, 엘리베이터 유무 등의 정보가 제공되며, 출발역과 도착역을 터치하면 최적 경로 및 소요 시간과 요금도 보여준다.

구글 맵스 이용법

#시뮬레이션 마리나 베이 샌즈 출발→싱가포르 국립박물관 도착

Step ① 위치 검색하기

구글 맵스 실행 후 '싱가포르 국립 박물관'을 검색한다. 한글로 검색이 되지 않을 때는 본문에 소개된 영문명을 입력하면 된다.

Step ② 경로 검색하기

파란색 '경로' 아이콘을 터치하면 현위치에서 목적지까지 가는 추천 경로가 나온다. 현위치 대신 원하는 출발지인 '마리나 베이 샌즈'를 입력할 수 있다.

Step ③ 이동 경로와 소요 시간 파악하기

운전(택시), 대중교통, 도보 아이콘 중 '대중교통'을 누른다. 일반적으로 최적 경로부터 가장 상단에 나온다. '옵션'을 터치하면 최소 환승, 최소 도보 시간 등 세부 사항을 변경할 수 있고, 원하는 교통수단만 검색하는 것도 가능하다.

테마파크 이용

유니버설 스튜디오 싱가포르

만다이 와일드 라이프 리저브

- **유니버설 스튜디오 싱가포르** Universal Studios Singapore™ 1년 내내 인파로 북 적이는 유니버설 스튜디오의 어트랙션을 효율적으로 이용하기 위해서는 이 앱이 꼭 필 요하다. 앱 내 지도를 통해 어트랙션 위치와 내 위치를 확인할 수 있고, 어트랙션별 안 내 사항과 제한 사항, 현재 예상 대기 시간, 쇼 및 퍼레이드 일정 등을 확인할 수 있다.

- **만다이 와일드라이프 리저브** Mandai Wildlife Reserve 싱가포르 4대 동물원이 모 여 있는 만다이 야생동물 공원을 효율적으로 이용할 수 있는 앱. 앱 내 지도를 통해 구 역별 위치와 내 위치를 확인할 수 있고, 각종 동물쇼와 이벤트 일정 등을 실시간으로 확인할 수 있다. 입장권 구입뿐만 아니라 동물원 내 투어나 먹이 주기 체험 등도 사전 예약이 가능한 장점이 있다.

외국어 번역

네이버 파파고

구글 번역

네이버 파파고 & 구글 번역

싱가포르는 영어가 공식 언어 중 하나로 간단한 영어만 알아도 충분히 소통이 가능하다. 영어에 자신이 없다면 네이버 파파고나 구글 번역을 미리 준비해가자. 기본 번역은 물론 이고 카메라로 안내문이나 표지판, 메뉴판 등을 찍으면 이미지 속 텍스트를 인식해 바로 번역해준다. 또한 음성을 인식하면 바로 번역해 주는 기능도 있어서 현지인과 대화도 가 능하다.

맛집 예약

구글 맵스

촙

- **구글 맵스** Google Maps 앱에서 음식점 검색 시 '예약하기' 링크가 있다면 구글 맵스 를 통해 바로 예약이 가능하다.

- **촙** Chope 싱가포르에서 음식점 예약 시 가장 많이 사용되는 앱으로 싱가포르 내 거 의 모든 음식점을 한 곳에서 손쉽게 예약할 수 있다. 1+1 프로모션이나 특가가 나오므 로 종종 체크해보자. 원하는 음식점을 검색하고 날짜와 시간을 정한 다음 개인 정보를 입력하면 간단하게 예약이 완료된다. 뷰가 좋은 창가나 조용한 자리 등 원하는 좌석이 있다면 요청하자. 알레르기가 있거나 특별한 기념일인 경우에도 언급해두면 좋다. 예약 한 날짜가 가까워지면 알림이 오고, 간혹 답장으로 확인해 달라는 요청이 오기도 하니 이메일을 잘 확인하자.

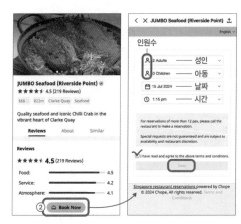

촙 이용법

#시뮬레이션 정보 시푸드 예약

Step ① 식당 검색하기

촙 실행 후 'Jumbo' 검색. 한글 검색은 불가능하므로 본문 에 소개된 영문명을 입력해야 한다.

Step ② 예약하기

노란색 'Book Now' 버튼을 터치하면 예약 창이 나오는데 인원수(성인, 아동), 날짜, 시간을 입력하고 'Next' 버튼을 누 르면 예약 가능 여부를 알려준다. 예약이 불가능한 경우는 날짜와 시간을 달리하여 재검색해보자. 예약 가능한 경우 에는 이름, 이메일 주소, 연락처, 추가 요청 사항 등을 입력 하고 'Confirm' 버튼을 눌러 진행하면 된다.

숙소 선택을 위한 지역별 특징

오차드 로드

싱가포르의 쇼핑 메카로 쇼핑을 즐기는 여행자가 선호하는 지역이다. 지상의 화려한 쇼핑몰은 더운 날씨에도 지치지 않고 오갈 수 있도록 지하도로 서로 연결되어 있고 쇼핑몰 사이로 고급 호텔이 가득하다.

추천 숙소 팬 퍼시픽 오차드 P.373, 젠 싱가포르 오차드게이트웨이 P.377

센토사섬 & 하버프런트

싱가포르 여행의 매력 중 하나는 도심과 휴양지를 모두 즐길 수 있다는 점. 일정이 허락한다면 하루 이틀 정도는 센토사에서 지내며 휴양의 시간을 만끽해보자. 아이들과 즐길 수 있는 가족형 리조트와 연인끼리 오붓하게 지내기 좋은 럭셔리 리조트가 모두 있다.

추천 숙소 카펠라 싱가포르 P.371, 샹그릴라 라사 센토사 P.375

차이나타운 & CBD

차이나타운을 대표하는 관광지가 모여 있으면서도 과거와 현대의 조화가 느껴지는 지역이다. 시내 중심지에 위치해 교통이 편리하고 고급 호텔부터 가성비 호스텔, 그리고 골목 곳곳 독특한 디자인의 부티크 호텔도 찾아볼 수 있다.

추천 숙소 더 풀러턴 베이 호텔 싱가포르 P.370, 파크로열 컬렉션 피커링 P.380

리틀 인디아

싱가포르 속 작은 인도로 없는 것 빼고 다 있는 쇼핑몰 무스타파 센터를 중심으로 진짜 인도 요리를 맛볼 수 있는 맛집이 많은 지역이다. 가성비 좋은 호텔이 모여 있다.

추천 숙소 원 패러 호텔 P.378

카통 & 주치앗

창이 공항과도 가깝고 최근 MRT로 시내와 연결되어 접근성이 좋아진 지역. 싱가포르에서만 경험할 수 있는 알록달록한 숍하우스와 현지인이 즐겨 찾는 로컬 맛집이 모여 있어 일정이 허락한다면 하루쯤 묵을 만하다.

추천 숙소 산타 그랜드 호텔 이스트 코스트 P.379, 그랜드 머큐어 싱가포르 록시 P.379

부기스 & 캄퐁글람

젊은이들이 모이는 쇼핑 중심지이자 싱가포르의 이슬람교 및 말레이 문화의 중심지다. 개성 넘치는 작은 상점과 길거리 음식, 공연이 펼쳐지는 하지 레인을 중심으로 활기가 넘친다. 고급 호텔부터 저예산 배낭여행자를 위한 호스텔까지 다 모여 있다.

추천 숙소 안다즈 싱가포르 P.375, 인터컨티넨탈 싱가포르 P.375

리버사이드

싱가포르의 뜨거운 밤을 책임지는 지역으로 매일 밤 클락 키와 보트 키에는 시원한 맥주 한 잔과 함께 강변의 야경을 감상하는 여행자로 가득하다. 나이트 라이프와 강변 산책을 즐기는 여행자에게 안성맞춤이다.

추천 숙소 파크 레지스 바이 프린스 싱가포르 P.377, 더 웨어하우스 호텔 P.380

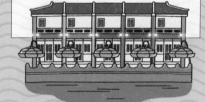

올드 시티

싱가포르 국립 박물관과 미술관, 래플스 호텔 등 낭만 가득한 유럽식 건축물과 역사 및 문화 관련 여행지가 모여 있다. 지리적으로도 싱가포르 시내 중심이라 어느 방향으로도 이동하기 편리한 최고의 위치다.

추천 숙소 스위소텔 더 스탬포드 P.372, 래플스 호텔 P.367

마리나 베이

싱가포르를 대표하는 마리나 베이 샌즈가 위치한 곳으로 최고의 야경과 도시의 화려한 스카이라인을 감상할 수 있는 지역이다. 멋진 뷰를 가진 숙소를 원한다면 마리나 베이가 최적이다.

추천 숙소
마리나 베이 샌즈 P.368,
만다린 오리엔탈 싱가포르 P.369,
더 리츠칼튼 밀레니아 싱가로프 P.369

싱가포르 숙소 선택의 요건

편안한 잠자리, 방에서 감상하는 여행지의 아름다운 뷰, 호텔 직원들의 기분 좋은 서비스 등 숙소에는 여행의 즐거움을 더하는 요소가 가득하다. 숙소 위치에 따라 동선을 효율적으로 짜면 시간과 에너지가 크게 절약되기도 한다.

자신의 취향을 파악하고, 예산을 잡자

여행자의 취향에 따라 숙소는 잠만 자는 곳일 수도, 여행 경험의 중요한 일부일 수도 있다. 자신의 숙소 취향을 알아야 그에 맞는 숙소와 예산을 설정하기가 쉬워진다. 하루쯤은 싱가포르를 대표하는 최고급 호텔에 묵고 싶을 수도 있고, 교통이 편리한 호텔이나 독특한 건축과 인테리어를 가진 곳에서 시간을 보내고 싶을 수도 있다. 뒤에서 럭셔리 호텔부터 인기 호텔, 가성비 호텔, 부티크 호텔 등 테마별 추천 숙소를 소개하니 참고하면 좋다. 최근 싱가포르의 숙박비가 예전에 비해 거의 2배 가까이 상승했다는 점을 염두에 두고 예산을 짜야 한다.

이동이 편리해지는 숙소 위치는 중요하다

작은 도시국가 싱가포르지만 무더운 날씨 때문에 걷는 동선을 최소화하는 것이 좋다. 내가 여행할 주요 관광지와 멀리 떨어져 있지 않고, 최대한 MRT역과 가까운 교통이 편리한 곳을 선택하는 것이 여행의 스트레스를 줄이고 시간을 절약하는 방법이다.

여행 동반자를 고려하자

숙소 선택에 있어서 누구와 함께 여행을 하는지는 매우 중요한 요소다. 연인과의 로맨틱한 여행인지, 아이와 함께하는 가족여행인지, 부모님과 함께 하는 효도여행인지, 친구들과의 친목 도모 여행인지, 아니면 나 홀로 여행인지에 따라 고려해야 할 요소가 각각 다르기 때문이다. 특히 싱가포르에서는 3인 이상이 함께 지낼 수 있는 숙소가 생각보다 많지 않아 미리 잘 계획하는 것이 좋다.

도심지와 휴양지 뷰 선택하기

싱가포르는 도심지의 화려한 뷰와 편안한 휴양지를 모두 경험할 수 있다는 점이 매력 포인트다. 어디에 묵는지에 따라 침대 위에 누워 편안하게 마리나 베이 뷰를 감상하거나 야자수가 우거진 아름다운 해변을 바라보며 힐링의 시간을 갖는 것도 가능하다. 도심지 호텔이지만 마치 녹음이 우거진 숲속에 있는 것처럼 멋진 정원과 수영장을 갖추어 놓은 곳도 있다.

현명한 숙소 예약 방법

호텔스컴바인, 부킹닷컴 등의 숙소 예약 사이트에서 날짜, 객실 수, 투숙객 수(성인, 아동)를 입력 후 검색하면 예약 가능한 호텔 목록과 숙박 비용을 한눈에 확인할 수 있어 편리하다. 이때 조식과 세금의 포함 여부를 잘 살펴야 한다. 마음에 드는 호텔을 정했다면 공식 홈페이지에서 제공하는 가격과 혜택을 최종 비교한 후 예약할 사이트를 결정하면 된다. 호텔에 따라 공식 홈페이지를 이용할 경우 최저가를 보장해주고, 멤버십에 가입하면 웰컴 드링크, 얼리 체크인이나 레이트 체크아웃, 호텔 내 식음료 할인, 포인트 적립 등의 혜택을 제공하기도 한다.

싱가포르 테마별 추천 숙소

대표 럭셔리 호텔

열심히 일한 당신, 수고한 자신에게 진정한 힐링을 선물해보자. 세계 최고 럭셔리 호텔의 수준 높은 시설과 서비스가 기다린다. 우열을 가리기 어려운 싱가포르의 대표 럭셔리 호텔만 모았다.

★ 가격은 호텔 홈페이지 비수기 2인 스탠더드 기준, 세금 불포함

래플스 호텔 Raffles Hotel

화려한 5성급 호텔이 즐비한 싱가포르에서도 가장 오랜 기간 최고의 자리를 놓치지 않은 유서 깊은 호텔. 1887년 아르메니아인 사키스Sarkies 형제가 10개의 방갈로로 시작한 이곳은 영국 식민지 시대의 영향을 받은 건축 양식과 더불어, 찰리 채플린, 엘리자베스 여왕, 마이클 잭슨 등 각계 유명 인사들이 묵어간 VIP 호텔로도 유명하다. 제복을 입고 터번을 두른 키 큰 도어맨이 이 호텔의 마스코트. 여행자와 기념사진을 찍느라 언제나 바쁘다. 전 객실은 스위트룸이며 1박에 $1,000를 호가하는 초호화 호텔인 만큼 서비스와 시설 수준이 독보적이다. 2년간의 대대적인 재보수공사를 거친 후 2019년 8월 새로 오픈한 내부는 기존의 전통을 유지하되 좀 더 모던한 감각이 더해졌고, 전용 태블릿PC로 객실의 모든 기능을 조절할 수 있게 되어 현대적인 편리함까지 갖추었다. 국가 기념물로 지정된 래플스 호텔은 숙박을 하지 않더라도 꼭 방문해야 할 곳이다.

🚶 올드 시티 ① MRT 시티홀City Hall 역 A출구에서 도보 5분 ② 창이 공항에서 19km, 택시로 20분 📍 1 Beach Rd, Singapore 189673 💲 $1,036~
📞 +65-6337-1886 🏠 www.raffles.com/singapore

더 캐피톨 켐핀스키 호텔 싱가포르
The Capitol Kempinski Hotel Singapore

100년 이상의 역사를 지닌 유럽의 가장 오래된 럭셔리 호텔 그룹 '켐핀스키'의 이름만으로도 별다른 설명이 필요 없는 호텔이다. 로맨틱한 빅토리아 시대 파사드의 매력을 그대로 살린 호텔 외관이 멋스럽다. 호텔에 총 157개 객실이 있는데, 최고급 가구가 고풍스러움을 더하고 높은 층고로 공간이 더욱 넓어 보인다. 또한 객실은 물론, 호텔 곳곳에 아름다운 예술 작품을 배치해 마치 갤러리에서 하루를 묵는 듯한 기분을 선사한다. 조식으로는 신선한 고급 재료로 만든 요리를 바로바로 제공한다. 아르데코 양식의 레스토랑 인테리어도 아름다우니 꼭 창가에 앉아 여유롭게 경치를 감상하며 아침 식사를 즐겨보자.

🚶 올드 시티 ① MRT 시티홀City Hall 역 B출구에서 도보 5분 ② 창이 공항에서 20km, 택시로 20분 📍 15 Stamford Rd, Singapore 178906 💲 $317~ 📞 +65-6368-8888 🏠 www.kempinski.com/en/singapore/the-capitol-singapore

마리나 베이 샌즈 Marina Bay Sands

싱가포르 하면 떠오르는 싱가포르의 아이콘이 된 호텔. 하늘에 떠 있는 듯한 인피니티 풀에서 인증 사진을 찍는 것은 싱가포르 여행의 필수 코스로 꼽힌다. 럭셔리 호텔로 가격이 조금 부담되지만 필수 코스라는 상징적인 의미가 있기에 여행 일정 중 1박 정도는 마리나 베이 샌즈 호텔에서 투숙하는 여행자가 많다. 세계적인 건축가 모셰 사프디가 설계한 '포개진 카드 위의 거대한 배' 모양의 디자인이 눈길을 사로잡는다. 호텔과 쇼핑몰, 카지노, 레스토랑이 연결되고 아트사이언스 뮤지엄, 가든스 바이 더 베이와 가까워 마리나 베이 일대 관광지를 모두 걸어서 돌아다닐 수 있다. 투숙객의 경우 샌즈 내 쇼핑이나 어트랙션 입장 시 제공되는 혜택이 많으니 꼼꼼하게 챙기자.

🚶 마리나 베이 ① MRT 베이프런트Bayfront 역과 연결 ② 창이 공항에서 21km, 택시로 20분 📍 10 Bayfront Ave, Singapore 018956 💲 $942~ 📞 +65-6688-8868 🏠 www.marinabaysands.com/hotel.html

만다린 오리엔탈 싱가포르 Mandarin Oriental Singapore

1987년에 처음 문을 열고 2004년 재보수공사를 거쳐 새롭게 태어난 클래식한 매력의 호텔이다. 미국 건축가 존 포트먼 주니어John C. Portman Jr. 특유의 오픈 아트리움식 구조를 호텔 로고인 부채 모양으로 표현한 부분이 인상 깊다. 전체적으로 동양의 미를 살린 고급스러운 인테리어가 매력적이며 마리나 베이 뷰 객실에서 보는 경치는 환상적이다. 마리나 베이 샌즈와 스카이라인을 바라보면서 즐길 수 있는 수영장이 특히 인기가 많으며, 카바나는 무료 이용이 가능하다. 넓은 방과 수영장 덕분에 아이를 동반한 가족여행자에게 만족도가 높다.

🚶 마리나 베이 ① MRT 프로메나드Promenade 역 A출구에서 도보 10분 ② 창이 공항에서 20km, 택시로 20분 📍 5 Raffles Ave, Singapore 039797 💲 $621~ 📞 +65-6338-0066 🏠 www.mandarinoriental.com/singapore/marina-bay

더 리츠칼튼 밀레니아 싱가포르
The Ritz-Carlton Millenia Singapore

서비스에 대한 기준이 높기로 유명한 일본인 여행자 사이에서 열렬한 지지를 받는 럭셔리 호텔이다. 체크인부터 세심하게 살펴주는 직원들의 서비스를 경험하고 나면 고개가 끄덕여진다. 객실은 마리나 베이 뷰와 반대편 칼랑 뷰로 나뉘는데 이왕이면 마리나 베이 뷰를 추천한다. 욕실에 난 팔각형 모양의 창문 앞에서 마리나 베이 뷰를 배경으로 인증 사진을 찍는 것이 필수 코스. 아름다운 인테리어의 레스토랑과 다양하고 풍성한 조식 메뉴, 넓은 방 덕분에 가족여행으로도 좋고 호캉스 장소로도 인기가 많다.

🚶 마리나 베이 ① MRT 프로메나드Promenade 역 A출구에서 도보 10분 ② 창이 공항에서 21km, 택시로 20분 📍 Marina Bay, 7 Raffles Ave, Singapore 039799 💲 $620~ 📞 +65-6337-8888 🏠 www.ritzcarlton.com/en/hotels/singapore

JW 메리어트 호텔 싱가포르 사우스 비치
JW Marriot Hotel Singapore South Beach

래플스 호텔 건너편, 싱가포르 도심 한복판에 위치하며 MRT 에스플러네이드 역과 연결되어 교통이 편리하다. 유명 관광지가 모여 있는 올드 시티와 마리나 베이 지역 모두 가깝기 때문에 싱가포르를 처음 찾는 여행자에게는 최적의 선택일 것이다. 호텔 건물 주변에 분위기 있는 바와 음식점이 많고 대형 쇼핑센터인 래플스 시티와 선텍 시티도 도보 10분 거리 안에 있어 편리하다. 마리나 베이 샌즈 호텔을 포함한 싱가포르 도심 뷰가 한눈에 보이는 수영장도 매력 포인트. 디지털 아트를 활용한 감각적인 로비 인테리어와 현대적인 객실 디자인도 만족스럽다.

🚶 올드 시티 ① MRT 에스플러네이드Esplanade 역과 연결
② MRT 시티홀City Hall 역 F출구에서 도보 8분
③ 창이 공항에서 18km, 택시로 20분 📍 30 Beach Rd, Nicoll Hwy, Singapore 189763 💲 $429~ 📞 +65-6818-1888
🏠 www.marriott.com/en-us/hotels/sinjw-jw-marriott-hotel-singapore-south-beach/overview

더 풀러턴 베이 호텔 싱가포르 The Fullerton Bay Hotel Singapore

더 풀러턴 베이 호텔은 화려하게 아름다운 로비와 마리나 베이 샌즈를 정면으로 감상할 수 있는 베스트 뷰로 유명하다. 〈포브스 트래블 가이드Forbes Travel Guide〉로부터 6년 연속 5성급을 받은 수준 높은 서비스와 시설 역시 자랑거리. 객실은 100개로 한정되어 미리 예약하지 않으면 숙박이 어려울 정도로 늘 인기가 많으니 참고하자. 호텔의 루프톱 수영장과 루프톱 바 랜턴P.248은 마리나 베이의 야경을 즐길 수 있는 최고의 장소 중 하나로 꼽히며 수영장과 맞닿은 자리는 예약이 필수다. 가족여행자보다는 연인을 위한 호텔로 추천한다.

🚶 차이나타운 & CBD ① MRT 래플스 플레이스Raffles Place 역 I출구에서 도보 8분
② 창이 공항에서 20km, 택시로 20분
📍 80 Collyer Quay, Singapore 049326
💲 $730~ ※조식 포함
📞 +65-6333-8388
🏠 www.fullertonhotels.com/fullerton-bay-hotel-singapore

더 풀러턴 호텔 싱가포르 The Fullerton Hotel Singapore

우체국으로 사용되던 건물을 개조해 호텔로 문을 연 재미있는 역사가 있는 호텔. 우아한 신고전주의 양식의 웅장한 기둥과 높은 천장이 돋보이는 로비를 비롯해 전반적으로 고풍스러운 분위기를 즐길 수 있다. 루프톱에 위치한 수영장은 아테네 신전을 떠올리게 하는 멋진 디자인으로 유명하며 싱가포르강을 한눈에 내려다볼 수 있다. 멀라이언 공원과도 가깝고 강가를 따라 음식점 및 바가 모여 있는 보트 키와 바로 연결되어 저녁에 간단히 외출하기에도 편리하다. 낮에도 아름답지만 특히 밤에 유람선을 타고 지나가며 바라 보는 주변 풍경은 환상 그 자체! 로비에는 집배원 복장을 한 귀여운 테디 베어가 손님을 반기고 어린이 손님에게는 아이스크림과 특별 선물도 제공해서 가족여행자에게 인기가 많다.

🚶 차이나타운 & CBD ① MRT 래플스 플레이스Raffles Place 역 B출구에서 도보 5분 ② 창이 공항에서 21km, 택시로 20분
📍 1 Fullerton Square, Singapore 049178
💲 $485~ 📞 +65-6733-8388
🏠 www.fullertonhotels.com/fullerton-hotel-singapore

카펠라 싱가포르 Capella Singapore

센도사에서 가장 비싼 호텔로 알려진 카펠라 싱가포르는 2018년 김정은 북한 국무위원장과 트럼프 미국 대통령의 북미 정상회담이 열려 세계적으로 주목을 받기도 했다. 무엇에도 방해받지 않고 조용히 휴식을 취하고 싶은 여행자라면 섬의 안쪽에 위치한 데다 최고급 호텔답게 프라이버시가 보장되는 카펠라가 최적의 장소다. 고즈넉한 분위기의 리조트 안에서 여유롭게 산책을 하거나 풀장 옆 선베드에 누워 달콤한 한때를 즐겨보자. 가족여행자보다는 연인이나 친구, 또는 나홀로 여행자에게 더 적합하다. 호텔 내 스파도 수준이 높기로 유명하니 제대로 된 힐링 여행을 계획한다면 추천한다.

🚶 센토사섬 & 하버프런트. 창이 공항에서 26km, 택시로 25분 📍 1 The Knolls, Sentosa Island, Singapore 098297 💲 $1,020~ ※조식 포함 📞 +65-6377-8888
🏠 www.capellahotels.com/en/capella-singapore

여행자가 선호하는 베스트 호텔

좋은 숙소를 고르기가 쉽지 않다면 이미 싱가포르에 다녀간 수많은 여행자의 선택을 믿어보면 어떨까. 한국인 여행자의 까다로운 체크리스트를 우수한 성적으로 통과한 호텔을 눈여겨보자.

★ 가격은 호텔 홈페이지 비수기 2인 스탠더드 기준, 세금 불포함

스위소텔 더 스탬포드 Swissotel The Stamford

MRT 시티홀 역 및 쇼핑몰과 바로 연결되는 데다 마리나 베이 샌즈, 국립 미술관이 보이는 아름다운 경치 덕분에 아는 사람은 다 아는 인기 호텔이다. 2년간에 걸친 대대적인 재보수공사를 마치고 2019년 재단장해 더욱 깔끔해졌다. 싱가포르의 중심지인 올드 시티에 위치해 국립 미술관, 세인트 앤드류 대성당 등 걸어서 갈 수 있는 여행지가 많고, 2개의 MRT 노선이 지나가기 때문에 이동이 편리하다. 가족여행자부터 친구, 연인 등 모든 여행자에게 적합한 호텔로 특히 위치와 뷰에서 만점을 주고 싶은 곳이다.

🚶 올드 시티 ① MRT 시티홀City Hall 역과 연결 ② 창이 공항에서 20km, 택시로 20분 ♥ 2 Stamford Rd, Singapore 178882 ⑤ $378~ 📞 +65-6338-8585 🏠 www.swissotel.com/hotels/singapore-stamford

칼튼 호텔 싱가포르 Carlton Hotel Singapore

올드 시티 한가운데에 자리 잡은 최고의 위치와 합리적인 가격으로 오랜 기간 많은 여행자에게 선택받았다. 우리나라 대표 항공사 승무원이 숙박하는 호텔로도 알려져 한국인 여행자에게 특히 인기가 많다. 스위소텔 더 스탬포드와 비슷한 위치로 래플스 시티 쇼핑몰이 코앞에 있다. 객실 크기도 싱가포르의 다른 호텔과 비교해 여유가 있는 편이고 수영장도 화려한 뷰는 없지만 한나절 이용하기에 부족함이 없다. 위치가 중요하면서 가성비좋은 호텔을 찾고 있다면 최고의 선택이다.

🚶 올드 시티 ① MRT 시티홀City Hall 역 A출구에서 도보 5분 ② 창이 공항에서 20km, 택시로 20분 ♥ 76 Bras Basah Rd, Singapore 189558 ⑤ $241~ 📞 +65-6338-8333 🏠 www.carltonhotel.sg

파크로열 컬렉션 마리나 베이
Parkroyal Colletion Marina Bay

마리나 만다린 호텔을 리노베이션해 2020년에 새로 문을 연 5성급 호텔로 마리나 스퀘어 쇼핑몰과 바로 연결된다. 호텔에 붙은 '마리나 베이' 이름처럼 마리나 베이의 모든 여행지를 도보로 갈 수 있으며, 마리나 베이 샌즈 호텔과 멀라이언이 한눈에 보이는 훌륭한 경치를 자랑한다. 모든 객실에 발코니가 있고 주변 호텔과 비교했을 때 마리나 베이 뷰 객실을 조금 더 저렴한 가격에 예약할 수 있다. 친환경 콘셉트로 디자인되어 호텔 곳곳에 식물이 가득하며 호텔 레스토랑에 식재료를 제공하는 작은 농장도 갖추고 있다. 호텔 내에 유명 스테이크 하우스와 일식집이 있고, 주변 쇼핑몰에도 다양한 음식점이 있어 편리하다.

🏃 마리나 베이 ① MRT 에스플러네이드Esplanade 역 B출구에서 도보 5분 ② 창이 공항에서 20km, 택시로 20분 📍 6 Raffles Blvd, Singapore 039594 💲 $396~ 📞 +65-6845-1000
🏠 www.panpacific.com/en/hotels-and-resorts/pr-collection-marina-bay.html

팬 퍼시픽 오차드 Pan Pacific Orchard

오차드 로드 중심가에 자리해 쇼핑을 중시하는 여행자에게 최적의 위치다. 2023년에 문을 연 신생 호텔로 독특한 건축 양식과 환상적인 야경으로 최근 SNS에서 인기 있는 핫 플레이스이기도 하다. 싱가포르의 그린 시티 건축 트렌드를 반영해 건물 외관은 수직 정원으로 덮여 있고 건물 중간중간 싱그러운 루프톱 정원이 조성되어 있어 이곳을 지나는 사람들의 발걸음을 사로잡는다. 풀 뷰를 자랑하는 헬스장과 리조트 분위기를 물씬 풍기는 수영장도 여행자가 만족하는 포인트. MRT 오차드 역과 가까워 교통도 편리하고 호텔 주변에 대형 쇼핑몰이 즐비해 먹거리도 많다.

🏃 오차드 로드 ① MRT 오차드Orchard 역 11번 출구에서 도보 10분 ② 창이 공항에서 23km, 택시로 20분
📍 10 Claymore Rd, Singapore 229540 💲 $360~
📞 +65-6991-6888 🏠 www.panpacific.com/en/hotels-and-resorts/pp-orchard-sg.html

몬드리안 싱가포르 덕스턴
Mondrian Singapore Duxton

2023년에 문을 연 또 다른 신생 호텔로 몬드리안 브랜드의 특징인 대담한 색상과 기하학적인 패턴을 활용한 인테리어가 인상적이다. 차이나타운의 힙한 거리 중 하나인 덕스턴 힐에 위치한다. 고층 건물로 가득한 싱가포르의 스카이라인과 옛 숍하우스의 고즈넉한 풍경이 한눈에 들어오는 풍경을 자랑하는 루프톱 수영장이 특히 인기다. 차이나타운의 다양한 먹거리, 바, 문화 유적 등을 즐기기에도 좋고 MRT역과도 가까워 교통이 편리하다. 객실은 작은 편이지만 새로 지은 건물답게 깔끔하고 쾌적하다.

🚶 차이나타운 & CBD ① MRT 맥스웰Maxwell 역 3번 출구에서 도보 5분 ② MRT 탄종파가Tanjong Pagar 역 A출구에서 도보 8분 ③ MRT 오트람Outram 역 4번 출구에서 도보 6분 ④ 창이 공항에서 22km, 택시로 20분
📍 16A Duxton Hill, Singapore 089970
💲 $318~ 📞 +65-6019-8888
🏠 mondrianhotels.com/singapore-duxton

다오 바이 도르셋 AMTD 싱가포르 Dao by Dorsett AMTD Singapore

싱가포르 중심업무지구에 위치하며 인기 호커센터인 라우파삿 사테 거리가 도보 7분 거리에 있어 밤늦게까지 맥주와 야식을 즐기기 좋다. 주요 관광지인 차이나타운과 마리나 베이 샌즈가 모두 가까운 것이 장점. 2022년에 오픈했으며 간이 주방과 거실을 갖춘 아파트형 객실을 보유한 점이 가장 눈에 띄는 특징이다. 여러 인원이거나 대가족이 거실을 공유하며 함께 숙박하고 간단한 요리도 해먹고 싶다면 좋은 선택이 될 것이다. 5성급 호텔로 인피니티 풀, 헬스장, 조식당 등 부대시설을 모두 갖추었으며 가격도 합리적이다.

🚶 차이나타운 & CBD ① MRT 센톤웨이 Shenton Way 역 3번 출구에서 도보 5분 ② MRT 탄종파가Tanjong Pagar 역 E출구에서 도보 7분 ③ 창이 공항에서 22km, 택시로 20분
📍 6 Shenton Wy, #07-01 OUE Downtown 1, Singapore 068809 💲 $287~
📞 +65-6812-6000 🏠 www.daobydorsett. com/dao-by-dorsett-amtd-singapore

안다즈 싱가포르 Andaz Singapore

MRT 부기스 역과 지하로 연결되어 교통이 편리한 고급 호텔. 길 하나만 건너면 젊은이의 거리인 하지 레인이 나온다. 독일의 유명 건축가 올레 스히렌Ole Scheeren이 설계한 듀오 타워 내에 위치하는데, 벌집 모양의 육각형 창이 멀리서도 눈에 띈다. 독특한 점은 호텔 로비가 25층에 있고 모든 객실이 25층 이상의 고층에 있다는 점이다. 39층에 위치한 루프톱 바 미스터 스토크 P.272는 부기스와 캄퐁글람을 한눈에 조망할 수 있는 탁 트인 뷰로 유명해 투숙객뿐만 아니라 현지인도 즐겨 찾는다.

🏃 부기스 & 캄퐁글람 ① MRT 부기스Bugis 역과 연결 ② 창이 공항에서 20km, 택시로 20분 📍 5 Fraser St, Singapore 189354 💲 $360~ 📞 +65-6408-1234 🏠 www.hyatt.com/andaz/sinaz-andaz-singapore

인터컨티넨탈 싱가포르 InterContinental Singapore

싱가포르의 젊은이들이 즐겨 찾는 부기스에 위치해 맛집 탐방과 쇼핑을 즐기는 여행자에게 최적의 호텔이다. MRT 부기스 역과 바로 연결되는 부기스 정션 쇼핑몰과 이어져 실외로 한 발짝도 나가지 않고 즐길 수 있는 것이 다양하다. 싱가포르 국립 도서관과 래플스 호텔 등 올드 시티와도 가까운 위치를 자랑한다. 페라나칸 문화 요소를 디자인에 녹여낸 아기자기한 객실 인테리어 또한 매력적인 요소다. 유럽식 고풍스러운 로비에서 즐길 수 있는 애프터눈 티 메뉴도 인기가 많다.

🏃 부기스 & 캄퐁글람 ① MRT 부기스Bugis 역 C출구에서 도보 5분 ② 창이 공항에서 19km, 택시로 20분 📍 80 Middle Rd, Singapore 188966 💲 $321~ 📞 +65-6338-7600 🏠 singapore.intercontinental.com

샹그릴라 라사 센토사 Shangri-La's Rasa Sentosa

센토사섬 내 실로소 비치 앞에 위치한 가족 친화적 비치 리조트. 스카이라인 루지, 메가 어드벤처 등 대부분의 어트랙션이 바로 근처에 있어 편리하며, 워터 슬라이드를 갖춘 대형 수영장은 실로소 비치와 연결된다. 아이들을 위한 키즈 클럽, 아이 전용 수영장, 다양한 어린이 프로그램을 제공하기 때문에 가족 단위 여행자에게 좋은 평가를 받는다. 리조트에서 제공하는 무료 셔틀버스를 이용하면 센토사섬 주요 어트랙션 및 비보시티 쇼핑몰로의 이동도 편리하다.

🏃 센토사섬 & 하버프런트. 창이 공항에서 28km, 택시로 28분 📍 101 Siloso Rd, 098970 💲 $350~ 📞 +65-6275-0100 🏠 www.shangri-la.com/singapore/rasasentosaresort

합리적인 가성비 호텔 & 호스텔

물가가 비싼 싱가포르에서는 숙박비 또한 부담되는 게 사실이다. 고급 호텔밖에 없을 것 같지만 1년 내내 여행자가 찾아오는 곳인 만큼 잘 찾아보면 괜찮은 가성비 숙소가 꽤 있다. 장기 여행으로 계획 중이거나 숙소에서 예산을 절약하고 싶은 여행자라면 다음의 숙소를 참고하자.

★ 가격은 호텔 홈페이지 비수기 2인 스탠더드 기준, 세금 불포함 / 도미토리는 세금 포함

라이프 푸난 싱가포르 lyf Funan Singapore

올드 시티의 푸난 몰 내에 위치해 쇼핑과 먹거리 옵션이 풍부하다. MRT 시티홀 역에서도 가까워 교통이 편리하고 싱가포르 강변까지도 도보 3분이면 갈 수 있다. 이곳은 코리빙Co-living 콘셉트로 설계되어 공용 주방과 라운지, 공동 작업 공간 등 투숙객이 활발하게 교류할 수 있는 공간이 많다는 점이 특징이다. 개인 여행자를 위한 스튜디오 객실과 그룹 여행자를 위한 다인용 객실 등 다양한 유형의 객실을 보유하며 빨래방까지 갖추어 장기 투숙객이 이용하기에도 불편함이 없다. 특색 있는 공간 활용에 저렴한 가격이 더해져 젊은 여행자나 가족여행자에게 인기가 많다.

🚶 올드 시티 ① MRT 시티홀City Hall 역 B출구에서 도보 6분 ② 창이 공항에서 19km, 택시로 20분 ♥ 67 Hill St, #04-01, Singapore 179370 ⑤ $144~ ☎ +65-6970-2288 🏠 www. discoverasr.com/en/lyf/singapore/ lyf-funan-singapore

이비스 싱가포르 온 벤쿨렌 ibis Singapore on Bencoolen

올드 시티와 부기스 사이에 위치한 호텔로 무려 4개의 MRT역이 도보 거리 10분 안에 위치해 도심 어디서든 접근성이 뛰어난 것이 최고의 장점이다. 콤팩트하고 청결한 객실과 필수적인 서비스를 제공하는 가성비 호텔로 만족도가 높다. 국립 박물관, 국립 미술관 등 올드 시티의 대표 관광지를 모두 걸어서 방문할 수 있고, 부기스 스트리트도 도보 5분 거리에 있어 기념품 쇼핑과 과일 맛보기 등 즐길거리가 많다.

🚶 올드 시티 ① MRT 로초Rochor 역 A출구에서 도보 5분 ② MRT 벤쿨렌 Bencoolen 역 A출구에서 도보 6분 ③ MRT 부기스Bugis 역 C출구에서 도보 7분 ④ MRT 브라스 바사Bras Basah 역 E출구에서 도보 8분 ⑤ 창이 공항에서 20km, 택시로 20분 ♥ 170 Bencoolen St, Singapore 189657 ⑤ $177~ ☎ +65-6593-2888 🏠 www.ibissingaporebencoolen.com

파크 레지스 바이 프린스 싱가포르 Park Regis by Prince Singapore

싱가포르 강변의 최고 번화가인 MRT 클락 키 역 바로 옆이다.
객실 크기는 작은 편이지만 필수 어매니티를 모두 갖추고 있고
청결하게 관리되어 부족함이 없다. 싱가포르 여행 필수 맛집인
점보 시푸드, 송파 바쿠테 본점이 모두 도보 5분 거리 안에 있
고, 클락 키 센트럴 쇼핑몰이 바로 옆에 있다. 강변을 따라 걸으
면 브런치로 유명한 카페가 모여 있는 로버슨 키, 싱가포르의 아
이콘 멀라이언 동상까지도 쉽게 이동이 가능해 위치 대비 가격
을 따져볼 때 가성비로 최고 점수를 줄만하다.

🚶 리버사이드 ① MRT 클락 키Clarke Quay 역 B출구에서 도보 3분
② 창이 공항에서 23km, 택시로 25분 📍 23 Merchant Rd,
Singapore 058268 💲 $217~ 📞 +65-6818-8888
🏠 www.parkregissingapore.com

젠 싱가포르 오차드게이트웨이 JEN Singapore Orchardgateway

MRT 서머셋 역과 바로 연결되는 오차드 게이트웨이 쇼핑몰 위
에 위치한다. 오차드 거리 한복판에 자리해 쇼핑, 식사, 관광지
로의 접근성 등 여행자의 필요를 모두 만족시켜 주는 호텔이다.
게다가 가격도 합리적이어서 평균 숙박비가 높은 오차드 지역
에서 최고의 가성비를 자랑한다. 투숙객이 꼽는 이 호텔의 하이
라이트는 바로 루프톱 인피니티 풀. 오차드 거리에서 쇼핑을 마
치고 수영장에서 탁 트인 야경을 감상하면서 하루를 마무리할
수 있어 관광과 휴양을 모두 만족시켜준다.

🚶 오차드 로드 ① MRT 서머셋Somerset 역과 연결 ② 창이 공항에서
23km, 택시로 22분 📍 277 Orchard Rd, Singapore 238858
💲 $266~ 📞 +65-6708-8888 🏠 www.shangri-la.com/en/
hotels/jen/singapore/orchardgateway

푸라마 시티 센터 Furama City Centre

차이나타운과 클락 키를 걸어서 이동할 수 있는 좋은 위
치로 많은 관광객이 찾는 가성비 호텔이다. 화려한 부대
시설이나 세심한 서비스는 기대할 수 없지만 잠만 자려는
여행자에게는 만족도가 높다. 작지만 수영장과 헬스장 등
기본적인 시설도 잘 갖추고 있다. 차이나타운에 위치해서
주변에 아침을 먹을 만한 곳도 많아 조식당의 수준도 크
게 고려할 필요가 없다. 가족여행자를 위한 패밀리룸을
포함해 다양한 유형의 객실을 보유한다.

🚶 차이나타운 & CBD ① MRT 차이나타운Chinatown 역
E출구에서 도보 3분 ② 창이 공항에서 22km, 택시로 22분
📍 60 Eu Tong Sen St, Singapore 059804 💲 $124~
📞 +65-6533-3888 🏠 www.furama.com/citycentre

원 패러 호텔 One Farrer Hotel

리틀 인디아 지역에 위치한 가성비 좋은 5성급 호텔이다. MRT 패러 파크 역이 바로 옆에 있어 교통이 편리하고 유명 쇼핑몰인 무스타파 센터가 도보 5분 거리에, 시티 스퀘어 몰이 도보 10분 거리에 있다. 목재 바닥으로 마감한 깔끔한 베이직 민트 룸을 비롯해 간이 주방이 추가된 로프트 아파트 등 다양한 유형의 객실을 보유한다. 길이 50m의 올림픽 사이즈 수영장은 수영에 진심인 여행자에게 취향 저격 포인트다. 풀 사이드 바도 운영해 일몰과 함께 칵테일을 즐기기에 안성맞춤이다.

🏃 리틀 인디아 ① MRT 패러 파크Farrer Park 역 A출구에서 도보 1분 ② 창이 공항에서 21km, 택시로 20분 📍 1 Farrer Park Station Rd, Singapore 217562 💲 $255~ 📞 +65-6363-0101 🏠 www.onefarrer.com

비트 캡슐 호스텔 BEAT. Capsule Hostel @Boat Quay

싱가포르 강변 보트 키 지역에 자리해 마리나 베이, 올드 시티, 차이나타운을 모두 걸어서 이동할 수 있는 최적의 위치를 자랑한다. 특히 호텔 주변이 늦은 밤까지 유동 인구가 많은 번화한 지역이고 여성 전용 도미토리를 운영해 혼자 여행하는 여성들이 즐겨 찾는다. 간단한 조리가 가능한 공용 주방과 거실 공간도 편리하다. 다만 화장실이 작고 노후되어 불편하다는 후기가 있으니 참고할 것.

🏃 리버사이드 ① MRT 래플스 플레이스Raffles Place 역 B출구에서 도보 7분 ② MRT 클락 키Clarke Quay 역 E출구에서 도보 8분 ③ 창이 공항에서 21km, 택시로 22분 📍 50 Boat Quay, Singapore 049839 💲 1인용 캡슐 $50~, 2인용 캡슐 $90~ 📞 +65-6816-6960 🏠 www.beathostel.co/beatcapsulehostel

더 포드 부티크 캡슐 호텔
The Pod Boutique Capsule Hotel

개인별로 들어갈 수 있는 캐빈 내부에 물건을 올려둘 수 있는 작은 선반이 설치되어 있고, 침대마다 프라이버시가 보장되는 두꺼운 칸막이가 있어 꼼꼼하게 신경을 많이 썼다는 것이 느껴진다. 부기스 & 캄퐁글람 지역 중심지에 위치해 술탄 모스크, 아랍 스트리트 등을 방문하기에 편리하지만 MRT역에서는 조금 거리가 있어 불편하게 느껴질 수 있다. 체크아웃 시간이 오전 11시인 것도 살짝 아쉬운 점.

🏃 부기스 & 캄퐁글람 ① MRT 부기스Bugis 역 E출구에서 도보 12분 ② 창이 공항에서19km, 택시로 20분 📍 289 Beach Rd, Singapore 199552 💲 1인용 포드 $35~, 2인용 포드 $57~ 📞 +65-6298-8505 🏠 thepodcapsulehotel.com

시크 캡슐 오텔 Chic Capsule Otel

깔끔하고 쾌적한 시설을 자랑하며 캡슐마다 대형 TV와 헤드폰이 설치되어 호스텔계의 호텔이라 불릴 만하다. 캡슐의 높이도 꽤 높아 2층 침대 특유의 답답한 느낌이 없는 게 장점이다. MRT 차이나타운 역이 바로 옆에 있기 때문에 교통이 편리하며 주변에 호커센터와 차이나타운 포인트 쇼핑몰 등 먹거리와 편의시설도 풍부하다. 아기자기한 숍하우스 안에 위치해 외관도 예쁜 편이다.

🚶 차이나타운 & CBD ① MRT 차이나타운Chinatown 역 A출구에서 도보 5분 ② 창이 공항에서 21km, 택시로 22분 📍 13 Mosque St. Singapore 059493 💲 여성 전용 도미토리 1인 $42~ 📞 +65-8380-0500 🏠 chiccapsuleotel.com

산타 그랜드 호텔 이스트 코스트
Santa Grand Hotel East Coast, a NuVe Group Collection

페라나칸 숍하우스를 개조한 호텔 로비 건물이 매우 이국적이다. 호텔 내부도 페라나칸 전통 타일이나 소품들로 아기자기하게 꾸며져 있어 특별하다. 이스트 코스트 공원이 도보 15분 거리에 있으며 호텔 주변이 주거 지역이라 현지인이 사는 모습을 가까이서 경험할 수 있는 점이 매력적이다. 주변에 분위기 좋은 카페, 바, 맛집 등 다이닝 옵션이 많고 i12 카통 쇼핑몰이 바로 코앞에 있다.

🚶 카통 & 주치앗 ① MRT 마린 퍼레이드Marine Parade 역 3번 출구에서 도보 7분 ② 창이 공항에서 14km, 택시로 15분 📍 171 E Coast Rd, Singapore 428877 💲 $163~ 📞 +65-6344-6866 🏠 santagrandhotel.com.sg

그랜드 머큐어 싱가포르 록시
Grand Mercure Singapore Roxy

카통 & 주치앗 지역 한가운데에 위치한 4성급 호텔로 MRT 마린 퍼레이드 역 바로 옆에 있어 교통이 편리하다. MRT를 이용하면 싱가포르 도심 지역까지 30분 정도면 도착한다. 대형 쇼핑몰인 파크웨이 퍼레이드Parkway Parade가 바로 앞에 있고 현지인이 이용하는 작은 재래시장도 근처에 있어 둘러볼 만하다. 이스트 코스트 공원이 도보 10분 거리에 있어 가볍게 해변을 산책하거나 자전거를 타기에도 좋다.

🚶 카통 & 주치앗 ① MRT 마린 퍼레이드Marine Parade 역 2번 출구에서 도보 2분 ② 창이 공항에서 14km, 택시로 15분 📍 50 E Coast Rd, Roxy Square, Singapore 428769 💲 $190~ 📞 +65-6344-8000 🏠 www.grandmercureroxy.com.sg

흥미로운 디자인의 부티크 호텔

'디자인 여행'이라는 표현이 대중화될 정도로 디자인을 테마로 여행하는 사람이 늘어나는 추세다. 그런 여행자를 위해 최근에는 흥미로운 디자인과 콘셉트를 내세운 숙소도 많아졌다. 남들과는 조금 다른 경험을 원한다면 마음에 쏙 들어할 만한 흥미로운 숙소를 소개한다.

★ 가격은 호텔 홈페이지 비수기 2인 스탠더드 기준, 세금 불포함

더 웨어하우스 호텔 The Warehouse Hotel

싱가포르강이 무역상으로 가득했던 19세기, 향신료 및 밀주 창고로 사용되던 옛 건물이 트렌디한 부티크 호텔로 다시 태어났다. 더 웨어하우스 호텔은 싱가포르의 F&B 사업 트렌드를 선도하는 기업인 로앤비홀드 그룹의 첫 호텔 사업으로 화제를 모았으며 싱가포르에서 가장 권위있는 대통령 디자인상을 받기도 했다. 검정색과 갈색을 메인 색상으로 꾸민 인더스트리얼 스타일의 무게감 있는 인테리어가 매력적이며, 높은 층고의 로비는 옛 창고를 떠올리게 하는 부품들로 장식되어 있어 포토 존으로도 인기가 많다. MRT역과는 조금 거리가 있다는 것이 단점이지만, 싱가포르강을 마주하는 뷰와 여유로운 로버슨 키를 충분히 즐길 수 있는 호텔로 손색없다. 고급스러운 레스토랑인 1층의 포Po는 현지인에게도 인기가 많다.

🚶 리버사이드 ① MRT 헤블록Havelock 역 4번 출구에서 도보 10분 ② 창이 공항에서 25km, 택시로 23분 📍 320 Havelock Rd, Robertson Quay, Singapore 169628 💲 $340~ 📞 +65-6828-0000 🏠 thewarehousehotel.com

파크로열 컬렉션 피커링
Parkroyal Collection Pickering

바빌론의 공중 정원이 떠오르는 호텔 외관은 층층이 푸른 식물로 가득한데, 과연 이런 디자인이 싱가포르 말고 또 어디서 가능할까 감탄이 나온다. 지속 가능한 건축 기술과 참신한 디자인으로 유명한 싱가포르 건축 사무소 오하WOHA가 디자인했으며, 오픈하자마자 2014년 아시아 퍼시픽 호텔 건축상, 2015년 베스트 럭셔리 그린 호텔 등 각종 상을 휩쓸었다. 5층의 인피니티 풀에서는 싱가포르강과 올드 시티를 조망할 수 있으며, 거대한 새장 모양의 카바나에서 휴식을 취할 수 있다. 클럽 룸 숙박 시 이용할 수 있는 컬렉션 클럽 라운지에서는 조식, 애프터눈 티, 이브닝 칵테일을 제공해 호캉스 장소로도 인기가 많다. 차이나타운, 중심업무지구와 가까워 위치도 훌륭하다.

🚶 차이나타운 & CBD ① MRT 차이나타운Chinatown 역 E출구에서 도보 5분 ② 창이 공항에서 24km, 택시로 25분 📍 3 Upper Pickering St, Singapore 058289 💲 $396~ 📞 +65-6809-8888 🏠 www.panpacific.com/en/hotels-and-resorts/pr-collection-pickering.html

오아시아 호텔 다운타운 Oasia Hotel Downtown

차이나타운 내 탄종 파가의 회색 빌딩 숲 사이에서 거대한 나무 같은 빌딩을 보았다면 바로 오아시아 호텔 다운타운일 것이다. 눈에 띄는 빨간색 호텔 외벽이 푸른 덩굴 식물로 뒤덮인 이 흥미로운 빌딩 역시 건축 사무소 오하의 디자인으로 2018년 세계초고층도시건축학회(CTBUH)에서 최우수상을 수상했다. 빌딩 전체가 '지속 가능성'을 테마로 지어졌으며, 대체 녹지 비율 1100%를 자랑한다. 특히 21층에 위치한 클럽 라운지의 수영장에서 바라보는 경치는 도심지 빌딩 숲 사이의 오아시스라는 표현이 이보다 더 잘 어울릴 수 없다. 기왕이면 클럽 룸을 예약할 것을 추천한다.

🚶 차이나타운 & CBD ① MRT 탄종 파가Tanjon Pagar 역 A출구에서 도보 3분 ② 창이 공항에서 20.6km, 택시로 20분 ♀ 100 Peck Seah St, Singapore 079333 ⑤ $271~ ☎ +65-6812-6900 🏠 www.oasiahotels.com/en/singapore/hotels/oasia-hotel-downtown

아모이 호텔 Amoy Hotel

역사와 전통을 사랑하는 여행자의 취향 저격 호텔. 170년이 넘는 기간 동안 각고의 노력으로 보전된 숍하우스가 모여 있는 차이나타운 내 파 이스트 스퀘어Far East Squre에 자리한다. 호텔 입구는 옛 사원의 모습인데, 현재는 초기 이민자의 모습을 보여주는 작은 박물관Fuk Tak Chi Museum으로 꾸며져 있다. 호텔이 위치한 텔록 아이어 스트리트는 간척 사업 이전에는 바다와 인접했던 거리로 초기 이민자들이 무사히 항해를 끝내고 싱가포르에 도착해 각자의 신에게 감사를 올리던 사원이 즐비하던 곳이었다. 사원을 통과해 안으로 들어가면 붉은 인테리어의 호텔 로비가 등장한다. 아모이 호텔은 숍하우스의 정취에 현대적인 편의시설과 친절한 서비스를 더해 투숙객에게 높은 평가를 받는다. 주변에는 차이나타운의 다양한 먹거리와 루프톱 바 등 즐길거리도 가득하다.

🚶 차이나타운 & CBD ① MRT 텔록 아이어Telok Ayer 역 B출구에서 도보 2분 ② 창이 공항에서 22km, 택시로 22분
♀ 76 Telok Ayer St, Singapore 048464
⑤ $301~ ※조식 포함 ☎ +65-6580-2888
🏠 www.fareasthospitality.com/en/Hotels/AMOY

찾아보기

찾아보기